数学名著译丛

国家自然科学基金项目“黎曼几何学及其相关领域的历史研究”
(11861035)阶段成果

空间–时间–物质

[德]赫尔曼·外尔(Hermann Weyl)/著
陈惠勇　夏际金/译

SPACE TIME MATTER

科学出版社
北　京

内 容 简 介

本书是被誉为 20 世纪最伟大的数学家之一的德国数学家赫尔曼・外尔(Hermann Weyl, 1885—1955)的名著《空间–时间–物质》(*Raum, Zeit, Materie*),是黎曼几何与广义相对论领域的经典著作. 1916 年到 1917 年, 外尔在苏黎世联邦工学院讲授相对论课程时, 力图把哲学思想、数学方法以及物理学理论结合起来, 用自己的思想清晰而严格地阐述广义相对论. 1917 年到 1919 年这几年间, 外尔在几何学与物理学上作出了巨大贡献, 其中最重要的成果之一就是他的专著《空间–时间–物质》, 内容包括: 欧几里得空间, 它的数学表示及其在物理学中的作用; 度量连续统; 时空的相对性; 广义相对论共四章. 本书德文第一版于 1918 年出版, 英文第一版于 1922 年出版, 至今已有百余年.

本书读者对象是数学与物理相关专业本科生和研究生、教师和研究人员, 对于欲了解黎曼几何学思想、广义相对论及其相关领域历史的读者来说是一部极具价值的历史文献.

图书在版编目(CIP)数据

空间–时间–物质/ (德) 赫尔曼・外尔著; 陈惠勇, 夏际金译. —北京: 科学出版社, 2024.3

书名原文: SPACE, TIME, MATTER

ISBN 978-7-03-073894-3

Ⅰ. ①空… Ⅱ. ①赫… ②陈… ③夏… Ⅲ. ①黎曼几何 ②广义相对论 Ⅳ. ①O186.12 ②O412.1

中国版本图书馆 CIP 数据核字(2022)第 220556 号

责任编辑: 李 欣 范培培 / 责任校对: 樊雅琼
责任印制: 吴兆东 / 封面设计: 有道文化

科学出版社 出版
北京东黄城根北街 16 号
邮政编码: 100717
http://www.sciencep.com
北京中石油彩色印刷有限责任公司印刷
科学出版社发行 各地新华书店经销
*
2024 年 3 月第 一 版 开本: 720 × 1000 1/16
2024 年 4 月第二次印刷 印张: 18 1/4
字数: 367 000

定价: 128.00 元

作 者 简 介

赫尔曼・外尔 (Hermann Weyl) 1885 年生于德国汉堡附近的埃尔姆斯霍恩 (Elmshorn), 1955 年卒于苏黎世, 其研究领域横跨分析、几何、拓扑学、李群、数学基础、数学物理和哲学等. 1907 年, 外尔在希尔伯特指导下完成博士学位论文《奇异积分方程, 特别考虑傅里叶积分定理》, 1908 年获哥廷根大学博士学位. 1910 年获无薪讲师资格, 1913 年受聘任瑞士苏黎世联邦工学院教授, 同爱因斯坦结下友谊. 1930 年回到哥廷根继任了希尔伯特的教授席位, 1933 年任哥廷根数学研究所所长. 同年夏天, 应新成立的普林斯顿高等研究院之聘任该院教授, 1951 年退休. 他是 20 世纪上半叶最重要的数学家之一, 在数学的许多领域有重大贡献, 在相对论和量子力学上成就也十分突出. 主要著作有:《空间–时间–物质》、《黎曼曲面的概念》、《群论与量子力学》、《典型群》、《对称》以及《数学与自然科学之哲学》等.

译 者 简 介

陈惠勇, 1964 年生, 江西上饶人, 基础数学博士, 数学教育博士后, 江西师范大学教授, 加拿大麦吉尔大学 (McGill University) 访问教授. 从事近现代数学史与数学教育研究. 主持完成国家自然科学基金项目一项、江西省教育科学规划课题两项、江西省高校教改重点课题一项、江西省教育厅科技项目一项. 被评为全国第七届教育硕士优秀教师, 获首届 “全国教育专业学位教学成果奖” 二等奖. 现任《数学教育学报》编委、中国数学会数学史分会常务理事、中国数学会数学教育分会理事、江西省中学数学教学专业委员会副理事长、江西省高等师范教育数学教学研究会秘书长. 著 (译) 有: 《高斯的内蕴微分几何学与非欧几何学思想之比较研究》(高等教育出版社, 2015); 《关于曲面的一般研究》(高斯著, 陈惠勇译, 哈尔滨工业大学出版社, 2016); 《数学课程标准与教学实践一致性——理论研究与实践探讨》(科学出版社, 2017); 《统计与概率教育研究》(科学出版社, 2018); 《微分几何学历史概要》(D. J. 斯特罗伊克 (D. J. Struik) 著, 陈惠勇译, 哈尔滨工业大学出版社, 2020); 《伯恩哈德 · 黎曼论奠定几何学基础的假设》(尤尔根 · 约斯特 (Jürgen Jost) 著, 陈惠勇译, 科学出版社, 2021); 《数学核心素养的测评与路径》(科学出版社, 2022).

夏际金, 1979 年生, 江西上饶人, 工学硕士, 中国电子科技集团有限公司高级专家、教授级高级工程师, 中国科学技术大学研究生企业导师, 主要从事航空航天科学技术领域的系统及软硬件技术研究.

中 译 者 序

1916 年, 阿尔伯特 · 爱因斯坦 (Albert Einstein, 1879—1955) 发表了 "广义相对论的基础" ("Die Grundlage der allgemeinen Relativitätstheorie") 一文, 成功地运用张量分析的工具与方法表述他的广义相对论, 导出了著名的广义协变的引力场方程 (即爱因斯坦方程)[①]:

$$R_{\mu\nu} = -\kappa \left(T_{\mu\nu} - \frac{1}{2} g_{\mu\nu} T \right),$$

其中 $g_{\mu\nu}$ 是黎曼度规张量, $R_{\mu\nu}$ 为黎曼曲率张量 $R_{\mu\lambda\nu\kappa}$ 之缩并, T 是物质的能量–张量的标量, $T_{\mu\nu}$ 是物质的能量–张量. 美国著名物理学家约翰 · 阿奇博尔德 · 惠勒 (John Archibald Wheeler, 1911—2008) 深刻地阐释了爱因斯坦方程所揭示的本质——"物质告诉时空如何弯曲, 时空告诉物质如何运动".

1916 年到 1917 年, 赫尔曼 · 外尔在苏黎世的联邦工学院讲授相对论课程时, 力图把哲学思想、数学方法以及物理学理论结合起来, 用自己的思想清晰而严格地阐述广义相对论. 1917—1919 年, 外尔在几何学与物理学上作出了巨大贡献, 其中最重要的成果之一就是他的专著 *Raum, Zeit, Materie*. 该著作德文第一版于 1918 年出版 (英文第一版于 1922 年出版), 到 1923 年已经出到第五版, 它是关于相对论的最早的专著之一, 而且是最有影响的著作之一.

赫尔曼 · 外尔受到爱因斯坦在广义相对论中研究引力场的鼓舞, 试图提出一种既包括引力又包括电磁力的几何理论, 即通过发展几何学来完成 "统一场论" 的构想. 虽然 "统一场论" 经过努力 (包括爱因斯坦本人的努力) 至今仍未建立起来, 但是外尔一系列的研究成果却深刻地影响着当代物理学的进展. Erhard Scholz 认为[②], 外尔是在一个很广阔的思想和框架下来从事这项研究的, 这个途径的后续研究就是外尔的《空间问题的数学分析》(1923), 其中的思想就是纤维丛的几何学以及规范场的研究, 外尔以此推广黎曼几何并寻找引力和电磁现象的统一理论.

正如外尔在《空间–时间–物质》开篇的导言中指出: "**空间**和**时间**通常被认为是现实世界的存在**形式**, **物质**是它的**内容**. 在一特定的时间里, 物质的某一特定部分占据了一特定的空间. 这三个基本概念正是在运动的综合概念中才形成了密切

① 爱因斯坦. 爱因斯坦文集 (第二卷)[M]. 范岱年, 赵中立, 许良英编译. 北京: 商务印书馆, 2016: 328.

② Timothy Gowers. 普林斯顿数学指南 (第三卷)[M]. 齐民友译. 北京: 科学出版社, 2014: 212.

的关系. 笛卡儿将精确科学的目标定义为, 用这三个基本概念来描述所有发生的事情, 从而把它们称为运动. 自从人类的心智第一次从蒙昧中觉醒, 并被允许自由驾驭以来, 它就从未停止过对时间深刻神秘本质的感知——意识的演化、世界在时间中的发展和变化. 这是一个终极的形而上学问题, 在任何一个历史时期, 哲学家们都试图阐明和解决这个问题. ”赫尔曼・外尔探讨的就是关于“空间、时间和物质”的终极哲学问题, 因而, 本书是一部物理学、哲学和数学相结合的世界名著. 由于《空间–时间–物质》中蕴含着赫尔曼・外尔的深刻数学哲学思想及其在几何、物理 (特别是广义相对论) 与哲学之间的深刻联系, 因而本书在近现代科学史 (包括数学史、物理学史) 上具有重要的学术价值.

关于赫尔曼・外尔数学著作的翻译和引进, 国内已经完成的工作有: 赫尔曼・外尔的《对称》(冯承天, 陆继宗译, 北京大学出版社, 2018)、《数学与自然科学之哲学》(齐民友译, 上海科技教育出版社, 2007)、《诗魂数学家的沉思》(袁向东译, 江苏教育出版社, 2008). 这些著作的翻译和出版, 为国内读者了解赫尔曼・外尔的数学思想以及对相关领域的深入研究奠定了非常好的基础. 然而, 赫尔曼・外尔是 20 世纪一流的数学家, 他的研究领域非常广泛, 很多著作都已成为经典, 如 *The Concept of a Riemann Surface* (《黎曼曲面的概念》, 1955), 而出版于 1922 年并由 Henry L. Brose 从德文翻译成英文的版本 *Space–Time–Matter* (《空间–时间–物质》), 至今已有百年, 据译者所知, 这两本著作至今仍无中文译本出版. 我国已故著名数学家齐民友先生认为: “外尔是整个数学的数学家, 而且对整个科学了解很多, 他根据广义相对论写了《空间–时间–物质》(*Raum, Zeit, Materie*), 这本书到现在还没有中文译本. 实际上, 外尔的著作应该全部翻译成中文.” (《数学文化》, 2019/第 10 卷第 4 期, 102 页) 因而, 本书的翻译出版不仅完成了齐先生的遗愿, 而且也是对赫尔曼・外尔著作出版百年的一个特别纪念.

由于本人的研究兴趣, 在国家自然科学基金项目“黎曼几何学及其相关领域的历史研究”资助下, 应加拿大麦吉尔大学梅茗 (Ming Mei) 教授的邀请, 本人于 2019 年 1 月至 8 月, 对麦吉尔大学数学与统计系进行了为期 8 个月的学术访问, 并就黎曼几何学及其相关领域的历史问题进行讨论与交流. 访学期间完成了对德国数学家 Jürgen Jost 的著作 *Bernhard Riemann on the Hypotheses Which Lie at the Bases of Geometry* 的研究与讨论, 并将该著作全文翻译成中文由科学出版社出版发行 (2021). 正是在访问期间, 我们开始了对赫尔曼・外尔的名著 *Space–Time–Matter* 的讨论与研究, 并开始尝试将该著作全文翻译成中文. 我的好友夏际金教授也乐意加入本书的翻译工作, 协助主导翻译第 4 章“广义相对论”, 夏教授是中国电子科技集团有限公司高级专家、教授级高级工程师, 长期从事航空航天科技领域相关工作, 对广义相对论理论有较深的研究, 他的鼎力相助使得本书的翻译工作更加顺利.

关于中译本三种形式的注释说明如下: 一是原著英文版内文中的注释无标注; 二是译者增加的脚注标有 “译者注”; 三是原著英文版中统一附于正文后的 “BIBLIOGRAPHY” 部分的分章注释 Note**, 在文内脚注中按原分章注释编号标为注 **. 考虑到我国读者的阅读习惯以及避免中译本与原著中页码的不一致, 我们统一以脚注形式标注于正文中, 原著中的 “BIBLIOGRAPHY” 不再重复列出.

经过两年多的努力, 我们终于完成了全书的译稿. 虽心中不免忐忑, 但仍然很是欣慰. 欣喜之余, 我要特别感谢科学出版社以敏锐的学术眼光认识到本书的学术价值和意义并支持本译著的出版立项, 感谢责任编辑李欣老师所付出的出色编辑工作.

本书的翻译和出版得到国家自然科学基金项目 “黎曼几何学及其相关领域的历史研究” (批准号: 11861035) 的资助, 译者在此表示衷心的感谢!

陈惠勇
江西师范大学数学与统计学院
2022 年 5 月 20 日

第四版前言

在这个版本中, 基本上保持了它的一般形式, 但有一些小的变化和增加, 其中最重要的是: ①在第 2 章中增加了一段, 在这一段中, 空间问题是按照群论的观点来阐述的; 基于二次微分形式, 我们努力理解毕达哥拉斯空间度量的内在必要性和唯一性. ②我们证明了爱因斯坦必然地得出唯一确定的引力方程的原因是——曲率标量是黎曼空间中唯一具有特定特征的不变量. ③在第 4 章中, 对广义相对论的最新实验研究也在考虑之列, 特别是太阳引力场对光线的偏转, 正如 1919 年 5 月 29 日的日食所显示的那样, 其结果引起了各方对该理论的极大兴趣. ④用米氏 (Mie) 的观点来比较另一种观点 (特别参见 §32 和 §36), 认为物质是场的极限奇点, 而电荷和质量是场中的力通量. 这需要对整个物质问题采取一种新的和更谨慎的态度.

感谢各种认识和不认识的读者指出了可取的修改, 并感谢布雷斯劳的尼尔森教授爽快地阅读了本书的校样.

赫尔曼・外尔

1920 年 11 月于苏黎世

第三版前言

虽然本书在困难的外壳下提供了知识的果实, 但我所接触到的信息表明, 对某些人来说, 在困难时期, 这是一种安慰. 从压抑的现实的废墟中仰望星空, 就是要认识到客观世界规律的坚不可摧, 就是要加强对理性的信念, 就是要认识到融合了所有现象的 “和谐世界”, 并且这种认识从来没有改变, 将来也不会被干扰.

在第三版中, 我的努力是更完美地协调这种和谐. 鉴于第二版是第一版的重印, 我现在进行了彻底的修订, 尤其是第 2 章和第 4 章. 1917 年, Levi-Civita 发现了无穷小平行位移的概念, 这意味着对黎曼几何的数学基础进行了新的研究. 我相信, 在第 2 章中发展的纯粹无穷小几何, 每一步都是很自然地、清楚地、必然地从前一步发展而来, 就是这种考察的实质的最后结果. 我在 *Mathematische Zeitschrift* (Bd. 2, 1918)(《数学杂志》) 中第一次描述的几个缺点现在已经被消除了. 考虑到在此期间出现的各种重要著作, 特别是那些涉及能量–动量原理的著作, 第 4 章主要论述了爱因斯坦的引力理论, 并对该理论作了相当大的修改. 此外, 作者还提出了一个新的理论, 该理论从第 2 章所示的黎曼以外的几何基础的扩展中得出了物理推论, 并代表了不仅从世界几何 (world-geometry) 中推导引力现象, 而且从世界几何中推导电磁现象的尝试. 即使这个理论还处于初级阶段, 我相信它所包含的真理并不比爱因斯坦的引力理论少——无论这些真理的数量是无限的, 还是 (更有可能) 受到量子理论的限制的.

我要感谢温斯坦先生在纠正校样方面的帮助.

赫尔曼・外尔

阿克拉・波佐利, 萨马登

1919 年 8 月

从作者的前言到第一版

爱因斯坦的相对论使我们对宇宙结构的认识又进了一步. 这就像一堵把我们与真理隔开的墙倒塌了. 现在, 我们看到了更广阔的领域和更深刻的知识, 而这些领域我们甚至没有任何预感. 它使我们更接近于掌握所有物质赖以发生的规律.

虽然最近出现了一系列或多或少受欢迎的介绍广义相对论的文章, 但是仍缺乏系统的介绍. 因此, 我认为有必要发表我在 1917 年夏季学期在瑞士联邦理工学院 (Eidgen. Technische Hochschule in Zürich) 所作的以下演讲. 与此同时, 我希望把这门伟大的学科作为哲学、数学和物理思想相互交融的例证, 这是一门我非常喜爱的研究. 要做到这一点, 只有从基础开始系统地建立理论, 并把注意力自始至终集中在基本原理上. 但我一直无法满足这些自我强加的要求: 数学家的地位高于哲学家.

读者在开始时所需要的理论储备是最少的. 狭义相对论不仅详尽地论述了相对论, 而且就连麦克斯韦理论和解析几何也在其主要内容中得到了发展. 这是整个计划的一部分. 张量微积分的建立——仅仅依靠它, 就有可能充分地表达所讨论的物理知识——占据了相当大的空间. 因此, 希望本书能够使物理学家更好地熟悉这种数学工具, 同时, 它还将作为学生的教科书, 赢得他们对新思想的赞同.

赫尔曼·外尔

梅克伦堡里比茨

1918 年, 复活节

英译者注

在把外尔教授的著作翻译成英文的过程中, 不仅在一般文本上, 而且在技术表达的英语对等词的选择上, 都尽可能地与原文保持一致. 例如, “仿射” 这个词被保留了下来. 默比乌斯 (Möbius) 在他的 *Der Barycentrische Calcul* 中使用了这个词, 他在书中引用了欧拉给出的这个词的拉丁语定义. Veblen 和 Young 曾在他们的射影几何中使用过这个词, 所以对英国数学家来说它并不陌生. Abbildung, 意味着表现, 一般是由变换来呈现的, 因为它表示的是一个空间的某些元素在另一个空间上的映射, 或以另一个空间的形式表示. 在某些情况下, 为了方便那些希望在原始论文中进一步研究这一主题的人, 会在括号中添加德语单词. 希望这本英文版的问世能进一步拓展爱因斯坦的思想, 使之涵盖所有的物理知识. 我们已经取得了许多成就, 但仍有许多工作要做. 本书后几章的精彩论述表明, 爱因斯坦的天才思想开辟了多么广阔的领域. 翻译工作是一件令人愉快的事, 我很高兴地告诉您, 我们已经收到了有关字体和符号的建议, 并由美津恩有限公司 (Methuen & Co. Ltd.) 的梅图恩先生遵照执行. 根据感兴趣的数学家和物理学家的建议, 我使用了克拉伦登类型 (Clarendon type) 作为矢量符号. 我衷心感谢新书院的 G. H. Hardy 教授和基督教会的 T. W. Chaundy 先生在审阅校样时提出的宝贵意见和帮助. 为了使数学文本尽可能完美, 人们付出了极大的努力.

亨利 • L. 布罗斯
牛津基督教堂
1921 年 12 月

目　　录

《空间–时间–物质》导言

空间和**时间**通常被认为是现实世界的存在**形式**, **物质**是它的**内容**. 在一特定的时间里, 物质的某一特定部分占据一特定的空间. 这三个基本概念正是在**运动**的综合概念中才形成了密切的关系. 笛卡儿将精确科学的目标定义为, 用这三个基本概念来描述所有发生的事情, 从而把它们称为运动. 自从人类的心智第一次从蒙昧中觉醒, 并被允许自由驾驭以来, 它就从未停止过对时间深刻神秘本质的感知——意识的演化、世界在时间中的发展和变化. 这是一个终极的形而上学问题, 在任何一个历史时期, 哲学家们都试图阐明和解决这个问题. 希腊人把空间作为一项极其简单和确定的科学的主题. 在古典主义的思想中, 纯粹科学的观念由此而生. 几何学成为激发那个时代思想的至高无上的最有力的表达方式之一. 后来, 当贯穿整个中世纪的教会的知识专制崩溃, 怀疑主义的浪潮似乎要把一切看似最固定的东西都卷走的时候, 那些相信真理的人就像紧紧抓住岩石一样紧紧抓住几何学, 而每一个科学家的最高理想都是使他的科学 "更加几何学化". 物质被认为是参与每一个变化的物质, 并认为每一种物质都可以用一个量来衡量, 这个量作为 "物质" 的特有表达方式是物质守恒定律, 该定理断言, 物质在每一次变化中的数量都是不变的. 迄今为止, 这代表着我们对空间和物质的认识, 哲学家们在许多方面都声称这是一种**先验**的知识, 是绝对普遍和必要的, 这些在今天看来却是一个摇摇欲坠的知识结构. 首先, 以法拉第和麦克斯韦为代表的物理学家提出了与**物质**相对立的 "**电磁场**", 作为一种不同范畴的实在. 然后, 在 19 世纪, 数学家遵循不同的思路, 暗中破坏了对欧几里得几何证据的信任. 现在, 在我们这个时代, 已经发生了一场大变革, 它横扫了迄今为止被认为是自然科学最坚实的支柱的空间、时间和物质, 但这只是为了给这些事物一个更广阔和更深刻的视野让路.

这场革命主要是由阿尔伯特 · 爱因斯坦的思想推动的. 在目前看来, 从这些基本思想出发, 似乎已得出某种结论; 然而, 无论我们是否已经面对一种新的事态, 我们都感到有必要对这些新的想法进行仔细的分析, 也不可能退缩. 科学思想的发展也许会使我们再一次超越目前的成就, 但回到过去那种狭隘和受限制的模式是不可能的.

哲学、数学和物理在这里提出的问题中各有所长. 然而, 我们将首先关注这些问题的数学和物理方面. 我只简单地谈谈哲学的含义, 原因很简单, 在这方面还没有达成任何最终结果, 就我个人而言, 我不能像我的良心所允许的那样, 对所涉及的认识论问题作出这样的回答. 本书中要提出的想法并不是对物理知识的基础的某种推测性探究的结果, 而是在处理具体的物理问题的一般过程中发展起来的——这些问题是在科学的迅速发展中产生的, 而科学的迅速发展可以说已经冲破了它的旧外壳, 因为它现在变得太狭隘了. 这一对基本原则的修订是后来才进行的, 而且也只是在新拟订的想法所需要的范围内进行的. 就目前的情况来看, 除了各门科学各自独断地沿着这条路线前进之外, 别无他法, 就是说, 各门科学都应忠实地按照它们各自的特殊方法和特殊限制所特有的合理动机所引导的道路前进. 然而, 从哲学的角度阐明这些问题仍然是一项重要的任务, 因为它与属于许多个别科学的问题截然不同. 在这一点上, 哲学家必须谨慎行事. 如果他始终注意到这些问题固有的困难所确定的界线, 他就可以指导科学的发展, 但决不能阻碍科学的发展, 因为科学的研究领域只限于具体对象的领域.

尽管如此, 我还是要从哲学性质的一些思考开始. 人类在日常生活的活动中, 会发现自己的感知行为受到了物质的影响. 我们把它们归为“真实”的存在, 并且我们一般地接受它们的构成、形状和颜色等, 当它们在我们的“一般”感知中出现时, 就排除了可能的错觉、海市蜃楼、梦境和幻觉.

这些物质的东西都浸没在一种轮廓不定的类似现实的流形之中, 并被它们注入其中. 这些现实结合在一起, 形成了一个永恒存在的空间世界, 而我和我自己的身体就属于这个空间世界. 让我们在这里只考虑这些实体的对象, 而不考虑我们作为一般人所面对的所有其他不同范畴的事物, 如生物、人、日常生活用品、价值观, 以及诸如国家、权利、语言等实体. 哲学反思可能始于我们每一个人, 当它第一次对我刚才简要提到的朴素实在论的世界观产生怀疑时, 它就被赋予了一种抽象的思维方式.

我们很容易看出, 像“**绿色**”这样的品质只有当感觉“绿色”与知觉所赋予的物体相关联时才存在, 而把它自身作为一件东西附加在**它们本身**存在的物质事物上, 则是毫无意义的. 这种对**感觉性质的主观性**的认识是由伽利略 (以及笛卡儿和霍布斯) 创立的, 其形式与**否定“特性”的现代物理学的建构性数学方法的基本原理**密切相关. 根据这一原理, 颜色是以太 (æther) 的“真实的”振动, 即物体的运动. 在哲学领域, 康德是第一个朝着这个观点迈出决定性下一步的人, 该观点认为不仅感官所揭示的性质, 而且空间和空间特征也没有绝对意义上的客观意义; 换句话说, 这种**空间也只是我们感知的一种形式**. 在物理学的领域里, 也许只有相对论清楚地表明, 进入我们直觉的空间和时间这两种本质, 在数学物理所建构的世界里没有立足之地. 因此, 颜色是“真实的”, 甚至不是其他的振动, 而仅仅是发生在与三维空间和一维时间对应的四个独立参数中的一系列函数值.

就一般原则而言, 这意味着现实世界, 它的每一个组成部分及其伴随的特征,都是而且只能是意识行为的有意对象. 我所接收到的直接数据, 就是我所接收到的意识经验的形式. 他们并不像许多实证主义者所主张的那样, 仅仅由感知的东西组成, 但我们可以说, 例如, 在一种感觉中, 一个对象实际上是以一种人人都知道的方式, 在物理上呈现在与那个感觉有关的人面前, 然而, 由于这种感觉的独特性, 它不能被更充分地描述. 按照布伦塔诺 (Brentano) 的说法, 我将称之为 "**意向对象**"(intentional object). 例如, 在体验感知的过程中, 我看到了这张椅子. 我的注意力完全集中在椅子上. 我 "有" 这个知觉, 但只有当我把这个知觉反过来作为一个新的内在知觉的有意对象时 (一种自由的反思行为使我能够做到这一点), 我才 "知道" 关于它的一些东西 (而不仅仅是椅子), 并确切地确定我刚才所说的. 在这个第二行为中意向对象是内在的, 即行为本身一样, 它是我经历的一个真正的组成部分, 而在主要的感知行为中, 客体是超验的, 即它是在意识的体验中给予的, 但并不是意识的真正组成部分. 内在的东西是**绝对的**, 也就是说, 内在的东西就是我所占有它的形式, 我可以通过反思的行为把它的本质归结为公理. 另一方面, 先验对象只有**现象性**存在; 它们是以多种方式和多种 "层次" 呈现自己的表象. 同一片叶子, 根据所处位置和光照条件, 似乎有这样那样的大小, 或者有这样那样的颜色. 这两种外观方式都不能声称呈现叶子就像它 "本身" 一样. 此外, 在每一种知觉中, 毫无疑问都包含着存在于其中的对象的**现实性**这一命题; 事实上, 后者是世界现实这一总的论断中的一个固定和持久的因素. 然而, 当我们从自然的观点过渡到哲学的态度, 对知觉进行沉思时, 我们就不再赞同这一论点了. 我们只是简单地确认其中有一些真实的东西是 "假定的". 这种假设的意义现在变成了必须从意识的数据中加以解决的问题. 此外, 还必须找到合理的理由. 我并不想以此暗示, 认为世界上的事件仅仅是自我所产生的意识的游戏的观点, 包含着比朴素实在论更高程度的真理; 相反, 我们所关心的只是清楚地看到, 如果我们要理解绝对的意义以及对现实的假定的权利, 我们就必须把我们自己置于意识的基础之上. 在逻辑领域, 我们有一个类似的例子. 我所宣布的判断肯定了某些情况; 该判断认为它们是真的. 在这里, 关于真理的这个命题的意义和理由的哲学问题又出现了; 在这里, 客观真理的概念并没有被否定, 而是成为一个必须从所给予的东西中绝对把握的问题. "纯粹意识" 是哲学上**先验**事物的基础. 另外, 对于真理命题的哲学考察, 必须而且必然会得出这样的结论, 那就是, 任何知觉的行为、记忆等 (它们表现出我们借以把握现实的经验), 都不能给我们一种结论性的权利, 把所知觉的对象归于一种所知觉的存在和构成. 反过来, 这种权利也总能被以其他观念为基础的权利所否定.

在内容上取之不尽是真实事物的本质; 我们可以通过不断地增加新的体验 (部分处于明显的矛盾中) 来获得对这一内容更深刻的理解, 并使它们彼此和谐. 在这个解释中, 现实世界的事物是近似的概念. 由此产生了我们对现实的所有知

识的经验特征 (注 1)[①].

时间是意识流的原始形式. 无论我们的头脑多么模糊和困惑, 事实上, 意识的内容并不仅仅表现为存在 (如概念、数字等), 而是**正在**以一种不同的内容来填充持久存在的形式. 因此, 人们不说这**是**, 而说**现在**才是, 但现在又不再是现在了. 如果我们将自己投射到意识流之外, 并将意识流的内容表示为一个对象, 意识流就会成为一个发生在时间中的事件, 其不同的阶段在我们的意识流中彼此存在于**更早**和**更晚**的关系中.

正如时间是意识流的形式一样, 人们也可以合理地断言空间是外部物质现实的形式. 物质的东西在外在感知行为 (如色彩) 中呈现出来的所有特征都被赋予了空间延伸的分离性, 但是, 只有当我们从所有的经验中建立起一个单一的、连接在一起的真实世界时, 作为每一种感知的组成部分的空间扩展才会成为同一个包容一切的空间的一部分. 因此, 空间是外部世界的**形式**. 也就是说, 任何物质的东西, 在不改变其内容的情况下, 同样可以在空间中占据与其现在不同的位置. 这立即给了我们空间同质性的性质, 这是**全等**概念的根源.

现在, 如果意识的世界和先验的现实世界是完全不同的, 或者更确切地说, 如果被动的知觉行为弥合了它们之间的鸿沟, 事态将保持我刚才所说的那样, 也就是说, 一方面, 一种意识以一种永恒的现在形式流逝着, 但却没有空间; 另一方面, 是现实世界在时间上的延伸, 但却是永恒的, 而现实所包含的只是一种不同的表象. 在所有的知觉之前, 我们有努力和反对的经验有主动和被动的经验. 对于一个过着活跃的自然生活的人来说, 知觉最重要的作用是在他的意识之前清楚地指出他所要采取的行动的明确的攻击点, 以及与之对立的根源. 作为行动的实施者和执行者, 我成为一个具有精神现实的单一个体, 这个具有精神现实的个体在外部世界的物质事物中占有一席之地, 通过它我可以与其他类似的个体进行交流. 意识, 不放弃它的内在性, 成为现实的一部分, 成为这个特定的人, 即我自己, 出生并将死去. 此外, 作为这个结果, 意识以时间的形式在现实之上展开了它的网络. 变化、运动、时间的流逝、存在与消逝, 都存在于时间本身之中; 正如我的意志作为一种原动力, 通过并超越我的身体作用于外部世界一样, 外部世界也同样是活跃的 (正如德语单词 “Wirklichkeit” 一词所示, 源自 “wirken”= to act 的实相表示). 它的现象始终是由**因果关系**联系在一起的. 事实上, 物理学表明宇宙时间和物理形式不能彼此分离. 相对论提出的时空融合问题的新解决方案, 使人们对世界行动的协调性有了更深刻的认识.

这样, 我们今后的论证路线就有了明确的轮廓. 如果分开来讨论, 那么包括在

① 注 1: 这些思想的详细发展非常密切地遵循胡塞尔的路线, 见他的 “Ideen zu einer reinen Phänomenologie und phänomenologischen Philosophie”(Jahrbuch f. Philos.u. phänomenol. Forschung, Bd. 1, Halle, 1913).

这篇导言中的关于时间以及从数学上和概念上把握时间，我们还有什么要说的呢？我们将不得不以更长的篇幅来处理空间问题. 第 1 章主要讨论**欧几里得空间**及其数学结构. 那些迫使我们超越欧几里得体系的思想将在第 2 章中加以阐述; 这在度量连续统的一般空间概念 (黎曼空间的概念) 中达到了高潮. 在此基础上, 第 3 章将讨论上述空间与时间在世界上的**融合**问题. 从这一点上讲, 力学和物理学的结果将发挥重要的作用, 因为正如前面已经指出的那样, 这个问题的本质使我们把世界看作一个活跃的实体. 根据第 2 章和第 3 章的观点建造的大厦将在第 4 章的最后把我们引向爱因斯坦的广义相对论, 广义相对论在物理上包含了一个新的**引力**理论, 以及后者的延伸, 后者包括除万有引力之外的电磁现象. 在我们的空间和时间概念中所引起的革命, 必然也会影响到物质的概念. 因此, 所有必须谈到的有关物质的问题将在第 3 章和第 4 章中得到适当的处理.

为了能够把数学概念应用到时间问题上, 我们必须假设, 从理论上讲, 以任何精确的顺序确定时间都是可能的, 如绝对严格的**现在** (此时此刻) 作为**时间点**——也就是, 能够指出时间点, 其中一个总是较早的, 另一个总是**较晚的**. 下面的原则适用于这种 “顺序关系”. 如果 A 比 B 早, B 比 C 早, 那么 A 比 C 早. 每两个时间点, A 和 B, 其中 A 较早, 标出一个**持续时间** (length of time); 这包括在 A 之后和 B 之前的每一点. 时间是我们经历的流动 (stream of experience) 的一种形式, 这一事实体现在**等同**的思想中: 充满持续时间 AB 的经验内容本身可以被放入任何其他时间中, 而不会与它本身有任何不同. 它占据的时间长度等于 AB 的距离. 在因果关系原理的帮助下, 给出了物理学中等长时间的如下客观判据. 如果一个绝对孤立的物理系统 (即一个不受外部影响的系统) 再次恢复到与它在某个较早的时刻完全相同的状态, 那么同样状态的继承将及时地重复, 而整个事件系列将构成一个循环. 一般来说, 这样的系统叫作**时钟**. 循环的每个周期持续的时间**等**长.

通过**测量**时间来确定时间的数学基础是基于这两个关系, “较早 (或较晚) 时间” 和 “相等时间”. 计量的性质可简要说明如下: 时间是均匀的, 也就是说, 一个时间点只能通过单独指定才能给出. 不存在由时间的一般性质而产生的固有性质, 而时间的一般性质可归因于任何一点, 但不能归因于任何另一点; 或者, 从这两个基本关系中逻辑推导出来的每一个属性要么属于所有点, 要么不属于任何点. 同样的道理也适用于时间-长度和点对. 基于这两个关系并适用于一个点对的属性必须适用于每一个点对 AB (其中 A 早于 B). 然而, 在三个点对的情况下, 就会产生差异. 如果给定任意两个时间点 O 和 E, 使 O 早于 E, 则可以通过将它们引用单位距离 OE 在概念上来确定进一步的时间点 P. 这是通过在三个点之间逻辑地构造一个关系 t 来实现的, 这样, 对于 O 和 E 这两个点, 其中 O 早于 E, 就有且只有一个点 P 满足 O, E 和 P 之间的关系 t, 即用符号表示有

$$OP = t \cdot OE$$

(例如 $OP = 2 \cdot OE$ 表示 $OE = EP$ 的关系). **数字**仅仅是表示像 t 这样的关系的简洁符号, 它从基本关系中逻辑地定义. P 为**坐标系统中横坐标** t 的时间点 (以 OE 为单位长度). 在同一个坐标系中, 两个不同的数字 t 和 t^* 必然导致两个不同的点; 否则, 由于时间-长度连续统的同质性, 所表示的性质为

$$t \cdot AB = t^* \cdot AB,$$

由于它属于时间长度 $AB = OE$, 所以也必属于**每一个**时间长度, 因此两个方程 $AC = t \cdot AB, AC = t^* \cdot AB$ 必定表示相同的关系, 即 t 必定等于 t^*. 数字使我们能够通过一个概念性的、客观而精确的过程, 从时间连续体中挑出相对于单位距离 OE 的单独的时间点. 但是, 由于事物的客观性排除了自我和直接来自直觉的数据, 所以并不完全令人满意. 坐标系统只能由一个单独的行为来指定 (因而只能是近似的), 它仍然是这种消除感知力的必然残余.

在我看来, 通过用上述术语表述测量原理, 我们清楚地看到了数学是如何在精确的自然科学中发挥作用的. *测量的一个本质特征是通过个别规范"确定"一个对象与通过某些概念手段确定同一对象之间的区别.* 后者可能只相对于必须直接定义的对象. 这就是为什么**相对论**总是与测量有关. 相对论提出的关于任意对象领域的一般问题的形式是: ①必须给出什么, 以便相对于它 (以及任何期望的精度), 人们可以从所考虑的连续扩展的对象领域中, 从概念上挑出一个任意对象 P? 必须给出的 (对象的连续扩展域) 称为**坐标系统**, 概念的定义称为坐标系统中 P 的**坐标** (或横坐标). 从客观的观点来讲, 两个不同的坐标系是完全等价的. 没有可以在概念上固定的属性, 它适用于一个坐标系, 但不适用于另一个坐标系; 那种只适用于一个坐标系而不适用于另一个坐标系的概念上固定的属性是不存在的; 因为如果那样的话, 就会有太多的东西必须直接给定了. ②在两个不同的坐标系中, 同一个任意对象 P 的坐标之间存在什么关系?

在我们目前所关心的时间点范围内, 对第一个问题的回答是, 坐标系统由一个时间长度 OE (给出原点和度量单位) 组成. 第二个问题的答案是, 所需的关系用变换公式表示

$$t = at' + b \quad (a > 0),$$

其中 a 和 b 为常数, 而 t 和 t' 分别是"不带撇的"和"带撇的"坐标系中同一任意点 P 的坐标. 对于所有可能的坐标系, 变换的特征数 a 和 b 可以是任意实数, 但有一个限制, 即 a 必须总是正的. 所有变换的总体构成一个**群**, 正如它们的性质所暗示的那样, 即,

(1) "恒等" $t = t'$ 包含于其中.

(2) 每一个变换都伴随着它在群中的一个逆变换 (reciprocal), 也就是说, 这个变换恰好抵消了它的效果. 因此, 变换 (a,b)(即变换 $t=at'+b$) 的逆是 $\left(\frac{1}{a},-\frac{b}{a}\right)$, 即 $t'=\frac{1}{a}t-\frac{b}{a}$.

(3) 如果给定一个群的两个变换, 则依次应用这两个变换所产生的变换也属于这个群. 很明显, 通过依次应用这两个变换

$$t=at'+b,\quad t'=a't''+b',$$

我们就得到

$$t=a_1t''+b_1,$$

其中 $a_1=a\cdot a'$ 和 $b_1=a\cdot b'+b$; 如果 a 和 a' 为正, 则它们的乘积也是正的.

第 3 章和第 4 章中讨论的相对论不仅针对时间点, 而且对整个物理世界都提出了相对论的问题. 然而, 我们发现, 一旦找到了这个世界的两种形式——空间和时间的解决方案, 这个问题就解决了. 通过选择空间和时间的坐标系, 我们也可以用数字的方法从概念上确定世界所有部分的物理真实内容.

万事开头难. 既然数学家是按照严格而形式的方式来处理他的概念的, 他就必须不时地提醒自己, 事物的起源往往隐藏在比他的方法所能到达的更深处. 除了从个别科学中获得的知识之外, 还有**理解**的任务. 尽管哲学的观点在不同体系之间摇摆不定, 但我们不能放弃它, 除非我们要把知识变成一种毫无意义的混乱.

第 1 章　欧几里得空间. 它的数学表示及其在物理学中的作用

§1. 从等量关系中导出的空间基本概念

正如我们把现在时刻 (“现在”) 固定为时间上的一个几何点一样, 我们也把一个确切的 “这里”, 即空间上的一个点, 固定为连续空间扩展的第一个元素, 它和时间一样, 是无限可分的. 空间不像时间那样是一维连续体. 它不断延伸的原理不能简单地归结为 “更早” 和 “更晚” 的关系. 我们将不去探究是什么关系使我们能够从概念上把握这种连续性. 另外, 空间和时间一样, 是现象的一种**形式**. 完全相同的内容、完全相同的事物, 仍然保持其本来面目, 同样也可能存在空间中的某个地方, 而不是它实际所在的地方. 然而被它占据的空间 $\mathbf{S}'$ 的新部分等于它实际占据的空间 $\mathbf{S}$ 的那一部分. 称 $\mathbf{S}$ 和 $\mathbf{S}'$ 是**全等**的. 对于 $\mathbf{S}$ 的每一个点 P 都对应着 $\mathbf{S}'$ 的一个确定的**同源**点 P', 经过以上位移到一个新的位置, 它将被给定内容的完全相同的部分包围, 与最初包围 P 的部分相同. 我们称这个 “变换” 为一个**全等变换** (由于点 P' 对应点 P). 只要适当的主观条件得到满足, 在位移之后, 给定的事物在我们看来就会和以前完全一样. 我们有充分的理由相信, 当一个刚体连续地置于两个位置时, 它就实现了空间两部分相等的思想; 我们所说的**刚体**, 是指无论它如何移动或如何处理, 只要我们对它取适当的位置, 就总能使它看起来和以前一样. 我将从等价的概念和连续关系的概念结合起来发展几何学的体系 (后者为分析带来了很大的困难), 并将以一种浅显的方式说明几何的所有基本概念是怎样追溯到它们的. 我这样做的真正目的是在可能的全等变换之中挑出不同的变换. 从变换的概念开始, 我将沿着严格的公理化路线发展欧几里得几何.

首先是**直线**的概念. 其显著特征是由其上的两个点决定的. 任何其他的一条直线, 即使其中两个点保持不变, 也可以通过全等变换 (平直度的检验) 得到另一个位置.

因此, 如果 A 和 B 是两个不同的点, 直线 $g = AB$ 包含了所有将 AB 转化为自身的全等变换而变换为自身的直线上所有的点. (用我们熟悉的语言来说就是, 直线平坦地分布在点之间.) 用运动学的方式表达, 这相当于把直线看作一条旋转轴. 它和时间一样, 是均匀的和线性的连续统. 它上面的任意一点都把直线分成两部分, 即两条 “射线”. 如果 B 位于这两个部分中的一个, 而 C 位于另一个部分,

则说 A 介于 B 和 C 之间, 其中一部分的点位于 A 的右边, 另一部分的点位于 A 的左边. (左或右的选择是任意决定的.) “之间” 概念所隐含的最简单的基本事实, 可以像由演绎过程的需要建立起来的几何学那样精确和完整地表述出来. 出于这个原因, 我们努力将所有的连续性概念追溯到 “之间” 的概念, 也就是说, “A 是直线 BC 上的一个点, 且位于 B 和 C 之间” (这与真实的直觉关系相反). 假设 A' 是直线 g 上位于 A 右侧的一个点, 那么 A' 也将直线 g 分成两部分. 我们称 A 属于其中的左侧部分. 但是, 如果 A' 位于 A 的左边, 则位置正好相反. 根据这一约定, 类似关系不仅适用于 A 和 A', 而且也适用于直线的**任意**两点. 直线上的点按左右的顺序排列, 就像时间点按先后的顺序排列一样完全相同.

左右关系是等价的. 存在一个全等变换使 A 保持不变, 但它将 A 划分直线的两个部分互相转换了. 直线 AB 的每一个有限部分都可以叠加在自己身上, 从而使其反转 (即 B 落在 A 上, A 落在 B 上). 另一方面, 将 A 转化为自身的全等变换, 将 A 右侧所有的点转化为 A 右侧的点, 将 A 左侧所有的点转化为 A 左侧的点, 使得直线上的每一点不受干扰. 直线的同质性表现为: 直线可以放置在自己身上, 使它的任何点 A 可以转换成它的任何其他点 A', 以及 A 的右边的一半可以转换成 A' 的右边的一半, 同样地, A 和 A' 的左边的部分也是一样的 (这意味着直线的平移). 如果我们现在引入直线点的方程 $AB = A'B'$, 解释为 AB 被平移成直线 $A'B'$, 那么这一关系对于时间概念也是成立的. 这些相同的情况使我们能够引入数字, 并通过使用长度单位 OE 建立直线上的点和实数之间的一一对应关系.

现在让我们来考虑使直线 g 保持不变的全等变换群, 即将 g 的每个点仍然变换为 g 的一个点.

我们特别注意其中的旋转, 因为它不仅具有使 g 整体保持不变的性质, 而且还具有使 g 的每一点不动的性质. 如何将这个群中的变换与扭曲 (twists) 变换区分开来?

我将在这里概述一个初步的论证, 在这个论证中, 不仅直线, 而且平面都是基于旋转的性质.

从 O 点出发的两条射线构成一个**角**. 当将它倒转时, 每一个角可以与其自身完全重叠, 这样的变换使得角的一条边落在另一条边上, 反之亦然. 每一个**直角**与其互补角是全等的. 因此, 如果 h 是一条垂直于直线 g 于 A 点的直线, 那么就有一个关于 g 的旋转 (反转), 它将交换 h 被 A 分成的两个部分. 所有在 A 处垂直于 g 的直线一起形成**平面** E, 该平面通过点 A 且垂直于直线 g. 这些垂直直线中的每一对都可以通过围绕 g 旋转的方式从任何其他直线中产生.

如果 g 被反转, 并以某种方式放置于其自身, 使 A 转化成自己, 但使 A 分隔 g 的两部分相互交换, 那么平面 E 必然与其自身重合. 平面也可以通过将这个性质与旋转对称性相结合来定义. 两个全等的旋转变换 (即关于旋转对称的) 是平面的, 如果通过反转其中一个表面, 使其轴垂直于相反的方向, 并将其放在另一个表面上, 则可以使两个表面重合. 平面是齐性的 (homogeneous). 在这个例子中, 平面 E 上的点 A 作为平面的中心点并不是 E 中唯一的点. 如果平面 E 是由所有通过 A' 并且与 g' 垂直的直线组成的, 那么直线 g' 穿过 E 中每一条过 A' 的直线. 过 A' 点且与 E 垂直的直线 g' 分别形成一组**平行**直线. 我们开始考虑的那条直线 g 在它们之中绝不是唯一的. 这组直线以这种方式占据了整个空间, 只要其中的一条直线通过了空间的每个点. 这与执行上述构造的直线 g 上的 A 点无关.

如果 A^* 是 g 上的任意一点, 则在 A^* 处垂直于 g 的平面不仅垂直相交于 g, 而且垂直相交于这组平行直线的**所有**直线. 过直线 g 上的所有点 A^* 且与该直线垂直相交的平面 E^* 就构成了一组平行平面. 这些平面也连续地并以独特的形式填满了空间. 我们只需再迈出一小步, 就可以从上述的空间框架过渡到直角坐标系统. 然而, 我们将在这里使用它来确定空间变换的概念 (图 1).

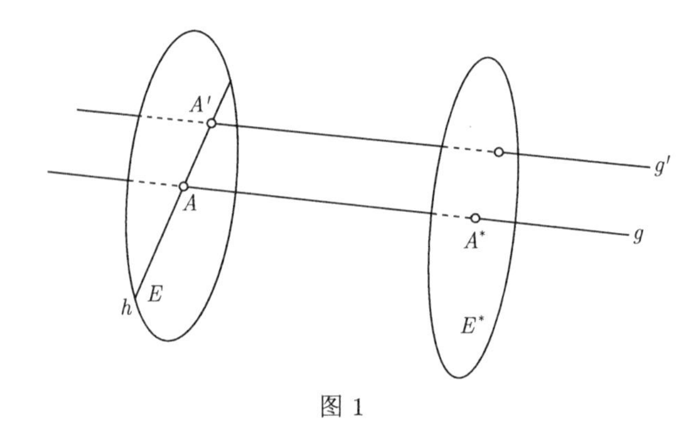

图 1

变换是一种全等变换, 它不仅把直线 g 而且把平行线组中的每一条直线变换成它自己. 有且只有一个变换将 g 上的任意一点 A 变换到同一直线上的另一任意点 A^*.

我现在给出另一种得出变换概念的方法. 变换的主要特点是, 所有的点在变换中都是同等重要的, 在变换过程中, 一个点的行为不允许对它作出任何客观的断言, 而对其他任何点则不能作出同样的断言 (这意味着, 对于给定的变换, 空间上的点只能通过逐个指定——即 “就是那个”——来区分, 而在旋转的情况下, 轴上的点可以通过它们保持其位置的属性来区分). 以此为基础, 我们得到了以下关于平移的定义, 它完全独立于旋转的概念. 设任意点 P 通过全等变换转化为 P': 我们称 P 和 P' 是连通点. 第二个全等变换具有将每一对连通点再变换为连通点的性质, 连同第一变换一起称为**可交换变换** (interchangeable). 如果产生可互换的全等变换, 它将任意点 A 转化为任意点 B, 则称为平移变换. 两个全等变换 I 和

II 是可交换的陈述意味着 (由上述定义容易证明) 由 I 和 II 的连续应用所产生的全等变换与这两个变换以相反顺序执行时的结果是一致的. 事实上, 存在一种变换 (正如我们将看到的那样, 只有一种变换), 它将任意点 A 转化为任意点 B. 此外, 如果 $\mathbf{T}$ 表示一个变换, A 和 B 是任意两点, 根据我们的定义, 存在一个全等的、可交换的变换 $\mathbf{T}$, 它将 A 转化为 B, 这不仅是一个事实, 而且将 A 转化为 B 的特定**变换**具有所需的属性. 因此, 变换与所有其他变换都是可交换的, 与所有变换可交换的全等变换也必然是一种变换. 由此可以看出, 连续执行两种变换所产生的全等变换, 以及变换的 "逆"(也就是说, 完全颠倒或中和原来的变换) 本身就是一种变换. 变换具有 "群" 的特征 (注 2)①. 将 A 转换成 A 的变换只有**恒等变换**, 它将其中的每个点变换为其自身 (保持不变). 因为如果这样的变换要把 P 变换成 P', 那么, 根据定义, 就必须有一个全等变换, 它将 A 变换为 P, 同时将 A 变换为 P', 所以, P 和 P' 必须是同一个点. 因此, 不可能有两种不同的变换, 它们同时将 A 转换成另一点 B.

由于变换的概念是独立于旋转的概念来定义的, 因此基于旋转的观点就与上述直线和平面的变换的观点形成鲜明的对比. 设 $\mathbf{a}$ 是将点 A' 转换为 A 的变换. 同样的变换将把 A_1 变换到 A_2 点, A_2 变换到 A_3 点, 等等. 此外, 通过这一变换, A_0 将从某一点 A_{-1} 导出, A_{-1} 从 A_{-2} 导出, 等等. 这还没有给出整条直线上的点, 而是它上的一系列等距点. 现在, 如果 n 是一个自然数 (整数), 则存在一个变换 $\dfrac{\mathbf{a}}{n}$, 当重复 n 次时, 它给出变换 $\mathbf{a}$. 那么, 如果从 A_0 点开始, 我们用与我们刚才使用 $\mathbf{a}$ 相同的方式使用 $\dfrac{\mathbf{a}}{n}$, 将得到正在构造的直线上的一系列点, 其密度是原来的 n 倍.

如果我们把所有可能的整数作为 n 的值, 这个点列会随着 n 的增加而变得越来越密集, 我们得到的所有点最终融合成一个线性连续统, 在这个连续统中, 它们被嵌入, 放弃了它们的个体存在 (这种描述是建立在我们对连续性的直觉基础上的). 我们可以说, 直线是由同一无穷小平移及其逆的无限重复的点导出的. 而平面则是通过将一条直线 g 沿另一条直线 h 的无穷小平移及其逆的无限重复导出的. 如果 g 和 h 是通过 A_0 点的两条不同的直线, 那么如果我们对 g 应用所有使 h 变换成其自身的变换, 所有由 g 产生的直线全体就形成 g 和 h 所确定的公共平面.

① 注 2: 亥姆霍兹在他的论文 "Über die Tatsachen, welche der Geometrie zugrunde liegen" (Nachr. d. K. Gesellschaft d. Wissenschaften zu Göttingen, math.-physik. Kl., 1868) 中, 第一个试图发现几何学中运动群的性质. 这一 "亥姆霍兹空间问题" 被 S. Lie 更明确地定义 (Berichte d. K. Sachs. Ges. d. Wissenschaften zu Leipzig, math.-phys. Kl., 1890), 并通过他创立的变换群理论解决了 (cf. Lie-Engel, Theorie der Transformationsgruppen, Bd. 3, Abt. 5) . 希尔伯特接着在应用聚合理论的思想所作的假设中引入很强的限制条件 (Hilbert, Grundlagen der Geometrie, 3 Aufl., Leipzig, 1909, Anhang IV).

只有当我们首先将全等变换的一般概念缩小到平移的概念, 并以此作为公理基础时, 我们才能成功地将逻辑顺序引入几何学的结构中 (§2 和 §3). 然而, 通过这样做, 我们就得出了一个只涉及变换的几何学, 即仿射几何, 在这种几何学的范围内, 一般全等概念必须重新引入 (§4). 由于直觉已经为我们提供了必要的基础, 接下来我们将进入演绎数学的领域.

§2. 仿射几何基础

从现在起, 我们将使用向量一词来表示空间中的平移或位移 $\mathbf{a}$. 稍后, 我们将有机会赋予它更广泛的意义. 位移 $\mathbf{a}$ 将点 P 变换为点 Q (“变换”P 为 Q) 的说法也可以这样来表示: Q 是起点在 P 的向量 $\mathbf{a}$ 的终点. 如果 P 和 Q 是任意两点, 那么就有且只有一个位移 $\mathbf{a}$, 它将 P 变换到 Q. 我们称它为由 P 和 Q 定义的向量, 并用 $\overrightarrow{PQ}$ 表示.

通过两个连续的变换 $\mathbf{a}$ 和 $\mathbf{b}$ 产生的变换 $\mathbf{c}$ 称为 $\mathbf{a}$ 和 $\mathbf{b}$ 的和, 即 $\mathbf{c}=\mathbf{a}+\mathbf{b}$. 求和的定义给了我们如下结论的意义: ①向量与整数的乘法 (重复) 和向量除以整数的意义; ②把向量 $\mathbf{a}$ 变换为它的逆向量 $-\mathbf{a}$ 的运算的意义; ③零向量 $\mathbf{0}$ 的意义, 即 “恒等” 的意义, 它使所有点不变, 即 $\mathbf{a}=\mathbf{a}$ 和 $\mathbf{a}+(-\mathbf{a})=\mathbf{0}$. 它还告诉我们由符号 $\pm\frac{m\mathbf{a}}{n}=\lambda\mathbf{a}$ 传达的信息, 其中 m 和 n 是任意两个自然数 (整数), λ 表示分数 $\pm\frac{m}{n}$. 通过考虑连续性的假设, 当 λ 是**任意**实数时, 这也给了 $\lambda\mathbf{a}$ 的意义. 仿射几何可建立在如下的公理体系之上.

I. 向量

两个向量 $\mathbf{a}$ 和 $\mathbf{b}$ 唯一地确定一个向量 $\mathbf{a}+\mathbf{b}$ 作为它们的和. 一个数 λ 和一个向量 $\mathbf{a}$ 唯一定义一个向量 $\lambda\mathbf{a}$, 称之为 “λ 乘以 $\mathbf{a}$” (乘法). 这些运算必须遵守下列公理:

(α) 加法公理:

(1) $\mathbf{a}+\mathbf{b}=\mathbf{b}+\mathbf{a}$ (交换律);

(2) $(\mathbf{a}+\mathbf{b})+\mathbf{c}=\mathbf{a}+(\mathbf{b}+\mathbf{c})$ (结合律);

(3) 如果 $\mathbf{a}$ 和 $\mathbf{c}$ 是任意两个向量, 那么就有且只有一个 $\mathbf{x}$ 值使方程 $\mathbf{a}+\mathbf{x}=\mathbf{c}$ 成立. 这个值被称为 $\mathbf{c}$ 和 $\mathbf{a}$ 之间的差, 并表示为 $\mathbf{c}-\mathbf{a}$ (减法的可能性).

(β) 乘法公理:

(1) $(\lambda+\mu)\mathbf{a}=(\lambda\mathbf{a})+(\mu\mathbf{a})$ (第一分配律);

(2) $\lambda(\mu\mathbf{a})=(\lambda\mu)\mathbf{a}$ (结合律);

(3) $1\cdot\mathbf{a}=\mathbf{a}$;

(4) $\lambda(\mathbf{a}+\mathbf{b})=(\lambda\mathbf{a})+(\lambda\mathbf{b})$ (第二分配律).

对于有理乘子 λ,μ, 如果从加法出发来定义这些因子的乘法, 则这些规律 (β) 也遵循加法公理. 根据连续性原理, 我们也将它们用于任意实数, 但是, 我们有意把它们作为独立的公理, 因为它们不能仅凭逻辑推理从加法公理中推导出一般形式. 为了避免将乘法降为加法, 我们可以通过这些公理消除几何学逻辑结构中难以精确确定的连续性. 定律 (β) 中的 (4) 由相似定理组成.

(γ) 在这个系统中占据下一个位置的是 "维度公理", 我们将在稍后加以阐述.

II. 点和向量

1. 每一对点 A 和 B 确定一个向量 $\mathbf{a}$; 用符号表示为 $\overrightarrow{AB}=\mathbf{a}$. 如果 A 是任意点而 $\mathbf{a}$ 是任意向量, 那么有且只有一个点 B 满足 $\overrightarrow{AB}=\mathbf{a}$.

2. 如果 $\overrightarrow{AB}=\mathbf{a}$, $\overrightarrow{BC}=\mathbf{b}$, 则 $\overrightarrow{AC}=\mathbf{a}+\mathbf{b}$.

在这些公理中, 出现两个基本的对象类别, 即点和向量; 有三种基本关系, 这些关系用符号表示为

$$\mathbf{a}+\mathbf{b}=\mathbf{c},\quad \mathbf{b}=\lambda\mathbf{a},\quad \overrightarrow{AB}=\mathbf{a}. \tag{1}$$

所有从 (1) 仅用逻辑推理来定义的概念, 都属于仿射几何. 仿射几何的理论就是由所有可以从公理 (1) 逻辑推导出来的定理组成的, 因此, 它可以在公理 (Iα, 1 和 2) 的基础上演绎地建立起来. 这些公理并非都在逻辑上彼此独立, 因为向量的加法公理 (Iα, 2 和 3) 是由支配点和向量之间关系的公理 II 派生出来的. 然而, 我们的目的是使向量公理 I 自足, 这样我们就能从它们中推断出所有只涉及向量的事实 (而不是向量和点之间的关系).

由加法 I(α) 的公理, 我们可以得出存在一个确定的向量 $\mathbf{0}$, 它对每个向量 $\mathbf{a}$ 都满足方程 $\mathbf{a}+\mathbf{0}=\mathbf{a}$. 从公理 II 进一步得出, 当且仅当点 A 和 B 重合时, $\overrightarrow{AB}$ 等于这个向量 $\mathbf{0}$.

如果 O 是一个点, $\mathbf{e}$ 是一个非 $\mathbf{0}$ 向量, 则所有形式为 $\xi\mathbf{e}$ (ξ 为任意实数) 的向量 $\overrightarrow{OP}$ 的端点形成一条**直线**. 这个解释给出了直线的平移或仿射观点精确定义的形式, 它完全建立在仿射公理系统所涉及的基本概念之上. 横坐标 ξ 为正的点 P 形成过 O 点的直线的一半, 而 ξ 为负的点则形成另一半. 如果我们用 $\mathbf{e}_1$ 代替 $\mathbf{e}$, $\mathbf{e}_2$ 是另一个向量, 它不是 $\xi\mathbf{e}_1$ 的形式, 那么具有 $\xi_1\mathbf{e}_1+\xi_2\mathbf{e}_2$ 形式的所有向量 $\overrightarrow{OP}$ 的端点 P 就形成了一个**平面** $\mathbf{E}$ (以这种方式, 平面 $\mathbf{E}$ 是通过沿另一条直线滑动而间接导出的). 如果我们现在沿着一条穿过 O 的直线移动, 而不是躺在平面 $\mathbf{E}$ 上, 那么这个平面就会穿过整个空间. 因此, 如果 $\mathbf{e}_3$ 是一个不能用 $\xi_1\mathbf{e}_1+\xi_2\mathbf{e}_2$ 表示的向量, 那么每个向量都可以有且只有一种方式表示为 $\mathbf{e}_1$, $\mathbf{e}_2$ 和 $\mathbf{e}_3$ 的线性组合, 即

$$\xi_1\mathbf{e}_1+\xi_2\mathbf{e}_2+\xi_3\mathbf{e}_3.$$

因此, 我们得出以下一组定义.

有限个向量 $\mathbf{e}_1,\mathbf{e}_2,\cdots,\mathbf{e}_h$ 称为**线性无关**的, 如果

$$\xi_1\mathbf{e}_1+\xi_2\mathbf{e}_2+\cdots+\xi_h\mathbf{e}_h \tag{2}$$

只有当所有的系数 ξ 同时为零时, 才会等于零. 在此假设下, 形式 (2) 的所有向量一起构成一个所谓的 ***h*-维线性向量流形** (或简称为向量场); 在这种情况下, 这个流形是由向量 $\mathbf{e}_1,\mathbf{e}_2,\cdots,\mathbf{e}_h$ 所映射出来的. 一个 h-维线性向量流形 $\mathbf{M}$ 可以在不引用其特定基 $\mathbf{e}$ 的情况下刻画如下:

性质 (1) 两个基本的运算, 即两个向量的加法和一个数与一个向量的乘法, 并没有超越流形; 即两个向量之和属于 $\mathbf{M}$, 以及这个向量和任意一个实数的乘积也都在 $\mathbf{M}$ 中.

性质 (2) $\mathbf{M}$ 中存在 h 个线性无关的向量, 但是每 $h+1$ 个向量都是线性相关的.

从性质 (2) (可以从我们最初的定义, 借助于线性方程组的初等结果) 得出 h (即维数) 就是这种流形的特征, 并且不依赖于我们用来映射它的特殊向量基. 在上述公理中省略的维数公理现在可以明确地表达.

存在 n 个线性无关的向量, 但是任何$n+1$ 个向量都是线性相关的, 或者说, 这 n 个线性无关的向量构成 n-维线性流形. 如果 $n=3$ 时我们得到空间的仿射几何, 如果 $n=2$ 就是平面几何, 如果 $n=1$ 就是直线的几何. 然而, 在几何学的演绎处理中, 最好将 n 的值保留在未定的位置, 并发展出 "n 维几何学", 其中直线的、平面的以及空间的几何作为特例包括在其中. 因为我们看到 (目前的仿射几何, 后来的**所有**几何学), 在空间的数学结构中没有任何东西可以阻止我们超过维数 3. 根据公理所表示的空间的数学一致性, 它的特殊维数 3 似乎是偶然的, 因此一个系统的演绎理论是不能被它限制的. 在下一段中, 我们将回过头来讨论用这种方法得到的 n 维几何的概念 (注 3)①. 我们必须首先完成定义的概述.

如果 O 是任意一点, 那么原点在 O, 且属于 (2) 所表示的 h-维向量场 $\mathbf{M}$ 的所有向量端点 P 的总和, 就占据了一个完全的 ***h*-维点构型** (an h-dimensional point-configuration). 我们可以像以前一样, 说它是由原点在 O 且由 $\mathbf{e}_1,\mathbf{e}_2,\cdots,\mathbf{e}_h$ **映出** (mapped out) 的向量. 这种类型的一维构型称为直线, 二维构型则为平面. 点 O 在这种线性结构中并不是唯一的. 如果 O' 是它的任一其他点, 那么如果线性集合的所有可能点依次替换 P, 则 $\overrightarrow{O'P}$ 遍历相同的向量流形 $\mathbf{M}$.

① 注 3: 对仿射几何的系统处理, 不仅限于维数 3, 也包括几何演算的整个主题, 包含在格拉斯曼的划时代的著作《线性扩张论》(Leipzig, 1844) 中. 在形成超过三个维度的流形的概念时, 格拉斯曼和黎曼都受到了赫尔巴特哲学思想的影响.

如果我们首先从 O 点开始度量流形 $\mathbf{M}$ 的所有向量, 然后从另一任意点 O' 开始度量, 则得到的两个线性点的总体被称为是彼此**平行的**. 平行平面和平行直线的定义就包含在这里. 当我们从点 O 出发测量所有向量 (2) 时, 所产生的 h-维线性组合的这一部分, 受到

$$0 \leqslant \xi_1 \leqslant 1, \quad 0 \leqslant \xi_2 \leqslant 1, \quad \cdots, \quad 0 \leqslant \xi_h \leqslant 1$$

的限制, 其结果将称为 h-**维平行多面体** (parallelepiped), 其原点为 O, 由向量 $\mathbf{e}_1, \mathbf{e}_2, \cdots, \mathbf{e}_h$ 映射而成. (一维平行多面体称为*距离*, 二维平行多面体称为*平行四边形*. 这些概念都不局限于 $n = 3$ 的情况, 这是在一般经验中提出的.)

点 O 与 n 个线性无关的向量 $\mathbf{e}_1, \mathbf{e}_2, \cdots, \mathbf{e}_n$ 结合在一起, 被称为一个坐标系 (C). 每一个向量 $\mathbf{x}$ 都可以用一种且只有一种形式表示为

$$\mathbf{x} = \xi_1 \mathbf{e}_1 + \xi_2 \mathbf{e}_2 + \cdots + \xi_n \mathbf{e}_n. \tag{3}$$

数字 ξ_i 称为坐标系 (C) 中的**分量**. 如果 P 是任意点, 且 $\overrightarrow{OP}$ 等于向量 (3), 则 ξ_i 称为 P 的**坐标** (co-ordinates). 在仿射几何中, 所有坐标系都是等价的. 这种几何学中没有区别于彼此的几何学性质. 如果

$$O' \,|\mathbf{e}'_1, \mathbf{e}'_2, \cdots, \mathbf{e}'_n$$

表示第二个坐标系, 方程

$$\mathbf{e}'_i = \sum_{k=1}^{n} a_k^i \mathbf{e}_k \tag{4}$$

成立, 其中 a_k^i 构成一个具有非零行列式的系数 (因为 $\mathbf{e}'_i$ 是线性无关的). 如果 ξ_i 是第一个坐标系中向量 $\mathbf{x}$ 的分量, 而 ξ'_i 是同一个向量在第二个坐标系中的分量, 则关系

$$\xi_i = \sum_{k=1}^{n} \alpha_i^k \xi'_k \tag{5}$$

成立; 这很容易通过将表达式 (4) 代入方程

$$\sum_i \xi_i \mathbf{e}_i = \sum_i \xi'_i \mathbf{e}'_i$$

而得到表示. 设 $\alpha_1, \alpha_2, \cdots, \alpha_n$ 是 O' 在第一个坐标系中的坐标. 如果 x_i 是第一个坐标系中任意点的坐标, 而 x'_i 是它在第二个坐标系中的坐标, 则方程

$$x_i = \sum_{k=1}^{n} \alpha_i^k x'_k + \alpha_i \tag{6}$$

成立. 因为 $x_i - \alpha_i$ 是向量

$$\overrightarrow{O'P} = \overrightarrow{OP} - \overrightarrow{OO'}$$

在第一个坐标系中的分量; x_i' 是 $\overrightarrow{O'P}$ 在第二个坐标系中的分量. 因此公式 (6) 给出的坐标变换是线性的. 那些 (即公式 (5)) 变换向量的分量很容易通过消去不涉及变量 α_i 的项的方法从它们中导出来. 仿射几何的解析处理是可能的, 其中每个向量用它的分量表示, 每个点用它的坐标表示. 然后点和向量之间的几何关系分别表示为它们的分量和坐标之间的关系, 这使得它们的关系不会被任意线性变换所破坏.

公式 (5) 和 (6) 也可以用另一种方式解释. 它们可以看作在一确定的坐标系中表示仿射**变换**的一种方式. 一个变换, 也就是将向量 $\mathbf{x}'$ 变换成向量 $\mathbf{x}$, 把点 P' 变换成点 P 的法则称为线性或仿射的变换, 如果基本仿射关系 (1) 不受变换干扰时. 因此, 如果关系 (1) 对原来的点和向量成立, 它们对变换后的点和向量也成立:

$$\mathbf{a}' + \mathbf{b}' = \mathbf{c}', \quad \mathbf{b}' = \lambda\mathbf{a}', \quad \overrightarrow{A'B'} = \mathbf{a}' - \mathbf{b}',$$

此外, 这里要求没有非 $\mathbf{0}$ 向量变换为 $\mathbf{0}$ 向量. 换句话说, 这意味着只有当两点本身是相同的时候, 它们才会被变换成同一个点. 由仿射变换形成的两个图形称为仿射. 从仿射几何的观点看, 它们是相同的. 不存在其中一个图形具有的仿射性质, 而另一个图形不具有该仿射性质. 因此, 线性变换的概念在仿射几何中所起的作用与全等变换在一般几何中的作用相同, 故而它有着基本的重要性. 在仿射变换中, 线性无关向量仍转化为线性无关向量; 同样地, 一个 h-维线性结构变成一个相似的结构; 平行变换成平行; 一个坐标系 $O\,|\mathbf{e}_1, \mathbf{e}_2, \cdots, \mathbf{e}_n$ 转化为一个新的坐标系 $O'\,|\mathbf{e}_1', \mathbf{e}_2', \cdots, \mathbf{e}_n'$.

设数字 α_k^i, α_i 具有与上面相同的含义. 向量 (3) 通过仿射变换变为

$$\mathbf{x}' = \xi_1\mathbf{e}_1' + \xi_2\mathbf{e}_2' + \cdots + \xi_n\mathbf{e}_n'.$$

如果我们把 $\mathbf{e}_i'$ 代入表达式, 并使用原始的坐标系 $O\,|\mathbf{e}_1, \mathbf{e}_2, \cdots, \mathbf{e}_n$ 来描述仿射变换, 然后将 ξ_i 解释为任意的分量, ξ_i' 作为其变换后的向量的分量,

$$\xi_i' = \sum_{k=1}^{n} \alpha_i^k \xi_k. \tag{5'}$$

当 P 变为 P' 时, 向量 $\overrightarrow{OP}$ 变为 $\overrightarrow{O'P'}$, 由此得出, 如果 x_i 是 P 的坐标, x_i' 是 P' 的坐标, 那么有

$$x_i' = \sum_{k=1}^{n} \alpha_i^k x_k + \alpha_i.$$

在解析几何中, 通常用连接"当前"点 (变量) 的坐标的线性方程来描述线性关系. 这一点将在下一段中详细讨论. 在这里, 我们只是补充"线性形式"的基本概念, 这是本书讨论的基础. 一个函数 $L(\mathbf{x})$ 称为**线性形式**, 其中自变量 $\mathbf{x}$ 依次假定每个向量的值, 且这些值仅为实数, 如果它具有如下的函数性质

$$L(\mathbf{a}+\mathbf{b})=L(\mathbf{a})+L(\mathbf{b});\quad L(\lambda\mathbf{a})=\lambda\cdot L(\mathbf{a}).$$

在一个坐标系 $\mathbf{e}_1,\mathbf{e}_2,\cdots,\mathbf{e}_n$ 中, 每一个向量 $\mathbf{x}$ 的 n 个分量 ξ_i 都是这样的线性形式. 如果 $\mathbf{x}$ 由 (3) 定义, 则任意的线性形式 L 满足

$$L(\mathbf{x})=\xi_1L(\mathbf{e}_1)+\xi_2L(\mathbf{e}_2)+\cdots+\xi_nL(\mathbf{e}_n).$$

因此, 如果我们设 $L(\mathbf{e}_i)=a_i$, 用分量表示的线性形式出现在这个形式中就是

$$a_1\xi_1+a_2\xi_2+\cdots+a_n\xi_n\ (\text{这里的 } a_i \text{ 是它的常量系数}).$$

反过来, 这种类型的每个表达式都给出了一个线性形式. 一组线性形式$L_1,L_2,\cdots,L_h$ 称为是线性独立的, 如果不存在常数 λ_i, 使得恒等式成立:

$$\lambda_1L_1(\mathbf{x})+\lambda_2L_2(\mathbf{x})+\cdots+\lambda_hL_h(\mathbf{x})=0,$$

除非 $\lambda_i=0$. $n+1$ 个线性形式总是线性相关的.

§3. n-维几何的概念. 线性代数. 二次型

为了认识空间定律背后完美的数学和谐性, 我们必须放弃特定的维数 $n=3$. 一旦我们完全成功地解开支配现实的自然法则, 我们就会发现它们可以用数学关系来表达, 这种数学关系超越了简单性和知识体系上的完美, 这已经变得越来越明显了, 不仅在几何学上, 而且在物理学上达到了更加惊人的程度. 在我看来, 数学教学的主要目标之一是培养人们感知这种简单与和谐的能力, 这是我们在当今的理论物理学中无法忽视的. 它使我们在求知的过程中得到极大的满足. 解析几何 (以一种压缩的形式呈现出来, 就像我在上面揭示它的原理时所使用的那样) 表达了这种完美形式的思想, 尽管这还很不充分. 但是, 不只是为了这个目的, 我们必须超越维数 $n=3$, 而且还因为我们以后需要四维几何学来处理一些具体的物理问题, 如由相对论所引进的物理问题, 其中时间被添加到了 4 维几何的空间中.

我们绝对没有义务从精神学者的神秘学说中寻求启示, 以获得更清晰的多维几何学视野. 例如, 让我们考虑一个由氢气、氧气、氮气和二氧化碳这四种气体组成的均匀混合物. 如果我们知道每种气体所含的克数, 就可以确定这种混合物的任意量. 如果我们把每个这样的量称为一个矢量 (我们可以随意赋予名称), 并且

将加法解释为暗指两个气体量在一般意义上的结合, 假如我们也同意讨论气体的负量子, 那么系统中关于向量的所有公理 I 在维数 $n=4$ 上都得到了满足, 1g 纯氢气、1g 氧气、1g 氮气和 1g 二氧化碳是四个相互独立的"向量", 由这四个向量, 所有其他气体量子都可以线性地建立起来, 因此, 它们形成了一个坐标系统. 让我们再举个例子. 我们有五个平行的水平杆, 每条杆上都有一个小珠子在滑动. 如果已知五个珠子在各自的杆上的位置, 则定义了该原始"加法机"的一个确定条件. 让我们将这样的条件称为"点", 并且五个珠子在每一个点同时发生的位移都是一个"向量", 那么对于维数 $n=5$, 我们所有的公理都是满足的. 从这一点上显而易见的是, 各种类型的构造可以通过适当的名称处理来发展, 以满足我们的公理. 比这些无关紧要的例子更重要的是下面这个例子, 它表明**我们的公理描述了线性方程理论中运算的基础**. 如果 α_i 和 α 为已知数, 方程

$$\alpha_1x_1+\alpha_2x_2+\cdots+\alpha_nx_n=0 \tag{7}$$

通常称为齐次线性方程, 其中 x_i 为未知数, 而方程

$$\alpha_1x_1+\alpha_2x_2+\cdots+\alpha_nx_n=\alpha \tag{8}$$

称为非齐次线性方程. 在处理齐次线性方程理论时, 我们发现对变量 x_i 的值系统取一个简短的名称是有用的; 我们称它为"向量". 在用这些向量进行计算时, 我们将定义两个向量

$$(a_1,a_2,\cdots,a_n) \quad 和 \quad (b_1,b_2,\cdots,b_n)$$

的和等于向量

$$(a_1+b_1,a_2+b_2,\cdots,a_n+b_n),$$

以及 λ 乘以第一个向量等于

$$(\lambda a_1,\lambda a_2,\cdots,\lambda a_n).$$

对于维数 n, 就满足了向量的公理 I.

$$\begin{gathered}\mathbf{e}_1=(1,0,0,\cdots,0),\\ \mathbf{e}_2=(0,1,0,\cdots,0),\\ \cdots\cdots\\ \mathbf{e}_n=(0,0,0,\cdots,1)\end{gathered}$$

形成一个独立的向量系统. 在这个坐标系中, 任意一个向量 $(x_1,x_2,\cdots,x_n)$ 的分量就是数字 x_i 本身. 齐次线性方程解的基本定理现在可以这样表述: 如果

$$L_1(\mathbf{x}),\quad L_2(\mathbf{x}),\quad \cdots,\quad L_h(\mathbf{x})$$

是 h 个线性无关的线性形式, 方程组

$$L_1(\mathbf{x}) = 0, \quad L_2(\mathbf{x}) = 0, \quad \cdots, \quad L_h(\mathbf{x}) = 0$$

的解 $\mathbf{x}$ 构成 $(n-h)$-维线性向量流形.

在非齐次线性方程组理论中, 我们会发现将变量 x_i 的一列值表示为一个"点"是有利的. 如果 x_i 和 x_i' 是方程 (8) 的两个解, 它们的差

$$x_1' - x_1, \quad x_2' - x_2, \quad \cdots, \quad x_n' - x_n$$

为相应的齐次方程 (7) 的解. 因此, 我们将把变量 x_i 的两列值的差称为一个"向量", 即由两个"点" (x_i) 和 (x_i') 定义的"向量"; 我们为这些向量的加法和乘法制定了上述约定. **那么所有的公理都成立**. 在由上面给出的向量 $\mathbf{e}_i$ 组成的特殊坐标系统中, 具有"原点" $O = (0, 0, \cdots, 0)$, 点 (x_i) 的坐标就是数字 x_i 本身. 线性方程组的基本定理是: 那些满足 h 个独立线性方程组的点, 构成 $(n-h)$-维的点构型.

这样, 我们不但可以在没有几何的帮助下, 利用线性方程的理论, 很自然地得出公理, 而且还可以得出与之相联系的更广泛的概念. 事实上, 在某些方面, 从几何学导出的公理出发, 在公理化的基础上建立线性方程理论似乎是有利的 (如上面关于齐次方程组的定理的公式所示). 沿着这些思路发展起来的理论将适用于任何运算领域, 在该领域中满足这些公理, 而不仅仅适用于"由 n 个变量组成的数值系统". 很容易从这种更概念化的理论过渡到通常具有更正式性质的理论 (这种理论从一开始就以数字 x_i 作为一个确定的坐标系为基础), 然后分别用它们的分量和坐标来代替向量和点进行运算.

从这些论证可以明显看出, 整个仿射几何仅仅告诉我们, 空间是一个由**三维线性量组成的区域** (本陈述的含义足够清楚, 无须进一步解释). 在 §1 中提到的所有独立的直觉事实都只是这一真理的伪装形式. 现在, 一方面, 如果能够在知识理论中为关于空间、空间构型和空间关系的各种表述提供一个共同基础是非常令人满意的, 那么所有这些表述合在一起构成了几何学. 另一方面, 必须强调的是, 这非常清楚地表明, 几乎没有合适的数学可以声称揭示了空间的直观本质. 几何学中没有任何迹象表明, 直觉空间凭借其完全不同的特性而成为现在的样子, 而这些特性是"加法机的状态"和"混合气体"及"线性方程组的解系统"所没有的. 要使它"可理解", 或者确切地说, 要说明为什么以及在什么意义上它是不可理解的, 这是形而上学的问题. 作为数学家, 我们有理由为我们在空间知识方面获得的奇妙洞察力感到自豪, 但与此同时, 我们必须谦卑地认识到, 我们的概念理论使我们能够掌握的只是空间性质的一个方面, 而且是最表面的和粗浅的方面.

为了完成从仿射几何到完备度量几何的过渡, 我们还需要一些在线性代数中出现的概念和事实, 这些概念和事实涉及**双线性**和**二次型**的概念. 任意两个向量 $\mathbf{x}$ 和 $\mathbf{y}$ 的函数 $Q(\mathbf{x},\mathbf{y})$, 如果对于 $\mathbf{x}$ 和 $\mathbf{y}$ 中都是线性形式, 则称为双线性形式. 如果在某个坐标系中, ξ_i 是 $\mathbf{x}$ 的分量, η_i 是 $\mathbf{y}$ 的分量, 那么就有一个具有恒定的系数 a_{ik} 的方程

$$Q(\mathbf{x},\mathbf{y})=\sum_{i,k=1}^{n}a_{ik}\xi_i\eta_k$$

成立. 我们称它为"非退化"形式, 如果仅当向量 $\mathbf{x}=\mathbf{0}$ 时, 该方程在 $\mathbf{y}$ 的值恒等于零. 这种情况发生, 当且仅当齐次方程

$$\sum_{i=1}^{n}a_{ik}\xi_i=0$$

只有唯一的解 $\xi_i=0$ 或者行列式 $|a_{ik}|\neq 0$ 时. 从上面的解释可以得出这个条件, 即行列式不为零, 适用于任意线性变换. 如果 $Q(\mathbf{y},\mathbf{x})=Q(\mathbf{x},\mathbf{y})$, 则称双线性形式为**对称形式**. 这在系数中由对称性质 $a_{ki}=a_{ik}$ 体现出来. 每一个双线性型 $Q(\mathbf{x},\mathbf{y})$ 都产生一个**二次型**, 它仅依赖于一个可变向量 $\mathbf{x}$

$$Q(\mathbf{x})=Q(\mathbf{x},\mathbf{x})=\sum_{i,k=1}^{n}a_{ik}\xi_i\xi_k.$$

这样, 每一个二次型一般都是由一个而且只由一个**对称的**双线性形式导出. 我们刚刚得到的二次型 $Q(\mathbf{x})$ 也可以由对称形式

$$\frac{1}{2}\{Q(\mathbf{x},\mathbf{y})+Q(\mathbf{y},\mathbf{x})\}$$

通过令 $\mathbf{x}$ 与 $\mathbf{y}$ 恒等而产生.

为了证明同一二次型不能从两个不同的对称双线性形式中产生, 只需证明对于满足方程 $Q(\mathbf{x},\mathbf{x})$ 的对称双线性形式 $Q(\mathbf{x},\mathbf{y})$ 对于 $\mathbf{x}$ 是恒等的, 等于零也是一样的. 然而, 这直接来自对每一个对称双线性形式都成立的关系

$$Q(\mathbf{x}+\mathbf{y},\mathbf{x}+\mathbf{y})=Q(\mathbf{x},\mathbf{x})+2Q(\mathbf{x},\mathbf{y})+Q(\mathbf{y},\mathbf{y}).\tag{9}$$

如果 $Q(\mathbf{x})$ 表示任意二次型, 则 $Q(\mathbf{x},\mathbf{y})$ 总是表示导出 $Q(\mathbf{x})$ 的对称双线性形式 (为避免在每一特定情况下提及这一点). 当我们说二次型是非退化的时, 我们希望表示上述对称双线性形式是非退化的. 如果对向量 $\mathbf{x}\neq\mathbf{0}$ 的每个值满足不等式 $Q(\mathbf{x})>0$, 则称二次型是**正定的**. 这种形式肯定是非退化的, 因为向量 $\mathbf{x}\neq\mathbf{0}$ 的任何值都不能使 $Q(\mathbf{x},\mathbf{y})$ 在 $\mathbf{y}$ 中完全消失, 所以当 $\mathbf{y}=\mathbf{x}$ 时结果是正的.

§4. 度量几何基础

为了实现从仿射几何到度量几何的过渡, 我们必须再一次从直觉的源泉中汲取灵感. 从中我们得到了三维空间中两个向量 $\mathbf{a}$ 和 $\mathbf{b}$ 的**标量积**的定义. 在选择一个确定的向量作为一个单位后, 我们测量出 $\mathbf{a}$ 的长度和 $\mathbf{b}$ 在 $\mathbf{a}$ 上的垂直投影的长度 (负或正), 并将两个数量相乘. 这意味着, 不仅平行直线的长度可以彼此比较 (就像在仿射几何中一样), 而且还可以比较相互任意倾斜线段的长度. 下列规则适用于标量乘积:

$$\lambda\mathbf{a}\cdot\mathbf{b}=\lambda(\mathbf{a}\cdot\mathbf{b}),\quad (\mathbf{a}+\mathbf{a}')\cdot\mathbf{b}=(\mathbf{a}\cdot\mathbf{b})+(\mathbf{a}'\cdot\mathbf{b}),$$

以及关于第二个因子的相似表达式; 另外, 交换律 $\mathbf{a}\cdot\mathbf{b}=\mathbf{b}\cdot\mathbf{a}$ 也成立. $\mathbf{a}$ 与其自身的标量积, 即 $\mathbf{a}\cdot\mathbf{a}=\mathbf{a}^2$, 除 $\mathbf{a}=\mathbf{0}$ 外始终为正, 且等于 $\mathbf{a}$ 的长度的平方. 这些规律表明, 任意两个向量的标量乘积 $\mathbf{x}\cdot\mathbf{y}$ 是对称的双线性形式, 由此产生的二次型是正定的. 因此, 我们看到, 不是向量的长度, 而是向量长度的平方, 它以一种简单的有理方式依赖于向量本身; 它是二次型. 这就是毕达哥拉斯定理的真正内容. 标量积只不过是导出这种二次型的对称双线性形式. 因此, 我们制定如下的公理.

度量公理: 如果选定非零的单位向量 $\mathbf{e}$, 则任意两个向量 $\mathbf{x}$ 和 $\mathbf{y}$ 唯一地确定一个数 $(\mathbf{x}\cdot\mathbf{y})=Q(\mathbf{x},\mathbf{y})$; 后者依赖于两个向量, 是一个对称的双线性形式. 由此产生的二次型 $(\mathbf{x}\cdot\mathbf{x})=Q(\mathbf{x})$ 是正定的, 且 $Q(\mathbf{e})=1$.

我们称 Q 为**度量基本形式** (metrical groundform). 因此我们有, 一个仿射变换将向量 $\mathbf{x}$ 变换为 $\mathbf{x}'$, 一般地, 如果它使得向量的度量基本形式保持不变, 即

$$Q(\mathbf{x})=Q(\mathbf{x}'),\tag{10}$$

则称该仿射变换是全等变换. 通过全等变换可以相互转换的两个几何图形是全等的. [①]全等的概念是由这些陈述在我们的公理方案中**定义的**. 如果我们有一个满足 §2 公理的运算域, 则可以在其中选择任一正定的二次型, 把它“提升”到度量基本形式的位置, 并以此为基础, 如刚才所做的方法那样定义全等的概念. 然后, 这种形式赋予仿射空间以度量属性, 而欧几里得几何学整体上现在都成立. 我们所得到的公式并不局限于任何特殊的维数.

从 (10) 出发, 借助于 §3 中的关系 (9), 对于全等变换, 更一般的关系

$$Q(\mathbf{x}',\mathbf{y}')=Q(\mathbf{x},\mathbf{y})$$

① 我们这里没有关注直接全等和镜像全等 (横向反演) 之间的区别. 它甚至存在于仿射变换、n-维空间和三维空间中.

成立.

由于全等的概念是由度量基本形式定义的, 因此后者进入所有涉及几何量度量的形式也就不足为奇了. 两个向量 $\mathbf{a}$ 和 $\mathbf{a}'$ 是全等的当且仅当

$$Q(\mathbf{a}) = Q(\mathbf{a}').$$

因此, 我们可以引入 $Q(\mathbf{a})$ 作为向量 $\mathbf{a}$ 的度量. 然而, 我们不这样做, 为此目的我们将使用 $Q(\mathbf{a})$ 的正平方根, 并将其称为向量 $\mathbf{a}$ 的长度 (我们将采用这个定义), 以便满足进一步的条件, 即指向同一方向的两个平行向量的和的长度等于两个向量的长度之和. 如果 $\mathbf{a}, \mathbf{b}$ 以及 $\mathbf{a}', \mathbf{b}'$ 是两对向量, 所有长度都是单位的, 那么第一组向量所形成的图形与第二组向量所形成的图是全等的, 当且仅当 $Q(\mathbf{a}, \mathbf{b}) = Q(\mathbf{a}', \mathbf{b}')$.

在这种情况下, 我们不引入数字 $Q(\mathbf{a}, \mathbf{b})$ 本身作为**角度**的度量, 而是引入一个数 θ, 它与超越函数余弦有关, 这样:

$$\cos\theta = Q(\mathbf{a}, \mathbf{b}),$$

从而与该定理一致, 即在同一平面上由两个角组成的角的数值度量是这两个角的数值之和. 因此, 计算由任意两个向量 $\mathbf{a}$ 和 $\mathbf{b}$ ($\neq \mathbf{0}$) 所形成的角度有以下计算公式:

$$\cos\theta = \frac{Q(\mathbf{a}, \mathbf{b})}{\sqrt{Q(\mathbf{a}, \mathbf{a}) \cdot Q(\mathbf{b}, \mathbf{b})}}. \tag{11}$$

特别地, 如果 $Q(\mathbf{a}, \mathbf{b}) = 0$, 则称两个向量 $\mathbf{a}$ 和 $\mathbf{b}$ 相互垂直. 这提醒我们解析几何中最简单的度量公式就够了.

由两个向量组成的 (11) 式所定义的角度表明以下不等式总是正确的.

$$Q^2(\mathbf{a}, \mathbf{b}) \leqslant Q(\mathbf{a}) \cdot Q(\mathbf{b}) \tag{12}$$

对于每一个关于参数的所有值都是 $\geqslant 0$ 的二次型 Q 成立. 最简单的证明是通过形式

$$Q(\lambda\mathbf{a} + \mu\mathbf{b}) = \lambda^2 Q(\mathbf{a}) + 2\lambda\mu Q(\mathbf{a}, \mathbf{b}) + \mu^2 Q(\mathbf{b}) \geqslant 0.$$

由于这种含有 λ 和 μ 的二次型不能兼具正负值, 所以它的 "判别式" $Q^2(\mathbf{a}, \mathbf{b}) - Q(\mathbf{a}) \cdot Q(\mathbf{b})$ 不能是正的.

如果对于每个向量

$$\mathbf{x} = x_1\mathbf{e}_1 + x_2\mathbf{e}_2 + \cdots + x_n\mathbf{e}_n,$$

$$Q(\mathbf{x}) = x_1^2 + x_2^2 + \cdots + x_n^2 \tag{13}$$

成立, 即

$$Q(\mathbf{e}_i, \mathbf{e}_j) = \begin{cases} 1 & (i = j), \\ 0 & (i \neq j), \end{cases}$$

则 n 个独立的向量形成一个**笛卡儿坐标系**.

从度量几何的观点来看, 所有的坐标系都是等价的. 现在将给出这样的系统存在的定理的证明 (直接诉诸几何意义), 不仅对 "确定的" 形式, 而且对任何任意的非退化二次型都将给出, 因为我们将在稍后的相对论中发现, 正是 "不确定的" 的情形起着决定性的作用. 我们阐述如下:

对应于每一个非退化二次型 Q, 可以引入坐标系 $\mathbf{e}_i$, 使得

$$Q(\mathbf{x}) = \varepsilon_1 x_1^2 + \varepsilon_2 x_2^2 + \cdots + \varepsilon_n x_n^2 \quad (\varepsilon_i = \pm 1). \tag{14}$$

证明 我们选择使得 $Q(\mathbf{e}_1) \neq 0$ 的任意矢量 $\mathbf{e}_1$, 通过把它乘以一个适当的正常数, 就可以使 $Q(\mathbf{e}_1) = \pm 1$. 我们将调用一个满足 $Q(\mathbf{e}_1, \mathbf{x}) = 0$ 的向量 $\mathbf{x}$ **正交**于 $\mathbf{e}_1$. 如果 $\mathbf{x}^*$ 是与 $\mathbf{e}_1$ 正交的向量, x_1 是任意一个数, 则

$$\mathbf{x} = x_1 \mathbf{e}_1 + \mathbf{x}^* \tag{15}$$

满足毕达哥拉斯定理:

$$Q(\mathbf{x}) = x_1^2 Q(\mathbf{e}_1) + 2x_1 Q(\mathbf{e}_1, \mathbf{x}^*) + Q(\mathbf{x}^*) = \pm x_1^2 + Q(\mathbf{x}^*).$$

与 $\mathbf{e}_1$ 正交的向量构成 $(n-1)$-维线性流形, 其中 $Q(\mathbf{x})$ 是一非退化的二次型. 由于我们的定理对于维数 $n = 1$ 是不言自明的, 我们可以假定它对 $(n-1)$ 维成立 (从 $(n-1)$ 到 n 的逐次归纳证明). 据此, 与 $\mathbf{e}_1$ 正交的 $(n-1)$ 个向量 $\mathbf{e}_2, \cdots, \mathbf{e}_n$ 存在, 使得对于

$$\mathbf{x}^* = x_2 \mathbf{e}_2 + \cdots + x_n \mathbf{e}_n$$

关系

$$Q(\mathbf{x}^*) = \pm x_2^2 \pm \cdots \pm x_n^2$$

成立. 这使得 $Q(\mathbf{x})$ 能够以所需的形式表示, 则

$$Q(\mathbf{e}_i) = \varepsilon_i, \quad Q(\mathbf{e}_i, \mathbf{e}_k) = 0 \quad (i \neq k).$$

这些关系导致所有 $\mathbf{e}_i$ 相互独立, 并且每个向量 $\mathbf{x}$ 都以形式 (13) 表示. 它们给出

$$x_i = \varepsilon_i \cdot Q(\mathbf{e}_i, \mathbf{x}). \tag{16}$$

在"不确定的"的情形下, 可以得出一个重要的推论. 与 ε_i 相关联的并且分别具有正负号数字 r 和 s 由二次型决定: 可以说它有 r 个正维数和 s 个负维数. (s 可称为二次形式的惯性指标, 而刚刚列举的定理以"惯性定律"的名称命名. 二阶曲面的分类取决于它.) r 和 s 的特征可以不变地表示为:

存在 r 个相互正交的向量 $\mathbf{e}$, 其中 $Q(\mathbf{e}) > 0$; 但是, 对于与这些向量正交且不等于 $\mathbf{0}$ 的向量 $\mathbf{x}$, 则必然是 $Q(\mathbf{x}) < 0$. 因此, 这种向量不能超过 r 个. 相应的定理适用于 s.

所需类型的 r 个向量是由建立表达式 (14) 的坐标系的那些 r 个基本向量 $\mathbf{e}_i$ 给出的, 与之对应的正符号是 ε_i. 相应的分量 x_i $(i = 1, 2, \cdots, r)$ 是 $\mathbf{x}$ 的确定线性形式 [参考 (16) 式]: $x_i = L_i(\mathbf{x})$. 现在, 如果 $\mathbf{e}_i$ $(i = 1, 2, \cdots, r)$ 是一两两相互正交且满足 $Q(\mathbf{e}_i) > 0$ 条件的向量系统, 如果 $\mathbf{x}$ 是与这些 $\mathbf{e}_i$ 正交的向量, 我们可以建立一个线性组合

$$\mathbf{y} = \lambda_1\mathbf{e}_1 + \cdots + \lambda_r\mathbf{e}_r + \mu\mathbf{x},$$

其中并不是所有的系数都为零, 并且满足 r 个齐次方程组

$$L_1(\mathbf{y}) = 0, \cdots, L_r(\mathbf{y}) = 0.$$

从表达式的形式可以看出, 除非 $\mathbf{y} = \mathbf{0}$, 否则 $Q(\mathbf{y})$ 必须是负的. 根据公式

$$Q(\mathbf{y}) - \left\{\lambda_1^2 Q(\mathbf{e}_1) + \cdots + \lambda_r^2 Q(\mathbf{e}_r)\right\} = \mu^2 Q(\mathbf{x}),$$

因此得出 $Q(\mathbf{x}) < 0$, 除非 $\mathbf{y} = \mathbf{0}$ 且 $\lambda_1 = \cdots = \lambda_r = 0$ 时. 但是, 根据假设, 必须是 $\mu \neq 0$, 即 $\mathbf{x} = \mathbf{0}$.

在相对论中, 具有一个负的和 $(n-1)$ 个正维的二次型的情形变得非常重要. 在三维空间中, 如果我们使用仿射坐标,

$$-x_1^2 + x_2^2 + x_3^2 = 0$$

是顶点位于原点的锥面方程, 并由两个锥体组成, 正如 x_1^2 项的负号表示的那样, 它们只在坐标原点处互相连接. 这种划分分为两个部分, 使我们能够在相对论中区分过去和未来. 我们将在这里努力用一种基本的分析方法来描述这一点, 而不是使用连续性的特点.

设 Q 是一个只有一个负维的非退化二次型. 我们选择一个向量, 使 $Q(\mathbf{e}) = -1$. 我们将把这些不为零且满足 $Q(\mathbf{x}) \leqslant 0$ 的向量 $\mathbf{x}$ 称为"负向量". 根据刚给出的惯性定理的证明, 任何负向量都不满足方程 $Q(\mathbf{e}, \mathbf{x}) = 0$. 因此, 根据 $Q(\mathbf{e}, \mathbf{x}) < 0$ 或 > 0, 负向量属于两个类别或"圆锥"中的一个; $\mathbf{e}$ 本身属于前者, $-\mathbf{e}$ 属于后者. 根据 $Q(\mathbf{x}) < 0$ 或 $= 0$, 负向量 $\mathbf{x}$ 位于其锥的"内部"或"锥面上". 为了证明这两

个锥与向量 $\mathbf{e}$ 的选择无关, 我们必须证明, 从 $Q(\mathbf{e}) = Q(\mathbf{e}') = -1$ 和 $Q(\mathbf{x}) \leqslant 0$ 出发, 得出 $\dfrac{Q(\mathbf{e}', \mathbf{x})}{Q(\mathbf{e}, \mathbf{x})}$ 的符号与 $-Q(\mathbf{e}, \mathbf{e}')$ 的符号相同.

每一个向量 $\mathbf{x}$ 都可以分解成两个的和

$$\mathbf{x} = x\mathbf{e} + \mathbf{x}^*,$$

使得第一项与 $\mathbf{e}$ 成比例, 而第二项 $(\mathbf{x}^*)$ 正交于 $\mathbf{e}$. 只需要取 $\mathbf{x} = -Q(\mathbf{e}, \mathbf{x})$, 然后就得到

$$Q(\mathbf{x}) = -x^2 + Q(\mathbf{x}^*);$$

如我们所知, $Q(\mathbf{x}^*)$ 必然是 $\geqslant 0$. 让我们用 Q^* 表示它.

方程

$$Q^* = x^2 + Q(\mathbf{x}) = Q^2(\mathbf{e}, \mathbf{x}) + Q(\mathbf{x})$$

则表明了 Q^* 是二次型 (退化的), 满足恒等式或不等式, $Q(\mathbf{x}^*) \geqslant 0$. 现在我们有

$$\begin{aligned} Q(\mathbf{x}) &= -x^2 + Q^*(\mathbf{x}) \leqslant 0, \quad \{x = -Q(\mathbf{e}, \mathbf{x})\}\,; \\ Q(\mathbf{e}') &= -e'^2 + Q^*(\mathbf{e}') < 0, \quad \{e' = -Q(\mathbf{e}, \mathbf{e})\}\,. \end{aligned}$$

从对于 Q^* 成立的不等式 (12), 可以得到

$$\{Q^*(\mathbf{e}', \mathbf{x})\}^2 \leqslant Q^*(\mathbf{e}') \cdot Q^*(\mathbf{x}) < e'^2 x^2;$$

因此

$$-Q(\mathbf{e}', \mathbf{x}) = e'x - Q^*(\mathbf{e}', \mathbf{x})$$

与第一个被加数 $e'x$ 具有相同的符号.

现在让我们回到我们目前所关心的正定度量基本形式的情况. 如果用笛卡儿坐标系来表示全等变换, 则 §2 中公式 $(5')$ 的变换的系数 α_i^k 必须对所有的 ξ 满足使方程

$$\xi_1'^2 + \xi_2'^2 + \cdots + \xi_n'^2 = \xi_1^2 + \xi_2^2 + \cdots + \xi_n^2$$

恒成立. 这给出了 "正交性的条件"

$$\sum_{r=1}^{n} \alpha_r^i \alpha_r^j = \begin{cases} 1 & (i = j), \\ 0 & (i \neq j). \end{cases} \tag{17}$$

它们意味着向逆变换的转换将系数 α_i^k 转换为 α_k^i:

$$\xi_i = \sum_{k=1}^{n} \alpha_k^i \xi_k'.$$

这进一步证明了全等变换的行列式 $\Delta = \left|\alpha_i^k\right|$ 与其逆变换的行列式是相等的, 因为其乘积必等于 1, 因此 $\Delta = \pm 1$. 正号或负号将取决于全等变换是实像变换还是镜像变换 (“横向反演”).

度量几何的解析处理有两种可能性. 任何一种方法对所使用的仿射坐标系都没有限制: 接下来的问题是发展一种关于任意线性变换的不变性理论, 然而, 在这种理论中, 与仿射几何的情况相反, 我们有一个确定的不变二次型, 即度量基本形式

$$Q(\mathbf{x}) = \sum_{i,k=1}^{n} g_{ik}\xi_i\xi_k$$

将一劳永逸地作为绝对的数据. **或者**, 我们可以从一开始就使用笛卡儿坐标系: 在这种情况下, 我们关注正交变换的不变性理论, 即线性变换, 其中系数满足正交条件 (17). 我们必须在这里遵循第一种方法, 以便能够在以后进行超越欧几里得几何学极限的推广. 这一计划从代数的角度来看似乎也是明智的, 因为对**所有**线性变换保持不变的表达式进行研究, 要比仅仅对正交变换保持不变的那些表达式进行研究要容易得多 (受次要限制的一类转换不容易定义).

在这里, 我们将把不变性理论发展为一种 “张量微积分”, 这使我们能够以一种方便的数学形式, 不仅可以表示几何定律, 而且也可以表示一切物理定律.

§5. 张　　量

两个线性变换,

$$\xi^i = \sum_k \alpha_k^i \bar{\xi}^k \quad \left(\left|\alpha_k^i\right| \neq 0\right), \tag{18}$$

$$\eta_i = \sum_k \breve{\alpha}_i^k \bar{\eta}_k \quad \left(\left|\breve{\alpha}_i^k\right| \neq 0\right), \tag{18$'$}$$

变量 ξ 和 η 分别变换成变量 $\bar{\xi}, \bar{\eta}$ 的变换被认为是**逆步的** (contra-gredient), 如果它们使得双线性形式 $\sum_i \eta_i \xi^i$ 变换成其白身, 即

$$\sum_i \eta_i \xi^i = \sum_i \bar{\eta}_i \bar{\xi}^i. \tag{19}$$

因此, 逆步是一种可逆的关系. 如果变量 ξ 和 η 被一对逆步变换 $A, \breve{A}$ 变换成 $\bar{\xi}, \bar{\eta}$, 然后第二对逆步变换 $B, \breve{B}$ 又将 $\bar{\xi}, \bar{\eta}$ 变换为 $\bar{\bar{\xi}}, \bar{\bar{\eta}}$, 则通过

$$\sum_i \eta_i \xi^i = \sum_i \bar{\eta}_i \bar{\xi}^i = \sum_i \bar{\bar{\eta}}_i \bar{\bar{\xi}}^i$$

可以得出这两个交换的组合, 它将 ξ 和 η 直接转化为 $\bar{\bar{\xi}}$ 和 $\bar{\bar{\eta}}$, 并且同样是逆步变换. 两个逆步变换的系数满足条件

$$\sum_r \alpha_i^r \breve{\alpha}_r^k = \delta_i^k = \begin{cases} 1 & (i = k), \\ 0 & (i \neq k). \end{cases} \tag{20}$$

如果我们用从 (18) 中得到的用 $\bar{\xi}$ 表示的值来代替 (19) 的左边的 ξ 值, 则很明显, 方程 (18′) 是由以下的式子导出的

$$\bar{\eta}_i = \sum_k \alpha_i^k \eta_k. \tag{21}$$

因此, 每一个线性变换都对应着一个也是唯一的一个逆变换. 与 (21) 同理

$$\bar{\xi}^i = \sum_k \breve{\alpha}_k^i \xi^k$$

成立. 将这些表达式以及 (21) 代入到 (19) 中, 我们发现这些系数除了满足条件 (20) 外, 还满足

$$\sum_r \alpha_r^i \breve{\alpha}_k^r = \delta_k^i. \tag{20′}$$

正交变换是对自身逆步的变换. 如果我们使变量 ξ^i 中的线性形式服从任意的线性变换, 那么系数就会与变量逆步地变换, 或者假定为“逆步变量”的关系, 就像它有时被表达的那样.

在仿射坐标系 $O\,|\mathbf{e}_1, \mathbf{e}_2, \cdots, \mathbf{e}_n$ 中, 到目前为止, 我们通过用方程

$$\mathbf{x} = \xi^1 \mathbf{e}_1 + \xi^2 \mathbf{e}_2 + \cdots + \xi^n \mathbf{e}_n$$

给出的唯一定义的分量 ξ^i 的方式来表征位移 $\mathbf{x}$. 如果使 $O|\mathbf{e}_1, \mathbf{e}_2, \cdots, \mathbf{e}_n$ 变换到另一个仿射坐标系统 $\bar{O}\,|\bar{\mathbf{e}}_1, \bar{\mathbf{e}}_2, \cdots, \bar{\mathbf{e}}_n$, 其中

$$\bar{\mathbf{e}}_i = \sum_k \alpha_i^k \mathbf{e}_k,$$

$\mathbf{x}$ 的分量经历了如下变换

$$\xi^i = \sum_k \alpha_k^i \bar{\xi}^k,$$

这从下面的方程可以看出

$$\mathbf{x} = \sum_i \xi^i \mathbf{e}_i = \sum_i \bar{\xi}^i \bar{\mathbf{e}}_i.$$

因此, 这些分量向坐标系的基向量转化, 并与它们具有逆步变量的关系; 它们可以被更精确地称为向量 $\mathbf{x}$ 的逆变分量 (contra-variant components, 或反变分量). 然而, 在度量空间中, 我们也可以用其与坐标系的基向量 $\mathbf{e}_i$ 的标量乘积的值

$$\xi_i = (\mathbf{x} \cdot \mathbf{e}_i)$$

来描述与坐标系有关的位移. 当过渡到另一个坐标系时, 这些量 "协变" 地转化 (从它们的定义中可以立即看出) 为基本向量 (就像基本向量本身一样), 即按照方程

$$\bar{\xi}_i = \sum_k \alpha_i^k \xi_k;$$

它们表现为 "协变". 我们称它们为位移的协变分量或共变分量 (co-variant components). 协变分量与逆变分量之间的联系由公式

$$\xi_i = \sum_k (\mathbf{e}_i \cdot \mathbf{e}_k)\xi^k = \sum_k g_{ik}\xi^k \tag{22}$$

给出, 或由它们的逆 (由它们通过简单的求解就可导出)

$$\xi^i = \sum_k g^{ik}\xi_k \tag{22$'$}$$

分别给出. 在笛卡儿坐标系中, 协变分量与逆变分量重合. 必须再次强调的是, 在仿射空间中, 只有逆变分量我们可以处理, 因此, 在下面的几页中, 我们在没有更详细说明的情况下讨论位移的分量时, 就隐含了逆步变量的假定.

一个或两个任意位移的线性形式在上面已讨论过了. 我们可以从两个论证发展到三个或更多个. 例如, 让我们以一个三重线性形式 $A(\mathbf{x}, \mathbf{y}, \mathbf{z})$ 为例. 如果在任意坐标系中, 我们用逆变分量表示两个位移 $\mathbf{x}, \mathbf{y}$, 用协变分量表示 $\mathbf{z}$, 分别是 ξ^i, η^i 和 ζ_i, 那么, A 就代数地表示为具有一确定系数的这三组变量的三重线性形式

$$\sum_{i,l,k} a_{ik}^l \xi^i \eta^k \zeta_l. \tag{23}$$

设在一个不同的坐标系中类似的表达式, 用一杠表示就是

$$\sum_{i,l,k} \bar{a}_{ik}^l \bar{\xi}^i \bar{\eta}^k \bar{\zeta}_l. \tag{23$'$}$$

那么, 两个代数三重线性形式 (23) 和 (23′) 之间存在一个关联, 如果将这两个变量 ξ, η 逆变换为基本向量, 则其中一个转化为另一个变量, 但协变分量 ζ 属于

后者. 如果系数为 a_{ik}^l 以及由一个坐标系导出另一个的坐标系的变换系数 a_i^k 也是已知的, 那么这个关系就使得我们能够计算出第二个坐标系中 A 的系数 $\bar{a}_{ik}^l$. 因此, 我们得出了 "自由度为 $(r+s)$ 的 r-阶协变, s-阶逆变张量" 的概念: 它不局限于度量几何, 而只是假定空间为仿射. 我们现在将抽象地解释这个张量. 为了简化表达式, 我们将采用数字 r 和 s 的特殊值, 如上面引用的例子: $r=2$, $s=1$, $r+s=3$. 然后我们断言:

依赖于坐标系的三组变量的三重线性形式称为二阶协变一阶逆变的三度张量, 如果上述关系如下. 在任意两个坐标系中线性形式的表达式, 即

$$\sum_{i,l,k} a_{ik}^l \xi^i \eta^k \zeta_l, \quad \sum_{i,l,k} \bar{a}_{ik}^l \bar{\xi}^i \bar{\eta}^k \bar{\zeta}_l$$

彼此决定, 如果两个变量序列 (即, 前两个 ξ, η) 被反向转换为坐标系的基本向量, 第三个协变转换为相同的向量. 线性形式的系数称为坐标系统中张量的分量. 此外, 它们在指标 i, k 中被称为协变量, 它与要反向转换的变量相关联, 而在其他变量中称为反变量 (这里只有一个指标 l).

该术语所依据的事实是, 当变量被反向变换时, 单线性形式的系数是共变的, 而如果变量是共变的则其系数是反变的. 协变指标总是以后缀形式附加到系数后面, 而反变指标则作为后缀写在系数的顶部. 带下标的变量总是被共变地变换为坐标系的基本向量, 带上标的变量则被逆变地变换为坐标系的基本向量. 如果给出了坐标系统中的分量, 张量是完全已知的 (当然, 假定给出了坐标系统本身); 然而, 这些分量可以任意规定. 张量演算涉及与坐标系统无关的张量的性质和关系. 在广义上, 几何和物理中的量如果以上述方式唯一地定义线性代数形式, 则称为张量; 相反, 如果给出这种形式, 张量就会被完全刻画. 例如, 在稍早的时候, 我们称一个函数为三位移函数, 它线性地和均匀地依赖于它们具有三重张量的每一个量——其中二阶协变一阶反变. 这在**度量**空间是可能的. 实际上, 在这个空间里, 我们可以自由地用 "零阶"、一阶、二阶或三阶的协变张量来表示这个量. 然而, 在仿射空间中, 我们只能把它用最后一种形式表示为三阶协变张量.

我们将用一些例子来说明这个一般性解释, 在这些例子中, 我们仍然坚持仿射几何的观点.

1. 如果我们通过其 (逆变) 分量 a^i 来表示任意坐标系中的位移向量 $\mathbf{a}$, 并赋予其线性形式

$$a^1\xi_1 + a^2\xi_2 + \cdots + a^n\xi_n,$$

有了这个坐标系统中的变量 ξ_i, 我们得到了一个一阶的逆变张量.

从现在起, 我们不再使用 "向量" 一词作为 "位移" 的同义词, 而是用 "一阶张量" 表示, 这样我们就可以说, **位移是逆变向量**. 这同样适用于移动点的**速度**, 因

为它是通过将移动点在时间单元 dt 中所经历的无限小位移除以 dt (当 $dt \to 0$ 时的极限情形下) 得到的. 目前使用的向量一词符合其通常的意义, 它不仅包括位移, 而且在选择适当单位的条件下, 还可以表示为包括每一数量的唯一的位移.

2. 人们通常声称**力**具有几何特征, 因为力可以这样表示. 然而, 与这种说法相反, 我们现在认为另一种说法更能说明力的物理性质, 因为它是以**功**的概念为基础的. 在现代物理学中, 功的概念逐渐取代了力的概念, 并声称这一概念更具决定性和根本性的地位. 我们将把坐标系统 $O\,|\mathbf{e}_i$ 中**力的分量**定义为这些数 p_i, 它表示作用在它上面的点的每一个虚拟位移 $\mathbf{e}_i$ 上所做的功. 这些数字完全反映了力的特征. 其作用点在任意位移

$$\mathbf{x} = \xi^1\mathbf{e}_1 + \xi^2\mathbf{e}_2 + \cdots + \xi^n\mathbf{e}_n$$

上所做的功 $= \sum\limits_i p_i\xi^i$. 因此, 对于两个确定的坐标系统, 关系式

$$\sum_i p_i\xi^i = \sum_i \bar{p}_i\bar{\xi}^i$$

成立, 如果变量 ξ^i (如上指标所示) 相对于坐标系统来说是逆变分量. 根据这个观点, **力是协变向量**. 当从目前正在处理的仿射几何过渡到度量几何时, 我们将讨论力的这种表示与通常的力的位移之间的联系. 协变向量的分量在变换到一个新的坐标系统时, 会被协调地转换成基本向量.

补充注记 因为协变向量的分量 a_i 和逆变向量的分量 b^i 之间的变换是对易的, $\sum\limits_i a_ib^i$ 是由这两个向量定义的一个确定数, 它独立于坐标系统. 这是第一个不变量张量运算的例子. 在张量系统中, 数或**标量**被归类为零阶张量.

我们已经解释了在什么条件下一个双变量的双线性形式被称为**对称**的, 以及是什么使得对称的双线性形式是非退化的. 双线性形式 $F(\xi,\eta)$ 称为**反对称的** (skew-symmetrical), 如果两组变量的交换将其转化为负的, 也就是仅仅改变它的符号

$$F(\eta,\xi) = -F(\xi,\eta).$$

这个性质如果用它的系数 a_{ik} 来表示, 即有方程 $a_{ki} = -a_{ik}$. 如果这两组变量进行相同的线性变换, 这些性质将保持不变. 因此, 二阶协变张量或逆变张量所具有的反对称、对称或 (对称和) 非退化的性质是与坐标系无关的.

由于双线性单位形式是在对两个变量序列进行逆变换后自行分解的, 所以在二阶混合张量 (也就是简单的协变和逆变) 中有一个称为单位张量的张量, 在每个坐标系统中它的分量为 $\delta_i^k = \begin{cases} 1 & (i=k), \\ 0 & (i \neq k). \end{cases}$

3. 欧氏空间的度量结构给出了每两个位移

$$\mathbf{x}=\sum_i \xi^i \mathbf{e}_i, \quad \mathbf{y}=\sum_i \eta^i \mathbf{e}_i$$

独立于坐标系的一个数, 这个数是它们的标量积是

$$\mathbf{x}\cdot\mathbf{y}=\sum_{i,k} g_{ik}\xi^i\eta^k, \quad g_{ik}=(\mathbf{e}_i\cdot\mathbf{e}_k).$$

因此, 右边的双线性形式依赖于坐标系, 其方式是由它给出一个二阶协变张量, 即**基本度规张量** (fundamental metrical tensor). 度量结构完全由它表征. 它是对称的、非退化的.

4. **一个线性向量变换**使任意位移 $\mathbf{x}$ 与另一位移 $\mathbf{x}'$ 线性对应, 也就是说, 和 $\mathbf{x}'+\mathbf{y}'$ 对应于和 $\mathbf{x}+\mathbf{y}$, 而乘积 $\lambda\mathbf{x}'$ 则对应于乘积 $\lambda\mathbf{x}$. 为了方便地引用这种线性向量变换, 我们将它们称为**矩阵**. 如果坐标系的基本向量 $\mathbf{e}_i$ 变换为

$$\mathbf{e}_i'=\sum_k a_i^k \mathbf{e}_k$$

作为变换的结果, 它一般会将任意位移

$$\mathbf{x}=\sum_i \xi^i\mathbf{e}_i \quad \text{变换为} \quad \mathbf{x}'=\sum_i \xi^i\mathbf{e}_i'=\sum_{i,k} a_i^k\xi^i\mathbf{e}_k. \tag{24}$$

因此, 我们可以用双线性形式

$$\sum_{i,k} a_i^k\xi^i\eta_k$$

来表示在特定坐标系下的矩阵.

从 (24) 可以看出, 如果

$$\sum_i \bar{\xi}^i\bar{\mathbf{e}}_i=\sum_i \xi^i\mathbf{e}_i \ (=\mathbf{x}),$$

则关系式[①]

$$\sum_{i,k}\bar{a}_i^k\bar{\xi}^i\bar{\mathbf{e}}_k=\sum_{i,k} a_i^k\xi^i\mathbf{e}_k \ (=\mathbf{x}')$$

在两个坐标系之间也成立 (我们使用的术语与上述相同), 因此

$$\sum_{i,k}\bar{a}_i^k\bar{\xi}^i\bar{\eta}_k=\sum_{i,k} a_i^k\xi^i\eta_k.$$

① 原文为 $\sum_{i,k}\bar{a}_i^k\bar{\xi}^i\mathbf{e}_k=\sum_{i,k} a_i^k\xi^i\mathbf{e}_k(=\mathbf{x}')$ 应为排版错误, 等式左边中的 $\mathbf{e}_k$ 应为 $\bar{\mathbf{e}}_k$.(译者注)

如果 η^i 被协变地变换成基本向量, 而 ξ^i 是被逆变地变换到该基本向量 (关于变量变换的后一种说法是不言而喻的, 因此我们将在类似的情况下省略它). 这样, 矩阵被表示为二阶张量. 特别是, 单位张量对应于 "恒等", 它赋予每一个位移 $\mathbf{x}$ 本身.

如力和度量空间的例子所示, 通常只有在单位度量选择之后, 才能用张量来表示几何或物理量: 这种选择只能通过在每种特定情况下指定它来进行. 如果单位度量被改变, 代表性的张量必须乘以一个通用常数, 即两个度量单位的比率.

以下的准则显然与这一张量概念的阐述是等价的. 如果在每一种情况下, 即假定①当一个任意逆变向量的分量被替换为变量的逆变序列时; ②当一个任意协变向量的分量被替换成一个变量的协变序列时, 它都有一个与坐标系无关的值, 则这个依赖于坐标系的多变量线性形式称为张量.

如果现在从**仿射**回到**度量**几何, 我们可以从段落开头的论述中看到, 仿射几何中影响张量自身的协变和逆变之间的区别缩小到仅仅是表示方式上的差异.

因此, 我们不再讨论协变、混合和逆变**张量**, 我们发现在这里只讨论一个张量的协变、混合和逆变的**分量**会更为方便. 在上述注解之后, 很明显, 从一个张量到另一个具有不同的协变性质的张量的变换可以简单地表述如下. 如果我们把张量中的逆变变量解释为任意位移的逆变分量, 而协变变量解释为任意位移的协变分量, 那么张量就转化为几个独立于坐标系统的任意位移的线性形式. 通过以它们的协变或反变分量的方式表示这些论点, 这表明它本身是适当的, 我们接着要考虑的是相同张量的其他表示形式. 从纯代数的观点看, 通过按照 (22) 的线性形式将新的 ξ_i 替换相应的变量 ξ^i, 实现了将协变指标转换为逆变指标的转换. 这一过程的不变性取决于这种替代将逆变变量转化为协变变量的情况. 其逆过程是根据逆变换方程 (22′) 进行的. 分量本身 (由于 g_{ik} 的对称性) 从逆变变量改为协变变量, 即指标按照规则 "下降",

$$\text{替换}\quad a_i=\sum_j g_{ij}a^j\quad\text{为}\quad a^i$$

不论数字 a^i 是否携带其他指标, 指标的提升受逆方程的影响.

特别是, 如果我们把这些注释应用于基本的度量张量, 我们就可以得到

$$\sum_{i,k} g_{ik}\xi^i\eta^k=\sum_i \xi^i\eta_i=\sum_k \xi_k\eta^k=\sum_{i,k} g^{ik}\xi_i\eta_k.$$

因此, 它的混合分量是数 δ^i_k, 它的逆变分量是方程 (22′) 的系数 g^{ik}, 它是方程 (22) 的逆. 从张量的对称性可以看出, 这些张量和 g_{ik} 一样, 也满足对称性条件 $g^{ki}=g^{ik}$.

关于表示法, 我们将采用类似的字母表示同一张量的协变、混合和逆变分量的惯例, 并以指标在顶部或底部的位置分别表示各分量相对于该指标而言是逆变

还是协变, 如以下二阶张量示例所示

$$\sum_{i,k} a_{ik}\xi^i\eta^k = \sum_{i,k} a^i_k\xi_i\eta^k = \sum_{i,k} a^k_i\xi^i\eta_k = \sum_{i,k} a^{ik}\xi_i\eta_k$$

(其中, 具有较低和较高指标的变量通过 (22) 成对连接).

在度量空间中, 从所说的可以清楚地看到, 协变向量和逆变向量之间的区别消失了: 在这种情况下, 我们可以表示一个力, 根据我们的观点, 它本质上是一个协变矢量, 作为一个逆变向量, 也可以通过位移来表示. 因为, 当我们用逆变变量 ξ^i 中的线性形式 $\sum_i p_i\xi^i$ 来表示它时, 我们现在可以通过 (22′) 将后者转化为一个具有协变量 ξ_i 的变量, 即 $\sum_i p^i\xi_i$. 因此我们有

$$\sum_i p^i\xi_i = \sum_{i,k} g_{ik}p^i\xi^k = \sum_{i,k} g_{ik}p^k\xi^i = \sum_i p_i\xi^i;$$

因此, 具有代表性的位移 **p** 的定义是, 力在任意位移过程中所做的功等于位移 **p** 和 **x** 的标量乘积.

在笛卡儿坐标系中, 基本张量有分量

$$g_{ik} = \begin{cases} 1 & (i = k), \\ 0 & (i \neq k), \end{cases}$$

连接方程 (22) 简化为 $\xi_i = \xi^i$. 如果我们把自己限制在使用笛卡儿坐标系上, 那么协变和逆变之间的差异就不再存在, 不仅对于张量, 而且对于张量分量也是如此. 然而, 必须指出, 到目前为止所概述的关于基本张量 g_{ik} 的概念只是假定它是对称的和非退化的, 此外, 笛卡儿坐标系的引入意味着相应的二次型是正定的. 这就产生了不同. 在相对论中, 时间坐标作为一个完全等价的项加入到三维空间坐标中, 这个四维流形上的测度关系不是建立在一定的形式上, 而是建立在不确定的形式上的 (第 3 章). 因此, 在这个流形中, 如果我们把自己限制在真实的坐标上, 我们就不能引入笛卡儿坐标系统; 但是这里发展出来的概念 (这将在维数 $n = 4$ 中进行详细的阐述) 可以在不加修改的情况下使用. 此外, 这种计算的代数简单性建议我们不要转移性地使用笛卡儿坐标系统, 正如我们在 §4 末尾已经提到的. 最后, 最重要的是, 对于以后的扩展来说是非常重要的, 它使我们超越了欧几里得几何结构, 仿射观点甚至应该独立于度量几何的观点在这个阶段得到完全的承认.

几何量和物理量是标量、矢量和张量: 这表达了这些量存在的空间的数学构成. 数学的对称性这一条件绝不仅仅局限于几何学, 相反, 它在物理学中实现了其完全的有效性. 由于自然现象发生在度量空间之中, 张量微积分是表达它们的统一性的自然数学工具.

§6. 张量代数. 若干例子

张量的相加 一个线性形式、双线性形式、三线性形式……乘以一个数, 同样地, 两个线性形式相加, 或者两个双线性形式相加……总是产生同类的线性形式. 因此, 向量和张量可以乘以一个数 (一个标量), 并且可以将两个或多个同阶的张量相加在一起. 执行这些运算的方法是将这些分量分别乘以所述的数目或者将这些分量分别相加. 同一阶的每一组张量都包含一个唯一的张量 **0**, 其中所有的分量都消失了, 当添加到同一阶的张量中时, 该张量不变. 物理系统的状态是通过指定某些标量和张量的值来描述的.

一般地, 一个由通过数学运算推导出来的张量是不变量 (即仅依赖于它们而不依赖于坐标系的选择) 且该张量等于零的这一事实, 相当于是物理定律的表达形式.

例子 一个点的运动可以用分析的方法来表示, 方法是把运动点的位置或它的坐标分别表示为时间 t 的函数. 导数 $\dfrac{dx_i}{dt}$ 是 "速度" 矢量的逆变分量 u^i. 通过把它乘以运动点的质量 m, m 是用来表示物质惯性的标量, 我们得到了 "冲量"(或 "动量"). 通过把几个质点的冲量相加, 或者把这些质点的冲量分别想象成由质点系统构成的一个刚体, 我们就得到了质点系统或刚体的总冲量. 在连续广延物质的情况下, 我们必须用积分来代替这些和. 运动的基本定律是

$$\frac{dG^i}{dt} = p^i; \quad G^i = mu^i, \tag{25}$$

其中 G^i 表示质点的冲量的逆变分量, p^i 表示力的分量.

根据我们的观点, 由于力主要是一个协变向量, 这个基本定律只有在度量空间中才有可能, 而不是在纯仿射空间中. 同样的定律适用于刚体的总冲量和作用在其上的合力.

张量的乘法 通过将变量 ξ 和 η 中的两个线性形式 $\sum\limits_i a_i\xi^i, \sum\limits_i b_i\eta^i$ 相乘, 得到了一个双线性形式

$$\sum_{i,k} a_i b_k \xi^i \eta^k,$$

因此, 从两个向量 **a** 和 **b**, 我们得到了一个二阶的张量 **c**, 即

$$a_i b_k = c_{ik}. \tag{26}$$

方程 (26) 表示向量 **a** 和 **b** 与张量 **c** 之间的不变量关系, 即如果我们转换到一个新的坐标系中, 在这个新的坐标系中, 同样的方程也适用于这些量的分量 (用横杠

表示)

$$\bar{a}_i \bar{b}_k = \bar{c}_{ik}.$$

同样, 我们也可以将一阶张量乘以一个二阶张量 (或者一般情况下, 任意阶张量乘以任意阶张量). 通过将

$$\sum_i a_i \xi^i \quad \text{乘以} \quad \sum_{i,k} b_i^k \eta^i \zeta_k,$$

其中的希腊字母表示变量, 这些变量将根据指数的升高或下降分别表示逆变或协变变量, 我们导出了三线性形式

$$\sum_{i,k,l} a_i b_k^l \xi^i \eta^k \zeta_l,$$

并相应地将一阶和二阶张量相乘, 得到三阶张量 c, 即

$$a_i \cdot b_k^l = c_{ik}^l.$$

这种乘法是通过将一个张量的每个分量乘以另一个张量的每个分量来执行的, 如上文所示. 必须注意的是, 三阶的合成张量的协变分量 (例如关于指标 l), 即 $c_{ik}^l = a_i b_k^l$, 就由 $c_{ikl} = a_i b_{kl}$ 给出. 因此, 在这种乘法形式中, 立即允许将方程两边的指标从下面转移到上面, 反之亦然.

反对称和对称张量的例子 如果具有逆变分量 a^i, b^i 的两个向量先按一顺序相乘, 然后按相反的顺序相乘, 如果从另一个结果中减去一个, 我们就得到了具有逆变分量

$$c^{ik} = a^i b^k - a^k b^i$$

的二阶反对称张量 c. 这种张量作为两个向量 a 和 b 的 "向量乘积" 出现在普通向量分析中. 通过在三维空间中指定一定的扭转方向, 就可以在这些张量和矢量之间建立可逆的一对一对应关系. (这在四维空间中是不可能的, 原因很明显, 在四维空间中, 一个二阶的反对称张量有六个独立分量, 而一个向量只有四个; 同样, 对于更高维度的空间也是如此.) 在三维空间中, 上述表示方法建立在以下基础上. 如果我们只使用笛卡儿坐标系统, 并在向量 a 和 b 之外引入任意一个位移 ξ, 当我们从一个坐标系统变换到另一个坐标系统时, 行列式

$$\begin{vmatrix} a^1 & a^2 & a^3 \\ b^1 & b^2 & b^3 \\ \xi^1 & \xi^2 & \xi^3 \end{vmatrix} = c^{23}\xi^1 + c^{31}\xi^2 + c^{12}\xi^3$$

就成为所乘的变换系数的行列式. 在正交变换的情况下, 该行列式的值为 ±1. 如果我们关注在“适当”的正交变换上, 即如果该行列式的值为 $+1$, 则上述线性形式中的位移 ξ 保持不变. 因此, 公式

$$c^{23} = c_1^*, \quad c^{31} = c_2^*, \quad c^{12} = c_3^*$$

表示反对称张量 c 与向量 c^* 之间的关系, 这种关系对于适当的正交变换是不变的. 向量 c^* 与两个矢量 a 和 b 垂直, 其大小 (根据解析几何的初等公式) 等于边为 a 和 b 的平行四边形的面积. 在一般向量分析中, 用矢量代替反对称张量, 在表达经济性方面是合理的, 但在某些方面它却隐藏了本质特征; 它产生了众所周知的电动力学中的“游动规则”, 在明智的意义上, 这并不意味着在发生电动力学事件的空间中有一个独特的扭曲方向; 它们之所以必要, 仅仅是因为磁场的强度被视为矢量, 而在现实中, 它是一个反对称的张量 (就像两个矢量的矢量乘积一样). 如果再给我们一个空间维度, 这个错误就不会发生.

在力学中, 存在两个矢量的反对称张量积:

1. 关于 O 点的动量矩 (角动量). 如果在 P 处有一个质点, ξ^1, ξ^2, ξ^3 是向量 $\overrightarrow{OP}$ 的分量, u^i 是所考虑的点的速度 (逆变) 分量, m 为质量, 则动量由

$$L^{ik} = m(u^i\xi^k - u^k\xi^i)$$

定义. 刚体关于点 O 的动量矩是物体各点质量的动量矩之和.

2. **力的转动力矩** (**扭矩**). 如果后者作用在点 P, p^i 是它的逆变分量, 则扭矩定义为

$$q^{ik} = p^i\xi^k - p^k\xi^i.$$

通过简单的加法, 得到了力系统的转动力矩. 除 (25) 外, 定律

$$\frac{dL^{ik}}{dt} = q^{ik} \tag{27}$$

适用于一个质点和一个不受约束的刚体. 刚体围绕固定点 O 的转动力矩仅受定律 (27) 的约束.

反对称张量的另一个例子是刚体围绕固定点 O 的**旋转速率** (角速度). 如果这个关于 O 的旋转使一般的点 P 变换到 P', 则向量 $\overrightarrow{OP'}$ 是通过从 $\overrightarrow{OP}$ 经线性变换产生的, 因此也产生了 PP'. 如果 ξ^i 是 $\overrightarrow{OP}$ 的分量, $\delta\xi^i$ 是 PP' 的分量, v_k^i 是这个线性变换 (矩阵) 的分量, 则有

$$\delta\xi^i = \sum_k v_k^i\xi^k. \tag{28}$$

我们在这里只关心无限小的旋转. 它们在无穷小矩阵中被区分为附加性质, 它被视为 ξ 的一个恒等式

$$\delta\left(\sum_i \xi_i\xi^i\right)=\delta\left(\sum_{i,k} g_{ik}\xi^i\xi^k\right)=0.$$

这给出了

$$\sum_i \xi_i\delta\xi^i=0.$$

通过代入表达式 (28), 我们得到

$$\sum_{i,k} v_k^i\xi_i\xi^k=\sum_{i,k} v_{ik}\xi^i\xi^k=0.$$

这在变量 ξ_i 中必须是相同的, 因此

$$v_{ki}+v_{ik}=0,$$

即对于它的协变分量有 v_{ik} 的张量是反对称的.

运动中的刚体在无限小的时间 δt 中经历无限小的旋转. 我们只需用 δt 去除以无穷小旋转张量 v 就可以得到 (当 $\delta t\to 0$ 时的极限) 反对称张量 "角速度", 我们仍然用 v 表示. 如果 u^i 表示点 P 的速度的逆变分量, u_i 表示公式 (28) 中的协变分量, 则后者归结为刚体运动学的基本公式, 即

$$u_i=\sum_k v_{ik}\xi^k. \tag{29}$$

"瞬时旋转轴" 的存在是因为具有反对称系数 v_{ik} 的线性方程组

$$\sum_k v_{ik}\xi^k=0$$

在 $n=3$ 的情形总是有解, 这不同于 $\xi^1=\xi^2=\xi^3=0$ 的平凡情形. 人们通常也将角速度表示为矢量.

最后, 在物体旋转过程中出现的 "转动惯量" 提供了一个二阶对称张量的简单例子.

如果质量为 m 的质点位于从始于旋转中心 O 的矢量 $\overrightarrow{OP}$ 所指向的点 P, 并以 ξ^i 为矢量 $\overrightarrow{OP}$ 分量, 我们称之为逆变量分量由 $m\xi^i\xi^k$ (乘法!) 给出的对称张量, 即质点的 "转动惯量" (相对于旋转中心 O). 点系统或物体的转动惯量 T^{ik} 被定义为由各点 P 分别形成的各张量之和. 这个定义不同于通常的定义, 但如果要将

旋转速度看作一个反对称张量而不是向量, 则正如我们即将看到的那样, 这个定义是正确的. 张量 T^{ik} 在关于 O 的旋转中所起的作用与标量 m 在平移变换中所起的作用相同.

缩并 (contraction) 如果 a_i^k 是二阶张量的混合分量, 则 $\sum_i a_i^i$ 是不变量. 因此, 如果 $\bar{a}_i^k$ 是变换到一个新的坐标系统后的同一个张量的混合分量, 则

$$\sum_i a_i^i = \sum_i \bar{a}_i^i.$$

证明 双线性型

$$\sum_{i,k} a_i^k \xi^i \eta_k$$

的变量 ξ^i, η_i 必须服从逆变变换

$$\xi^i = \sum_k a_k^i \bar{\xi}^k, \quad \eta_i = \sum_k \breve{a}_i^k \bar{\eta}_k,$$

如果我们希望把它们代入到

$$\sum_{i,k} \bar{a}_i^k \bar{\xi}^i \bar{\eta}_k.$$

由此可以得出

$$\bar{a}_r^r = \sum_{i,k} a_i^k \alpha_r^i \breve{\alpha}_k^r,$$

以及由 (20′) 有

$$\begin{aligned}\sum_r \bar{a}_r^r &= \sum_{i,k} (a_i^k \sum_r \alpha_r^i \breve{\alpha}_k^r) \\ &= \sum_i a_i^i.\end{aligned}$$

由矩阵的分量 a_i^k 构成的不变量 $\sum_i a_i^i$ 称为这个矩阵的迹 (trace (spur) of the matrix).

这个定理使我们能够立即对张量进行一般运算, 称为“缩并”, 这是乘法的第二步. 通过使张量的混合分量中的一个确定的上指标与一个确定的下指标重合, 并对该指标进行求和, 我们从给定的张量中得到一个新的张量, 其阶比原来的张量少两阶, 例如, 我们从五阶张量的分量 a_{hik}^{lm} 中得到一个三阶的张量, 因此有

$$\sum_r a_{hir}^{lr} = c_{hi}^l. \tag{30}$$

由 (30) 表示的连接是不变的, 即当我们变换到一个新的坐标系时, 该形式仍保持不变, 即有

$$\sum_r \bar{a}_{hir}^{lr} = c_{hi}^l. \tag{31}$$

为了证明这一点, 我们只需要借助两个任意的逆变向量 ξ^i, η^i 和一个协变向量 ζ_i. 利用它们, 我们形成了二阶混合张量的分量

$$\sum_{h,i,l} a_{hik}^{lm} \xi^h \eta^i \zeta_l = f_k^m,$$

对此, 我们应用了刚刚证明的定理就得到

$$\sum_r f_r^r = \sum_r \bar{f}_r^r.$$

然后, 我们就得到公式

$$\sum_{h,i,l} c_{hi}^l \xi^h \eta^i \zeta_l = \sum_{h,i,l} \bar{c}_{hi}^l \bar{\xi}^h \bar{\eta}^i \bar{\zeta}_l,$$

其中 c 由 (30) 式定义, $\bar{c}$ 由 (31) 式定义. 因此, $\bar{c}_{hi}^l$ 实际上是新坐标系统中同一张量的三阶张量的分量, 其中旧张量中的分量等于 c_{hi}^l.

这一缩并过程的例子在上述情况下得到了充分的满足. 无论在什么地方对某些指标进行求和, 求和指标在求和的成员中都出现两次, 一次为系数的上指标, 另一次为系数的下指标: 每一个这样的求和都是缩并的例子. 例如, 在公式 (29) 中, 通过 v_{ik} 与 ξ^i 的乘法, 可以形成三阶张量 $v_{ik}\xi^l$; 通过使 k 与 l 相同, 并对 k 求和, 得到了一阶的缩并张量 u_i. 如果矩阵 A 将任意一个位移 $\mathbf{x}$ 变换成 $\mathbf{x}' = A(\mathbf{x})$, 如果第二个矩阵 B 将这个 $\mathbf{x}'$ 变换为 $\mathbf{x}'' = B(\mathbf{x}')$[①], 则这两个矩阵的组合 BA 就将 $\mathbf{x}$ 直接变换为 $\mathbf{x}'' = BA(\mathbf{x})$. 如果 A 的分量为 a_i^k, B 的分量为 b_i^k, 则组合矩阵 BA 的分量为

$$c_i^k = \sum_r b_i^r a_r^k.$$

这里, 我们再一次看到遵循缩并的乘法例子.

缩并过程可同时应用于多对指标. 从具有协变分量 $a_i, a_{ik}, a_{ikl}, \cdots$ 的一阶张量、二阶张量以及三阶张量等, 我们得到了不变量

$$\sum_i a_i a^i, \quad \sum_{i,k} a_{ik} a^{ik}, \quad \sum_{i,k,l} a_{ikl} a^{ikl}, \quad \cdots.$$

① 译者注: 英文版这里有误.

如果像这里假设的那样, 基本度量张量对应的二次型肯定是正的, 这些不变量都是正的, 因为在笛卡儿坐标系统中, 它们正好揭示了分量的平方和这一形式. 就像在向量的最简单情况下, 这些不变量的平方根可以称为一阶、二阶、三阶 ······ 张量的度量或大小.

在这一点上, 我们将一劳永逸地制定一项惯例: 如果一个指标在一个附加指标的公式中出现两次 (一次为上指标, 一次为下指标), 则这始终意味着该求和是针对该指标进行的, 我们将认为不必要在其前面设置一个求和符号.

加法、乘法和缩并的运算只需要仿射几何: 它们不是建立在 "基本度量张量" 的基础上的. 后者只是从协变分量到反变分量和其逆的变换过程所必需的.

旋转陀螺的 Euler 方程

作为张量微积分的一个练习, 我们将推导出刚体在不动点 O 附近没有力作用下运动的 Euler 方程. 我们以协变的形式

$$\frac{dL_{ik}}{dt} = 0,$$

写出基本方程 (27), 并将它们 (为了简洁起见) 乘以任意一个反对称张量的反变分量 w^{ik}, 该反对称张量是常数 (独立于时间), 并对 i 和 k 进行缩并. 如果设 H_{ik} 等于和式

$$\sum_m m u_i \xi^i,$$

它将被取遍所有的质点, 我们得到一个不变量

$$\frac{1}{2} L_{ik} w^{ik} = H_{ik} w^{ik} = H,$$

可以将方程压缩到

$$\frac{dH}{dt} = 0. \tag{32}$$

如果我们引入了用于 u_i 的表达式 (29) 和惯性的张量 T, 则

$$H_{ik} = v_{ir} T_k^r. \tag{33}$$

迄今为止, 我们一直假设所使用的坐标系在**空间**中是固定的. 惯性的分量 T 在时间的推移中随着物质的分布而变化. 但是, 如果我们使用的是一个固定在**刚体**上的坐标系统来代替这一点 (即固定在空间中的坐标系统), 并且考虑到目前为止所使用的符号是指关于这个坐标系统的相应的张量的分量, 鉴于我们区分同一

张量的分量是相对于水平轴固定在空间中的坐标系统, 由于 H 的不变性, 方程 (32) 保持有效. 现在的 T_i^k 是常数, 但另一方面, w^{ik} 随时间的变化而变化. 我们的方程给出

$$\frac{dH_{ik}}{dt} \cdot w^{ik} + H_{ik} \cdot \frac{dw^{ik}}{dt} = 0. \tag{34}$$

为了确定 $\dfrac{dw^{ik}}{dt}$, 选择固定在刚体中的两个任意矢量, 其中附着在刚体的坐标系中的共变分量分别是 ξ_i 和 η_i. 因此, 这些量是常数, 但它们在空间坐标系统中的分量 $\bar{\xi}^i$ 和 $\bar{\eta}^i$ 是时间的函数. 现在,

$$w^{ik}\xi_i\eta_k = \bar{w}^{ik}\bar{\xi}_i\bar{\eta}_k,$$

因此, 关于时间求导得到

$$\frac{dw^{ik}}{dt} \cdot \xi_i\eta_k = \bar{w}^{ik}\left(\frac{d\bar{\xi}_i}{dt} \cdot \bar{\eta}_k + \bar{\xi}_i \cdot \frac{d\bar{\eta}_k}{dt}\right). \tag{35}$$

由公式 (29) 得

$$\frac{d\bar{\xi}_i}{dt} = \bar{v}_{ir}\bar{\xi}^r = \bar{v}_i^r\bar{\xi}_r.$$

这样我们就可以得到 (35) 的右边为

$$\bar{w}^{ik}(\bar{v}_i^r\bar{\xi}_r\bar{\eta}_k + \bar{v}_k^r\bar{\xi}_i\bar{\eta}_r),$$

由于这是一个不变量, 我们可以删除这些上横杠, 得到

$$\xi_i\eta_k\frac{dw^{ik}}{dt} = w^{ik}(\xi_r\eta_k v_i^r + \xi_i\eta_r v_k^r).$$

这在 ξ 和 η 中是相同的. 因此, 如果 H^{ik} 是任意数, 则

$$H_{ik}\frac{dw^{ik}}{dt} = w^{ik}(v_i^r H_{rk} + v_k^r H_{ir}).$$

如果用 H_{ik} 这个符号表示上面的量, 则 (34) 的第二项就确定了, 并且我们的方程变为

$$\left\{\frac{dH_{ik}}{dt} + (v_i^r H_{rk} + v_k^r H_{ir})\right\} w^{ik} = 0,$$

它是反对称张量 w^{ik} 中的一个恒等式. 因此

$$\frac{d(H_{ik} - H_{ki})}{dt} + \begin{bmatrix} v_i^r H_{rk} + v_k^r H_{ir} \\ -v_k^r H_{ri} + v_i^r H_{kr} \end{bmatrix} = 0.$$

我们现在用 (33) 代替 H_{ik}. 由于 T_{ik} 的对称性,

$$v_k^r H_{ir} (= v_k^r v_i^s T_{rs})$$

关于指标 i 和 k 也是对称的, 方括号中和的最后两个项互相抵消. 如果我们现在令对称张量

$$v_i^r v_{kr} = g_{rs} v_i^r v_k^s = (v, v)_{ik},$$

最后, 将方程化为如下形式

$$\frac{d}{dt}(v_{ir} T_k^r - v_{kr} T_i^r) = (v, v)_{ir} T_k^r - (v, v)_{kr} T_i^r.$$

众所周知, 我们可以引入一个由三个惯量主轴组成的笛卡儿坐标系统, 使得在这个系统中

$$g_{ik} = \begin{cases} 1 & (i = k), \\ 0 & (i \neq k), \end{cases} \qquad T_{ik} = 0 \ (i \neq k).$$

如果用 T_1 代替 T_1^1, 对其余的指标也这样做, 在这个坐标系统中的方程假设为简单的形式

$$(T_i + T_k) \frac{dv_{ik}}{dt} = (T_k - T_i)(v, v)_{ik}.$$

这是未知角速度分量 v_{ik} 的微分方程组 (如所知, 该方程组可以用 t 的椭圆函数来求解). 这里出现的主转动惯量 T_i 与 T_i^* 相联系, 根据方程的通常定义给出

$$T_1^* = T_2 + T_3, \quad T_2^* = T_3 + T_1, \quad T_3^* = T_1 + T_2.$$

上述对旋转问题的处理, 与通常的方法不同, 可以逐字逐句地从三维空间推广到多维空间. 事实上, 这在实践中是无关紧要的. 另一方面, 我们已经摆脱了对一个特定维度的限制, 并且已经以这样一种方式制定了物理定律, 使得维度在它们中看起来是**偶然的**, 这一事实给我们一份自信, 我们在数学上完全成功地掌握了它们.

毫无疑问, 张量微积分 (注 4)[①]的研究, 除了必须克服由于指标引起的理解困难, 还有概念上的困难. 然而, 从形式上看, 所使用的计算方法极其简单; 它比初等向量微分学的工具容易得多. 有两个运算, 乘法和缩并; 然后把两个指标完全不同的张量的分量放在一起; 上指标与下指标一致, 最后是对该指标的求和 (未表示). 在这一数学分支中, 人们曾多次尝试建立一个标准术语, 只涉及向量本身, 而不涉

① 注 4: 我们在这里给出的张量微积分的系统形式基本上是由里奇和列维–奇维塔推导出来的. Méthodes de calcul différentiel absolu et leurs applications, Math. Ann., Bd. 54 (1901).

及它们的组成部分, 类似于向量分析中的向量方法. 在后一种情况下, 这是非常方便的, 但是对于更复杂的张量微积分框架来说, 这是非常麻烦的. 为了避免不断地引用各种分量, 我们不得不采用无穷无尽的名称和符号, 以及一套复杂的计算规则, 这样一来, 优势的天平在很大程度上偏向了消极的一方. 我们必须对这种形式主义的放纵提出强烈抗议, 因为这种符号的滥用正在危及技术科学家的安宁.

§7. 张量的对称性质

从前一段的例子中可以明显看出, 二阶对称和反对称张量, 无论在哪里应用, 都代表着完全不同类型的量. 因此, 如果把一个量说成某某阶的张量, 它的性质一般并没有得到充分的描述, 而必须加上**对称的特征**.

多个变量序列的线性形式称为是**对称的**, 如果在这些变量序列中的任意两个变量互换后保持不变, 但如果进行这样的变换变成了负的, 也就是颠倒了它的符号, 则称为**反对称**的形式. 如果变量序列之间任意排列, 则对称线性形式不变; 当变量序列中的变量进行偶数置换时, 反对称线性形式不变, 但当置换为奇数时, 则改变其符号. 三重对称线性形式的系数 a_{ikl} 满足条件

$$a_{ikl} = a_{kli} = a_{lik} = a_{kil} = a_{lki} = a_{ilk}.$$

在反对称张量的系数中, 只有具有三个不同指标的系数才能不等于 0, 而且它们满足方程

$$a_{ikl} = a_{kli} = a_{lik} = -a_{kil} = -a_{lki} = -a_{ilk}.$$

因此, 在 n 个变量的域内, 不可能有超过 n 个变量序列的 (非零的) 反对称形式. 正如对称的双线性形式可以完全由二次型取代, 该二次型是通过识别这两个变量系列推导出来的, 所以对称的三重线性形式是由具有系数 a_{ikl} 的单个系列变量的三次形式唯一确定的, 该形式通过相同的过程从三重线性形式导出. 如果在反对称三重线性形式

$$F = \sum_{i,k,l} a_{ikl}\xi^i\eta^k\zeta^l$$

中, 我们在变量序列 ξ, η, ζ 上执行 3! 个排列, 并依据变量序列的排列是偶排列还是奇排列, 分别在每个项的前面加上正号或负号, 我们得到六项原始形式. 如果将它们加在一起, 我们将得到以下表达式:

$$F = \frac{1}{3!}\sum_{i,k,l} a_{ikl} \begin{vmatrix} \xi^i & \xi^k & \xi^l \\ \eta^i & \eta^k & \eta^l \\ \zeta^i & \zeta^k & \zeta^l \end{vmatrix}. \tag{36}$$

在线性形式下, 如果每一组变量序列受到相同的线性变换, 则不破坏对称或反对称的性质. 因此, **对称**和**反对称**、**协变**或**逆变张量**可以被附加一个意义. 但这些表达式在混合张量的域中没有任何意义. 我们不需要在对称张量上花费更多的时间, 但必须更详细地讨论反对称的协变张量, 因为它们具有非常特殊的意义.

位移的分量 ξ^i 决定直线的方向 (正或负) 以及其大小. 如果 ξ^i 和 η^i 是两个线性无关的位移, 如果它们是从任意一点 O 中出发的, 它们确定出一个平面. 量的比值

$$\xi^i\eta^k - \xi^k\eta^i = \xi^{ik}$$

定义该平面的 "位置" (平面的 "方向"), 其方式与 ξ^i 的比值确定直线位置 (直线的 "方向") 相同. $\xi^{ik} = 0$ 当且仅当两个位移 ξ^i, η^i 是线性相关的; 在这种情况下, 它们没有映射出二维流形. 当两个线性无关的位移 ξ^i 和 η^i 确定出一个平面时, 就隐含了一个明确的旋转的含义, 也就是, 在平面内绕点 O 的旋转, 它可以使 ξ 转过 $< 180°$ 的角与 η 重合; 也可以是一个确定的度量 (数量), 即 ξ 和 η 所张成的平行四边形的面积. 如果从任意点 O 画出两个位移 ξ, η, 从任意点 O_* 画出两个位移 ξ_*, η_*, 则画出的每个平面的位置、旋转的含义和量的大小是相等的当且仅当每一对的 ξ^{ik} 与另一对的是一致的, 即

$$\xi^i\eta^k - \xi^k\eta^i = \xi^i_*\eta^k_* - \xi^k_*\eta^i_*.$$

所以, 正如 "ξ^i" 确定一条直线的方向和长度, 这样 "ξ^{ik}" 决定了一个平面的意义和区域的面积; 类比的完整性是显而易见的.

为了表示这一点, 我们可以称第一个构型为**一维空间元素**, 第二个构型为**二维空间元素**. 正如一维空间元素的大小的平方是由如下的不变量给出

$$\xi_i\xi^i = g_{ik}\xi^i\xi^k = Q(\xi),$$

因此, 根据解析几何的形式, 由

$$\frac{1}{2}\xi^{ik}\xi_{ik}$$

给出了二维空间元素的量的平方, 为此, 我们还可以写出

$$\begin{aligned}\xi_i\eta_k(\xi^i\eta^k - \xi^k\eta^i) &= (\xi_i\xi^i)(\eta^k\eta_k) - (\xi_i\eta^i)(\xi^k\eta_k)\\ &= Q(\xi)Q(\eta) - Q^2(\xi,\eta).\end{aligned}$$

在同样的意义上, 源于三个线性无关的位移 ξ, η, ζ 的行列式

$$\xi^{ikl} = \begin{vmatrix} \xi^i & \xi^k & \xi^l \\ \eta^i & \eta^k & \eta^l \\ \zeta^i & \zeta^k & \zeta^l \end{vmatrix}$$

是三维空间元素的分量, 其大小由不变量

$$\frac{1}{3!}\xi^{ikl}\xi_{ikl}$$

的平方根表示. 在三维空间中, 该不变量为

$$\xi_{123}\xi^{123} = g_{1i}g_{2k}g_{3l}\xi^{ikl}\xi^{123},$$

并且由于 $\xi^{ikl} = \pm\xi^{123}$, 其正负号根据 ikl 是 123 的偶数排列或奇数排列, 它假定这个值为

$$g \cdot (\xi^{123})^2,$$

其中 g 是基本度量形式的系数 g_{ik} 的行列式. 这样, 平行六面体的体积变为

$$\sqrt{g} \cdot \begin{vmatrix} \xi^1 & \xi^2 & \xi^3 \\ \eta^1 & \eta^2 & \eta^3 \\ \zeta^1 & \zeta^2 & \zeta^3 \end{vmatrix}$$

(取绝对值, 即行列式的正值). 这与解析几何的基本公式一致. 在超过三维的空间中, 我们可以同样地推广到四维空间元素, 等等.

就像一阶协变张量给每个一维空间元素 (即位移) 线性地赋予一个数 (独立于协调系统) 一样, 因此, 二阶的反对称协变张量给每个二维空间元素赋予一个数, 三阶的反对称张量给每个三维空间元素赋予一个数, 等等. 这从表达 (36) 的形式可以立即看出这一点. 因此, 我们称协变反对称张量为**线性张量**是合理的. 在线性张量领域的运算中, 我们将提到以下两个:

$$a_i b_k - a_k b_i = c_{ik}, \tag{37}$$

$$a_i b_{kl} - a_k b_{li} + a_l b_{ik} = c_{ikl}. \tag{38}$$

前者由两个一阶的线性张量产生二阶的线性张量; 后者从一个一阶和一个二阶的线性张量产生一个三阶的线性张量.

有时对称性的条件比以前所考虑的要复杂得多. 在四阶线性型 $F(\xi, \eta, \xi', \eta')$ 领域中, 它们在满足条件的情况下起着特殊的作用

$$F(\eta, \xi, \xi', \eta') = F(\xi, \eta, \eta', \xi') = -F(\xi, \eta, \xi', \eta'), \tag{39_1}$$

$$F(\xi', \eta', \xi, \eta) = F(\xi, \eta, \xi', \eta'), \tag{39_2}$$

$$F(\xi, \eta, \xi', \eta') + F(\xi, \xi', \eta', \eta) + F(\xi, \eta', \eta, \xi') = 0. \tag{39_3}$$

对于任意二维空间元素

$$\xi^{ik} = \xi^i \eta^k - \xi^k \eta^i$$

的每一个二次型, 都有一个且只有一个四阶线性形式 F 满足这些对称的条件, 并且通过识别第二对变量 ξ', η' 和第一对 ξ, η 变量来得到上述的二次型. 因此, 如果我们想表示与曲面元素呈二次函数的关系, 必须使用具有对称性质的四阶协变张量 (39).

五阶张量 F 的**对称条件的最一般形式**, 其中第一、二、四组变量序列是逆步的, 第三和第五组变量序列是协变的 (取一特殊情形) 就是

$$\sum_S e_S F_S = 0,$$

其中 S 表示五组变量序列的所有排列, 在这些变量中, 逆步变量在它们之间是相互交换的, 同样地, 协变变量在它们之间也是相互交换的; F_S 表示 F 经过置换 S 后的形式; e_S 是一个由定数组成的系统, 它被分配到 S 的排列中. 和式是对所有置换 S 的求和. 在一确定的张量类型基础上的对称性种类, 以一个或多个这样的对称性条件表现其自身.

§8. 张量分析. 应力

描述空间扩展的物理系统的状态如何随点而变化的量没有一个明确的值, 但 “对每一个点” 这个量只有一个值: 用数学语言表达就是, 它们是 “位置或点的函数”. 根据我们处理的是标量、向量或张量, 我们称之为标量场、向量场或张量场.

如果给空间的每个点或空间的一个确定区域指定适当类型的标量、向量或张量, 那么就给出了这样一个场. 如果我们使用一个确定的坐标系统, 则标量的值或向量或张量分量的值, 在坐标系中就表现为所考虑区域中可变点的坐标的函数.

张量分析告诉我们, 如何通过对空间坐标的微分, 以完全独立于坐标系统的方式从旧张量中导出一个新张量. 这种方法和张量代数一样, 非常简单. 其中只有一个运算发生, 即**微分**.

如果

$$\phi = f(x_1, x_2, \cdots, x_n) = f(x)$$

表示给定的标量场, 对应于变化点的无限小位移的 ϕ 的变化 (其坐标 x_i 分别有一变化 dx_i) 是由全微分给出的

$$df = \frac{\partial f}{\partial x_1} dx_1 + \frac{\partial f}{\partial x_2} dx_2 + \cdots + \frac{\partial f}{\partial x_n} dx_n.$$

这个公式表示, 如果首先将 Δx_i 作为有限位移的分量, 而 Δf 是 f 的相应变化, 则

$$\Delta f \quad 和 \quad \sum_i \frac{\partial f}{\partial x_i} \Delta x_i$$

之间的差不仅随位移分量的变化而绝对地减小至零, 而且随位移总量的变化而相对地减小, 位移的度量可以定义为 $|\Delta x_1| + |\Delta x_2| + \cdots + |\Delta x_n|$. 我们把变量 ξ^i 中的线性形式

$$\sum_i \frac{\partial f}{\partial x_i} \xi^i$$

与这个微分联系起来. 如果我们在另一个坐标系统中执行相同的构造 (在坐标系上置一水平横杆), ξ^i 受到与基本向量成反变的变换, 那么从微分术语的意义上可以明显看出, 第一个线性形式变换成第二个线性形式. 因此,

$$\frac{\partial f}{\partial x_1}, \frac{\partial f}{\partial x_2}, \cdots, \frac{\partial f}{\partial x_n}$$

是由标量场 ϕ 以独立于坐标系统的方式产生的向量的协变分量. 在一般的向量分析中, 它以**梯度**形式出现, 由符号 $\mathrm{grad}\phi$ 表示.

这个运算可以立即从标量转换到任意的张量场. 例如, 如果 $f_{ik}^h(x)$ 是三阶张量场的分量, 对 h 是反变, 而对 i 和 k 是协变, 则

$$f_{ik}^h \xi_h \eta^i \zeta^k$$

是不变量, 如果用 ξ_h 表示任意但不变的协变向量 (即与它的位置无关) 的分量, 并且 η^i, ζ^k 分别表示类似的反变向量的分量. 由

$$\frac{\partial f_{ik}^h}{\partial x_l} \xi_h \eta^i \zeta^k dx_l$$

给出了该不变量随分量 dx_i 的无穷小位移的变化, 因此

$$f_{ikl}^h = \frac{\partial f_{ik}^h}{dx_l}$$

是四阶张量场的分量, 它以独立于坐标系的方式产生于给定的量. **这就是微分的过程**; 正如所见, 它将张量的阶提高了 1 阶. 我们仍然必须指出, 由于基本的度量张量与其位置无关, 我们得到张量的分量是通过将指标 k (例如相对于指标 k 是逆变的) 从微分符号的下指标转变到顶部的上指标, 即 $\dfrac{\partial f^{hki}}{dx_l}$. 从协变到逆变的变化与微分是可交换的. 可以通过将所讨论的张量乘以具有协变分量的向量

$$\frac{\partial}{\partial x_1}, \frac{\partial}{\partial x_2}, \cdots, \frac{\partial}{\partial x_n} \tag{40}$$

来纯粹形式地进行微分, 并将微商 $\dfrac{\partial f}{\partial x_i}$ 作为 f 和 $\dfrac{\partial}{\partial x_i}$ 的符号乘积来处理. 向量符号 (40) 经常在数学文献中遇到, 它有一个神秘的名称 “Nabla-矢量”.

例子 带有协变分量 u_i 的向量产生二阶的张量 $\dfrac{\partial u_i}{\partial x_k} = u_{ik}$. 由此, 我们构造

$$\frac{\partial u_i}{\partial x_k} - \frac{\partial u_k}{\partial x_i}. \tag{41}$$

这些量是二阶线性张量的协变分量. 在一般的向量分析中, 它以 “旋转” (旋度、自旋或**卷曲**) 的形式出现 (具有反向符号). 另一方面, 量

$$\frac{1}{2}\left(\frac{\partial u_i}{\partial x_k} + \frac{\partial u_k}{\partial x_i}\right)$$

是一个二阶对称张量的协变分量. 如果向量 u 表示连续延伸运动物体的速度 (它作为随其位置变化的函数), 则这个张量在某一点上的消失意味着在该点的邻域以刚体的形式运动. 因此, 它得到一个名称为**扭曲张量** (distortion tensor). 最后, 通过缩并 u_k^i, 我们得到了向量分析中称为 “**散度**” (div.) 的标量

$$\frac{\partial u^i}{\partial x_i}.$$

通过对具有混合分量 S_i^k 的二阶张量的微分和缩并, 我们得到了向量

$$\frac{\partial S_i^k}{\partial x_k}.$$

如果 v_{ik} 是二阶线性张量场的分量, 那么, 类似于公式 (38), 我们用 v 或者 b 的符号向量 “微分” 代替 a, 就得到了含有分量

$$\frac{\partial v_{kl}}{\partial x_i} + \frac{\partial v_{li}}{\partial x_k} + \frac{\partial v_{ik}}{\partial x_l} \tag{42}$$

的三阶线性张量. 如果 v_i 是标量场的梯度, 则张量 (41), 即卷曲 (curl) 消失; 如果 v_{ik} 是矢量 u_i 的卷曲时, 张量 (42) 即消失.

应力 张量场的一个重要例子是由弹性体中发生的应力提供的; 实际上, 从这个例子中导出了 “张量” 这个名称. 当拉伸或压缩力作用于弹性体表面时, 同时, “体积力” (如万有引力) 作用在弹性体物质内部的各个部分时, 一种平衡状态就建立起来了, 在这种状态中, 由变形引起的物质的内聚力平衡了来自外部的作用力. 如果我们想象从物体中切出该物体的任一部分 J, 并假设它在我们移除剩下的部

分后仍保持一致, 那么外加的体积力本身不会使这部分物质保持平衡状态. 然而, 它们是由作用在 J 部分的表面 Ω 上的压缩力平衡的, 而 J 部分是由移除的物质部分施加在其上的. 实际上, 如果我们不考虑物质的原子 (粒子) 结构, 我们必须想象凝聚力只有在直接接触中才是有效的, 其结果是, 移除的部分对 J 的作用必须用表面力 (如压力) 来表示; 实际上, 如果 $\mathbf{S}\,do$ 确实是作用在曲面元素 do 上的压力 (这里 $\mathbf{S}$ 表示每单位表面的压力), $\mathbf{S}$ 只能取决于曲面元素 do 的位置, 以及该曲面元素相对于 J 的内法线 n, 它表征了元素 do 的 "位置". 我们将 $\mathbf{S}$ 写成 $\mathbf{S}_n$ 来强调 $\mathbf{S}$ 和 n 之间的这种联系. 如果 $-n$ 表示与 n 相反的方向上的法线, 则从一个极小的无限薄圆盘的平衡出发, 得到

$$\mathbf{S}_{-n} = -\mathbf{S}_n. \tag{43}$$

我们将使用笛卡儿坐标 x_1, x_2, x_3. 每单位面积在一个点上的压缩力, 即作用于同一点上的一个面积单元上的力, 其内法线与正向 x_1-轴、x_2-轴、x_3-轴方向一致的压力将分别表示为 $\mathbf{S}_1, \mathbf{S}_2, \mathbf{S}_3$. 现在选择任意三个正数 a_1, a_2, a_3 和一个正数 ε, 它将收敛到值 0 (而 a_i 保持固定). 从所考虑的点 O 开始, 沿着坐标轴的正方向标出距离

$$OP_1 = \varepsilon a_1, \quad OP_2 = \varepsilon a_2, \quad OP_3 = \varepsilon a_3,$$

并考虑以 $OP_2P_3, OP_3P_1, OP_1P_2$ 为侧面、$P_1P_2P_3$ 为 "屋顶" 的无穷小四面体 $OP_1P_2P_3$. 若 f 为屋顶表面面积, a_1, a_2, a_3 为内法线的方向余弦, 则侧面积分别为

$$-f \cdot a_1 \left(= \frac{1}{2}\varepsilon^2 a_2 a_3 \right), \quad -f \cdot a_2, \quad -f \cdot a_3.$$

侧面和顶上的压力之和成为 ε 的消失值:

$$f\left\{\mathbf{S}_n - (a_1\mathbf{S}_1 + a_2\mathbf{S}_2 + a_3\mathbf{S}_3)\right\}.$$

f 的大小为 ε^2 的量级, 但作用于四面体体积的体积力仅为 ε^3 的量级. 因此, 由平衡的条件, 我们必有

$$\mathbf{S}_n = (a_1\mathbf{S}_1 + a_2\mathbf{S}_2 + a_3\mathbf{S}_3).$$

借助于 (43), 这个公式可立即扩展到四面体位于其余 7 个象限中任何一个象限的情形. 如果我们称 $\mathbf{S}_i$ 的分量相对于坐标轴为 S_{i1}, S_{i2}, S_{i3}, 并且如果 ξ^i, η^i 是任意两个长度为 1 的任意位移的分量, 那么

$$\sum_{i,k} S_{ik}\xi^i\eta^k \tag{44}$$

是向 η 方向施加在其内法线为 ξ 的曲面元素上的压缩力的分量. 因此, 双线性形式 (44) 具有独立于坐标系统的意义, S_{ik} 是 "应力" 张量场的分量. 我们将继续在直角坐标系中运算, 这样就不必区分协变量和逆变量.

我们形成了具有分量 S_{1i}, S_{2i}, S_{3i} 的向量 $\mathbf{S}_1'$. $\mathbf{S}_1'$ 在曲面元素内法线 n 的方向上的分量等于 $\mathbf{S}_n$ 在 x_1-轴上的分量. 因此, 作用在物质 J 的分离部分的表面 Ω 上的总压力在 x_1-轴上的分量等于 $\mathbf{S}_1'$ 的法向分量的曲面积分, 由 Gauss 定理, 这等于体积积分

$$-\int_J \mathrm{div}\ \mathbf{S}' \cdot dV.$$

对于 x_2-轴和 x_3-轴方向的分量也同样成立. 因此我们就得到含有分量

$$p_i = -\sum_k \frac{\partial S_i^k}{\partial x_k}$$

的向量 $\mathbf{p}$ (正如我们所知, 这是根据不变量的定律来执行的). 然后, 压缩力 $\mathbf{S}$ 等价于具有单位体积 $\mathbf{p}$ 给出的方向和强度的体积力, 它是在对于物质 J 的每一分离部分的意义上以单位体积 $\mathbf{p}$ 给出的,

$$\int_\Omega \mathbf{S}_n do = \int_J \mathbf{p} dV. \tag{45}$$

如果 $\mathbf{k}$ 是单位体积的作用力, 则结合成一体的那块物质被分离后的第一个平衡条件是

$$\int_J (\mathbf{p}+\mathbf{k}) dV = \mathbf{0},$$

并且因为对物质的每一部分都必须保持这个平衡条件

$$\mathbf{p}+\mathbf{k} = \mathbf{0}. \tag{46}$$

如果我们选择任意原点 O, 并且如果 $\mathbf{r}$ 表示可变点 P 的半径向量、方括号表示 "矢量" 乘积, 则表示平衡的第二条件, 即力矩方程是

$$\int_\Omega [\mathbf{r}, \mathbf{S}_n]\, do + \int_J [\mathbf{r}, \mathbf{k}]\, dV = \mathbf{0},$$

既然 (46) 一般地成立, 除了 (45), 我们还必须有

$$\int_\Omega [\mathbf{r}, \mathbf{S}_n]\, do = \int_J [\mathbf{r}, \mathbf{p}]\, dV.$$

$[\mathbf{r}, \mathbf{S}_n]$ 的 x_1-轴上的分量等于在 n 的方向上 $x_2\mathbf{S}'_3 - x_3\mathbf{S}'_2$ 的分量. 因此, 由 Gauss 定理, 等式左边的 x_1-轴上的分量是

$$-\int_J \mathrm{div}(x_2\mathbf{S}'_3 - x_3\mathbf{S}'_2)dV.$$

因此我们得到了方程

$$\mathrm{div}(x_2\mathbf{S}'_3 - x_3\mathbf{S}'_2) = -(x_2p_3 - x_3p_2).$$

但左边的项

$$\begin{aligned} &= (x_2\mathrm{div}\mathbf{S}'_3 - x_3\mathrm{div}\mathbf{S}'_2) + (\mathbf{S}'_3 \cdot \mathrm{grad}x_2 - \mathbf{S}'_2 \cdot \mathrm{grad}x_3) \\ &= -(x_2p_3 - x_3p_2) + (S_{23} - S_{32}). \end{aligned}$$

因此, 如果我们形成 x_2-轴和 x_3-轴方向的分量, 加上 x_1-轴上的分量, 这个平衡条件给出了如下等式

$$S_{23} = S_{32}, \quad S_{31} = S_{13}, \quad S_{12} = S_{21},$$

即应力张量 $\mathbf{S}$ 的对称性. 对于具有分量 ξ^i 的任意位移,

$$\frac{\sum S_{ik}\xi^i\xi^k}{\sum g_{ik}\xi^i\xi^k}$$

是该分量在方向 ξ 上的单位表面压力分量, 它作用在一个与这个方向成直角的表面元素上. (在这里, 我们可以再次使用任意仿射坐标系统) **应力完全等于体积力**, 其中, 密度 p 根据不变量公式计算

$$-p_i = \frac{\partial S_i^k}{\partial x_k}. \tag{47}$$

在所有方向上的压力 p 都相等的情况下

$$S_i^k = p \cdot \delta_i^k, \quad p_i = -\frac{\delta p}{\delta x_i}.$$

由于前面的推理, 我们用精确的术语表述了应力的概念, 并发现了如何用数学方法来表示它. 此外, 要建立弹性理论的基本定律, 还必须弄清楚应力是如何依赖于物质中受外加力所引起的变形的. 我们没有机会更详细地讨论这个问题.

§9. 静电磁场

迄今为止, 每当谈论机械或物理问题时, 我们这样做是为了表明它们的空间性质是以何种方式表达出来的; 也就是说, 它的规律表现为不变的张量关系. 这也给了我们一个机会, 通过给出张量微积分的具体例子来说明它的重要性. 它使我们为以后更详细地探讨物理理论奠定了基础, 无论是为了理论本身, 还是为了它们对时间问题的重要影响. 在这方面, 电磁场理论 (这是目前所知的物理学中最完善的一个分支) 将是最重要的. 只有在时间不进入的情况下, 我们才会考虑它, 也就是说, 我们的注意力将局限于时间上静止不变的条件.

因此, 可以列举的例子就是静电学的库仑定律. 如果任何电荷以密度 ρ 在空间中分布, 则它们对点电荷 e 施加力

$$\mathbf{K} = e \cdot \mathbf{E}, \tag{48}$$

从而

$$\mathbf{E} = -\int \frac{\rho \cdot \mathbf{r}}{4\pi r^3} dV. \tag{49}$$

这里 $\mathbf{r}$ 表示向量 $\overrightarrow{OP}$, 该向量从 "初始点 O" (此时 $\mathbf{E}$ 是确定的) 指向 "当前点" 或源, 对其进行积分: r 是它的长度, dV 是体积元素. 因此, 力是由两个因素组成的, 一个是小测试体的电荷 e (仅取决于它的条件), 另一个是 "场强" $\mathbf{E}$, 相反, 这完全是由空间电荷的给定分布决定的. 我们在脑海中想象, 即使我们没有观察到作用在测试物体上的力, "电场" 也是由空间中分布的电荷引起的, 这个电场由矢量 $\mathbf{E}$ 描述; 对点电荷 e 的作用表示为力 (48). 我们可以根据公式

$$\mathbf{E} = \operatorname{grad} \phi, \quad -4\pi\phi = \int \frac{\rho}{r} dV \tag{50}$$

从势 $-\phi$ 中导出 $\mathbf{E}$. 从 (50) 我们得到: ① $\mathbf{E}$ 是无旋转 (因此是层状) 矢量; ② $\mathbf{E}$ 通过任何封闭表面的通量等于这个表面所包含的电荷, 或者电流是电场之源, 即有公式

$$\operatorname{curl} \mathbf{E} = \mathbf{0}, \quad \operatorname{div} \mathbf{E} = \rho. \tag{51}$$

相反, 当我们加上场 $\mathbf{E}$ 在无穷远处消失的条件时, 库仑定律就产生于这些简单的微分法则之中. 如果让方程 (51) 中第一个方程的 $\mathbf{E} = \operatorname{grad} \phi$, 则由第二个方程得到确定 ϕ 的 Poisson 方程 $\Delta\phi = \rho$, 其解由 (50) 式给出.

库仑定律涉及 "**远距离作用**". 一个点的电场强度用它表示, 它依赖于空间中所有其他点的电荷, 无论远近. 与此相反, 简单的公式 (51) 表示与 "无限接近"

作用相关的规律. 由于对函数在围绕点的任意小区域中的值的了解足以确定函数在该点的微商, 因此 ρ 和 $\mathbf{E}$ 在一点处以及在该点的某一邻域的值被 (51) 相互联系在一起. 我们将把这些无限接近作用的定律看作自然界中作用一致性的真实表现, 而把 (49) 仅仅看作由逻辑推导出来的数学结果. 鉴于 (51) 所表达的规律具有如此简单的直观意义, 我们相信我们理解了库仑定律的本源. 在这样做时, 我们确实服从于知识理论的要求. 甚至连莱布尼茨也把无限近距离作用的连续性公设表述为一般原理, 因此, 它不能与牛顿的万有引力定律相调和, 因为牛顿的万有引力定律包含了距离作用, 而这与库仑的引力定律完全一致. 数学的清晰性与定律 (51) 的简单意义是要考虑的附加因素. 在建立物理学理论时, 我们反复注意到, 一旦我们成功地揭示了某一组现象的一致性, 它就可以用完美的数学和谐形式来表达. 毕竟, 从物理学的角度来看, 麦克斯韦后期的理论连续不断地证明了从旧的超距作用观念向现代的无限近距离作用的观念转变而产生的丰硕成果.

场施加于产生力的电荷上, 其中单位体积密度用公式

$$\mathbf{p} = \rho\mathbf{E} \tag{52}$$

表示. 这是对方程 (48) 的严格解释.

如果我们把一个测试电荷 (在一个小物体上) 引入电场, 它也会成为产生电场的电荷之一, 并且公式 (48) 将导致正确地确定在引入测试电荷之前存在的场 $\mathbf{E}$, 只有当测试电荷 e 太弱时, 它对磁场的影响才变得难以觉察. 这是一个贯穿整个实验物理学的难题, 由于引入了一种测量仪器, 原来要测量的条件就会受到干扰. 这在很大程度上是误差的来源, 实验者必须运用如此多的聪明才智来消除这些错误.

力学的基本定律: 质量 $\times$ 加速度 $=$ 力, 告诉我们在给定的力 (给定的初始速度) 的影响下, 质量是如何运动的. 然而, 力学并没有教我们什么是力; 这是我们从物理中学到的. *力学的基本规律是一种空白的形式, 只有当它所包含的力的概念被物理学所填满时*, 它才能获得具体的内容. 因此, 那些想把力学发展成一门独立的科学分支的不成功的尝试, 结果总是求助于用基本定律的语言来解释: 力**意味着**质量 $\times$ 加速度. 在目前的静电学中, 即对于特定的物理现象, 我们认识到什么是力, 以及它是如何由 (52) 相等电荷和电场根据一定的定律来确定的. 如果我们认为电荷是给定的, 则场方程 (51) 给出了电荷决定它们产生的场的关系. 关于这些电荷, 众所周知, 这些电荷必然会起作用. 现代电子理论表明, 这是完全严格的意义上的. 物质由基本量子、电子组成, 电子具有一定的恒定质量, 另外还有一定的恒定电荷. 每当新的电荷出现时, 我们只是观察到正负基本电荷的分离, 这些电荷以前是如此紧密地结合在一起, 以至于 "超距作用" 被另一个的 "作用" 完全补偿. 因此, 在这样的过程中, "产生" 的正电和负电一样多. 因此, 该定律构成了一

个循环. 带有固定电荷的物质的基本量子的分布 (在非平稳条件下, 也包括它们的速度) 决定了场. 电场对带电物质施加一种有质动力, 由式 (52) 给出. 根据力学的基本定律, 力决定了物体在随后时刻的加速度, 从而决定了物质的分布和速度. **我们需要这一系列的理论考虑才能得到一个实验的验证手段**, 如果假设直接观察到的是物质的运动. (即使这样, 也只能有条件地接受) 我们不能只测试一条与这一理论结构脱节的定律! 直接经验与其背后的客观因素之间的联系, 即理性试图在理论中从概念上加以把握, 并不是那么简单, 以至于理论中的每一个陈述都有一个意义, 可以用直接的直觉来验证. 我们将越来越清楚地看到, 几何、力学和物理学以这种方式形成了一个不可分割的理论整体. 当我们询问这些科学是否理性地解释现实时, 绝不能忽视这个整体. 该现实在所有主观的意识体验中宣告了自己, 并且它本身超越了意识; 也就是说, 真理形成了一个**系统**. 除此之外, 这里描述的物理世界画面的第一个轮廓是以**物质**和**场**的二元论为特征的, 两者之间是相互作用的. 直到相对论的出现, 这种二元论才被克服, 实际上, 它支持一种完全以场为基础的物理学 (参考 §24).

电场中的有质动力甚至可以追溯到法拉第的应力. 如果使用一个直角坐标系 x_1, x_2, x_3, 其中 E_1, E_2, E_3 是电场强度的分量, 力密度的 x_i-轴分量是

$$p_i = \rho E_i = E\left(\frac{\partial E_1}{\partial x_1} + \frac{\partial E_2}{\partial x_2} + \frac{\partial E_3}{\partial x_3}\right).$$

通过考虑 $\mathbf{E}$ 的无旋性质的简单计算, 我们发现力密度的分量 p_i 是由应力张量的公式 (47) 导出的, 它的分量 S_{ik} 列成表有如下的形式

$$\left|\begin{array}{ccc} \frac{1}{2}(E_2^2+E_3^2-E_1^2) & -E_1E_2 & -E_1E_3 \\ -E_2E_1 & \frac{1}{2}(E_3^2+E_1^2-E_2^2) & -E_2E_3 \\ -E_3E_1 & -E_3E_2 & \frac{1}{2}(E_1^2+E_2^2-E_3^2) \end{array}\right|, \tag{53}$$

我们观察到对称 $S_{ki} = S_{ik}$ 的条件是满足的. 尤其是, 注意到应力张量在某一点的分量仅取决于这一点的电场强度是很重要的. (此外, 它们只依赖于场, 而不是电荷) 当力 p 由 (47) 返回到应力 S 时, 它形成一个对称的二阶张量, 它只依赖于描述有关点的物理状态的相量的值, 我们必须把这些应力作为主要因素, 并把力的作用作为它们的结果. 这一观点的数学证明是由力 p 来自于应力的微分这一事实揭示出来的. 因此, 与力相比, 应力, 可以说, 位于一个较低的微分平面, 而不依赖于整个系列的值所遍历的相量, 就像任意积分的情况一样, 但只在它所考虑的点上的值. 从带电物体相互作用的静电力可以追溯到一个对称的应力张量, 由此产

生的合力以及耦合消失 (因为整个空间上的积分有一个散度为 0). 这意味着一个孤立的带电质量系统最初处于静止状态, 它本身不能获得整体的平移或旋转运动.

张量 (53) 当然与坐标系的选择无关. 如果引入电场强度值的平方

$$|E|^2 = E_i E^i,$$

那么得到

$$S_{ik} = \frac{1}{2} g_{ik} |E|^2 - E_i E_k.$$

如果 E_i 是场强度的协变分量, 那么不仅在笛卡儿坐标系统中存在协变应力分量, 而且在任意仿射坐标系统中也存在协变应力分量. 这些应力的物理意义非常简单. 如果, 对于某一点, 我们使用直角坐标系, 其 x_1-轴指向 $\mathbf{E}$, 则

$$E_1 = |E|, \quad E_2 = 0, \quad E_3 = 0.$$

因此, 我们发现它们是由力线方向的强度为 $\frac{1}{2}|E|^2$ 的张力和与其垂直作用于它们的相同强度的压力组成的.

静电基本定律现在可以概括在以下不变张量形式中:

$$\left.\begin{array}{lll} \text{(I)} & \dfrac{\partial E_i}{\partial x_k} - \dfrac{\partial E_k}{\partial x_i} = 0 \quad \text{或} \quad E_i = \dfrac{\partial \phi}{\partial x_i} & \text{独立地;} \\ \text{(II)} & \dfrac{\partial E^i}{\partial x_i} = \rho; & \\ \text{(III)} & S_{ik} = \dfrac{1}{2} g_{ik} |E|^2 - E_i E_k. & \end{array}\right\} \tag{54}$$

一个离散的点电荷系统 $e_1, e_2, e_3, \cdots$ 具有势能

$$U = \frac{1}{8\pi} \sum_{i \neq k} \frac{e_i e_k}{r_{ik}},$$

其中 r_{ik} 表示两个电荷 e_i 和 e_k 之间的距离. 这意味着作用于不同点 (由于剩余点的电荷) 处的力对各点的无限小位移所做的虚功是一个全微分, 即 δU. 对于连续分布的电荷, 这个公式分解为

$$U = \iint \frac{\rho(P)\rho(P')}{8\pi r_{PP'}} dV dV',$$

其中体积积分对 P 和 P' 都要在整个空间上进行, $r_{PP'}$ 表示这两个点之间的距离. 利用势 ϕ, 我们可以写成

$$U = -\frac{1}{2}\int \rho\phi dV.$$

被积函数为 $\phi \cdot \operatorname{div} \mathbf{E}$. 由于方程

$$\operatorname{div}(\phi\mathbf{E}) = \phi \cdot \operatorname{div} \mathbf{E} + \mathbf{E} \operatorname{grad} \phi$$

和 Gauss 定理的结果, $\operatorname{div}(\phi\mathbf{E})$ 在整个空间上的积分等于 0, 我们有

$$-\int \rho\phi dV = \int (\mathbf{E} \cdot \operatorname{grad} \phi) dV = \int |E|^2 dV,$$

即

$$U = \int \frac{1}{2} |\mathbf{E}|^2 dV. \tag{55}$$

能量的这种表象直接证明了能量是一个**正数**. 如果把力追溯到应力, 我们就必须把这些应力 (就像弹性体中的应力) 想象成到处都与正的应变势能有关. 因此, 能量的位置必须在能量场中寻找. 公式 (55) 给出了这一点的完全令人满意的说明. 它告诉我们, 与应变相关的能量等于每单位体积的 $\frac{1}{2}|E|^2$, 因此精确地等于它们沿着和垂直于力线方向施加的张力和压力. 使这一观点被允许的决定因素又是这样一种情况, 即所得到的能量密度值完全取决于 (**在所讨论的点上**) 表征场的相量 $\mathbf{E}$ 的值. 不仅场作为一个整体, 而且场的每个部分都有一定数量的势能 $= \int \frac{1}{2}|E|^2 dV$. 在静力学中, 只需要考虑总能量. 之后, 当我们继续考虑可变场时, 我们才能对这一观点的正确性作出无可辩驳的证实.

在静电场中的导体的情况下, 电荷聚集在外表面上, 并且内部没有场. 方程 (51) 足以确定 "以太" 中的自由空间中的电场. 然而, 如果存在非导体、场中的电介质, 则必须考虑**电介质极化** (位移) 的现象. 分别在点 P_1 和 P_2 处的两个电荷 $+e$ 和 $-e$ (如将它们称为 "源和汇") 产生一个场, 该电场源于电势

$$\frac{e}{4\pi}\left(\frac{1}{r_1} - \frac{1}{r_2}\right),$$

其中 r_1 和 r_2 表示点 P_1 和 P_2 与原点 O 的距离. 设 e 和向量 $\overrightarrow{P_1P_2}$ 的乘积称为 "源和汇" 对的矩 $\mathbf{m}$. 如果我们现在假设两个电荷在 P 点以一个确定的方向彼此接近, 电荷以使得矩 $\mathbf{m}$ 保持不变的方式同时增加, 在极限情况下, 我们得到矩 $\mathbf{m}$

的 “成对物” (doublet), 它的势由下式给出

$$\frac{\mathbf{m}}{4\pi}\mathrm{grad}_P\frac{1}{r}.$$

电介质中电场的结果是在不同的体积元素中产生这些成对物: 这种效应被称为**极化**. 如果 $\mathbf{m}$ 是单位体积的成对物的电矩, 那么, 替代式 (50), 下面的公式适用于势

$$-4\pi\phi = \int\frac{\rho}{r}dV + \int\mathbf{m}\cdot\mathrm{grad}_P\frac{1}{r}dv. \tag{56}$$

从电子理论的角度来看, 这种情况立即变得容易理解. 例如, 让我们想象一个原子在静止时由一个带正电荷的 “原子核” 组成, 一个相对带电的电子围绕着它旋转. 电子绕原子核完整旋转一周的平均时间内, 电子的平均位置将与原子核的位置一致, 从外面看, 原子就会显得完全中性. 但是, 如果电场作用在负电子上, 它就会对负电子施加作用力, 其结果是它的路径相对于原子核就会向外倾斜, 例如会变成一个椭圆, 其中一个焦点是原子核. 总的来说, 当时间比电子的公转时间大的时候, 原子会表现得像一个双重态 (double); 或者, 如果我们把物质看成连续的, 我们就必须假定它是连续分布的双重态. 甚至在对这个概念进行精确的原子论处理之前, 我们可以说, 至少在第一个近似中, 单位体积的力矩 $\mathbf{m}$ 与电场强度 $\mathbf{E}$ 成正比, 即 $\mathbf{m} = k\mathbf{E}$, 其中 k 表示物质的一个常数特征, 这取决于它的化学构造, 即它的原子和分子的结构.

由于

$$\mathrm{div}\left(\frac{\mathbf{m}}{r}\right) = \mathbf{m}\cdot\mathrm{grad}\frac{1}{r} + \frac{\mathrm{div}\ \mathbf{m}}{r},$$

可以用

$$-4\pi\phi = \int\frac{\rho - \mathrm{div}\ \mathbf{m}}{r}dV$$

代替方程 (56). 由此得到场强 $\mathbf{E} = \mathrm{grad}\ \phi$,

$$\mathrm{div}\ \mathbf{E} = \rho - \mathrm{div}\ \mathbf{m}.$$

如果现在引入 “电位移”

$$\mathbf{D} = \mathbf{E} + \mathbf{m},$$

则基本方程为

$$\mathrm{curl}\ \mathbf{E} = \mathbf{0}, \quad \mathrm{div}\ \mathbf{D} = \rho. \tag{57}$$

它们对应于方程 (51), 其中一个是场的强度 $\mathbf{E}$, 另一个是电场位移 $\mathbf{D}$. 在上述假设 $\mathbf{m} = k\mathbf{E}$ 下, 当插入常数 $\varepsilon = 1 + k$ 时, 这是物质的特征, 称为**介电常数**, 我们就得

到了物质定律

$$\mathbf{D} = \varepsilon\mathbf{E}. \tag{58}$$

通过观察, 这些规律得到了很好的证实. 法拉第在实验中证明了中间介质的影响, 并在中间介质中表现出来, 在接触作用理论的发展中具有重要的意义. 在这里, 我们可以通过对应力、能量和力的公式进行相应的扩展.

从求导模式可以清楚地看出, (57) 和 (58) 不是严格有效的定律, 因为它们只与平均值有关, 并且是为包含大量原子的空间和与围绕原子的电子旋转时间相比更大的时间推导出来的. **我们仍然认为 (51) 精确地表达了物理定律**. 在这里和后文中, 我们的目标最重要的是导出严格的物理定律. 但是, 如果我们从现象开始, 诸如 (57) 和 (58) 这样的 "现象学定律" 是将直接观察结果导出精确理论的必要阶段. 一般来说, 只有以这种方式开始, 才有可能得出这样一个理论. 如果借助于关于物质的原子结构的明确概念, 我们可以用中值论证再次得出现象学定律, 那么这个理论的有效性就被证明了. 如果原子结构已知, 这个过程还必须得到这些定律中的常数的值和有关物质的特征 (这些常数不在精确的物理定律中出现). 因为像 (58) 这样的物质定律, 只考虑到有质量的物质的影响, 对于那些不能忽视物质的精细结构的事件, 肯定是不成立的, 现象学理论的有效性范围必须由这类原子理论提供, 而那些必须取代这一范围以外的区域的定律也是如此. 在这一切理论之中, 电子理论取得了巨大的成功, 虽然鉴于这项任务的困难, 它还远远没有给出一个更详细的原子结构和它的内在机制的完整的陈述.

在用永磁体进行的第一次实验中, 磁性似乎只是电的重复, 在这里, 库仑定律也是如此! 然而, 一个特殊的差异立即表明这样的事实, 即正磁性和负磁性是不能彼此分离的. 在磁场中没有源, 只有双 (doublets) 源. 磁体由无限小的基本磁体组成, 每个磁体本身都含有正负磁性. 在物质的每一部分, 磁力的数量实际上 (de facto) 都是零; 这似乎意味着实际上没有磁力这样的东西. Oersted 发现了电流的磁性作用, 对此进行了解释. 正如 Biot 和 Savart 定律所表达的那样, 这一行为的精确定量公式, 就像库仑定律一样, 导致了两条简单的接触作用定律. 如果 s 表示电流的密度, $\mathbf{H}$ 表示磁场的强度, 则

$$\operatorname{curl} \mathbf{H} = s, \quad \operatorname{div} \mathbf{H} = 0. \tag{59}$$

第二个方程断言磁场中的源是不存在的. 如果 div 和 curl 互换, 则方程 (59) 与 (51) 完全类似. 向量分析的这两种运算与向量代数中的标量乘法和向量乘法完全相同 (div 表示标量, curl 表示向量, 乘法由符号向量的 "微分" 表示). 方程 (59) 的解在无穷远距离下消失; 对于给定的电流分布, 磁场强度由

$$\mathbf{H} = \int \frac{[\mathbf{s}, \mathbf{r}]}{4\pi r^3} dV \tag{60}$$

给出, 它完全类似于 (49), 实际上, 它是 Biot 和 Savart 定律的表达. 此解可根据公式

$$\mathbf{H} = -\mathrm{curl}\ \mathbf{f}, \quad -4\pi\mathbf{f} = \int \frac{\mathbf{s}}{r} dV$$

由 “向量势”-$\mathbf{f}$ 导出. 最后, 磁场中力密度的公式为

$$\mathbf{p} = [\mathbf{s}, \mathbf{H}], \tag{61}$$

与 (52) 完全对应.

毫无疑问, 这些定律给了我们一个真实的磁性陈述. 它们不是重复, 而是与电学定律完全对应的, 与后者的关系和矢量积与标量积的关系相同. 由此可以从数学上证明, 一个小的圆形电流的作用就像一个小的单元磁铁通过与它垂直的平面一样. 因此, 根据安培的理论, 我们不得不想象磁体的磁作用取决于**分子电流** (molecular currents); 根据电子理论, 这些都是由原子中循环的电子直接给出的.

磁场中的力 $\mathbf{p}$ 也可以追溯到应力, 我们确实发现, 我们得到的应力分量与静电场中的值相同, 只需要用 $\mathbf{H}$ 代替 $\mathbf{E}$. 因此, 我们将使用相应的 $\frac{1}{2}\mathbf{H}^2$ 值来计算场中包含的势能密度. 只有当我们谈到随时间变化的理论时, 这一步才能得到适当的证明.

从 (59) 中可以看出, 当前的分布没有源: $\mathrm{div}\ \mathbf{s} = 0$. 因此, 电场可以完全分为电流管, 所有的电流管再一次合并成它们自己, 即是连续的. 相同的总电流流经每一管的每一横截面. 它既不符合静止场中的定律, 也不考虑这种场, 即这种电流是一般意义上的电流, 即它是由运动中的电构成的; 然而, 毫无疑问, 情况就是这样. 鉴于这一事实, 定律 $\mathrm{div}\ \mathbf{s} = 0$ 声称, 电既不产生也不被破坏. 仅仅是因为电流矢量通过闭合表面的通量为零, 所以在任何地方的电力密度保持不变. 因此, 电力既不被创造也不被破坏. (当然, 我们只处理静止场) 上面介绍的表达式**向量势** f 也满足方程 $\mathrm{div}\ \mathbf{f} = 0$.

作为电流, $\mathbf{s}$ 无疑是一个真正意义上的向量. 然而, 根据 Biot 和 Savart 定律, H **不是向量, 而是二阶的线性张量**. 设它在任何坐标系统 (笛卡儿系统, 甚至仅仅是仿射系统) 中的分量为 H_{ik}. 向量势 f 是一个真正的向量. 如果 ϕ_i 是它的协变分量, s^i 是电流密度的反变分量 (从根本上说, 电流像速度, 是一个反变向量), 则下列公式给出了**在静止电流产生的磁场中保持不变的规律**的最终形式 (与维数无关).

$$\frac{\partial H_{kl}}{\partial x_i} + \frac{\partial H_{li}}{\partial x_k} + \frac{\partial H_{ik}}{\partial x_l} = 0, \tag{62$_1$}$$

$$\text{同时,} \quad H_{ik} = \frac{\partial \phi_i}{\partial x_k} - \frac{\partial \phi_k}{\partial x_i} \quad \text{和}$$

$$\frac{\partial H_{ik}}{\partial x_k} = s^i. \tag{62$_2$}$$

应力由

$$S_i^k = H_{ir}H^{kr} - \frac{1}{2}\delta_i^k |H|^2 \tag{62$_3$}$$

确定, 其中 $|H|$ 表示磁场强度:

$$|H|^2 = H_{ik}H^{ik}.$$

应力张量是对称的, 因为

$$H_{ir}H_k^r = H_i^r H_{kr} = g^{rs}H_{ir}H_{ks}.$$

力密度的分量为

$$p_i = H_k^i s^k. \tag{62$_4$}$$

能量密度等于 $\frac{1}{2}|H|^2$.

这些是在真空中适用于场的定律. 我们认为它们是精确的物理定律, 通常是有效的, 就像电力一样. 然而, 对于现象学理论来说, 有必要考虑到**磁化**现象, 这是一种类似于介电极化的现象. 就像 **D** 与 **E** 一起发生一样, "磁感应强度" **B** 与磁场 **H** 的强度相关联. 定律

$$\text{curl } \mathbf{H} = \mathbf{s}, \quad \text{div } \mathbf{B} = 0$$

在场中成立, 考虑到物质的磁性质的定律

$$\mathbf{B} = \mu\mathbf{H} \tag{63}$$

也是如此. 常数 μ 称为磁导率. 但是, 当单个原子只因电场强度的作用而极化时 (即变成双源), 这发生在场强的方向上, 原子从一开始就是 ·个基本的磁铁, 因为其中存在旋转的电子 (至少在对磁性物质和铁磁性物质中如此). 然而, 所有这些基本磁铁, 只要它们是不规则排列的, 并且电子轨道上的所有位置平均发生的频率都是一样的, 就会相互抵消彼此的影响. 所施加的磁力仅仅实现了**引导**现有的双源的功能. 这显然是由于这一事实, (63) 保持的范围远小于 (63) 的相应范围. 最重要的是, 永磁体和铁磁体 (铁、钴、镍) 不受其约束.

在现象学理论中, 必须在已经提到的欧姆定律之外加上:

$$\mathbf{s} = \sigma\mathbf{E} \quad (\sigma = \text{导电率}),$$

它断言电流跟随电势的下降, 并与给定导体的电流成正比. 与欧姆定律相对应, 我们在原子理论中有了力学的基本定律, 根据这一定律, "自由电子" 的运动是由电磁力和磁力决定的, 它们会产生电流. 由于与分子的碰撞, 不可能产生永久加速度, 但 (就像一个重物正在下落并经历空气的阻力一样) 达到一个平均极限速度, 至少在一级近似下, 它可以与驱动力 **E** 成正比. 这样, 欧姆定律就有了意义.

如果电流是由电池或蓄电池产生的, 发生的化学作用保持着导线两端之间的电位差, 即 "电动势". 由于在产生电流的装置中发生的事件显然只能从原子理论的角度来理解, 因此它导致了现象学上最简单的结果是通过两端的导电电路, 用横截面来表示, 过了这个截面, 电势就会突然跳跃, 等于电动势.

对麦克斯韦的静电场理论的简要考查将足以满足下面的内容. 这里没有篇幅详述细节和具体应用.

第 2 章 度量连续统

§10. 关于非欧几何的注记 ①

对欧几里得几何学的有效性的怀疑在其诞生之时就已经提出, 而不是像我们的哲学家通常认为的那样, 是现代数学家吹毛求疵倾向的结果. 这些疑虑从一开始就是围绕着第五公设展开的. 后者的实质是, 在平面上包含给定的直线 g, 以及直线外的一点 P (但在平面内), 只有一条通过 P 的直线, 且这条直线与直线 g 不相交: 它被称为与 g 平行的直线. 虽然欧几里得的其余公理被认为是不言自明的, 但即使是最早的欧几里得倡导者也试图从其余公理中证明这个定理. 如今, 我们认识到这个目标是无法实现的, 因此我们必须把这些反思和努力看作"非欧"几何的开始, 即几何系统的构造, 它可以通过接受欧几里得的所有公理而逻辑地发展起来, 但平行公理除外. 普罗克洛斯 (Proclus, 公元前 5 世纪) 关于这些尝试的一份报告已经流传了下来. 普罗克洛斯发出了一个强烈的警告, 该警告反对关于命题不证自明的滥用. 这个警告再怎么强调也不为过; 另外, 我们必须强调这样一个事实, 尽管这种性质经常被错误地使用, 但"不证自明"的属性是一切知识, 包括经验知识的最终根源. 普罗克洛斯坚持认为"渐近线"可能存在.

我们可以这样想. 假设平面上有一直线 g, 直线外有一点 P 也在平面内, 并且有一条直线 s 通过点 P (见图 2), 这条直线可以绕 P 旋转. 让 s 最初垂直于 g. 如果我们现在旋转 s, s 和 g 的交点沿 g 滑行, 例如向右滑动, 如果我们继续旋转, 就会有一个确定的时刻, 此时这个交点就会消失在无穷远处, 那么 s 就充当着"渐近"直线的地位. 如果我们继续旋转, 欧几里得假设, 即使在同一时刻, 一个交点已经出现在左边. 另外, 普罗克洛斯指出了这样一种可能性, 即在左边出现一个交点之前, 人们可能不得不再通过一个确定的角度来旋转 s. 我们应该有两条"渐近"的直线, 一条向右, 即 s', 另一条位于左侧, 即 s''. 如果通过点 P 的直线 s 位于 s'' 和 s' 之间的角空间 (在刚才描述的旋转过程中), 它就会与直线 g 相交; 如果它位于 s' 和 s'' 之间, 则**不会**与直线 g 相交. 必须至少有**一条**不相交的直线; 这与欧几里得的其他公理相同. 我将想起我们早期研究平面几何的一个熟悉的图形, 由直线 h 和两条直线 g 和 g' 组成, 它们与 h 相交于 A 和 A' 处, 并与之形成等

① 注 1: 更详细的信息可以参考 Die Nicht-Euklidische Geometrie, Bonola and Liebmann, published by Teubner.

角, g 和 g' 都被它们与 h 的交点分成左右两半. 现在, 如果 g 和 g' 在 h 的右边有一个公共点 S, 那么, 由于 $BAA'B'$ 与 $C'A'AC$ 是全等的 (见图 3), 在 h 的左边也会有一个交点 S^*. 但这是不可能的, 因为只有一条直线穿过两个给定的点 S 和 S^*.

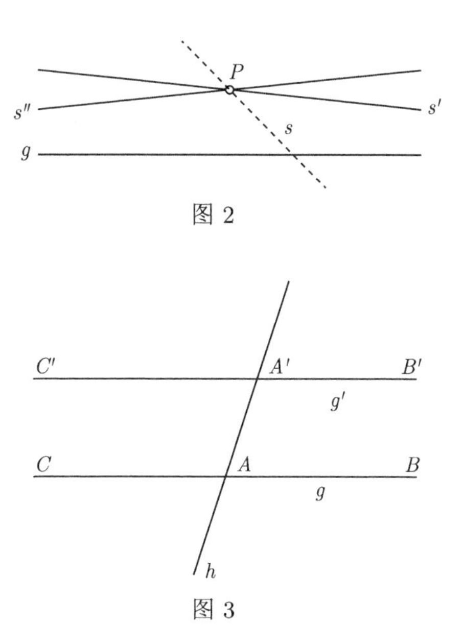

图 2

图 3

中世纪的阿拉伯和西方数学家继续试图证明欧几里得的假设. 一直到最近的一个时期, 我们将只提到非欧几何的最后几位杰出先驱者的名字, 即耶稣会神父萨凯里 (Saccheri, 18 世纪初), 还有数学家兰伯特 (Lambert) 和勒让德 (Legendre). 萨凯里知道, 平行公设是否有效的问题等价于三角形的角度之和等于或小于 180° 的问题. 如果它们在一个三角形中达到 180°, 那么它们必须在每个三角形都等于 180° 并且欧几里得几何成立. 如果在一个三角形中角度之和小于 180°, 那么在每一个三角形中的角度之和都小于 180°. 不能超过 180° 的原因与我们刚才得出的结论相同, 即不是所有通过 P 的直线都能切割固定的直线 g. 兰伯特发现, 如果假定这三个角之和小于 180°, 那么几何中一定有一个唯一的长度. 这与沃利斯 (Wallis) 先前的一项观察密切相关, 即在非欧几何中, 不可能有不同尺寸的相似图形 (就像刚性球体表面的几何学一样). 因此, 如果存在与尺寸无关的“形式”这样的东西, 欧几里得几何学在其主张中是合理的. 此外, 兰伯特导出了三角形面积的一个公式, 由此可以清楚地看出, 在非欧几何的情况下, 这个面积不能超过所有的极限. 看来, 这些人的研究逐渐在广泛的圈子中传播了一种信念, 即平行的假设是无法证明的. 当时这个问题占据了许多人的头脑. 达朗贝尔 (D'Alembert) 宣布, 这是一个几何丑闻, 它还没有得到决定性的解决, 甚至康德的权威也未能永久地解决这些疑问, 他的哲学体系声称欧几里得几何学是一种先验知识, 在充分的判断中代表了纯粹的空间直觉的内容.

高斯最初也开始证明平行公理, 但他很早就确信这是不可能的, 于是他把非欧几何的原理 (其中平行公理不成立) 发展到这样的程度, 以至于其中的进一步发展可以像欧几里得几何一样容易地进行. 正如他后来在一封私人信件中所写的那样, 他没有公开自己的研究, 是因为他害怕 "波埃提亚人的叫嚣"; 因为他认为只有少数人懂得这些问题的真正实质是什么. 独立于高斯之外, 法学教授施魏卡特 (Schweikart) 对非欧几何的条件有了全面的了解, 这从他给高斯的一份简明的笔记中就可以看出. 像后者一样, 他认为它并非自明的, 并确立了欧几里得几何在我们的实际空间中是有效的. 他鼓励他的侄子陶里努斯 (Taurinus) 研究这些问题, 与他相反的是, 陶里努斯是欧几里得几何学的信仰者, 但我们还是感谢陶里努斯发现了这一事实, 在一个具有虚半径为 $\sqrt{-1}$ 的球体上, 球面三角学公式是真实的, 并通过它们沿着分析路径构造了一个符合除第五个公设外的所有欧几里得公理的几何系统.

对于公众来说, 发现和阐述非欧几何学的荣誉必须由俄罗斯喀山大学的数学教授罗巴切夫斯基 (Nikolaj Iwanowitsch Lobatschefskij, 1793—1856) 和奥地利军队中的匈牙利军官鲍耶 (Johann Bolyai, 1802—1860) 共同分享. 他们两个人的思想都在 1826 年形成了一种切实的形式. 这两本书的主要手稿都是在 1830 年至 1831 年写成的, 并以欧几里得的方式对新几何学进行了论证, 公众从这些手稿中得知了它们的发现. 鲍耶的讨论特别清楚, 他尽可能地进行论证, 而不对第五个公设的有效性或无效作出假设, 然后, 根据是赞成还是反对欧几里得几何学, 从他的 "绝对" 几何定理中推导出欧几里得几何和非欧几何学的定理.

虽然这种结构是这样建立起来的, 但它并不能明确地决定, 在绝对几何学中, 平行公理终究不会被证明是一个从属定理. 关于**非欧几何本身绝对一致**的严格证明还有待进一步研究. 这几乎导致了非欧几何学的进一步发展. 通常情况下, 证明这一点的最简单方法不是立刻发现的. 它是克莱因早在 1870 年就发现的, 它依赖于非欧几何学的欧几里得模型的构建①. 让我们把注意力集中在平面上! 在具有直角坐标系 x 和 y 的欧几里得平面上, 我们画一个以原点为中心的单位圆 U. 引入齐次坐标

$$x=\frac{x_1}{x_3},\quad y=\frac{x_2}{x_3}$$

(因此, 一个点的位置由三个数字的比率来定义, 即 $x_1:x_2:x_3$), 圆的方程成为

$$-x_1^2-x_2^2+x_3^2=0.$$

① 注 2: F. Klein, Über die sogenannte Nicht-Euklidische Geometrie, Math. Ann., Bd. 4 (1871), p. 573. 也可参考之后的论文 Math. Ann., Bd. 6 (1873), p. 112, 以及 Bd. 37 (1890), p. 544.

我们用 $\Omega(x)$ 表示左边的二次型, 并用 $\Omega(x,x')$ 表示与双变量 x_i,x_i' 相应的对称双线性形式. 我们知道, 根据线性形式

$$x_i' = \sum_{k=1}^{3} a_i^k x_k \quad \left(\left|a_i^k\right| \neq 0\right)$$

为每个点 x 指定一个变换点 x' 的变换称为直射变换 (仿射变换是一类特殊的直射变换). 它将每条直线, 逐点转换成另一条直线, 并使得直线上四个点的交比不变. 我们现在建立一个小字典, 通过该字典我们将欧氏几何的概念转化为一种新的语言, 即非欧氏几何的概念; 我们用引号来区分它的词. 本字典的词汇只由三个字组成.

"点" 一词适用于 U 内的任意一点 (图 4).

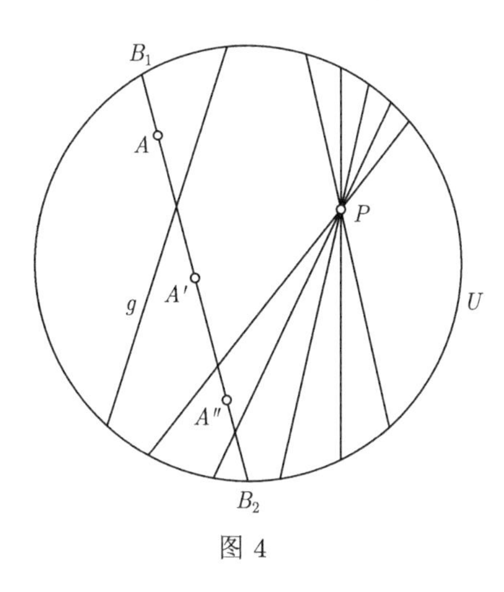

图 4

"直线" 表示直线中完全位于 U 内的部分. 将圆 U 转化为自身的直射变换有两种, 第一种保持 U 内的描述不变的意义, 而第二种则相反. 前者称为 "全等" 变换; 两个由点组成的图形被称为 "全等", 如果它们可以通过这样的转换而相互转换的话. 除了平行公设外, 所有的欧几里得公理对于这些 "点"、"直线" 和 "全等" 概念都成立. 如图 4 所示, 通过 "点" P 的一束 "直线" 而不与 "直线" g 相交. 这足以证明非欧几何的一致性, 因为只要采用适当的命名法, 所有欧几里得几何定理都成立的事物和关系都能得到证明. 显然, 不需要进一步的解释, 克莱因模型也适用于空间几何.

现在确定该模型中两个 "点" 之间的非欧几里得距离, 即 $A=(x_1:x_2:x_3)$ 和 $A'=(x_1':x_2':x_3')$ 两点之间的距离. 设直线 AA' 切割圆 U 于 B_1,B_2 两点. 这

两个点的齐次坐标为

$$y_i = \lambda x_i + \lambda' x_i',$$

并由方程 $\Omega(y) = 0$ 给出了相应的参数比为 $\lambda : \lambda'$, 即

$$\frac{\lambda}{\lambda'} = \frac{-\Omega(x, x') \pm \sqrt{\Omega^2(x, x') - \Omega(x)\Omega(x')}}{\Omega(x)}.$$

因此, 四个点 A, A', B_1, B_2 的交比是

$$[AA'] = \frac{\Omega(x, x') + \sqrt{\Omega^2(x, x') - \Omega(x)\Omega(x')}}{\Omega(x, x') - \sqrt{\Omega^2(x, x') - \Omega(x)\Omega(x')}}.$$

这个量仅依赖于两个任意的 “点” A, A', 在 “全等” 变换下的不变. 如果 A, A', A'' 是按书写顺序排列在直线上的任意三个 “点”, 那么

$$[AA''] = [AA'] \cdot [A'A''].$$

因此, 量

$$\frac{1}{2}\log[AA'] = \overline{AA'} = r$$

具有函数属性

$$\overline{AA'} + \overline{A'A''} = \overline{AA''}.$$

由于它对于 “全等” 距离 AA' 也有相同的值, 所以我们必须把它看作两个点 A, A' 之间的非欧几里得距离. 假设这里的对数以 e 为底, 我们得到了度量单位的绝对测定, 正如兰伯特所认可的那样. 定义可以用较短的形式写成:

$$\cosh r = \frac{\Omega(x, x')}{\sqrt{\Omega(x) \cdot \Omega(x')}} \tag{1}$$

(这里 cosh 表示双曲余弦). 在克莱因之前已经由凯莱 (Caylcy) 阐明了这种测量–确定[①], 他将其称为任意实或虚的圆锥截面 $\Omega(x) = 0$, 即 “投射测量–确定”. 但克莱因认为, 在实数圆锥曲线的情况下, 它会导致非欧几何学.

不能认为克莱因模型表明了非欧几里得平面是有限的. 相反, 使用非欧几里得度量, 我可以在一条 “直线” 上连续标记无限多次的相同距离. 只有利用**欧氏**模型中的**欧氏**测度, 这些 “等距” 点的距离才会越来越小. 对于非欧几何, 边界圆 U 表示不可达的、无限远的区域.

① 注 3: Sixth Memoir upon Quantics, Philosophical Transactions, t. 149 (1859).

如果我们使用一个假想的圆锥曲线，凯莱的度量–测定导致普通的球面几何，如在欧几里得空间的球面上保持成立. 大圆代替了直线，但同一直径两端的每一对点都必须视为一个“点”，这样两条“直线”就只能相交于一个“点”. 让我们用通过球面中心的 (直线) 光线将球面上的点投射到过球面上的一点 (如南极点) 的切面上. 借助于这个变换，两个对径点将在切平面上重合. 此外，我们必须像在射影几何学中那样，在这个平面上画一条无限远的直线；这是由赤道的投影得到的. 我们现在将这个平面上的两个图形称为“全等”，如果它们 (通过中心) 到球体表面的投影在普通欧几里得意义上是全等的. 如果使用“全等”的概念，则非欧几何 (其中满足除了第五公设之外的欧几里得的所有公理) 在这个平面上成立. 相反，我们有这样的事实，即每对直线无例外地相交，并且根据这个事实，三角形的角度之和大于 180°. 这似乎与上面引用的欧几里得的证据相冲突. 这种明显的矛盾可以被解释为，在目前的“球面”几何学中，直线是封闭的，而欧几里得，虽然他没有在他的公理中明确地说明这一点，但他却心照不宣地假定它是一条开放的线，即它的每个点将它分成两部分. 假设“右手”边的交点 S 和“左手”边的交点 S^* 是不同的这一推论只有在假设这个“开放性”的情况下才严格成立.

让我们在空间中标出一个笛卡儿坐标系 x_1, x_2, x_3，原点在球体的中心，以连接南北两极的直线为 x_3 轴，球体半径为长度单位. 如果 x_1, x_2, x_3 是球面上任意一点的坐标，即

$$\Omega(x) \equiv x_1^2 + x_2^2 + x_3^2 = 1,$$

那么 $\dfrac{x_1}{x_3}$ 和 $\dfrac{x_2}{x_3}$ 分别为平面 $x_3 = 1$ 上变换点的第一和第二坐标，即 $x_1 : x_2 : x_3$ 是变换点的齐次坐标之比. 球面的全等变换是线性变换，它使二次型 $\Omega(x)$ 不变. 平面在“球面”几何中的“全等”变换是由齐次坐标的线性变换给出的，如把方程 $\Omega(x) = 0$ 转化为它自身，该方程表示一个假想的圆锥曲线. 这证明了上述关于球面几何与凯莱测度关系的表述. 这种一致性用两点 A, A' 之间距离 r 的公式来表示，即在这里

$$\cos r = \frac{\Omega(x, x')}{\sqrt{\Omega(x)\Omega(x')}}. \tag{2}$$

同时，我们也证实了陶里努斯的发现，即在半径为 $\sqrt{-1}$ 的球体上，欧几里得几何与非欧几何是一致的.

欧几里得几何在波尔约–罗巴切夫斯基几何和球面几何之间处于中间位置. 因为，如果我们把一个真实的圆锥截面变成一个退化的截面，进而变成一个假想的截面，我们就会发现，这个具有相应的凯莱测度关系的平面，一开始是波尔约–罗巴切夫斯基几何的，然后是欧几里得几何的，最后变为球面几何的情形.

§11. 黎 曼 几 何

非欧几何学发展的下一个阶段, 主要是因为黎曼. 它与微分几何的基础联系起来, 特别是与曲面理论联系在一起, 这一理论是由高斯在他的**关于曲面的一般研究**中开创的.

空间最基本的性质是它的点形成一个三维流形. 这对我们意味着什么? 例如, 我们说椭圆形成一个二维流形 (关于它们的大小和形式, 即考虑同余的椭圆相似, 不同余的椭圆是不同的), 因为每个单独的椭圆在流形中可以用两个给定的数字来区分, 即半长轴和半短轴的长度. 由两个独立变量 (如压力和温度) 给出的理想气体平衡条件的差异同样形成二维流形, 同样地, 球面上的点或纯音的系统 (在强度和音调方面). 根据生理学理论, 颜色的感觉是由视网膜上发生的三个化学过程结合而决定的 (黑色–白色、红色–绿色、黄色–蓝色过程, 每个过程都可以在一定的方向和一定的强度发生), 颜色在质量和强度上形成一个三维的流形, 但是颜色的质量只形成一个二维的流形. 这一点被麦克斯韦的熟悉的彩色三角形构造所证实. 刚体的可能位置形成六维流形, 具有 n 个自由度的机械系统的可能位置一般构成 n 维流形. **n-维流形的特征是组成它的每一个元素** (在我们的例子中, 是单点、气体的条件、颜色、音调) **都可以由 n 个量来指定, "坐标" 是流形中的连续函数**. 这并不意味着整个流形及其所有元素必须以单一和可逆的方式由坐标系统的 n 个坐标值来表示 (例如, 这在球面的情况下是不可能的, 其中 $n=2$); 这仅仅表示如果 P 是流形的任意元素, 那么在任何情况下围绕点 P 的特定区域必须由坐标系统的 n 个坐标值单独且可逆地表示. 如果 x_i 是一个 n 维坐标系, x'_i 是另一个 n 维坐标系, 那么相同元素的坐标值 x_i 和 x'_i 一般都是通过关系

$$x_i = f_i(x'_1, x'_2, \cdots, x'_n) \quad (i = 1, 2, \cdots, n) \tag{3}$$

来连接的, 其可以被解成 x'_i 的关系, 并且其中 f_i 是它们的参数的连续函数. 只要对流形没有更多的了解, 我们就无法区分任何一个坐标系和另一个坐标系. 因此, 对于任意连续流形的解析处理, 我们需要一个关于坐标任意变换的不变性理论, 例如 (3), 而对于在前一章的仿射几何的发展来说, 我们只使用了关于**线性**变换情形的更为特殊的不变性理论.

微分几何处理三维欧氏空间中的曲线和曲面; 这里考虑它们在笛卡儿坐标 x, y, z 中的映射. **曲线**一般是一维点流形; 它的独立点可以通过参数 u 的值来彼此区分. 如果曲线上的点 u 恰好在空间中的点 x, y, z 上, 那么 x, y, z 将是 u 的某些连续函数:

$$x = x(u), \quad y = y(u), \quad z = z(u), \tag{4}$$

并且 (4) 式称为曲线的“参数”表示. 如果把 u 解释为时间, 那么 (4) 就是一个点经过给定曲线的运动规律. 然而, 曲线本身并不单独地确定曲线的参数表示 (4); 实际上, 参数 u 可以经受任意的连续变换.

二维点流形称为**曲面**. 它的点可以通过两个参数 u_1, u_2 的值来彼此区分. 因此, 它可以在形式上用参数表示为

$$x = x(u_1, u_2), \quad y = y(u_1, u_2), \quad z = z(u_1, u_2). \tag{5}$$

参数 u_1, u_2 同样可以在不影响所表示的曲线的情况下进行任意的连续变换. 我们将假定函数 (5) 不仅是连续的, 而且还具有连续的微分系数. 高斯, 在他的一般理论中, 从任意曲面的表示形式 (5) 开始, 因此, 参数 u_1, u_2 被称为曲面上的高斯 (或曲线) 坐标. 例如上一节所述, 我们将单位球面上在一个小区域内 (该区域包围了坐标系的原点) 的点投影到南极点处的切平面 $z = 1$ 上, 如果令 x, y, z 为球面上任意一点的坐标, u_1 和 u_2 分别为这个平面上投影点的 x 和 y 坐标, 那么

$$x = \frac{u_1}{\sqrt{1 + u_1^2 + u_2^2}}, \quad y = \frac{u_2}{\sqrt{1 + u_1^2 + u_2^2}}, \quad z = \frac{1}{\sqrt{1 + u_1^2 + u_2^2}}. \tag{6}$$

这是球面的参数表示. 然而, 它并不包括整个球面, 而是围绕南极的某一区域, 即从南极到赤道的部分, 不包括后者. 参数表示的另一个例子是地理坐标——纬度和经度.

在热力学中, 我们使用平面上的一种图形来表示, 在这个平面上画出两个互相垂直的坐标轴, 其中由压力 p 和温度 θ 来表示的气体的状态, 用一个具有直角坐标 p, θ 的点来表示. 这里也可以采用同样的办法. 对于曲面上的点 u_1, u_2, 我们在具有直角坐标系 u_1, u_2 的“代表”平面上关联一个点. 公式 (5) 不仅表示该曲面, 而且在 u_1, u_2 平面上对该曲面也有明确的连续性**表示**. 地理地图是用平面表示曲面部分的常见实例. 曲面上的曲线是用参数表示

$$u_1 = u_1(t), \quad u_2 = u_2(t) \tag{7}$$

给出的, 而曲面的一部分则是用变量 u_1, u_2 表示的“数学区域”给出的, 并且该区域的特征必须是包含 u_1 和 u_2 的不等式, 即在图形上用 u_1-u_2-平面上的代表性的曲线或区域来表示. 如果代表平面以平方格纸的方式用坐标网络标记出来, 则将通过这种表示把它转换到曲面上, 形成一个具有小平行四边形网格组成的坐标网, 该坐标网分别由两族“坐标线” $u_1 = \text{const}$, $u_2 = \text{const}$ 组成. 如果网格足够精细, 就有可能在曲面上绘制出代表平面的任何给定图形.

曲面上无限接近的两个点, 即

$$(u_1, u_2) \quad 和 \quad (u_1 + du_1, u_2 + du_2)$$

之间的距离 ds 由表达式

$$ds^2 = dx^2 + dy^2 + dz^2$$

决定, 如果设其中的

$$dx = \frac{\partial x}{\partial u_1} du_1 + \frac{\partial x}{\partial u_2} du_2, \tag{8}$$

并给出 dy 和 dz 的相应表达式. 那么, 我们就得到了 ds^2 的二次微分形式:

$$ds^2 = \sum_{i,k=1}^{2} g_{ik} du_i du_k \quad (g_{ki} = g_{ik}), \tag{9}$$

其中的系数是

$$g_{ik} = \frac{\partial x}{\partial u_i}\frac{\partial x}{\partial u_k} + \frac{\partial y}{\partial u_i}\frac{\partial y}{\partial u_k} + \frac{\partial z}{\partial u_i}\frac{\partial z}{\partial u_k},$$

并且一般来说, 它不是 u_1 和 u_2 的函数.

在球面的参数表示 (6) 的情况下, 我们有

$$ds^2 = \frac{(1+u_1^2+u_2^2)(du_1^2+du_2^2)-(u_1du_1+u_2du_2)^2}{(1+u_1^2+u_2^2)^2}. \tag{10}$$

高斯是第一个认识到度量基本形式是**曲面上几何形状**的决定性因素. 曲线的长度、角度和曲面上给定区域的大小仅取决于它. 如果在适当的参数表示下, 度量基本形式的系数 g_{ik} 的值重合, 则两个不同曲面上的几何形状是相同的.

证明 由 (7) 给出的曲面上任意曲线的长度由积分提供

$$\int ds = \int \sqrt{\sum_{i,k} g_{ik} \frac{du_i}{dt}\frac{du_k}{dt}} \cdot dt.$$

如果我们将注意力集中在曲面上的定点 $P^0 = (u_1^0, u_2^0)$ 处, 并且使用相对坐标

$$u_i - u_i^0 = du_i, \quad x - x^0 = dx, \quad y - y^0 = dy, \quad z - z^0 = dz$$

表示其近邻的邻域, 则方程 (8) 对于较小的 du_1, du_2 (其中考虑取点 P^0 的导数) 将更精确地成立; 我们说它是对于“无限小的” du_1 和 du_2 的值成立. 如果我们在这些方程中加上 dy 和 dz 的类似方程, 则表示 P^0 的邻域是一个平面, du_1, du_2 是

该平面上的仿射坐标①. 因此, 我们可以将仿射几何的公式应用到与 P^0 相邻的区域. 对于分量分别为 du_1, du_2 和 $\delta u_1, \delta u_2$ 的两个线元或无穷小位移之间的夹角 θ, 我们有

$$\cos\theta = \frac{Q(d,\delta)}{\sqrt{Q(d,d)Q(\delta,\delta)}},$$

其中 $Q(d,\delta)$ 表示对应于 (9) 式的对称双线性形式

$$\sum_{i,k} g_{ik} du_i \delta u_k.$$

用这两种位移标出的无穷小平行四边形的面积为

$$\sqrt{g}\begin{vmatrix} du_1 & du_2 \\ \delta u_1 & \delta u_2 \end{vmatrix},$$

其中 g 表示 g_{ik} 的行列式. 因此, 曲面的弯曲部分的面积相应地由代表平面的相应部分的积分

$$\iint \sqrt{g} du_1 du_2$$

给出. 这证明了高斯的陈述. 得到的表达式的值当然与参数表示的选择无关. 对于参数的任意变换, 这种不变性可以很容易地用分析方法证明. 所有在曲面上成立的几何关系都可以在代表平面上研究. 如果我们同意接受由 (9) 表示而**不是**由毕达哥拉斯定理

$$ds^2 = du_1^2 + du_2^2$$

表示的两个无限近的点的距离 ds, 该平面的几何形状与曲面的几何形状相同.

曲面的几何处理属于它的曲面的内在度量关系, 而不依赖于它在空间中的嵌入方式. 它们是可以由**曲面本身实施的度量**来确定的关系. 高斯在研究曲面理论时, 从汉诺威大地测量的实际任务开始. 地球不是平面的事实可以通过测量地球表面的足够大的部分来确定. 即使把网络中的每个三角形都考虑得太小, 以至于不能考虑到它们与平面的偏差, 它们也不能像在地球表面那样在平面上组成一个

① 这里假设二阶的行列式可以由这些方程的系数表构成,

$$\begin{vmatrix} \dfrac{\partial x}{\partial u_1} & \dfrac{\partial y}{\partial u_1} & \dfrac{\partial z}{\partial u_1} \\ \dfrac{\partial x}{\partial u_2} & \dfrac{\partial y}{\partial u_2} & \dfrac{\partial z}{\partial u_2} \end{vmatrix}$$

不全为零. 这个条件对于有切平面的曲面的正则点是满足的. 这三个行列式恒等于 0, 当且仅当曲面退化为曲线, 即 u_1 和 u_2 的函数 x, y, z 实际上只依赖于一个参数, 即 u_1 或 u_2 的函数.

封闭的网络. 为了更清楚地显示这一点, 让我们在单位半径的球体 (地球) 上画一个圆 C, 它的中心 P 在球体表面. 让我们进一步画出这个圆的半径, 即从 P 辐射到圆周 C 的球面的大圆弧 (让这些弧 $< \pi/2$). 通过在球体表面进行测量, 我们现在可以确定从各个方向出发的这些半径是连接 P 到圆 C 的最短线, 并且它们都有相同的长度 r; 通过测量, 我们发现闭合曲线 C 的长度为 s. 如果处理的是一个平面, 我们应该由此推断 "半径" 是直线, 因此曲线 C 将是一个圆, 我们应该期望 s 等于 $2\pi r$. 然而, 我们发现 s 小于上述公式给出的值, 例如在实际情况是 $s = 2\pi \sin r$. 因此, 通过在球体表面上进行测量, 我们发现这个表面不是一个平面. 另外, 如果在一张纸上画出数字, 然后把它卷起来, 我们将会发现在这些数字的新情况下与以前有相同的测量值, 前提是只要在卷纸过程中没有发生变形. 现在, 与在平面上有相同的几何成立. 我们不可能通过进行大地测量来确定它是弯曲的. 因此, 在一般情况下, 相同的几何学适用于两个曲面, 它们在不受扭曲或撕裂的情况下可以相互转换.

平面几何在球面上不成立这一事实在分析上意味着, 不可能通过变换

$$\begin{aligned} u_1 &= u_1(u_1', u_2'), \quad & u_1' &= u_1'(u_1, u_2), \\ u_2 &= u_2(u_1', u_2'), \quad & u_2' &= u_2'(u_1, u_2), \end{aligned}$$

将二次微分形式 (10) 转换形成

$$(du_1')^2 + (du_2')^2.$$

我们确实知道, 通过微分的线性变换, 可以对每一点做到这一点, 即通过变换

$$du_i' = \alpha_{i1} du_1 + \alpha_{i2} du_2 \quad (i = 1, 2), \tag{11}$$

但是, 不可能在每一点选择微分的变换, 从而使表达式 (11) 成为 du_1', du_2' 的**全微分**.

曲线坐标不仅用于曲面理论, 而且也用于空间问题的处理, 特别是在数学物理学中, 通常需要使坐标系统适应所呈现的物体, 如在柱坐标、球面坐标和椭圆坐标的情形下就是如此. 空间中无限接近两点之间的距离的平方 ds^2 通常是用二次型

$$\sum_{i,k=1}^{3} g_{ik} dx_i dx_k \tag{12}$$

表示的, 其中 x_1, x_2, x_3 是任意的坐标. 如果我们坚持欧几里得几何学, 就表示我们相信, 这种二次型可以通过某种变换来实现, 使之成为一种常系数的二次型.

这些开场白使我们能够充分理解黎曼在他的就职演说 "关于几何基础的假

设”中所提出的观点的全部含义.[①] 从第 1 章可以看出, 欧几里得几何学在四维欧氏空间中具有三维**线性**点构型; 但是, 弯曲的三维空间 (它存在于四维空间中, 就像曲面发生在三维空间中一样) 是另一种不同的类型. 难道我们普通经验的三维空间不可能是弯曲的吗? 当然. 它不是嵌入在一个四维空间. 但是可以想象, 它的内在度量关系是不可能在 “平坦” 空间中发生的; 可以想象, 对我们的空间进行非常仔细的大地测量, 就像上面提到的地球表面测量一样, 可能会揭示它不是平面. 我们将继续把它看作一个三维流形, 并且假设无穷小的线元素可以与独立于其位置和方向的长度彼此进行比较, 并且它们的长度的平方, 即两个无限近的点之间的距离, 可以用二次形式 (12) 表示, 可以使用任意坐标 x_i. (这一假设是有充分理由的; 由于从一个坐标系统到另一个坐标系统的每一次变换都需要对坐标微分进行**线性**变换, 作为转换的结果, 二次型必须总是再次转换为二次型.) 然而, 我们不再特别地假设, 这些坐标系可能被选择为仿射坐标, 从而使得其基本形式的系数 g_{ik} 变为常数.

从欧几里得几何学到黎曼几何学的转变, 原则上是建立在与之相同的思想基础上的, 该思想是建立在从远距离作用的物理到基于无穷近作用的物理的思想上的. 例如, 我们通过观察发现, 沿导线流动的电流与导线两端之间的电位差成正比 (欧姆定律). 但是, 我们坚信, 应用于一根长电线上的这种测量结果并不代表一种最普遍形式的物理定律. 因此, 我们通过将得到的测量值减少到无限小的导线部分来推导这个定律. 通过这种方法, 我们就得到了麦克斯韦理论建立的表达式 (第 1 章). 从相反的方向, 我们从这个微分定律通过数学过程推导出我们直接观察到的积分定律, 假设**条件处处相似** (同质性). 这里的情况是一样的. 欧几里得几何的基本事实是两点之间距离的平方是两点相应坐标的二次型 (毕达哥拉斯定理). *但是, 如果把这个定律看作仅当这两个点无限接近时严格有效, 那么我们就进入了黎曼几何学的领域*. 这同时允许我们更准确地定义坐标系, 因为用这种形式表示的毕达哥拉斯定律 (即无限小距离) 对于任意的变换是不变的. 从欧几里得 “有限的” 几何学到黎曼的 “无穷小” 几何学, 其方式与我们从 “有限的” 物理学到 “无限小” (或 “接触”) 物理学的方式完全类似. 黎曼几何是为满足连续性要求而构造的欧几里得几何学, 因而它具有更广泛的性质. 欧氏有限几何是研究直线和平面的合适工具, 对这些问题的处理指导了它的发展. 一旦我们转到微分几何学, 从黎曼提出的无穷小性质开始, 就变得自然而合理. 这不会引起任何复杂, 并排除所有倾向于超越几何学边界的推测性考虑. 在黎曼的空间中, 作为二维流形的曲面也可以用形式 $x_i = x_i(u_1, u_2)$ 进行参数化表示. 如果我们把得到的微分

① 注 4: Mathematische Werke (2 Aufl., Leipzig, 1892), Nr. XIII, p. 272. Als besondere Schrift herausgegeben und kommentiert vom Verf. (2 Aufl., Springer, 1920).

$$dx_i = \frac{\partial x_i}{\partial u_1} \cdot du_1 + \frac{\partial x_i}{\partial u_2} \cdot du_2$$

代入黎曼空间的度量基本形式 (12) 式中, 我们得到了用 du_1, du_2 表示的曲面上无限接近的两点之间距离的平方的二次微分形式 (就像在欧氏空间中一样). 三维黎曼空间的度量关系可直接应用于其中存在的任何曲面, 从而将其转化为二维黎曼空间. 而从欧几里得的观点来看, 空间从一开始就被假定为比其中的可能的曲面简单得多的特征, 即假设为长方形, 黎曼把空间的概念推广到了足以克服这种差异的程度. **从无穷小部分的行为中获得外部世界知识的原理**是无穷小物理学中的知识理论的主要来源, 就像黎曼几何中的知识理论一样, 实际上, 这一原理也是黎曼所有杰出工作尤其是处理复函数理论工作的主要来源. 历史发展开始于攻击欧几里得的 "第五公设" 的合法性问题, 在我们现今看来似乎是一个偶然的出发点. 我们认为, 把我们带出欧几里得观点所必需的知识, 是由黎曼所揭示的.

我们还没有说服自己, 波尔约和罗巴切夫斯基的几何, 以及欧几里得的几何, 还有球面几何学 (黎曼是第一个指出后者是可能的非欧几何的情形) 都是黎曼几何中的特例. 我们发现, 实际上, 如果我们用克莱因模型中相应点的直角坐标 u_1, u_2 表示波尔约–罗巴切夫斯基平面上的一个点, 那么无限接近两点之间的距离 ds 由 (1) 给出

$$ds^2 = \frac{(1 - u_1^2 - u_2^2)(du_1^2 + du_2^2) + (u_1 du_1 + u_2 du_2)^2}{(1 - u_1^2 - u_2^2)^2}. \tag{13}$$

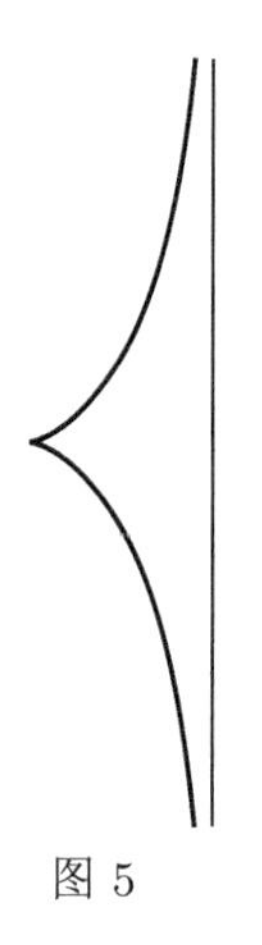

图 5

通过与 (10) 的比较, 我们发现, 陶里努斯的这一定理再次得到了证实. 三维非欧氏空间的度量基本形式正好对应于这个表达式.

如果我们能在欧几里得空间中找到一个使公式 (13) 成立的曲面, 只要选择适当的高斯坐标 u_1, u_2, 则波尔约和罗巴切夫斯基几何在其中是有效的. 这样的曲面实际上是可以构造出来的; 最简单的曲面是由曳物线 (tractrix) 导出的旋转曲面. 曳物线是图 5 所示形状的平面曲线, 有一个顶点和一条渐近线. 其几何特征是, 从接触点到与渐近线交点的任何切线都是恒定长度的. 假设曲线以其渐近线为轴旋转. 非欧几何学在生成的曲面上成立. 这个惊人的简单的欧几里得模型首先被贝尔特拉米提到①. 它有一些缺点: 首先, 它的形式把它限制在二维几

① 注 5: Saggio di interpretazione della geometria non euclidea, Giorn. di Matem., t. 6 (1868), p. 204; Opere Matem. (Höpli, 1902), t. 1, p. 374.

何学上; 其次, 旋转曲面由其中锐利边划分成两个部分, 仅代表非欧几里得平面的一部分. 希尔伯特严格地证明了欧几里得空间中不可能有一个没有奇异性的曲面, 该曲面能描绘整个罗巴切夫斯基平面①. 这两个弱点在克莱因的初等几何模型中都是缺失的.

到目前为止, 我们一直在追求一种思辨的思路, 并一直保持在数学的范围内. 然而, 在证明非欧几何的一致性和**探究它或欧几里得几何在实际空间中是否成立**方面存在差异. 为了确定这个问题, 高斯很久以前就测量了它的顶点 Inselsberg, Brocken 和 Hoher Hagen (靠近哥廷根) 的三角形, 使用了最精确的方法, 但是发现三角形内角之和与 180° 的偏差是在观测误差范围之内的. 罗巴切夫斯基从恒星副星的极小值得出结论, 实际空间只能与欧几里得空间相差非常小. 哲学家们提出, 欧几里得几何的有效性和无效性不能通过实证观察来证明. 事实上, 必须承认, 在所有这类观察中本质上是物理的假设, 例如, 光的路径是一条直线的说法以及其他类似的说法, 都起着突出的作用. 这仅仅证实了上面已经说过的话, 只有由几何和物理组成的整体才能经验性地检验. 因此, 只有在欧氏空间和广义黎曼空间计算出几何之外的物理时, 才有可能进行结论性实验. 我们很快就会发现, 在不作人为限制的情况下, 我们可以很容易地将最初建立在欧几里得几何基础上的电磁场定律转化为黎曼空间的术语. 一旦做到这一点, 就没有理由怀疑为什么经验不能决定是欧几里得几何学的特殊观点还是更普遍的黎曼几何学观点将被支持. 显然, 在现阶段, 讨论这一问题的时机尚未成熟.

在这最后的一段中, 我们将再次以概要的形式介绍黎曼几何的基础, 其中, 我们不局限于维数 $n=3$.

n-维黎曼空间是一个 n-维流形, 它不是任意性质的, 而是一个其度量关系由一个正定的二次微分形式导出的 n-维流形. 根据这一形式确定度规的量的两个基本定律, 用 (a) 和 (b) 表示, 其中的 x_i 表示任意的坐标.

(a) 如果 g 是基本形式的系数行列式, 那么空间的任何部分的大小都是由积分

$$\int \sqrt{g}dx_1dx_2\cdots dx_n \tag{14}$$

给出的, 其积分区域为变量 x_i 所在的数学区域, 与所涉空间的部分相对应.

(b) 如果 $Q(d,\delta)$ 表示位于同一点的两个线元素 d 和 δ 的对称双线性形式 (对应于二次基本形式), 那么它们之间的角 θ 由

$$\cos\theta = \frac{Q(d,\delta)}{\sqrt{Q(d,d)\cdot Q(\delta,\delta)}} \tag{15}$$

给出. 在 n-维空间 $(1\leqslant m\leqslant n)$ 中, 用参数形式

① 注 6: Grundlagen der Geometrie (3 Aufl., Leipzig, 1909), Anhang V.

$$x_i = x_i(u_1, u_2, \cdots, u_m) \quad (i = 1, 2, \cdots, n)$$

给出了一个 m-维流形. 我们用微分

$$dx_i = \frac{\partial x_i}{\partial u_1} \cdot du_1 + \frac{\partial x_i}{\partial u_2} \cdot du_2 + \cdots + \frac{\partial x_i}{\partial u_m} \cdot du_m$$

替代空间的度量基本形式, 就得到 m-维流形的度量基本形式. 因此, 后者本身是一个 m-维黎曼空间, 在 $m = n$ 的情况下, 空间任何部分的大小都可以由 (14) 式计算. 这样, 线段的长度以及曲面的任何部分的面积就可以确定下来.

§12. 连续性. 度量性质的动力学观点

我们现在回到欧氏空间中的曲面理论. 平面曲线的**曲率**可以用以下方式定义为法线对曲线偏离的速率的度量. 从一个固定点 O 出发, 我们描绘出曲线上任意点 P 处的 "法向量" $\overrightarrow{OP}$, 使其具有单位长度. 这给出了一个点 P, 对应于半径为 1 的圆上的点 P. 如果 P 遍历曲线的一个小段弧 Δs, 相应的点 P 将遍历圆上的一段弧 $\Delta\sigma$; $\Delta\sigma$ 是一个平面角, 它是在曲线弧的各点上所对应的法线与它们各自的邻角的总和. 对于收缩到点 P 的弧元素 Δs, 商 $\dfrac{\Delta\sigma}{\Delta s}$ 的极限值就是 P 点的曲率 (如图 6 所示).

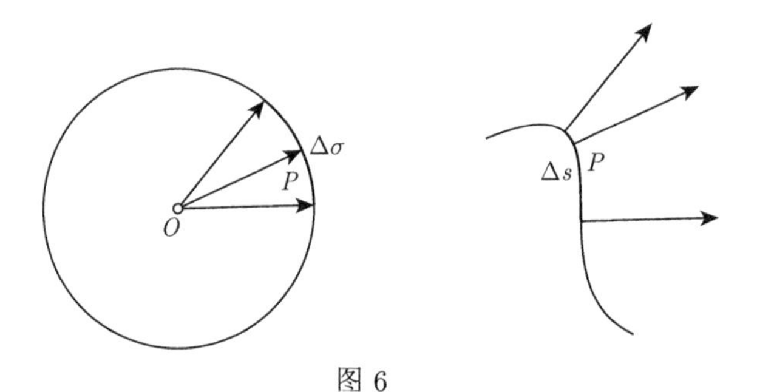

图 6

高斯将曲面的曲率定义为其法线以完全类似的方式偏离的速率的度量. 代替关于 O 的单位圆, 他使用单位球. 应用相同的表示方法, 他使该球面的一小部分 $d\omega$ 对应于曲面的一小块区域 do 的面积, $d\omega$ 等于在区域 do 上的点对应的法线所形成的立体角. 当 do 变得很小很小时, 比值 $\dfrac{d\omega}{do}$ 的极限就是高斯的曲率度量 (Gaussian measure of curvature). 高斯的一个重要发现是, 这种曲率仅仅是由曲面的内蕴度量关系决定的, 而且它可以由作为度量基本形式的系数的二阶微分表达式计算出来. 因此, 如果曲面在弯曲而不被扭曲的拉伸变形下, 其曲率保持不变. 通过这种几何方法, 高斯发现了两个变量的**二次微分形式的微分不变量**, 也就是说, 找到了一个由微分形式的系数构成的量, 其值对于由一个变换而产生的两个不同形式的微分形式是相同的 (也适用于变换中相互对应的参数对).

黎曼成功地将曲率概念扩展到三个及以上变量的二次形式. 然后他发现它不再是标量而是张量 (我们将在本章 §15 中讨论这个问题). 更准确地说, 黎曼的空间在表面的每个点的法线方向都有一个确定的曲率. 欧几里得空间的特征是它的曲率在每个点和每个方向上都是零. 在波尔约–罗巴切夫斯基几何和球面几何中, 曲率都有一个与位置和通过它的表面无关的值 a: 这个值在球面几何中是正的, 在波尔约–罗巴切夫斯基几何中是负的 (因此, 如果选择合适的长度单位, 则可以令该值 $= \pm 1$). 如果一个 n-维空间有一个恒定的曲率 a, 那么如果我们选择合适的坐标 x_i, 它的度量基本形式必定取形式

$$\frac{\left(1+a\sum_i x_i^2\right)\cdot\sum_i dx_i^2 - a\left(\sum_i x_i dx_i\right)^2}{\left(1+a\sum_i x_i^2\right)^2}.$$

因此, 它完全以单值方式定义. 如果空间在各个方向上都是齐性的, 那么它的曲率必须是恒定的, 因此它的度量基本形式必定是刚刚给出的形式. 这样的空间要么是欧几里得空间, 要么是球面空间, 要么是罗巴切夫斯基空间. 在这种情况下, 线元素不仅是一种独立于位置和方向的存在, 而且任何有限扩张的任意图形都可以被转移到任意位置和任意方向, 而不改变其度量条件, 即其位移是全等的. 这把我们带回到全等变换, 我们用它作为我们在 §1 中的空间反射变换的起点. 在这三种可能的情况中, 欧几里得变换的特征是, 具有 §1 中所规定的特殊性质的平移变换群在全等变换群中是唯一的. 本段所概括的事实在黎曼的论文中有简要的提及; 克里斯托弗尔、利普希茨、亥姆霍兹和索菲斯 • 李对它们进行了更详细的讨论[①].

空间是现象的一种形式, 因此必然是同质的. 由此看来, 在黎曼的概念中所包含的丰富的几何可能性中, 只有三种特殊情况从一开始就被考虑进去, 其他所有的情况都必须被拒绝, 而无须作进一步的研究, 因为它们都是无关紧要的: parturiunt montes, nascetur ridiculus mus! [②]黎曼持有不同的观点, 这从他的论文的结

① 注 7: 参考 Christoffel, Über die, Transformation der homogenen Differentialausdrücke zweiten Grades, Journ. f. d. reine und angew. Mathemathik, Bd. 70 (1869): Lipschitz, 在同一杂志上的 Bd. 70 (1869), p. 71, 和 Bd. 72 (1870), p. 1.

② parturiunt montes, nascetur ridiculus mus! 本句出自贺雷西《诗论》, 直译为 “大山分娩, 生出个荒诞的耗子! ” 选自《伊索寓言》里的一个故事: 大山怀孕了, 折腾了半天, 扑哧一声, 生出了两只老鼠来. 和中国传统的俗语 “雷声大雨点小”“绣花枕头包稻草” 有某种程度上的类似. 比喻话说得很有气势, 实际上本领却很小. (译者注)

束语可以看出. 与他同时代的人没有理解他的全部主旨, 他的话几乎无人知晓 (除了在 W. K. 克利福德的著作中有只言片语的提及). 直到现在, 爱因斯坦用他的万有引力理论的魔力之光将鳞屑从我们的眼前移开, 我们才明白这些话的真正含义. 为了更清楚地说明这些问题, 我必须首先指出, 黎曼将离散流形, 即由单个孤立元素组成的流形, 与连续流形进行了对比. 这样一个离散流形的每个部分的度量是由属于它的元素的数量决定的. 因此, 正如黎曼所说的, 作为数的概念的结果, 一个离散流形本身先验地具有它的度量关系的原则. 用黎曼自己的话来说就是:

"无限小几何假设的有效性问题, 是与空间的度量关系的基础问题紧密联系在一起的. 在这个问题上, 我们仍然可以把它看作属于空间学说的问题, 这就是上面所说的那句话的应用. 在一个离散的流形里, 它的度量关系的原则或性质已经在流形的概念里规定了, 而在一个连续的流形里, 这个根据必须在别的地方找到, 即必须从外面来. 因此, 要么, 构成空间基础的实在必须形成一个离散的流形, 要么, 我们必须在空间之外, 在作用于空间的约束力中, 寻找空间的度量关系 (度量条件) 的根据.

"要对这些问题做出决定性的回答, 只能从牛顿为之奠定基础的迄今为止被经验所证明的现象的概念出发, 然后在这个概念中做出事实所要求的连续的变化, 而这些变化是旧理论所不能解释的; 这种从一般概念出发的研究, 对于防止工作受到狭隘观念的妨碍, 是很有用的, 并且可以保持对事物之间相互联系的进一步认识, 不受传统偏见的制约.

"这把我们带到了另一门科学的领域, 即物理学的领域, 目前讨论的性质和目的不允许我们进入这一领域."

如果我们放弃第一种可能性, 即 "构成空间基础的实在必须形成一个离散的流形"——虽然我们最终并没有以任何方式来否定这一点, 特别是现在, 根据量子理论的结果, 空间问题的最终解决方案可能就是在这种可能性中找到的——我们看到黎曼拒绝了在他自己的时代盛行的观点, 也就是说, 空间的度量结构是固定的, 与作为背景的物理现象有着内在的独立性, 而真正的内容占据着它, 就像占有住宅公寓一样. 与此相反, 他断言, *空间本身不过是一个没有任何形式的三维流形; 只有通过充实它的物质内容的出现和确定它的度量关系, 它才能获得一种确定的形式*. 还有一个问题是, 如何确定造成这种情况的规则. 然而, 无论如何, 度量的基本形式会随着时间的推移而改变, 就像世界上的物质会发生变化一样. 我们通过让物体带着它所产生的度量场 (这是由度量的基本形式所代表的), 恢复了在不改变物体的度量关系的情况下取代物体的可能性; 就像质量一样 (在它自身产生的力场的影响下, 在平衡状态下呈现出一定的形状), 如果一个人能保持力场不变, 同时把质量移到它的另一个位置, 那么质量就会变形; 然而, 实际上, 物体在运动 (假设运动足够的慢) 过程中保持其形状, 因为它携带着其自身所产生的力场. 我们将更详细地说明黎曼关于物质产生的度量场的大胆思想, 并且我们将证明, 如果他的观点是正确的, 那么, 在我们所采用的意义上, 任何可以通过连续变形而相互转化的两部分空间, 必须被认为是一致的, 并且同样的物质内容可以像填满另一部分空间一样填满某一部分空间.

为了简化对基本原理的考察, 假设物质的内涵可以用诸如质量密度、电荷密度等标量相量来描述. 我们把注意力集中在一个确定的时刻. 此时, 如果选择某种坐标系的空间, 电荷密度 ρ 是坐标 x_i 确定的函数 $f(x_1, x_2, x_3)$, 但是如果使用另一个坐标系, 则将由坐标 x_i^* 另一函数 $f^*(x_1^*, x_2^*, x_3^*)$ 表示.

一个附加的说明 初学数学的人常常会因为没有注意到数学文献中符号是用来表示**函数**的而感到困惑. 然而在物理文献 (包括物理的数学处理) 中, 它们专门用来表示 "**大小**" (量). 例如, 在热力学中, 气体的能量用一个确定的字母表示, 如 E, 不管它是不是压强 p 和温度 θ 的函数或者体积 v 和温度 θ 的函数. 然而, 数学家却使用了两个不同的符号来表达这一点:

$$E = \phi(p, \theta) = \psi(v, \theta).$$

而偏导数 $\dfrac{\partial \phi}{\partial \theta} = \dfrac{\partial \psi}{\partial \theta}$ (它们的意思完全不同) 出现在物理书籍中的常见表达式为 $\dfrac{\partial E}{\partial \theta}$. 必须加上一个后缀 (就像玻尔兹曼做的那样), 或者必须在正文中明确, 即在一种情况下 p 保持不变, 在另一种情况下 v 保持不变. 数学家的符号体系是明确的, 没有任何这样的附加说明. ①

尽管事物的真实状态确实要复杂得多, 但我们假设有一个最简单的几何光学系统, 这个系统的基本定律是: 从点 M 射出的光线, 照射到 P 处的观察者, 是一条 "测地线", 它是连接 M 和 P 的所有线段中的最短线: 我们不考虑光传播的有限速度. 我们把接收的意识仅仅归结为一种光学感知能力, 并将其简化为能立即观察到入射光线方向差异的 "点眼" (point-eye), 这些方向是由 (15) 式给出的 θ 值; 这样 "点眼" 就得到了周围物体所在方向的图像 (颜色因素被忽略). 连续性法则不仅支配着物理事物之间的相互作用, 也支配着心理与物理 (psycho-physical) 之间的相互作用. 我们观察物体的方向不仅由物体所处的位置决定, 还由物体发出的光线射入视网膜的方向决定. 也就是说, 光场的状态是直接与难以捉摸的现实物体相接触的, 其本质是以意识经验的形式呈现给客观世界的. 说物质含量 G 和物质含量 G' 是一样的, 这就意味着对于每一个与 G 相对应的观测点 P 都有一个与 G' 相对应的观测点 P' (反之亦然), 也就是 G' 中 P' 点的观察者接收到的方向图 (direction-picture) 与 G 中 P 点的观察者接收到的方向图是相同的.

① 这并不是对物理学家的命名法的批评, 因为它完全符合物理学研究量的目的.

我们以一个确定的坐标系 x_i 为基. 那么, 标量相量, 如带电密度 ρ, 就可用一确定的函数

$$\rho = f(x_1, x_2, x_3)$$

表示出来. 设度量基本形式为

$$\sum_{i,k}^{3} g_{ik} dx_i dx_k,$$

其中 g_{ik} 同样 (用数学术语) 表示 x_1, x_2, x_3 的函数, 进一步, 假设空间到自身的任意连续变换已经给定, 其中一个点 P' 分别对应于每个点 P. 利用这个坐标系和表达式

$$P = (x_1, x_2, x_3), \quad P' = (x_1', x_2', x_3'),$$

设变换可表示如下

$$x_i' = \phi(x_1, x_2, x_3). \tag{16}$$

假设这个变换将空间的部分 $\mathbf{S}$ 转换成 $\mathbf{S}'$, 我将证明, 如果黎曼的观点是正确的, 则 $\mathbf{S}'$ 和 $\mathbf{S}$ 在上述定义的意义上是一致的.

我使用第二个坐标系, 取点 P 的坐标, x_i' 的值由 (16) 式给出; 表达式 (16) 就成了变换公式. 坐标系 x' 中以 $\mathbf{S}$ 表示的三个变量的数学区域与坐标系 x 中以 $\mathbf{S}'$ 表示的数学区域是相同的. 任意点 P 在 x' 上的坐标与 P' 在 x 上的坐标相同. 我现在想象空间以另一种方式被物质填充, 也就是, 在点 P 处用公式

$$\rho = f(x_1', x_2', x_3')$$

表示, 对于其他的标量用类似的公式来表示. 如果把空间的度量关系看作与所包含的物质无关, 那么度量基本形式 (就像第一种情形一样) 就符合于形式

$$\sum_{i,k} g_{ik} dx_i dx_k = \sum_{i,k} g_{ik}'(x_1', x_2', x_3') dx_i' dx_k',$$

右边的项表示转换到新坐标系后的表达式. 然而, 如果空间的度规关系是由填充它的物质决定的——根据黎曼的假设, 我们假设这是真的——那么, 由于第二次所占据空间的物质在坐标 x' 中表达自己的方式与在坐标 x 中的第一次表达方式完全相同, 第二次占据空间的度量基本形式将是

$$\sum_{i,k} g_{ik}(x_1', x_2', x_3') dx_i' dx_k'.$$

由于前面假设的几何光学的基本原理, 在第一次占据空间的 $\mathbf{S}'$ 部分中的物质内容在 P' 处呈现给观察者的外观与在第二次占据空间 $\mathbf{S}$ 中的物质内容在 P 处呈现给观察者的外观完全相同. 如果以前关于 "住宅单元" (residential flats) 的观点是正确的, 那么情况当然不是这样.

一个简单的事实是, 我可以用我的手把一个黏土球捏成任何完全不同于球体的不规则形状, 这似乎使黎曼的观点变得荒谬. 然而, 这证明不了什么. 因为如果黎曼是正确的, 即黏土内部原子结构的变形与我用手所能产生的变形完全不同, 另外宇宙中质量的重排, 就有必要使扭曲的黏土球在任何角度的观察者看来都是球形的. 关键的一点是, 一块空间根本没有视觉形式, 而这种形式取决于占据该空间的物质内容, 而且, 事实上, 通过一个适当重组模式的占据方式, 我们可以赋予它任何视觉的形式. 通过选择恰当的处理, 我们也可以将任何两个**不同**的空间变成**相同**的视觉形式. 爱因斯坦帮助引导黎曼的思想走向胜利 (尽管他没有直接受到黎曼的影响). 回顾爱因斯坦给我们带来的进程, 我们现在认识到, 只有按照所谓的狭义相对论所提出的方式, 把**时间**作为第四维加入到三维空间中, 这些想法才能产生一个有效的理论. 根据黎曼的观点, "一致性" (congruence) 的概念根本不导致度量系统, 甚至不导致黎曼的一般度量系统 (它是由一个二次微分形式所确定的), 正如我们看到的, "度量关系的内在基础" 确实必须在其他地方寻找. 爱因斯坦肯定它可以在**万有引力**的 "约束力" (binding forces) 中找到. 在爱因斯坦的理论 (第 4 章) 中, 度量基本形式的系数 g_{ik} 与牛顿的引力理论中的引力势起着同样的作用. 据此, 填满空间的物质决定了其度量结构的定律就是万有引力定律. 引力场影响光线和作为量杆的 "刚性" 物体, 当我们以通常的方式使用这些量杆和射线来测量物体时, 发现在可观测区域内, 测量的几何结构与欧几里得的几何结构相差很小. 这些度量关系不是空间作为一种现象形式的结果, 而是由引力场决定的测量杆和光线的物理行为的结果.

在黎曼宣布他的发现之后, 数学家们忙着正式地提出他的几何思想体系, 其中最主要的是克里斯托费尔 (Christoffel)、里奇 (Ricci) 和列维–奇维塔 (Levi-Civita)①. 在上述引用的最后一句话中, 黎曼显然把他的思想的真正发展交给了后来的一些科学家, 这些科学家作为物理学家的天赋可以与他作为数学家的天赋相提并论. 时隔 70 年后, 爱因斯坦完成了这项任务.

受爱因斯坦理论的重大推论启发, 重新审视数学基础, 本书作者发现黎曼几何在实现纯无穷小几何理想方面只走了一半的路. 我们仍然要消除几何学中的最后一个元素——"距离"——欧几里得时代的遗迹. 黎曼假设在空间的**不同**点上也可以比较两个线元素的长度; **在 "无限邻近"**(infinitely near) **的几何图形中, 不允**

① 注 8: Christoffel (l.c.7). Ricci and Levi-Civita, Méthodes de calcul différentiel absolu et leurs applications, Math. Ann., Bd. 54(1901).

许在一定距离内进行比较. 只有一个原则是允许的, 通过这个, 长度的分割可以从一个点转移到它的无限邻接点.

在这些介绍性的评论之后, 我们现在进入纯无穷小几何的系统发展 (见注 9)①, 这一过程将经过三个阶段, 从通过**仿射联络流形** (affinely connected manifolds) 回避了更精确定义的**连续统** (continuum) 到**度量空间**. 在我看来, 这个理论是一系列逻辑上相互联系的思想的高潮, 这些思想的结果所形成的理论, 是一门真正的几何学, 是关于空间本身的学说, 而不仅仅像欧几里得和几乎所有以几何学的名义所做的一切那样, 这是一种关于空间中可能存在的构型的学说.

§13. 任意流形中的张量和张量密度

一个 n-维流形 按照上面概述的图式, 我们将对空间作出唯一的假设, 即它是一个 n-维连续统. 它可以对应于 n 个坐标 $x_1, x_2, \cdots, x_n$, 其中流形上的每一点都有一个确定的数值; 不同的坐标值系统对应不同的点. 如果 $\bar{x}_1, \bar{x}_2, \cdots, \bar{x}_n$ 是第二个坐标, 那么在坐标 x 和坐标 $\bar{x}$ 之间有一定的关系

$$x_i = f_i(\bar{x}_1, \bar{x}_2, \cdots, \bar{x}_n) \quad (i = 1, 2, \cdots, n); \tag{17}$$

这些关系是通过某些函数 f_i 来表达的. 我们不仅假设它们是连续的, 而且还假设它们有连续的导数

$$\alpha_k^i = \frac{\partial f_i}{\partial \bar{x}_k},$$

其行列式不为零. 后一个条件是使仿射几何在无限小的区域内成立的充分必要条件, 即使得两个坐标系统中坐标的微分之间存在可逆的线性关系, 即

$$dx_i = \sum_k \alpha_k^i d\bar{x}_k. \tag{18}$$

在我们的研究过程中, 只要发现有必要使用高阶导数, 就假设高阶导数存在和连续. 那么, 在每一种情况下, 对于具有连续的一阶、二阶、三阶或更高阶导数的点的连续函数的概念, 都赋予了一个不变的、独立于坐标系的意义; 坐标本身就是这样的函数.

① 注 9: 这个几何学的发展强烈地受到下列工作的影响, 这些工作是根据爱因斯坦的引力理论开创的, Levi-Civita, Nozione di parallelismo in una varietà qualunque· · · , Rend. del Circ. Mat. di Palermo, t. 42(1917), 以及 Hessenberg, Vektorielle Begründung der Differentialgeometrie, Math. Ann., Bd. 78 (1917). 在论文 Weyl, Reine Infinitesimalgeometrie, Math. Zeitschrift, Bd. 2 (1918), 外尔采取了一种完全确定的形式.

张量的概念 无限接近于点 $P=(x_i)$ 的一点 $P'=(x_i+dx_i)$ 的相对坐标 dx_i 是 P 点处**线元素**的分量, 或者是 P 点处的一个**无限小位移** $\overrightarrow{PP'}$ 的分量. 这些分量通过公式 (18) 转换到另一个坐标系, 其中 α_k^i 表示各自在 P 点的导数值. 无限小位移在张量微积分的发展中所起的作用与第 1 章中的位移是一样的. 然而, 必须注意的是, 在这里, **一个位移本质上是固定在一个点上的**, 说两个不同点的无穷小位移相等或不相等是没有意义的. 如果两点的分量相同, 我们可能会采用这样的约定, 即称两点的无限小位移相等, 但从 (18) 式中的 α_k^i 显然不是常数的事实来看, 如果这是一个坐标系的情况, 那么它就不需要对另一个坐标系也适用. 因此, 我们只能谈论在**一点**处的无限小的位移, 而不是像第 1 章所说的在整个空间的位移; 我们不能简单地说一个向量或张量, 而必须说**在一点** P **处**的**向量**或**张量**. 在点 P 处的张量是由几个变量组成的线性形式, 它依赖于一个坐标系, 在这个坐标系中, 点 P 的最近邻域按以下方式表示: 在任意两个坐标系 x 和 $\bar{x}$ 中, 关于微分 dx_i 的线性表达式相互转换, 如果某些变量 (带上标) 是共变变换的, 其余的变量 (带下标) 是逆变变换的, 则该表达式按如下规律转换

$$\xi^i=\sum_k \alpha_k^i\bar{\xi}^k, \quad \bar{\xi}_i=\sum_k \alpha_i^k\xi_k \quad \text{分别成立.} \tag{19}$$

这里的 α_k^i 是指这些导数**在点** P **处**的值. 线性形式的系数称为所考虑坐标系中张量的分量; 在那些属于上指标的变量中它们是协变的, 在其余的指标中是逆变的. 由于从一个坐标系到另一个坐标系的变换在微分中表现为**线性**变换, 因而张量的概念是可能的. 这里用的是非常有效的数学方法, 将问题还原为无限小的量, 从而使问题变成线性的. **张量代数** (它的运算只与**同一点上**的张量相关联) **的全部内容现在可以从第 1 章开始了**. 这里, 我们称之为一阶**向量**的张量. 这里有逆变向量和协变向量. 当使用 "向量" 一词而没有更精确地定义时, 我们应把它理解为逆变向量. 这类无限小的量就是 P 中的线元素. 每一个坐标系在 P 处都有 n 个 "单位向量" $\mathbf{e}_i$, 即在坐标系中有分量

$$\begin{array}{c|c}
\mathbf{e}_1 & 1,0,0,\cdots,0 \\
\mathbf{e}_2 & 0,1,0,\cdots,0 \\
\vdots & \cdots\cdots \\
\mathbf{e}_n & 0,0,0,\cdots,1
\end{array}$$

的向量. P 点处的每个向量 $\mathbf{x}$ 都可以用这些单位向量的线性形式表示. 例如, 若 ξ^i 为其分量, 则

$$\mathbf{x}=\xi^1\mathbf{e}_1+\xi^2\mathbf{e}_2+\cdots+\xi^n\mathbf{e}_n \quad \text{成立.}$$

另一个坐标系 $\bar{x}$ 的单位向量 $\bar{\mathbf{e}}_i$ 则由 $\mathbf{e}_i$ 的如下方程

$$\bar{\mathbf{e}}_i = \sum_k \alpha_i^k \mathbf{e}_k$$

导出. 当然, 张量的分量从协变变换到逆变变换的可能性在这里是没有问题的. 每两个线性无关的线元素都有 $dx_i, \delta x_i$ 的分量, 它们对应一个面积元素 (surface element), 其分量为

$$dx_i \delta x_k - dx_k \delta x_i = \Delta x_{ik}.$$

每三个这样的线元素都映射出一个三维空间元素, 以此类推. 线性赋值给任意线元素、面积元素等的不变微分形式分别是线性张量 (= 协变反对称张量, 见 §7). 上面关于省略求和符号的约定将被保留.

曲线的概念 如果对参数 s 的每一个值都连续赋值一个点 $P = P(s)$, 那么如果我们把 s 解释为时间, 就给出了一个 "**运动**" (motion). 如果没有更好的表述, 我们将从纯数学意义上应用这个名称 (即使我们不这样解释参数 s). 如果使用一个确定的坐标系, 我们可以用 n 个连续函数 $x_i(s)$ 来表示运动

$$x_i = x_i(s), \tag{20}$$

假设这些函数不仅是连续的, 而且是连续可微的 (注: 即有连续的微分系数). 从参数值 s 变换到 $s + ds$ 时, 对应的点 P 经历了一个具有分量为 dx_i 的无穷小位移. 如果把 P 处的矢量除以 ds, 就得到了 "**速度**" (velocity), 即一个在 P 点处具有分量 $\dfrac{dx_i}{ds} = u^i$ 的矢量. 同时, 公式 (20) 就是运动 "**轨迹**" (trajectory) 的参数表示. 当且仅当参数 s 经历变换 $s = \omega(\bar{s})$ 时, 一个运动从另一个运动产生, 这时两个运动描述了相同的**曲线**, 其中 ω 是一个连续的且是一致连续可微的函数. 对于曲线来说, 确定的不是某一点的速度分量, 而是它们的比值 (表征曲线的**方向**).

张量分析 在空间的一个区域中定义了某种张量场, 如果在这个区域的每个点 P 上都指定了一个这样的张量. 相对于坐标系而言, 张量场的分量表现为 "出现点" (point of emergence) P 坐标的确定函数: 假设它们是连续的, 并且有连续的导数. 在 §8 中所作的张量分析不能毫无变化地应用于任意连续统. 因为在定义微分的一般过程时, 我们先前使用了任意的协变和逆变矢量, 它们的分量**与所讨论的点无关**. 这个条件对于线性变换确实是不变的, 但对于任何任意的变换都是不变的, 因为在这些变换中, α_k^i 不是常数. 因此, 对于任意流形, 我们只能建立线性张量场的分析: 我们将继续证明这一点. 这里, 独立于坐标系, 通过微分的方法从一个标量场 f 导出了一个一阶线性张量场, 它具有分量

$$f_i = \frac{\partial f}{\partial x_i}, \tag{21}$$

从一阶线性张量场 f_i 中我们可以得到一个二阶的线性张量场

$$f_{ik} = \frac{\partial f_i}{\partial x_k} - \frac{\partial f_k}{\partial x_i}, \tag{22}$$

从一个二阶的线性张量场 f_{ik}, 我们得到一个三阶的线性张量场

$$f_{ikl} = \frac{\partial f_{kl}}{\partial x_i} + \frac{\partial f_{li}}{\partial x_k} + \frac{\partial f_{ik}}{\partial x_l}, \tag{23}$$

等等.

如果 ϕ 是空间中的一个给定的标量场, 并且 $x_i, \bar{x}_i$ 表示任意两个坐标系, 则标量场可以分别表示为 x_i 或 $\bar{x}_i$ 的函数, 即

$$\phi = f(x_1, x_2, \cdots, x_n) = \bar{f}(\bar{x}_1, \bar{x}_2, \cdots, \bar{x}_n).$$

如果对当前点的一个无限小的位移形成 ϕ 的增量, 我们得到

$$d\phi = \sum_i \frac{\partial f}{\partial x_i} dx_i = \sum_i \frac{\partial \bar{f}}{\partial \bar{x}_i} d\bar{x}_i.$$

从这一点可以看到 $\dfrac{\partial f}{\partial x_i}$ 是一阶共变张量场的分量, 它是以独立于所有坐标系的方式从标量场 ϕ 导出的. 这里有一个向量场概念的简单说明. 同时我们看到算子 “梯度” (grad) 不仅对于线性变换是不变的, 对于坐标的任意变换也是不变的, 这是我们要强调的.

为了得到 (22), 我们执行以下构造. 从点 $P = P_{00}$ 出发, 我们画出了两个由 dx_i 和 δx_i 组成的线元素, 使两个点 P_{10} 和 P_{01} 无限接近. 以某种方式置换 (通过 “变分” (variation)) 线元素 dx, 使其出现点描述距离 $P_{00}P_{01}$; 并假设它最后得到 $\overrightarrow{P_{01}P_{11}}$. 我们称这个过程为位移 δ. 让分量 dx_i 增加 δdx_i, 使得

$$\delta dx_i = \{x_i(P_{11}) - x_i(P_{01})\} - \{x_i(P_{10}) - x_i(P_{00})\}.$$

现在交换 d 和 δ. 将线元素 δx 沿 $P_{00}P_{10}$ 作类似于 d 的位移, 最终得到 $\overrightarrow{P_{10}P'_{11}}$ 的位置, 其分量的增加为

$$d\delta x_i = \{x_i(P'_{11}) - x_i(P_{10})\} - \{x_i(P_{01}) - x_i(P_{00})\}.$$

因此, 我们得到

$$\delta dx_i - d\delta x_i = x_i(P_{11}) - x_i(P'_{11}). \tag{24}$$

当且仅当两点 P_{11} 和 P'_{11} 重合, 即当两个线元素 dx 和 δx 在它们经过各自的位移 d 和 δ 时分别扫过同一个无限小的 "平行四边形"——这就是我们对它的看法——那么我们得到

$$\delta dx_i - d\delta x_i = 0. \tag{25}$$

现在, 如果给定一个分量为 f_i 的协变向量场, 那么由于位移 δ 的变化, 我们就得到不变式 $df = f_i dx_i$ 的变化, 因此

$$\delta df = \delta f_i dx_i + f_i \delta dx_i.$$

将 d 和 δ 互换, 然后两式相减, 得到

$$\Delta f = (\delta d - d\delta) f = (\delta f_i dx_i - df_i \delta x_i) + f_i(\delta dx_i - d\delta x_i),$$

特别地, 如果两个位移通过同一个无限小的平行四边形, 我们就得到

$$\Delta f = \delta f_i dx_i - df_i \delta x_i = \left(\frac{\partial f_i}{\partial x_k} - \frac{\partial f_k}{\partial x_i}\right) dx_i \delta x_k. \tag{26}$$

如果人们不相信这些对无限小量的可能过于冒险的运算, 微分可以用微分系数代替. 由于曲面的一个无限小元素只是任意小但有限延伸的曲面的一部分 (或者更准确地说, 是该部分的极限值), 因此论证将如下进行. 设两个参数 s, t 的每一对值确定了流形中的一个点 (s, t) (在 $s = 0, t = 0$ 周围的某个区域内). 设函数 $x_i = x_i(s, t)$ 具有连续的一阶和二阶微分系数, 该函数表示任意坐标系 x_i 下的 "二维运动" (在平面上的延伸). 对于每个点 (s, t) 都有两个速度矢量, 其分量是 $\dfrac{dx_i}{ds}$ 和 $\dfrac{dx_i}{dt}$. 选择适当的参数, 以便规定点 $P = (0, 0)$ 对应于 $s = 0, t = 0$ 时, 它的两个速度矢量与任意给定的两个矢量 u^i, v^i 重合 (为此, 只需要使 x_i 是关于 s 和 t 的线性函数). 让 d 表示微分 $\dfrac{d}{ds}$, δ 表示 $\dfrac{d}{dt}$. 那么

$$df = f_i \frac{dx_i}{ds}, \quad \delta df = \frac{\partial f_i}{\partial x_k} \frac{dx_i}{ds} \frac{dx_k}{dt} + f_i \frac{d^2 x_i}{dt ds}.$$

将 d 和 δ 互换, 然后两式相减, 得到

$$\Delta f = \delta df - d\delta f = \left(\frac{\partial f_i}{\partial x_k} - \frac{\partial f_k}{\partial x_i}\right) \frac{dx_i}{ds} \frac{dx_k}{dt}. \tag{27}$$

设 $s = 0, t = 0$, 我们得到了点 P 处的不变量

$$\left(\frac{\partial f_i}{\partial x_k} - \frac{\partial f_k}{\partial x_i}\right) u^i v^k,$$

该不变量取决于点 P 上的两个任意向量 u, v. 这一观点与使用无穷小的观点之间的联系在于, 后者以严格的形式应用于无穷小平行四边形, 该无穷小平行四边形是曲面 $x_i = x_i(s,t)$ 中由坐标线 $s = \text{const}$(常数) 和 $t = \text{const}$(常数) 围成的.

在这方面, 我们可以回顾一下**斯托克斯定理**. 当不变线性微分函数 $f_i dx_i$ 沿每条闭曲线的积分 (其旋度) 为 0 时, 称为可积函数. (我们知道, 这只适用于全微分) 设任意一个以参数形式给定的曲面 $x_i = x_i(s,t)$ 在闭合曲线内展开, 并用坐标线将其划分为无限小的平行四边形. 围绕整个曲面周长所取的旋度可以追溯到这些小曲面网格周围的单个旋度, 在乘以 $dsdt$ 后, 它们的值由表达式 (27) 给出. 旋度的微分除法 (differential division of the curl) 就是这样产生的, 张量 (22) 是每一点 "旋度强度" (intensity of the curl) 的度量.

以同样的方式, 我们进入了更高的阶段 (23). 现在用三维平行六面体代替无限小的平行四边形, 由三个线元素 d, δ, ∂ 来表示. 我们只简略说明一下论证的步骤.

$$\partial(f_{ik} dx_i \delta x_k) = \frac{\partial f_{ik}}{\partial x_l} dx_i \delta x_k \partial x_l + f_{ik}(\partial dx_i \cdot \delta x_k + \partial \delta x_k \cdot dx_i). \tag{28}$$

因为 $f_{ki} = -f_{ik}$, 所以右边的第二项为

$$f_{ik}(\partial dx_i \cdot \delta x_k - \partial \delta x_i \cdot dx_k). \tag{29}$$

如果我们循环交换 d, δ, ∂, 然后相加, 由 (29) 式产生的六个元素将由对称的条件 (25) 而成对地相互抵消.

张量密度 (tensor-density) 的概念: 如果 $\int \mathbf{W} dx$ (其中用 dx 简记积分元素 $dx_1 dx_2 \cdots dx_n$) 是一个不变的积分, 那么 $\mathbf{W}$ 是一个依赖于坐标系的量, 即当变换到另一个坐标系时, 它的值变成乘以函数行列式的绝对值 (数值). 如果把这个积分看成是占据积分区域的物质的量的度量, 那么 $\mathbf{W}$ 就是它的密度. 因此, 我们可以称所描述的那种量为**标量密度** (scalar-density).

这是一个重要的概念, 和标量的概念有着同等的价值; 它不能归结为后者. 在类似的意义上, 我们可以像称标量密度一样称其为**张量密度**. 依赖于坐标系的若干个变量的线性形式 (一些变量带上指标, 另一些带下指标) 是 P 点处的一个张量密度, 当这个线性形式的表达式在给定坐标系下为已知时, 并且该线性形式在其他任意坐标系 (用横条来区分) 中的表达式, 是通过将其与泛函行列式的绝对值或数值相乘,

$$\Delta = \text{abs.} \left|\alpha_i^k\right|, \quad \text{即} \left|\alpha_i^k\right| \text{的绝对值},$$

并按照旧的公式 (19) 对变量进行变换而得到的. 这些词, 如分量、协变、逆变、对称、斜对称、场等等的用法和张量的情况完全一样. 通过对比张量和张量密度, 我认为我们已经严格掌握了**量** (quantity) 和**强度** (intensity) 之间的区别, 因为这种区别有物理意义: **张量是强度的大小, 张量密度是量的大小**. 逆变对称张量密度在张量密度中取得了协变斜对称张量在张量中所起的独特作用, 我们将其简单地称为**线性张量密度** (linear tensor-densities).

张量密度的代数 (algebra of tensor-densities)　就像在张量的领域一样, 这里有以下的运算:

(1) 同类型张量密度相加; 张量密度与一个数的乘积.

(2) 收缩 (缩并).

(3) 一个张量与一个张量密度的乘积 (不是两个张量密度的乘积). 因为, 如果两个标量密度相乘, 结果将不再是一个标量密度, 而是一个量, 当转换到另一个坐标系时, 必须乘以函数行列式的平方. 然而, 将一个张量乘以一个张量密度, 总是会得到一个张量密度 (其阶数等于两个因子的阶数之和). 所以, 例如, 如果一个分量为 f^i 的逆变矢量与一个分量为 $\mathbf{w}_{ik}$ 的协变张量密度相乘, 我们得到一个以独立于坐标系的方式产生的分量为 $f^i\mathbf{w}_{kl}$ 的三阶混合张量密度.

张量密度分析　只能建立在任意流形的线性场上. 它会导致下列**类似于散度运算的过程**:

$$\frac{\partial \mathbf{w}^i}{\partial x_i} = \mathbf{w}, \tag{30}$$

$$\frac{\partial \mathbf{w}^{ik}}{\partial x_k} = \mathbf{w}^i, \tag{31}$$

$$\cdots\cdots$$

由于 (30), 一阶线性张量密度场 $\mathbf{w}^i$ 产生一个标量密度场 $\mathbf{w}$, 而 (31) 从一个二阶线性张量场 ($\mathbf{w}^{ki} = -\mathbf{w}^{ik}$) 生成一个一阶线性张量场, 以此类推. 这些运算是独立于坐标系的. 由 (31) 得到的二阶线性张量场 $\mathbf{w}^{ik}$ 产生的一阶线性张量场 $\mathbf{w}^i$ 的散度 (30) 等于零; 对于高阶也有类似的结果. 为了证明 (30) 是不变量, 我们使用连续扩展质量运动理论的已知结果如下.

如果 ξ^i 是一个给定的向量场, 则

$$\bar{x}_i = x_i + \xi^i \cdot \delta t \tag{32}$$

表示连续统中各点的一个**无穷小位移** (infinitesimal displacement), 通过这个位移, 坐标为 x_i 的点被转移到坐标为 $\bar{x}_i$ 的点. 设常数无穷小因子 δt 被定义为形变发生时的时间元素. 变换 $A = \left|\dfrac{\partial x^i}{\partial x_k}\right|$ 的行列式不同于由变换 $\delta t\dfrac{\partial \xi^i}{\partial x_i}$ 表示的单位行列

式. 位移导致连续统的部分 $\mathbf{G}$ 进入区域 $\bar{\mathbf{G}}$, 如果用 x_i 来表示它的坐标, 变量 x_i 对应的数学区域为 $\mathfrak{X}$, 它与区域 $\mathbf{G}$ 有无穷小的差异. 如果 $\mathbf{s}$ 是一个标量密度场, 我们把它看成是占据介质的物质的密度, 那么在 $\mathbf{G}$ 中存在的物质的数量为

$$\int_{\mathfrak{X}} \mathbf{s}(x)dx,$$

而在 $\bar{\mathbf{G}}$ 中存在的物质的数量为

$$\int \mathbf{s}(\bar{x})d\bar{x} = \int_{\mathfrak{X}} \mathbf{s}(\bar{x})Adx,$$

将 (32) 式的值插入 $\mathbf{s}$ 的参数为 $\bar{x}_i$ 的最后一个表达式中. (我在这里替换有关物质的体积; 与此相反, 我们当然可以让物质流过体积; $\mathbf{s}\xi^i$ 则表示电流强度.) 区域 $\mathbf{G}$ 通过位移而增加的物质量由 $\mathbf{s}(\bar{x})A - \mathbf{s}(x)$ 对 $\mathfrak{X}$ 上的变量 x_i 的积分给出. 然而, 我们得到了被积函数

$$\mathbf{s}(\bar{x})(A-1) + \{\mathbf{s}(\bar{x}) - \mathbf{s}(x)\} = \delta t \left(\mathbf{s}\frac{\partial \xi^i}{\partial x_i} + \frac{\partial \mathbf{s}}{\partial x_i}\xi^i \right) = \delta t \cdot \frac{\partial(\mathbf{s}\xi^i)}{\partial x_i}.$$

因此, 公式

$$\frac{\partial(\mathbf{s}\xi^i)}{\partial x_i} = \mathbf{w}$$

建立了两个标量密度场 $\mathbf{s}$ 和 $\mathbf{w}$ 与具有分量 ξ^i 的逆变向量场之间的不变的联络. 如果在一个**确定的**坐标系中, 标量密度 $\mathbf{s}$ 和向量场 ξ 可以通过 $\mathbf{s} = 1$, $\xi^i = \mathbf{w}^i$ 来定义, 那么方程 $\mathbf{w}^i = \mathbf{s}\xi^i$ 对**每一个**坐标系都成立. 现在, 由于每个向量密度 $\mathbf{w}^i$ 都可以表示成 $\mathbf{s}\xi^i$ 的形式, 所需的证明是完备的.

在这一讨论中, 我们将阐明下面将经常使用的**分部积分原理** (principle of partial integration). 如果函数 $\mathbf{w}^i$ 在区域 $\mathbf{G}$ 的边界处为零, 那么积分

$$\int_{\mathbf{G}} \frac{\partial \mathbf{w}^i}{\partial x_i} dx = 0.$$

对于这个积分, 乘以 δt, 表示该区域的 "体积" $\int dx$ 经过一个分量 $= \delta t \cdot \mathbf{w}^i$ 的无穷小变形后所发生的变化.

散度的过程 (30) 的不变性使我们能够轻易地推进到进一步的阶段, 即下一个过程 (31). 我们利用协变向量场 f_i 的帮助 (它是由势函数 f 导出的), 也就是

$$f_i = \frac{\partial f}{\partial x_i}.$$

然后, 我们得到了一阶线性张量密度 $\mathbf{w}^{ik} f_i$ 及其散度

$$\frac{\partial(\mathbf{w}^{ik}f_i)}{\partial x_k} = f_i\frac{\partial \mathbf{w}^{ik}}{\partial x_k}.$$

证明的结论是, f_i 可以在点 P 处任意赋值. 以类似的方式, 我们可以继续并得到三阶或更高阶的线性张量密度及其散度.

§14. 与仿射相关的流形

仿射关系的概念 称一个与它的邻域仿射相关的流形上的一点 P, 如果给它一个向量 P', 其中 P 处的每个向量都通过一个从 P 到 P' 的平行移动进行变换; 这里 P' 是 P 附近的任意点 (见注 10)①. 这一概念所要求的, 无非是它具有第 1 章的仿射几何所赋予它的一切性质. 也就是说, 我们假设: 存在一个坐标系 (对于 P 的邻域), 在这个坐标系中, P 处的任何向量的分量不因一个无限小的平行位移而改变. 这一假定的特点是, 平行移动可以合适地看成是保持矢量不变的. 这种坐标系称为在 P 点测地坐标系. 那么它在任意坐标系 x_i 下的影响是什么呢? 我们假设, 在这里, 点 P 的坐标是 x_i^0, 点 P' 的坐标是 $x_i^0+dx_i$; ξ^i 是任意向量在 P 处的分量, $\xi^i+d\xi^i$ 是向 P' 通过平行移动而得到的向量的分量. 首先, 由于从 P 到 P' 的平行移动使得 P 处的所有向量被 P' 处的所有向量线性或仿射映射出来, 所以 $d\xi^i$ 必须线性依赖于 ξ^i, 也就是

$$d\xi^i = -d\gamma^i_r\xi^r. \tag{33}$$

其次, 作为我们开始时的假设的结果, $d\gamma^i_r$ 必须是微分 dx_i 的线性形式, 即

$$d\gamma^i_r = \Gamma^i_{rs}dx_s, \tag{33'}$$

其中系数 Γ, 即 "仿射关系的分量" 满足对称性条件

$$\Gamma^i_{sr} = \Gamma^i_{rs}. \tag{33''}$$

为了证明这一点, 设 $\bar{x}_i$ 是在 P 处的测地坐标系; 转化公式 (17) 和 (18) 保持不变. 由坐标系 $\bar{x}_i$ 的测地性质可知, 对于一个平行位移,

$$d\xi^i = d\left(\alpha^i_r\bar{\xi}^r\right) = d\alpha^i_r\bar{\xi}^r.$$

如果把 ξ^i 看成线元素在 P 处的分量 δx_i, 我们就必须有

$$-d\gamma^i_r\delta x_r = \frac{\partial^2 f_i}{\partial\bar{x}_r\partial\bar{x}_s}\delta\bar{x}_r\delta\bar{x}_s$$

① 注 10: 注 9 所引用的论文建立了黎曼几何中向量平行移动的概念; 然而, 为了推导它, 列维–奇维塔假设黎曼空间是嵌入在更高维度的欧几里得空间中. 在这本书的第一版中, 外尔用测地坐标系对这一概念作了直接的解释; 在注 9 中提到的论文 "Reine Infinitesimalgeometrie" 中, 它被提升到一个基本公理概念的等级, 这是仿射几何程度的特征.

(对于二阶导数, 我们当然必须嵌入它们在 P 点的值). 在我们的声明中所包含的陈述直接从这里开始. 此外, 由

$$\frac{\partial^2 f_i}{\partial \bar{x}_r \partial \bar{x}_s} \delta \bar{x}_r \delta \bar{x}_s, \tag{34}$$

根据 (18) 式通过变换得到对称双线性形式 $-\Gamma^i_{rs}\delta\bar{x}_r\delta\bar{x}_s$. 这使问题的各个方面都详尽了. 现在, 如果 Γ^i_{rs} 是任意给定的数字, 并且满足对称性条件 (33″), 如果我们再用 (33) 和 (33′) 来定义仿射关系, 由于方程 (34) 在 P 处成立, 故由变换公式得到

$$x_i - x_i^0 = \bar{x}_i - \frac{1}{2}\Gamma^i_{rs}\bar{x}_r\bar{x}_s,$$

即得到 P 处的测地坐标系 $\bar{x}_i$. 实际上, 这个变换在 P 点得到

$$\bar{x}_i = 0, \quad d\bar{x}_i = dx_i \quad (\alpha^i_k = \delta^i_k), \quad \frac{\partial^2 f_i}{\partial \bar{x}_r \partial \bar{x}_s} = -\Gamma^i_{rs}.$$

由上面的讨论, 可以很容易地得到仿射关系的分量 Γ^i_{rs} 从一个坐标系变换到另一个坐标系时的变换公式, 但是, 我们在后续工作中不需要它们. Γ 当然**不是**张量 (i 逆变, r 和 s 共变) 在 P 点的分量; 它们在**线性**变换时具有这种特性, 但在进行**任意**变换时就失去了这种特性. 因为它们都在一个测地坐标系中为零. 然而, 仿射关系 $\left[\Gamma^i_{rs}\right]$ 的每一个虚变换, 无论它是有限的还是“无穷小的”, 都是一个张量. 因为

$$\left[d\xi^i\right] = \left[\Gamma^i_{rs}\right]\xi^r dx_s$$

是向量 ξ 从 P 到 P' 的两个平行移动所引起的两个向量的差值.

从点 P 到无穷邻近点 P' 的**一个协变向量 ξ 的平行移动**的意义, 可以基于向量 ξ_i 和任意一个逆变向量 η^i 的不变积 $\xi_i\eta^i$ 在同时经过平行移动后仍保持不变这一假设而唯一地给出定义, 即

$$d\left(\xi_i\eta^i\right) = \left(d\xi_i \cdot \eta^i\right) + \left(\xi_r d\eta^r\right) = \left(d\xi_i - d\gamma^r_i \xi_r\right)\eta^i = 0,$$

因此

$$d\xi_i = \sum_r d\gamma^r_i \xi_r. \tag{35}$$

如果在 P 点无限邻近的一点 P' 上的向量是通过从 P 点上的向量平行移动产生的, 那么我们称逆变**向量场** ξ^i 在 P 点是稳定的 (stationary), 也就是说, 如果全微分方程

$$d\xi^i + d\gamma^i_r\xi^r = 0 \quad \left(\text{或 } \frac{\partial \xi^i}{\partial x_s} + \Gamma^i_{rs}\xi^r = 0\right)$$

在 P 成立. 显然, 向量场在点 P 有任意给定的分量 (此注释将在后续的构造中使用). 对于协变向量场也可以建立同样的概念.

从现在起, 我们要研究**仿射流形** (affine manifolds); 它们是这样的流形, **它们的每一个点都与它的邻近点仿射相关**. 对于一个确定的坐标系, 仿射关系的分量 Γ^i_{rs} 是坐标 x_i 的连续函数. 当然, 通过选择适当的坐标系, 可以使 Γ^i_{rs} 在某一个点 P 处为零, 但一般来说, 不可能同时对流形的所有点都为零. 在流形的各个点与它们的近邻之间的任何仿射关系的性质上, 是没有区别的. 流形在这个意义上是齐性的. 并没有各种各样的流形能够通过支配每种流形的仿射关系的性质加以区分. 我们所提出的假设只容许一种确定的仿射关系.

测地线 如果一个带有向量 (它是任意可变的量) 的运动的点, 对于时间参数 s 的每一个值, 我们不仅可以得到流形上每一个点

$$P=(s):x=x_i(s),$$

而且, 也可以得到该点上的依赖于 s 的带有分量 $v^i=v^i(s)$ 的一个向量. 如果

$$\frac{dv^i}{ds}+\Gamma^i_{\alpha\beta}v^\alpha\frac{dx_\beta}{ds}=0 \tag{36}$$

成立, 则称向量在时刻 s 保持稳定. (这将消除那些不赞成微分运算的人的思想顾忌; 它们在这里被转换成微分系数) 当一个矢量根据任意的规则被移动时, (36) 式左边的 v^i 由 (s) 矢量的分量组成, 它与运动始终相连, 表示向量 v^i 在这一点单位时间内的变化量. 从点 $P=(s)$ 到点 $P'=(s+ds)$, 在点 P 处的向量 v^i 变成了在 P' 点处的向量

$$v^i+\frac{dv^i}{ds}ds.$$

但是, 如果把 v^i 从点 P 移动到 P', 使它不变, 我们就得到

$$v^i+\delta v^i=v^i-\Gamma^i_{\alpha\beta}v^\alpha dx_\beta.$$

因此, 这两个向量在 P' 处的差值, 在时间 ds 内向量 v 的变化有分量

$$\frac{dv^i}{ds}ds-\delta v^i=V^ids.$$

在分析语言中, 向量 V 的不变特征可能最容易识别如下. 让我们在 P 点处任意取一个辅助协变向量 $\xi_i=(s)$, 并使不变向量 ξ_iv^i 在从 (s) 到 $(s+ds)$ 的过程中发生变化, 因此向量 ξ_i 保持不变. 我们得到

$$\frac{d\left(\xi_iv^i\right)}{ds}=\xi_iV^i.$$

如果对于 s 的每一个值 V 都为零, 则向量 v 在运动过程中与点 P 沿轨迹滑动而不发生变化.

每一个运动都伴随着一个速度矢量 $u^i = \dfrac{dx_i}{ds}$; 对于这种特殊情况, V 是向量

$$U^i = \frac{du^i}{ds} + \Gamma^i_{\alpha\beta}u^\alpha u^\beta = \frac{d^2x}{ds^2} + \Gamma^i_{\alpha\beta}\frac{dx_\alpha}{ds}\frac{dx_\beta}{ds},$$

也就是**加速度**, 加速度是单位时间内速度的变化量. 速度在运动过程中始终保持不变的运动称为**平移** (translation). 平移的轨迹是一条保持其方向不变的曲线, 它是一条**直线或测地线**. 根据平移的观点 (参看第 1 章, §1), 这是直线的固有属性.

对于仿射流形, **张量和张量密度的分析**可以像第 1 章的线性几何一样简单而完全地展开. 例如, 如果 f^k_i 是一个二阶张量场的分量 (i 协变, k 逆变), 在点 P 取两个辅助的任意向量, 其中一项 ξ 是逆变的, 另一项 η 是协变的, 形成不变量

$$f^k_i\xi^i\eta_k,$$

并且, 对当前点 P 的一个无穷小位移 d 的变化, 上面的 ξ 和 η 是与其自身平行的位移. 现在

$$d\left(f^k_i\xi^i\eta_k\right) = \frac{\partial f^k_i}{\partial x_l}\xi^i\eta_k dx_l - f^k_r\eta_k d\gamma^r_i\xi^i + f^r_i\xi^i d\gamma^k_r\eta_k,$$

因此

$$f^k_{il} = \frac{\partial f^k_i}{\partial x_l} - \Gamma^r_{il}f^k_r + \Gamma^k_{rl}f^r_i$$

是一个三阶张量场的分量, 其中的 i 和 l 是协变的, k 是逆变的: 这个张量场是由给定的二阶张量场通过一个与坐标系无关的过程推导出来的. 仿射关系的分量所包含的附加项是特征量, 我们稍后将根据爱因斯坦的理论认识引力场的影响. 所概述的方法使我们能够在任何可能的情况下微分一个张量.

正如 "梯度" 算子在张量分析中起着基本作用, 所有其他算子都是从它派生出来的一样, (30) 式定义的 "散度" 算子也是张量密度分析的基础. 后者导致了任意阶张量密度具有相似特征的过程. 例如, 如果我们想求得二阶混合张量密度 $\mathbf{w}^k_i$ 的散度表达式, 我们利用 P 点处的一个辅助静止向量场 $\xi^i\mathbf{w}^k_i$, 得到张量密度 $\xi^i\mathbf{w}^k_i$ 的散度:

$$\frac{\partial(\xi^i\mathbf{w}^k_i)}{\partial x_k} = \frac{\partial\xi^r}{\partial x_k}\mathbf{w}^k_r + \xi^i\frac{\partial\mathbf{w}^k_i}{\partial x_k} = \xi^i\left(-\Gamma^r_{ik}\mathbf{w}^k_r + \frac{\partial\mathbf{w}^k_i}{\partial x_k}\right).$$

这个量是一个标量密度, 因为在 P 处静止的向量场的分量可以在这一点 (P) 处取任何值, 即

$$\frac{\partial \mathbf{w}_i^k}{\partial x_k} - \Gamma_{is}^r \mathbf{w}_r^s, \tag{37}$$

它是一个一阶共变张量密度, 它以一种独立于每个坐标系的方式从 $\mathbf{w}_i^k$ 导出.

此外, 我们不仅可以通过求**散度**的过程将张量-密度降至下一个低阶, 还可以通过**微分**将张量密度变换到下一个高阶. 让 $\mathbf{s}$ 表示一个标量密度, 让我们再次使用 P 处的一个静止向量场 ξ^i, 于是得到一个电流密度 $\mathbf{s}\xi^i$ 的散度:

$$\frac{\partial(\mathbf{s}\xi^i)}{\partial x_i} = \frac{\partial \mathbf{s}}{\partial x_i}\xi^i + \mathbf{s}\frac{\partial \xi^i}{\partial x_i} = \left(\frac{\partial \mathbf{s}}{\partial x_i} - \Gamma_{ir}^r \mathbf{s}\right)\xi^i.$$

因此, 我们得到

$$\frac{\partial \mathbf{s}}{\partial x_i} - \Gamma_{ir}^r \mathbf{s}$$

作为协变向量密度的分量. 为了将微分扩展到超出标量张量密度的任何张量密度之外, 例如, 扩展到二阶混合张量密度 $\mathbf{w}_i^k$, 我们再继续, 如上所述, 利用 P 处的两个静止向量场, ξ^i 和 η^i, 后者是协变的, 前者是逆变的. 我们微分标量密度 $\mathbf{w}_i^k \xi^i \eta_k$. 如果微分得到的张量密度对微分符号和一个逆变指标缩并, 则再一次得到散度.

§15. 曲 率

如果 P 和 P^* 是由一条曲线连接的两点, 并且在 P 点处有一个向量, 那么这个向量就可以沿着从 P 到 P^* 的曲线平行移动. 方程 (36) 给出了受连续平行位移的矢量的未知分量 v^i, 对于给定 v^i 的初始值, 该方程有且只有一个解. 以这种方式产生的**向量转移** (vector transference) 通常是**不可积的** (non-integrable), 也就是说, 我们在 P^* 处得到的向量, 依赖于迁移所沿的位移的路径. 只有在可积性发生的特殊情况下, 才允许在两个不同的点 P 和 P^* 处谈论**同一个**向量; 这包括那些通过平行位移相互生成的向量. 我们把这样的流形称为**欧几里得仿射** (Euclidean-affine). 如果让这样一个流形的所有点服从一个无限小的位移, 在每种情况下都可以用一个 "**相等**" 的无限小向量来表示, 那么这个空间就称为经历了一个无限小的**全平移** (total translation). 借助这一概念, 并遵循第 1 章的推理思路 (无需严格的证明), 我们可以构造 "线性" 坐标系, 其特征是, 在这些坐标系中, 相同的向量在坐标系的不同点上具有相同的分量. 在一个线性坐标系中, 仿射关系的分量同等地消失. 任何两个这样的坐标系都是用线性变换公式连接起来的. 流形是第 1 章意义下的仿射空间: 向量转移的可积性是区分线性空间与仿射相关空间的无限小几何性质.

我们现在必须把注意力转向**一般情况**. 在这种情况下, 不能指望一个经过平行位移绕着一条闭合曲线转一圈的矢量最终会回到它的初始位置. 就像斯托克斯定理的证明一样, 这里在闭合曲线上拉伸一个曲面, 然后用参数线把它分成无限小的平行四边形. 任意向量在穿过曲面的边缘后的变化, 就简化为它在点 P 处穿过由两个线元素 dx_i 和 δx_i 标出的无穷小平行四边形后的变化. 现在必须确定这一变化. 我们将采用这样的约定, 即向量 $\mathbf{x}=\xi^i$ 增加的量 $\Delta\mathbf{x}=\left(\Delta\xi^i\right)$ 是由 $\mathbf{x}$ 通过一个线性变换 (矩阵 $\Delta\mathbf{F}$) 导出的, 即

$$\Delta\mathbf{x}=\Delta\mathbf{F}(\mathbf{x}),\quad \Delta\xi^\alpha=\Delta F^\alpha_\beta\cdot\xi^\beta. \tag{38}$$

如果 $\Delta\mathbf{F}=\mathbf{0}$, 那么流形在点 P 处于面元素假定的曲面方向上是“平面的”; 如果这对曲面的有限扩展部分的所有元素都成立, 那么沿曲面边缘受平行位移作用的每个矢量最终返回到其初始位置. $\Delta\mathbf{F}$ 是线性地依赖于曲面元素的:

$$\Delta\mathbf{F}=\mathbf{F}_{ik}dx_i\delta x_k=\frac{1}{2}\mathbf{F}_{ik}\Delta x_{ik}\quad\left(\Delta x_{ik}=dx_i\delta x_k-dx_k\delta x_i,\quad \mathbf{F}_{ki}=-\mathbf{F}_{ik}\right). \tag{39}$$

这里出现的微分形式是**曲率**的特征, 也就是, 流形在 P 点处对于曲面所有可能方向的平面性的偏差; 因为它的系数不是数, 而是矩阵, 我们可以称之为“二阶线性矩阵张量”, 这无疑最好地描述了曲率的定量性质. 然而, 如果从矩阵回归到它们的分量, 假设 $F^\alpha_{\beta ik}$ 是 $\mathbf{F}_{ik}$ 的分量, 或者是形式

$$\Delta F^\alpha_\beta=F^\alpha_{\beta ik}dx_i\delta x_k \tag{40}$$

的系数, 那么就得到了如下的这个公式

$$\Delta\mathbf{x}F^\alpha_{\beta ik}\mathbf{e}_\alpha\xi^\beta dx_i\delta x_k. \tag{41}$$

由此我们可以看出 $F^\alpha_{\beta ik}$ 是一个四阶张量的分量, 它在 α 中是逆变的, 而在 β, i 和 k 中是协变的. 用仿射关系的分量 Γ^i_{rs} 表示, 就是

$$\Gamma^\alpha_{\beta ik}=\left(\frac{\partial\Gamma^\alpha_{\beta k}}{\partial x_i}-\frac{\partial\Gamma^\alpha_{\beta i}}{\partial x_k}\right)+\left(\Gamma^\alpha_{ri}\Gamma^r_{\beta k}-\Gamma^\alpha_{rk}\Gamma^r_{\beta i}\right). \tag{42}$$

据此, 它们满足了“斜” (skew) 对称和“循环”对称的条件, 即

$$F^\alpha_{\beta ki}=-F^\alpha_{\beta ik},\quad F^\alpha_{\beta ik}+F^\alpha_{ik\beta}+F^\alpha_{k\beta i}=0. \tag{43}$$

曲率为零是在一般无穷小几何中区分欧氏空间与仿射空间的不变微分律.

为了证明上述命题, 用同样的方法遍历一个无穷小平行四边形, 就像在 §13 推导旋度张量一样, 用同样的符号. 设有分量 ξ^i 的向量 $\mathbf{x}=\mathbf{x}(P_{00})$ 在点 P_{00} 处已

给定. 向量 $\mathbf{x}(P_{10})$ 由 $\mathbf{x}(P_{00})$ 沿线元素 dx 的平行位移导出, 它附在同一线元的终点 P_{10} 上. 如果 $\mathbf{x}(P_{10})$ 的分量是 $\xi^i + d\xi^i$, 那么

$$d\xi^\alpha = -d\gamma^\alpha_\beta \xi^\beta = -\Gamma^\alpha_{\beta i}\xi^\beta dx_i.$$

贯穿线元素 dx 所受的位移 δ (这绝不是平行位移), 让终点的矢量总是由指定的条件约束到初始点的矢量. 然而, 由于位移, $d\xi^\alpha$ 增加了一个量

$$\delta d\xi^\alpha = -\delta\Gamma^\alpha_{\beta i} dx_i \xi^\alpha - \Gamma^\alpha_{\beta i}\delta dx_i \xi^\beta - d\gamma^\alpha_r \delta\xi^r.$$

特别是, 线元素初始点的向量在位移过程中保持与自身平行时, 则该公式中的 $\delta\xi^r$ 必须替换为 $-\delta\gamma^r_\beta\xi^\beta$. 在线元素的最终位置 $\overrightarrow{P_{01}P_{11}}$, 我们得到点 P_{01} 处的向量 $\mathbf{x}(P_{01})$, 它是由 $\mathbf{x}(P_{00})$ 沿着 $\overrightarrow{P_{00}P_{01}}$ 平行位移导出的; 在 P_{11} 点, 我们得到向量 $\mathbf{x}(P_{11})$, 它是由 $\mathbf{x}(P_{01})$ 通过沿 $\overrightarrow{P_{01}P_{11}}$ 的平行位移转换成的, 而且我们有

$$\delta d\xi^\alpha = \{\xi^\alpha(P_{11}) - \xi^\alpha(P_{01})\} - \{\xi^\alpha(P_{10}) - \xi^\alpha(P_{00})\}.$$

如果由 $\mathbf{x}(P_{10})$ 沿 $\overrightarrow{P_{10}P_{11}}$ 平行位移得到的向量记为 $\mathbf{x}_* P_{11}$, 那么, 通过交换 d 和 δ, 可以得到类似的表达式

$$d\delta\xi^\alpha = \{\xi^\alpha_*(P_{11}) - \xi^\alpha(P_{10})\} - \{\xi^\alpha(P_{01}) - \xi^\alpha(P_{00})\}.$$

通过两式相减, 我们得到

$$\begin{aligned}\Delta\xi^\alpha &= \delta d\xi^\alpha - d\delta\xi^\alpha \\ &= \left\{\begin{array}{l} -\delta\Gamma^\alpha_{\beta i}dx_i + d\gamma^\alpha_r\delta\gamma^r_\beta - \Gamma^\alpha_{\beta i}\delta dx_i \\ +d\Gamma^\alpha_{\beta k}\delta x_i - d\gamma^\alpha_r d\gamma^r_\beta + \Gamma^\alpha_{\beta i}d\delta x_i \end{array}\right\}\xi^\beta.\end{aligned}$$

因为 $\delta dx_i = d\delta x_i$, 右边最后两项相互抵消, 得到

$$\Delta\xi^\alpha = \Delta F^\alpha_\beta \cdot \xi^\beta,$$

其中, $\Delta\xi^\alpha$ 为向量 $\Delta\mathbf{x}$ 在 P_{11} 处的分量, 该分量是两个向量 $\mathbf{x}$ 与 $\mathbf{x}_*$ 在同一点的差值, 即

$$-\Delta\xi^\alpha = \xi^\alpha(P_{11}) - \xi^\alpha_*(P_{11}).$$

因为, 当我们考虑其极限时, P_{11} 就与 $P = P_{00}$ 重合, 这就证明了上述的命题.

正如前面所做的那样, 一旦我们用微分 $\dfrac{d}{ds}$ 和 $\dfrac{d}{dt}$ 的术语来解释 d 和 δ, 前面的基于无限小的论证就变得严格了. 为了追踪向量 $\mathbf{x}$ 在无穷小位移序列中的各个

阶段, 可以采用以下方案. 让我们赋予每一对值 s, t, 不仅有一个点 $P=(s,t)$, 而且还有一个在 P 点处的协变向量, 它的分量是 $f_i(s,t)$. 如果 ξ^i 是 P 点处的任意一个向量, 那么当 ξ^i 从点 (s,t) 到点 $(s+ds,t)$ 不变时, $d(f_i\xi^i)$ 表示 $\dfrac{d(f_i\xi^i)}{ds}$ 所假定的值. 而 $d(f_i\xi^i)$ 本身又是形式 $f_i\xi^i$ 的一种表达式, 除了现在有其他函数的关于 s 和 t 的 f_i' 代替 f_i. 因此, 我们可以再使它遵循同样的过程, 或类似于 δ 的过程. 如果按照后者所为, 并按照相反的顺序重复整个运算, 然后相减, 就得到

$$\delta d(f_i\xi^i) = \delta df_i\xi^i + df_i\delta\xi^i + \delta f_i d\xi^i + f_i\delta d\xi^i,$$

于是, 由于

$$\delta df_i = \frac{d^2 f_i}{dtds} = \frac{d^2 f_i}{dsdt} = d\delta f_i,$$

我们有

$$\Delta(f_i\xi^i) = (\delta d - d\delta)(f_i\xi^i) = f_i\Delta\xi^i.$$

在最后一个表达式中, $\Delta\xi^i$ 正是上面所述的表达式. 对于点 $P(0,0)$, 我们得到的不变量就是

$$F^{\alpha}_{\beta ik} f_\alpha \xi^\beta u^i v^k.$$

它依赖于在这一点上的分量为 f_i 的一个任意协变向量, 以及三个逆变向量 ξ, u, v. 因此 $F^{\alpha}_{\beta ik}$ 是一个四阶张量的分量.

§16. 度 量 空 间

度量流形的概念 一个流形在 P 点有一个测量确定, 如果在 P 点的线元素可以相对于长度进行比较, 我们在此假定 (欧几里得几何的) 毕达哥拉斯定律对无穷小区域是有效的. 每个向量 $\mathbf{x}$ 在 P 点处定义了一个距离, 并有一个非退化二次型 $\mathbf{x}^2$, 使得当且仅当 $\mathbf{x}^2=\mathbf{y}^2$ 时, 向量 $\mathbf{x}$ 和向量 $\mathbf{y}$ 定义了相同的距离. 如果在前面加上一个不等于零的比例系数, 这个假设就完全确定了该二次型. 后者的固定作用是在 P 点**校准** (calibrate) 该流形. 因此, 称 $\mathbf{x}^2$ 为向量 $\mathbf{x}$ 的度量值, 或者因为它只取决于由 $\mathbf{x}$ 定义的距离, 我们可以称它为**这个距离的度量** l. 不等的距离有不同的度量, 因此, 在点 P 处的距离构成了一维的整体. 如果用另一个校准来代替这个校准, 新的度量 $\bar{l}$ 是用旧的度量 l 乘以一个与距离无关的常数因子 $\lambda\neq 0$ 得到的; 也就是, $\bar{l}=\lambda l$. 距离的度量之间的关系与校准无关. 所以我们看到, 就像向量在 P 点处的特征由一个数字系统 (它的分量) 取决于坐标系的选择, 所以用一个数字确定距离也取决于校准; 正如矢量的分量在变换到另一个坐标系时要经

过齐次线性变换一样, 任意距离的度量在校准改变时也是如此. 我们称两个向量 $\mathbf{x}$ 和 $\mathbf{y}$ (在 P 点处) **互相垂直**, 如果它们对应于 $\mathbf{x}^2$ 的对称双线性形式 $\mathbf{x}\cdot\mathbf{y}$ 为零; 这种互反关系不受校准因子的影响. 形式 $\mathbf{x}^2$ 是确定的这一事实在我们以后的数学命题中是无关紧要的, 但是, 尽管如此, 我们还是希望在后面的推论中把这种情况牢记在心. 如果这种形式有 p 个正维数和 q 个负维数 $(p+q=n)$, 我们说流形在所讨论的点上是 $(p+q)$ 维的. 如果 $p\neq q$, 我们可以通过假设 $p>q$ 来确定度量基本形式 $\mathbf{x}^2$ 的符号, 使校准比例 λ 总是正的. 在选择一个确定的坐标系和一个确定的标定因子后, 假设对于每一个带有分量 ξ^i 的向量 $\mathbf{x}$, 我们有

$$\mathbf{x}^2=\sum_{i,k}g_{ik}\xi^i\xi^k \quad (g_{ki}=g_{ik}). \tag{44}$$

现在, 假设流形在每一点上都有一个度量测定. 让我们处处校准它, 并在流形中插入一个 n-坐标系 x_i, 我们必须这样做, 以便能够用数字来表示所有发生的量, 那么 (44) 式中的 g_{ik} 就是由坐标 x_i 完全确定的函数, 假设这些函数是连续和可微的. 由于 g_{ik} 的行列式在任何一点上都不为零, 所以整数 p 和 q 在流形的整个区域内保持不变, 这里假设 $p>q$.

由于一个流形要成为一个有度量的空间, 仅仅在每一点上有一个度量测定是不够的; 此外, 每个点都必须与它周围的区域有**度量相关性**. 度量关系的概念与仿射关系的概念相似; 就像后者处理**向量**一样, 前者处理**距离**. 因此, 如果已知距离 P 处的每一个距离是从已知点 P 到其附近的任意点 P' 的一个位移所产生的, 我们称这个点与它的邻域有度量关系. P 的近邻可以用这样一种方法校准, 即在 P 处的任何距离在向无穷邻近点进行全等位移 (congruent displacements) 后都不发生变化. 这种校准称为在 P 点是测地的 (geodetic). 然而, 如果流形以任何方式校准, 如果 l 是 P 点处任意距离的度量, 而 $l+dl$ 是 P' 点处的距离度量, 它是由到无限近点 P' 的全等位移产生的, 有一个方程

$$dl=-ld\phi, \tag{45}$$

其中, 无穷小因子 $d\phi$ 与位移距离无关, 对于位移效应, 在 P 点处的距离表示与在 P' 点处的距离表示相似. 在 (45) 式中, $d\phi$ 对应于矢量位移公式 (33) 中的 $d\gamma_r^i$. 如果根据公式 $\bar{l}=l\lambda$ 在 P 点及其邻近点上改变校准 (校准比 λ 是位置的正函数), 我们得到替代 (45) 式的公式

$$d\bar{l}=-\bar{l}d\bar{\phi}, \quad \text{其中} \quad d\bar{\phi}=d\phi-\frac{d\lambda}{\lambda}. \tag{46}$$

对于无限小位移 $\overrightarrow{PP'}=(dx_i)$, 适当的 λ 值使 $d\phi$ 在 P 点处恒等于零的充要条件

是 $d\phi$ 一定是微分形式, 即

$$d\phi = \phi_i dx_i. \tag{45'}$$

可以从一开始阐明的假设中得出的推论在 (45) 和 (45′) 中已穷尽. $\Big($简而言之, ϕ_i 在 P 点是确定的数. 如果 P 点的坐标 $x_i = 0$, 只需要假设 $\log\lambda$ 等于线性函数 $\sum \phi_i x_i$ 就可以得到 $d\phi = 0.\Big)$ 就支配每一个点的度量测定以及它们与邻近点的度量关系而言, 流形上所有的点都是相同的. 然而, 根据 n 是偶数或奇数, 分别有 $\dfrac{n}{2}+1$ 或 $\dfrac{n+1}{2}$ 种不同类型的度量流形, 它们可以通过度量基本形式的惯性指数相互区分. 有一种情况, 我们将专门研究它, 即 $p = n, q = 0$ (或者 $p = 0, q = n$) 的情况; 其他情况是 $p = n-1, q = 1$ (或 $p = 1, q = n-1$), 或 $p = n-2, q = 2$ (或 $p = 2, q = n-2$), 等等.

可以这样总结我们的结果. 流形的度量特性相对于参考系 (= 坐标系 + 定标) 有两种基本形式, 即二次微分形式 $Q = \sum\limits_{i,k} g_{ik} dx_i dx_k$ 和线性形式 $d\phi = \sum\limits_i \phi_i dx_i$. 它们在转换到新的坐标系时保持不变. 如果改变定标, 第一种形式接收到一个因子 λ, 它是一个带有连续导数的位置正函数, 而第二种形式的函数因 $\log\lambda$ 的微分而减小. 因此, 在分析上表示度量条件的所有量或关系必须包含函数 $g_{ik}\phi_i$, 以这样一种方式保持: ① 对任何坐标变换不变 (坐标不变性); ② 对于用 $\lambda \cdot g_{ik}$ 和 $\phi_i - \dfrac{1}{\lambda}\cdot\dfrac{\partial\lambda}{\partial x_i}$ 分别替换 g_{ik} 和 ϕ_i 的代换, 无论 ② 中坐标 λ 的函数是什么, 其不变性不变 (这可称为定标的不变性).

与 §15 的方法相同, 确定一个向量的变化量, 这个向量与自身平行, 遍历一个以 $dx_i, \delta x_i$ 为边界的无穷小平行四边形, 因此, 我们在这里计算距离测度 l 在一个类似的过程中的变化量 Δl. 利用 $dl = -ld\phi$, 得到

$$\delta dl = -\delta l d\phi - l\delta d\phi = l\delta\phi d\phi - l\delta d\phi,$$

即

$$\Delta l = \delta dl - d\delta l = -l\Delta\phi,$$

这里

$$\Delta\phi = (\delta d - d\delta)\phi = f_{ik} dx_i \delta x_i, \qquad f_{ik} = \frac{\partial\phi_i}{\partial x_k} - \frac{\partial\phi_k}{\partial x_i}. \tag{47}$$

因此, 类比于仿射空间的**向量曲率** (vector curvature), 可以把具有分量 f_{ik} 的二阶线性张量称为度量空间的**距离曲率** (distance curvature). 方程 (46) 解析地确

定了距离曲率与标定无关; 它满足不变性方程

$$\frac{\partial f_{kl}}{\partial x_i}+\frac{\partial f_{li}}{\partial x_k}+\frac{\partial f_{ik}}{\partial x_l}=0.$$

它等于零是一个充要条件, 即每一段距离都可以从它的初始位置, 以与路径无关的方式, 转移到空间的所有点. 这是黎曼考虑的唯一一种情形. 如果度量空间是**黎曼空间**, 在空间的不同点上说有相同的距离是有意义的; 那么, 可以对流形进行定标 (常规定标), 使 $d\phi$ 恒等于零. (的确, 从 $f_{ik}=0$ 可以得出, $d\phi$ 是一个全微分, 即函数 $\log\lambda$ 的微分; 通过对定标比值 λ 的重新标定, $d\phi$ 可以处处等于零.) 在常规定标中, 黎曼空间的度量基本形式 Q 除了一个任意**常数**因子外是确定的, 该因子可以通过一个单位距离来确定下来 (无论在哪个点; 常规定标可转换到任何地方).

度量空间的仿射关系 我们现在得到了一个事实, 它几乎可以被称为**无穷小几何的核心思想**, 因为它使几何逻辑得到一个美妙和谐的结论. 在一个度量空间里, 除了我们前面的假设外, 无限小的平行位移的概念只有一种方法可以给出, 前提是它还满足几乎不证自明的假设: 一个矢量的平行位移必须保持它所决定的距离不变. 因此, 距离或长度的转换原则是度量几何的基础, 它携带着方向转换的原则. 换句话说, **仿射关系是在度量空间中固有的**.

证明 取一个确定的参照系. 对于所有带有上标 i 的量 a^i (不一定排除其他的量), 我们将用方程

$$a_i=\sum_j g_{ij}a^j$$

来定义指标的降低, 以及用相应的逆方程来提高指标的反向过程. 如果在 $P=(x_i)$ 点处的向量 ξ^i 通过平行移动 (我们将会解释) 到 P' 点, 被变换为 $P'=(x_i+dx_i)$ 点处的向量 $\xi^i+d\xi^i$, 那么

$$d\xi^i=-d\gamma^i_k\xi^k,\quad d\gamma^i_k=\Gamma^i_{kr}dx_r,$$

并且根据所给出的假设, 方程

$$dl=-ld\phi$$

对于度量

$$l=g_{ik}\xi^i\xi^k$$

必须成立, 因此我们得到

$$2\xi_i d\xi^i+\xi^i\xi^k dg_{ik}=-(g_{ik}\xi^i\xi^k)d\phi.$$

左边的第一项等于

$$-2\xi_i\xi^k d\gamma_k^i = -2\xi^i\xi^k d\gamma_{ik} = -\xi^i\xi^k(d\gamma_{ik} + d\gamma_{ki}).$$

因此我们得到

$$d\gamma_{ik} + d\gamma_{ki} = dg_{ik} + g_{ik}d\phi,$$

或者

$$\Gamma_{i,kr} + \Gamma_{k,ir} = \frac{\partial g_{ik}}{\partial x_r} + g_{ik}\phi_r. \tag{48}$$

通过循环交换指标 i, k, r, 然后从结果中的最后两个方程相加, 并减去第一个方程, 我们得到公式 (记住 $\Gamma_{r,ik}$ 的最后两个指标必须是对称的)

$$\Gamma_{r,ik} = \frac{1}{2}\left(\frac{\partial g_{ir}}{\partial x_k} + \frac{\partial g_{kr}}{\partial x_i} - \frac{\partial g_{ik}}{\partial x_r}\right) + \frac{1}{2}\left(g_{ir}\phi_k + g_{kr}\phi_i - g_{ik}\phi_r\right). \tag{49}$$

由此可知 $\Gamma_{r,ik}$ 是根据如下方程确定的

$$\Gamma_{r,ik} = g_{rs}\Gamma_{ik}^s, \quad \text{或者, 确切地} \quad \Gamma_{ik}^r = g^{rs}\Gamma_{s,ik}. \tag{50}$$

仿射关系的这些分量满足了已经阐明的所有假定. 这种仿射关系是度量空间的本质; 在此基础上, 可以将上述所有概念 (如测地线、曲率等) 对张量和张量密度的整体分析应用于度量空间. 如果曲率恒等于零, 那么空间在第 1 章的意义上就是度量空间和欧几里得空间.

在曲率向量的情形下, 我们仍然需要导出一个分量的重要分解, 通过这个分解, 我们证明距离曲率是向量曲率的固有组成部分. 这是完全可以预期的, 因为向量转换自动伴随着距离的转换. 如果像以前一样用符号 $\Delta = \delta d - d\delta$ 表示平行位移, 那么向量 ξ^i 的度量 l 满足

$$\Delta l = -l\Delta\phi, \quad \Delta\xi_i\xi^i = -(\xi_i\xi^i)\Delta\phi. \tag{47}$$

就像我们在 f_i 是任意位置的函数的情况下发现

$$\Delta\left(f_i\xi^i\right) = f_i\Delta\xi^i,$$

所以我们看到

$$\Delta\left(\xi_i\xi^i\right) = \Delta\left(g_{ik}\xi^i\xi^k\right) = g_{ik}\Delta\xi^i \cdot \xi^k + g_{ik}\xi^i \cdot \Delta\xi^k = 2\xi_i\Delta\xi^i,$$

由方程 (47) 可得如下结果. 如果对于向量 $\mathbf{x} = (\xi^i)$, 设 $\Delta\mathbf{x} = *\Delta\mathbf{x} - \mathbf{x}\cdot\frac{1}{2}\Delta\phi$, 那么, $\Delta\mathbf{x}$ 出现分解为与 $\mathbf{x}$ 成直角的一个分量和另一个与 $\mathbf{x}$ 平行的分量, 即 $*\Delta\mathbf{x}$ 和 $-\mathbf{x}\cdot\frac{1}{2}\Delta\phi$ 各自独立的两个部分. 这是伴随着曲率张量的一个类似的分解, 即

$$F^{\alpha}_{\beta ik} = *F^{\alpha}_{\beta ik} - \frac{1}{2}\delta^{\alpha}_{\beta} f_{ik}. \tag{51}$$

第一个分量 $*F$ 叫作 “**方向曲率**” (direction curvature); 它的定义是

$$*\Delta\mathbf{x} = *F^{\alpha}_{\beta ik}\mathbf{e}_{\alpha}\xi^{\beta} dx_i \delta x_k.$$

$*\Delta\mathbf{x}$ 与 $\mathbf{x}$ 的垂直量可以用公式表示为

$$*F^{\alpha}_{\beta ik}\xi_{\alpha}\xi^{\beta} dx_i \delta x_k = *F_{\alpha\beta ik}\xi^{\alpha}\xi^{\beta} dx_i \delta x_k = 0.$$

系数 $*F_{\alpha\beta ik}$ 不仅对指标 i 和 k 是反对称的 (skew-symmetrical), 而且对指标 α 和 β 也是反对称的. 因此, 特别地, 我们也有

$$*F^{\alpha}_{\alpha ik} = 0.$$

推论 如果选择 P 点周围的坐标系和定标使它们在 P 点处具有测地性, 则在 P 点处有 $\phi_i = 0, \Gamma^r_{ik} = 0$, 或者根据 (48) 和 (49), 有如下等价的

$$\phi_i = 0, \quad \frac{\partial g_{ik}}{\partial x_r} = 0.$$

线性形式 $d\phi$ 在 P 点处等于零, 二次基本形式的系数趋于稳定; 换句话说, 这些条件发生在 P 点, 该条件在欧几里得空间中, 所有点的坐标是通过一个参照系同时得到的. 这就产生了以下关于度量空间中矢量的平行位移的明确定义. 在 P 点的测地坐标系可以通过以下性质来识别: P 点处的 ϕ_i 相对于该坐标系为零, 而 g_{ik} 假定为平稳值 (stationary values). 一个向量从与自己平行的 P 点移动到无限邻近的点 P', 使其在**属于 P 的参照系**中的分量不变 (总有测地坐标系, 它们的选择不影响平行位移的概念).

因为, 在一个平行移动 $x_i = x_i(s)$ 中, 速度矢量 $u_i = \frac{dx_i}{ds}$ 的移动保持与其自身平行, 它在度量几何中满足

$$\frac{d(u_i u^i)}{ds} + (u_i u^i)(\phi_i u^i) = 0. \tag{52}$$

如果在某一时刻, u^i 有这样的值使得 $u_iu^i=0$ (这种情况可能会发生, 如果二次基本型 Q 是不定的), 那么这个方程在整个平移过程中始终存在: 我们将这种平移的轨迹称为**测地零线** (geodetic null-line). 一个简单的计算表明, 如果流形的度规关系以任何方式改变, 测地零线不会改变, 只要度量测定在每一点保持固定.

张量微积分 张量的分量只依赖于坐标系而不依赖于标定, 这是张量的一个基本特征. 然而, 在一般意义上, 如果当坐标系发生变化时, 它以通常的方式变换, 但当定标发生变化时, 要乘以 λ^e (这里的 λ 为校准比率, e 是它的权重), 我们仍将依赖于坐标系和定标的线性形式称为张量. 因此, g_{ik} 是一个二阶对称协变张量和权值为 1 的分量. 当提到张量而没有指定其权重时, 我们将把它当作权重为 0 的张量考虑. 张量分析中所讨论的关系是**这种特殊意义下**的张量与张量密度之间的关系, 这种关系与标定和坐标系无关. 我们把张量的扩展概念, 以及类似的张量密度权 e 的概念, 仅仅当作一个辅助概念, 引入它来简化计算. 它们的便利有两个原因: ① 它们使得在这一扩展区域内"处理指标"成为可能. 通过降低权重张量 e 分量的逆变指标我们得到权重张量 $e+1$ 的分量, 这些分量与这个指标是协变的. 这个过程也可以在相反的方向进行. ② 设 g 表示 g_{ik} 的行列式, 并带有加号或减号, 这取决于负维数 g 是偶数还是奇数, 并设 $\sqrt{g}$ 是这个正数 g 的正根. 那么, 通过将任何张量乘以 $\sqrt{g}$, 我们得到一个张量密度, 它的权重比原张量的大 $\frac{n}{2}$; 特别地, 从一个权重为 $-\frac{n}{2}$ 的张量, 我们得到一个真正意义上的张量密度. 证明是基于一个明显的事实, $\sqrt{g}$ 本身是一个权重为 $\frac{n}{2}$ 的标量密度. 当一个量乘以 $\sqrt{g}$ 时, 我们总是通过将表示数量的普通字母换成相应的克拉伦登 (Clarendon) 字体来表示. 由于在黎曼几何中, 二次形式 Q 完全由法向定标决定 (我们不需要考虑任意**常数**因子), 张量权值的差异在这里消失了, 因为, 在这种情况下, 每个可以用张量表示的量也可以用张量密度表示, 这个张量密度是通过张量乘以 $\sqrt{g}$ 得到的, 张量和张量密度之间的差异 (以及协变和逆变) 被抹去了. 这就清楚地说明了为什么在很长一段时间里张量密度没有像张量一样进入它们的右边. 张量微积分在几何学中的主要用途是**内部的** (internal), 也就是说, 构造出恒定地从度量结构导出的场. 我们将给出两个对以后工作很重要的例子. 设度量流形是 $(3+1)$-维的, 因此 $-g$ 将是 g_{ik} 的行列式. 在这个空间里, 和其他空间一样, 带有分量 f_{ik} 的距离曲率是一个真正的二阶线性张量场. 由此导出了权值为 -2 的逆变张量 f^{ik}, 由于它的权值不等于零, 所以它实际上并不重要; 乘以 $\sqrt{g}$ 会得到一个真正的二阶线性张量密度 $\mathbf{f}^{ik}$.

$$\mathbf{1}=\frac{1}{4}f_{ik}\mathbf{f}^{ik} \tag{53}$$

是可以形成的最简单的标量密度, 因此, $\int \mathbf{1}dx$ 是与具有 (3 + 1)-维流形的度量基础相关的最简单的不变积分. 另一方面, 黎曼几何中作为"体积"出现的积分 $\int \sqrt{g}dx$, 在一般几何中是没有意义的. 我们可以通过运算散度从 $\mathbf{f}^{ik}$ 推导出电流的强度 (矢量密度):

$$\frac{\partial \mathbf{f}^{ik}}{\partial x_k} = \mathbf{s}^i.$$

然而, 在物理学中, 使用张量微积分不是用来描述度量条件, 而是用来描述在度量空间中表达物理状态的场, 例如, 电磁场, 并建立其中的定律. 现在, 在研究结束时, 我们将发现物理学和几何学之间的这种区别是错误的, 物理学并没有超越于几何学之外. 我们的世界是一个 (3 + 1)-维的度量流形, 所有发生在其中的物理现象都只是度量场的表达方式. 特别是, 我们所处世界的仿射关系不过是引力场, 但它的度量特征是充满世界的"以太"状态的表达; 甚至物质本身也沦为这种几何形态, 失去了它作为永久物质的特性. 在 1875 年的《双周评论》(*Fortnightly Review*) 的一篇文章中, 克利福德的预言在这里得到了非常准确的证实. 在这篇文章中, 他说: "空间曲率的理论暗示了一种可能性, 即仅用延伸来描述物质和运动."

然而, 这些都是对未来的梦想. 目前, 我们将坚持我们的观点, 即物理状态是空间中的外来状态. 既然无穷小几何的原理已经得出结论, 在下一段中, 我们将提出一些关于黎曼空间的特殊情况的观察结果, 并给出一些公式, 以便以后使用.

§17. 关于黎曼几何作为一种特殊情形的考察

当不得不做计算的时候, 一般张量分析即使在欧几里得几何中也是很有用的, 不仅在笛卡儿坐标系或仿射坐标系中, 而且在曲线坐标系中, 这种张量计算都是非常有用的, 这在数学物理中经常发生. 为了说明张量微积分的应用, 我们将在这里用一般的曲线坐标写出稳恒电流引起的静电和磁场的基本方程.

首先, 设 E_i 为笛卡儿坐标系下电场强度的分量. 通过将二次微分形式和线性微分形式

$$ds^2 = dx_1^2 + dx_2^2 + dx_3^2, \quad E_1dx_1 + E_2dx_2 + E_3dx_3$$

分别转换为用任意曲线坐标 (同样用 x_i 表示), 每一种形式都独立于笛卡儿坐标系统, 假设我们得到

$$ds^2 = g_{ik}dx_idx_k, \quad E_idx_i.$$

那么 E_i 在每个坐标系中都是同一个协变向量场的分量. 由它们得到一个向量密

度, 它有分量

$$\mathbf{E}^i = \sqrt{g} \cdot g^{ik} E_k \quad (g = |g_{ik}|).$$

我们把势 $-\phi$ 作为标量转换成新坐标系中的项，但定义电密度 ρ 为电荷，该电荷由包含在空间任一部分中的积分 $\int \rho dx_1 dx_2 dx_3$ 给出; ρ 不是一个标量, 而是一个标量密度. 该定理可表示为

$$\left.\begin{aligned} E_i = \frac{\partial \phi}{\partial x_i}, \quad \frac{\partial E_i}{\partial x_k} - \frac{\partial E_k}{\partial x_i} = 0, \\ \frac{\partial \mathbf{E}^i}{\partial x_i} = \rho, \\ \mathbf{S}_i^k = E_i \mathbf{E}^k - \frac{1}{2} \delta_i^k \mathbf{S}, \end{aligned}\right\} \tag{54}$$

其中 $\mathbf{S} = E_i \mathbf{E}^i$ 是一个二阶混合张量密度的分量, 即位差. 这充分证明了, 这些方程, 以我们所写的形式, 在性质上是绝对不变的, 而是引入了之前建立的笛卡儿坐标系的基本方程.

稳恒电流产生的磁场在笛卡儿坐标系中具有不变的反对称双线性形式$H_{ik} dx_i \cdot \delta x_k$. 通过将后者转化为任意曲线坐标的项, 我们得到一个二阶线性张量的分量 H_{ik}, 也就是磁场的分量, 这些分量对于坐标系的任意变换是协变的. 类似地, 如同在曲线坐标系中导出协变向量场的分量一样, 我们可以推导出向量势的分量 ϕ_i. 现在通过方程

$$\mathbf{H}^{ik} = \sqrt{g} \cdot g^{i\alpha} g^{k\beta} H_{\alpha\beta}$$

引入二阶线性张量密度. 这些规律由

$$\left.\begin{aligned} H_{ik} = \frac{\partial \phi_i}{\partial x_k} - \frac{\partial \phi_k}{\partial x_i} \quad \text{或} \quad \frac{\partial H_{kl}}{\partial x_i} + \frac{\partial H_{li}}{\partial x_k} + \frac{\partial H_{ik}}{\partial x_l} = 0 \\ \text{独立地,} \\ \frac{\partial \mathbf{H}^{ik}}{\partial x_k} = s^i, \\ \mathbf{S}_i^k = H_{ir} \mathbf{H}^{kr} - \frac{1}{2} \delta_i^k \mathbf{S}, \quad \mathbf{S} = \frac{1}{2} H_{ik} \mathbf{H}^{ik} \end{aligned}\right\} \tag{55}$$

表示. s^i 是矢量密度的分量, 矢量密度是电流的强度; 电位差 $\mathbf{S}_i^k$ 与电场中的电位差具有相同的不变性. 这些公式可以专门用于如球面坐标和柱面坐标的情形. 如果我们有一个用这些坐标表示出的关于两个相邻点之间的距离的 ds^2 的表达式, 这不需要做进一步的计算, 从无穷小几何的角度考虑, 很容易得到这个表达式.

如果有不可预见的原因迫使我们放弃在物理空间上使用欧几里得几何, 而代之以一个具有新的基本形式的**黎曼几何**, 那么 (54) 和 (55) 为我们提供了静电磁场的基本定律, 这是一个更为重要的基本问题. 因为即使在这种普遍的几何条件下, 我们的方程, 凭借其不变的特性, 表示了独立于所有坐标系的陈述, 并表示电荷、电流和场之间的形式关系. 毫无疑问, 它们是欧几里得空间中静电场定律的直接转录; 这种转录是如何简单而自然地通过张量微积分来实现的, 这的确是令人惊讶的事. 空间是不是欧几里得式的问题与电磁场定律完全无关. 作为欧几里得的性质是用 g_{ik} (表示曲率的消失) 中的二阶微分方程以一种普遍不变的形式表示的, 但只有 g_{ik} 及其一阶导数出现在这些定律中. 必须强调的是, 这种简单类型的转录, 只可能适用于处理**无限小距离作用**的定律. 从这些连续作用的定律中推导出与库仑、毕奥和萨伐尔定律相对应的距离作用定律是一个纯粹的数学问题, 其本质相当于以下内容. 在黎曼几何中, 用方程

$$\frac{\partial}{\partial x_i}\left(\sqrt{g}\cdot g^{ik}\frac{\partial\phi}{\partial x_k}\right)=0$$

代替通常的势方程 $\Delta\phi=0$ 作为其不变量的推广 (参见 (54) 式), 也就是说, 一个二阶线性微分方程的系数不再是常数. 由此可以得到 “标准解”, 该解在任意给定点趋于无穷; 这个解对应于势方程的 “标准解” $\frac{1}{r}$. 它提出了二阶线性偏微分方程理论中一个难以处理的数学问题. 当我们局限于欧几里得空间时, 同样的问题也会出现, 如果不是研究真空中的事件, 而是考虑发生在非均匀介质中的事件 (例如, 介质的介电常数在不同的位置随时间而变化). 如果实体空间 (real space) 被证明是比黎曼所假设的空间更为普遍的度量空间, 那么记录电磁定律的条件就不那么有利了. 在这种情况下, 假定在电流和电荷的情况下有一种与位置无关的定标的可能性, 就像在距离的情况下一样, 是不可接受的. 追求这种想法是得不到任何结果的. 正如上一段结束语所指出的那样, 问题的真正解决办法在于完全不同的方向.

不妨把一些关于**黎曼空间的观察作为特例**. 假设我们选择单位度量 (1cm); 当然, 它必须在所有点上都是相同的. 黎曼空间的度量结构由不变的二次微分形式 $g_{ik}dx_idx_k$ 来描述, 或者, 同样的说法是, 由二阶协变对称张量场来描述. 在一般的度量几何学中, 量 ϕ_i (现在该量等于零) 这一项必须去掉. 因此, 仿射关系的分量 $\left(\text{这里被称为“克里斯托费尔三指标符号”, 通常用} \left\{\begin{matrix} ik \\ r \end{matrix}\right\} \text{表示}\right)$ 由下式确定

$$\begin{bmatrix} ik \\ r \end{bmatrix} = \frac{1}{2}\left(\frac{\partial g_{ir}}{\partial x_k} + \frac{\partial g_{kr}}{\partial x_i} - \frac{\partial g_{ik}}{\partial x_r}\right), \quad \begin{Bmatrix} ik \\ r \end{Bmatrix} = g^{rs}\begin{bmatrix} ik \\ s \end{bmatrix}. \tag{56}$$

(这里采用通常的命名法, 以便符合教科书的用法, 尽管它确实与我们关于索引位置的规则不一致.)

以下公式现已制成列表格式, 供今后参考:

$$\frac{1}{\sqrt{g}}\frac{\partial\sqrt{g}}{\partial x_i} - \begin{Bmatrix} ir \\ r \end{Bmatrix} = 0, \tag{57}$$

$$\frac{1}{\sqrt{g}}\frac{\partial\left(\sqrt{g}\cdot g^{ik}\right)}{\partial x_k} + \begin{Bmatrix} rs \\ i \end{Bmatrix} g^{rs} = 0, \tag{57$'$}$$

$$\frac{1}{\sqrt{g}}\frac{\partial\left(\sqrt{g}\cdot g^{ik}\right)}{\partial x_l} + \begin{Bmatrix} lr \\ i \end{Bmatrix} g^{rk} + \begin{Bmatrix} lr \\ k \end{Bmatrix} g^{ri} - \begin{Bmatrix} lr \\ r \end{Bmatrix} g^{ik} = 0. \tag{57$''$}$$

这些方程是成立的, 因为 $\sqrt{g}$ 是标量, 而 $\sqrt{g}\cdot g^{ik}$ 是张量密度. 因此, 根据张量密度分析给出的规则, 这些方程的左边的各项乘以 $\sqrt{g}$, 同样是张量密度. 然而, 如果使用一个坐标系统 $\left(\dfrac{\partial g^{ik}}{\partial x_r}\right) = 0$, 它是在 P 点的测地坐标系, 那么所有的项都将等于零. 因此, 由于这些方程的不变性, 它们也适用于其他坐标系. 此外

$$\frac{dg}{g} = g^{ik}dg_{ik}, \quad \frac{d\sqrt{g}}{\sqrt{g}} = \frac{1}{2}g^{ik}dg_{ik}. \tag{58}$$

含 n^2 个元素 g^{ik} (独立的且可变的) 的行列式的全微分等于 $G^{ik}dg_{ik}$, 其中 G^{ik} 为 g_{ik} 的子式. 如果 $\mathbf{t}^{ik}(=\mathbf{t}^{ki})$ 是任一对称的数字系统, 那么总是有

$$\mathbf{t}^{ik}dg_{ik} = -\mathbf{t}_{ik}dg^{ik}. \tag{59}$$

由

$$g_{ij}g^{jk} = \delta_i^k,$$

因此得到

$$g_{ij}dg^{jk} = -g^{jk}dg_{ij}.$$

如果这些方程乘以 $\mathbf{t}_k^i$ (这个符号不能被误解, 因为 $\mathbf{t}_k^i = g_{kl}\mathbf{t}^{il} = g_{kl}\mathbf{t}^{li} = \mathbf{t}_k^i$), 就会得到所需的结果. 特别地, 也可以把 (58) 写成

$$\frac{dg}{g} = -g_{ik}dg^{ik}. \tag{58$'$}$$

黎曼空间**曲率的协变分量** $R_{\alpha\beta ik}$ (我们用 R 代替 F) 满足对称条件

$$R_{\alpha\beta ki} = -R_{\alpha\beta ik}, \quad R_{\beta\alpha ki} = -R_{\alpha\beta ik},$$

$$R_{\alpha\beta ki} + R_{\alpha ik\beta} + R_{\alpha k\beta i} = 0$$

(因为 "距离曲率" 等于零). 很容易证明, 从它们可以得出 (参见注 11)[①]

$$R_{ik\alpha\beta} = R_{\alpha\beta ik}.$$

根据式 (37)—(39) 的观察结果, 所有这些条件结合在一起, 使我们能够完全通过依赖于曲面任意元素的二次形式来表征曲率张量, 即

$$\frac{1}{4}R_{\alpha\beta ik}\Delta x_{\alpha\beta}\Delta x_{ik} \quad (\Delta x_{ik} = dx_i\delta x_k - dx_k\delta x_i).$$

如果这个二次形式除以面元的大小的平方, 则商仅取决于 Δx_{ik} 的比例, 即与面元的位置有关; 黎曼称这个数为空间在这个曲面方向上 P 点处的曲率. 在二维黎曼空间中 (在一个曲面上) 只有一个曲面方向, 张量退化为一个标量 (高斯曲率). 在爱因斯坦的引力理论中, 黎曼空间中对称的二阶缩并张量

$$R^{\alpha}_{i\alpha k} = R_{ik}$$

变得非常重要: 它的分量为

$$R_{ik} = \frac{\partial}{\partial x_r}\begin{Bmatrix} ik \\ r \end{Bmatrix} - \frac{\partial}{\partial x_k}\begin{Bmatrix} ir \\ r \end{Bmatrix} + \begin{Bmatrix} ik \\ r \end{Bmatrix}\begin{Bmatrix} rs \\ s \end{Bmatrix} - \begin{Bmatrix} ir \\ s \end{Bmatrix}\begin{Bmatrix} ks \\ r \end{Bmatrix}. \tag{60}$$

只有在右边第二项的情况下, 关于 i 和 k 的对称性不是马上就能看出来的. 然而, 根据 (57) 式, 它等于

$$\frac{1}{2}\frac{\partial^2(\log g)}{\partial x_i \partial x_k}.$$

最后, 通过再次应用缩并, 我们可以得到**标量曲率** (scalar of curvature) 为

$$R = g^{ik}R_{ik}.$$

在一般的度量空间中, 标量曲率 F 的类似形式用黎曼表达式 R (它只依赖于 g_{ik}, 而且它在度量空间中没有明确的意义) 以如下的方式表示 (这很容易显示):

$$F = R - (n-1)\frac{1}{\sqrt{g}}\frac{\partial(\sqrt{g}\phi^i)}{\partial x_i} - \frac{(n-1)(n-2)}{4}(\phi_i\phi^i). \tag{61}$$

① 注 11: Hessenberg (l.c.[9]), p. 190.

F 是权值为 -1 的标量. 因此, 在 $F \neq 0$ 的区域内, 可以用方程 $F =$ 常数来定义长度单位. 这是一个显著的结果, 因为在某种意义上, 它与最初关于长度在一般度量空间中的转移的观点相矛盾, 根据这个观点, 在一个距离上的长度的直接比较是不可能的; 然而, 必须注意到, 以这种方式产生的长度单位取决于流形的曲率条件. (这种独特的统一标定的存在, 并不比在黎曼空间中引入某种由度量结构产生的独特坐标系的可能性更特别.) 这个长度单位度量的体积用不变量的积分表示为

$$\int \sqrt{g \cdot F^n} dx. \tag{62}$$

对于两个向量 ξ^i, η^i, 它们在度量空间中进行平行位移, 我们有

$$d(\xi_i \eta^i) + (\xi_i \eta^i) d\phi = 0.$$

在黎曼空间中, 第二项是不存在的. 由此可以得出, 在黎曼空间中, 逆变向量 ξ 的平行位移与协变向量的平行位移的表达式完全相同, 它是 $\xi_i = g_{ik}\xi^k$ 的形式, 由它的分量 ξ_i 表示为

$$d\xi_i - \left\{ \begin{matrix} i\alpha \\ \beta \end{matrix} \right\} dx_\alpha \xi_\beta = 0 \quad \text{或} \quad d\xi_i - \left[\begin{matrix} i\alpha \\ \beta \end{matrix} \right] dx_\alpha \xi^\beta = 0.$$

相应地, 对于一个变换我们有

$$\frac{du_i}{ds} - \frac{1}{2}\frac{\partial g_{\alpha\beta}}{\partial x_i} u^\alpha u^\beta = 0 \quad \left(u^i = \frac{dx_i}{ds}, u_i = g_{ik} u^k \right), \tag{63}$$

由方程 (48) 式,

$$\left[\begin{matrix} i\alpha \\ \beta \end{matrix} \right] + \left[\begin{matrix} i\beta \\ \alpha \end{matrix} \right] = \frac{\partial g_{\alpha\beta}}{\partial x_i},$$

因此, 对于任何对称的数系 $\mathbf{t}^{\alpha\beta}$:

$$\frac{1}{2}\frac{\partial g_{\alpha\beta}}{\partial x_i} \cdot \mathbf{t}_{\alpha\beta} = \left[\begin{matrix} i\alpha \\ \beta \end{matrix} \right] \mathbf{t}^{\alpha\beta} = \left\{ \begin{matrix} i\alpha \\ \beta \end{matrix} \right\} \mathbf{t}^\alpha_\beta. \tag{64}$$

由于速度向量的数值在平移过程中保持不变, 我们得到

$$g_{ik} \frac{dx_i}{ds}\frac{dx_k}{ds} = u_i u^i = \text{常数}. \tag{65}$$

如果用弧长作为参数, Q 就等于 1. 由 (65) 式可知, 作平移运动的物体以恒定的速度穿过它的路径 (即测地线), 也就是说, 时间参数与弧长 s 成正比. 在黎曼空间中, 测地线不仅具有保持方向不变的微分性质, 而且**具有每一部分都是连接起始点和终点的最短路线的积分性质**. 然而, 这种说法不能从字面上理解, 而必须以与力学中的说法 (在平衡状态下, 势能是最小的) 相同的意义来理解, 或者当它是一个关于两个变量的函数 $f(x,y)$, 若它关于 dx 和 dy 的全微分

$$df = \frac{\partial f}{\partial x}dx + \frac{\partial f}{\partial y}dy$$

恒等于零时, 它在这点有一个最小值; 而真正的表达式是, 假设它在那一点上有一个 "平稳" 的值, 它可能是一个最小值也可能是一个最大值, 或者是一个 "拐点". 测地线不一定是一条最小长度的曲线, 而是一条平稳长度的曲线. 例如, 在球面上, 大圆是测地线. 如果我们在这样一个大圆上取任意两点 A 和 B, 两条弧 AB 中较短的一条弧确实是连接 A 和 B 的最短线, 但另一条弧 AB 也是连接 A 和 B 的一条测地线; 它不仅是最短的, 而且有固定的长度. 我们将抓住这个机会, 用严格的形式来表达无限小变化的原理.

设任意曲线用参数表示为

$$x_i = x_i(s) \quad (a \leqslant s \leqslant b),$$

我们称之为 "初始" 曲线. 为了与相邻曲线进行比较, 考虑包含一个参数的任意曲线族:

$$x_i = x_i(s;\varepsilon) \quad (a \leqslant s \leqslant b).$$

参数 ε 的取值在一个包含 $\varepsilon = 0$ 的区间内变化; $x_i = x_i(s;\varepsilon)$ 表示一个函数, 当 $\varepsilon = 0$ 时就归结为 $x_i = x_i(s)$. 因为曲线族中的所有曲线都是连接相同的起点和终点, $x_i(a;\varepsilon)$ 和 $x_i(b;\varepsilon)$ 独立于参数 ε. 这样一条曲线的长度是

$$L(\varepsilon) = \int_a^b \sqrt{Q}ds.$$

进一步, 假设 s 表示初始曲线的弧长, 因此, 当 $\varepsilon = 0$ 时, $Q = 1$. 设对应 $\varepsilon = 0$ 的初始曲线的方向向量的分量 $\dfrac{dx_i}{ds}$ 用 u^i 表示. 我们又设

$$\varepsilon \cdot \left(\frac{dx_i}{d\varepsilon}\right)_{\varepsilon=0} = \xi^i(s) = \delta x_i.$$

这些是由于与无限小的 ε 值相对应的变化而使初始曲线“变分”成相邻曲线的“无限小”位移的分量; 它们最终等于零.

$$\varepsilon\left(\frac{dL}{d\varepsilon}\right)_{\varepsilon=0}=\delta L$$

为与弧长相应的变分. $\delta L=0$ 是初始曲线相对于曲线族中的其他曲线具有平稳长度的条件. 如果在同样的意义上使用符号 δQ, 得到

$$\delta L=\int_a^b \frac{\delta Q}{2\sqrt{Q}}ds=\frac{1}{2}\int_a^b \delta Q ds, \tag{66}$$

因为对于初始曲线有 $Q=1$. 现在

$$\frac{dQ}{d\varepsilon}=\frac{\partial g_{\alpha\beta}}{\partial x_i}\frac{dx_i}{d\varepsilon}\frac{dx_\alpha}{ds}\frac{dx_\beta}{ds}+2g_{ik}\frac{dx_k}{ds}\frac{d^2x_i}{d\varepsilon ds},$$

因此 (如果交换“变分法”和“微分法”的符号, 即关于 ε 和 s 的微分法) 得到

$$\delta Q=\frac{\partial g_{\alpha\beta}}{\partial x_i}u^\alpha u^\beta\xi^i+2g_{ik}u^k\frac{d\xi^i}{ds}.$$

如果把它代入 (66) 式并用分部积分重写第二项, 注意到 ξ^i 在积分区间的末端会等于零, 那么

$$\delta L=\int_a^b\left(\frac{1}{2}\frac{\partial g_{\alpha\beta}}{\partial x_i}u^\alpha u^\beta-\frac{du_i}{ds}\right)\xi^i ds.$$

因此, 当且仅当 (63) 成立时, 任何曲线族都满足 $\delta L=0$ 的条件. 事实上, 如果介于 a 和 b 之间的一个值 $s=s_0$, 比如说其中一个表达式 (例如第一个, 即 $i=1$) 不等于零 (如大于零), 可以在 s_0 附近标记一个小的间隔, 该间隔小到上面的表达式始终大于 0. 如果我们为 ξ^i 选择一个非负函数, 使它在这个区间以外的点都等于零, 而所有剩下的 ξ^i 都等于零, 我们就会发现 $\delta L=0$ 的方程是矛盾的.

此外, 从这个证明中可以明显地看出, 在同一时间间隔 $a\leqslant s\leqslant b$ 内从同一起始点到同一终点的所有运动中, **平移**是由 $\int_a^b Q ds$ 具有平稳值这一性质来区分的.

虽然作者的目的是使表达清晰, 但许多读者看到大量的公式和指标会感到厌恶, 这些公式和指标阻碍了无穷小几何的基本思想. 当然令人遗憾的是, 我们不得不如此详细地讨论纯粹的形式方面, 并给予它如此大的空间, 但是, 这是无法避免的. 正如任何想要轻松表达自己思想的人都必须花费大量时间学习语言和写作, 所以在这里, 我们能减轻公式的负担的唯一方法就是掌握张量分析的技巧, 这样

我们就可以在不感到任何阻碍的情况下, 解决我们关心的实际问题, 我们的目标是深入了解空间、时间和物质的本质, 因为它们参与了外部世界的构造. 无论谁开始探索这个目标, 都必须从一开始就拥有完美的数学工具. 在我们完成这些令人厌倦的准备工作, 沿着爱因斯坦的天才思想所指引的道路进入物理知识领域之前, 我们应该寻求对度量空间有一个更清晰和更深入的理解. 我们的目标是把握毕达哥拉斯定理所表达的度量结构的内在必要性和独特性.

§18. 群论视角下的度量空间

虽然仿射关系的性质不再有进一步的困难 (在 §16, 我们提出了平行移动的概念, 并把它定义为一种不变的变换, 这一假设对它的性质作出了独特的定义), 但我们还没有获得对度量结构有一个超越经验的看法. 长期以来, 人们都认为度量特征可以用二次微分形式来描述, 但这一事实并没有被清楚地理解. 黎曼多年前指出, 度量基本形式可能是 (本质而言, 其地位是平等的) 微分中的四阶齐次函数, 甚至是用其他方式建立起来的函数, 它甚至不需要合理地依赖于微分. 但是, 即使到了这个时候, 我们也不敢停下来. 在下面的决定 P 点上的度量结构的一般特征是**旋转群** (group of rotations). 如果在向量丛 (即向量的总和) 的线性变换中, 已知其自身的**全等**变换, 则在 P 点处的流形的度量构成即为已知. 有许多不同种类的度量测定, 就像有本质上不同的线性变换群一样 (本质上不同的群之间的区别不仅仅是通过选择坐标系来区分的). 在由**毕达哥拉斯定理度量的空间** (该空间是我们迄今为止单独研究过的) 情形下, 这个旋转群由所有的线性变换组成, 这些线性变换把二次基本形式转换成它自己. 但是这个旋转群本身并不需要有一个不变量 (也就是说, 一个函数, 它依赖于一个任意向量, 并且在任意旋转后保持不变).

我们思考一下可能强加于旋转概念的自然要求. 在一个点上, 只要流形还没有度量测定, 就只有 n 维的超平行六面体可以相互比较大小. 如果 $\mathbf{a}_i\,(i = 1, 2, \cdots, n)$ 是由初始单位向量 $\mathbf{e}_i$ 根据方程

$$\mathbf{a}_i = a_i^k \mathbf{e}_i$$

所定义的任意向量, 那么根据定义, a_i^k 的行列式就是 n 个向量 $\mathbf{a}_i$ 映射出的超平行六面体的体积, 根据格拉斯曼的记号, 该行列式可以方便地表示为

$$\frac{[\mathbf{a}_1, \mathbf{a}_2, \cdots, \mathbf{a}_n]}{[\mathbf{e}_i, \mathbf{e}_2, \cdots, \mathbf{e}_n]}.$$

如果选择另一个单位向量系统 $\bar{\mathbf{e}}_i$, 所有的体积都要乘以一个公共的常数因子, 正

如从“行列式的乘法定理”中看到的, 即

$$\frac{[\mathbf{a}_1,\mathbf{a}_2,\cdots,\mathbf{a}_n]}{[\mathbf{e}_1,\mathbf{e}_2,\cdots,\mathbf{e}_n]}=\frac{[\mathbf{a}_1,\mathbf{a}_2,\cdots,\mathbf{a}_n]}{[\bar{\mathbf{e}}_1,\bar{\mathbf{e}}_2,\cdots,\bar{\mathbf{e}}_n]}\cdot\frac{[\bar{\mathbf{e}}_1,\bar{\mathbf{e}}_2,\cdots,\bar{\mathbf{e}}_n]}{[\mathbf{e}_1,\mathbf{e}_2,\cdots,\mathbf{e}_n]}.$$

因此, 一旦选择了单位度量, 体积的确定是独一无二的, 并且独立于坐标系. 由于旋转“不改变”矢量体, 显然它必须是一种不影响体积无穷小元素的变换. 设将向量 $\mathbf{x}=(\xi^i)$ 转换为 $\bar{\mathbf{x}}=(\bar{\xi^i})$ 的旋转变换用下列方程表示

$$\bar{\mathbf{e}}_i=\alpha_i^k\mathbf{e}_k \quad 或 \quad \xi^i=\alpha_k^i\bar{\xi}^k.$$

旋转变换矩阵 $\left(\alpha_k^i\right)$ 的行列式就等于 1. 这是一个适用于**单一的**旋转假设, 我们必须要求所有的旋转作为一个整体**构成一个群**, 即导言部分. 而且, 这个群必须是**连续的**群, 也就是说这些旋转是一维连续流形的元素.

如果一个线性向量变换由其矩阵 $A=\left(\alpha_k^i\right)$ 给出, 方程

$$U:\bar{\mathbf{e}}_i=u_i^k\mathbf{e}_k, \tag{67}$$

给出由一个坐标系 $(\mathbf{e}_i)$ 到另一个坐标系 $(\bar{\mathbf{e}}_i)$ 的变换, 那么 A 就变成了 UAU^{-1} (这里 U^{-1} 表示 U 的逆矩阵; UU^{-1} 和 $U^{-1}U$ 恒等于 E). 因此, 通过对群 $\mathbf{G}$ 的每一个矩阵 G 应用运算 UGU^{-1} (U 对所有 G 都是相同的), 由给定的矩阵群 $\mathbf{G}$ 得到的每一个群都可以通过适当的坐标变换变换成给定的矩阵群. 这样一个群 $U\mathbf{G}U^{-1}$ 将被称为是与 $\mathbf{G}$ 同类的 (或者仅仅在定向上与 $\mathbf{G}$ 不同). 如果 $\mathbf{G}$ 是 P 点处的一旋转矩阵群, 并且如果 $U\mathbf{G}U^{-1}$ 与 $\mathbf{G}$ 恒同 (这并不意味着 G 一定是作为 UGU^{-1} 运算的结果而再次变成为 G, 但所需要的只是 G 和 UGU^{-1} 同时属于群 $\mathbf{G}$), 那么由 U 转换成的两个坐标系的度量结构的表达式 (67) 是相似的; U 是向量体在自身上的表示, 因此它保持所有的度量关系不变. 这就是**相似表示** (similar representation) 的概念. $\mathbf{G}$ 作为子群包含在具有相似表示的 $\mathbf{G}^*$ 群之中.

从一个点上的度量结构, 我们现在转入“**度量关系**” (metrical relationship). 如果在 $P_0=x_i^0$ 处及其无限靠近的点 $P=(x_i^0+dx_i)$ 处, 矢量体在其自身上的线性表示是**全等变换** (congruent transference), 则给出了 P_0 点及其邻近点之间的度量关系. 连同 A 的每一个表示 (或变换) AG_0, 其中 A 在 P_0 处有一个旋转 G_0, 同样是一个全等变换, 因此, 从 P_0 到 P 的向量体的一个全等变换 A, 我们通过使 G_0 遍历属于 P_0 的旋转群来得到所有可能的变换. 如果考虑两个位置全等的向量体都属于中心 P_0, 那么在同样的全等变换 A 下, 它们将在 P 处分解成两个全等的位置, 因此, 在 P 点的旋转群 $\mathbf{G}$ 将等于 $A\mathbf{G}_0A^{-1}$ 因此, 度量关系告诉我们, P 点的旋转群与 P_0 点的旋转群仅在定向上不同. 如果我们连续地遍历从 P_0 点到流

形的任何点, 我们看到, 在流形的所有点上, 旋转群都是类似的, 因此, 在这方面存在着同质性 (homogeneity).

我们唯一要考虑的全等变换是这样的变换, 其中的向量分量 ξ^i 经历变换 $d\xi^i$, 该变换是无穷小的并且与中心 P_0 的位移阶数相同,

$$d\xi^i = d\lambda^i_k \cdot \xi^k.$$

如果 L 和 M 是两个这样的从 P_0 到 P 的变换, 系数分别是 $d\lambda^i_k$ 和 $d\mu^i_k$, 那么旋转 ML^{-1} 同样是无穷小的: 用公式表示为

$$d\xi^i = d\alpha^i_k \cdot \xi^k \quad \text{这里} \quad d\alpha^i_k = d\mu^i_k - d\lambda^i_k. \tag{68}$$

以下也是正确的. 如果一个由中心 P_0 的位移 (dx_i) 组成的无穷小全等变换被另一个变换所取代, 其中心的位移为 (δx_i), 我们得到一个受中心的合成位移 $dx_i + \delta x_i$ 影响的全等变换 (加上一个误差, 这个误差与位移的大小相比是无穷小的). 因此, 对于从 $P_0 = (x^0_1, x^0_2, \cdots, x^0_n)$ 到点 $(x^0_1 + \varepsilon, x^0_2, \cdots, x^0_n)$ 的变换, 这是在第一个坐标轴方向上的一个无限小的变化 ε,

$$d\xi^i = \varepsilon \cdot \Lambda^i_k \xi^k$$

是一个全等变换, 并且如果 $\Lambda^i_{k_2}, \cdots, \Lambda^i_{k_n}$ 对于 P_0 点在第 2 至第 n 个坐标方向上的位移依次有相应的意义, 那么, 方程

$$d\xi^i = \Lambda^i_{k_r} dx_r \cdot \xi^k \tag{69}$$

给出了具有分量 dx_i 的任意位移的全等变换.

在不同种类的度量空间中, 根据毕达哥拉斯和黎曼的思想, 我们现在用简单的内在关系来指明实空间所属于的范畴. 作为一种现象形式, 不随位置变化的旋转群表现出一种属于空间的属性, 它体现了空间的度量性质. 然而, 从点到点的度量关系[①]不是由空间的性质所决定的, 也不是由流形上各点的旋转群的相互的定向所决定的. 度量关系更依赖于物质内容的配置, 因此, 它本身是自由的, 能够进行任何 “实质上” (virtual) 的改变. 我们将把它不受限制这一事实表述为我们的第一条公理.

I. 空间的性质对度量关系没有限制

在空间中找到点 P_0 和其邻近点之间的度量关系是可能的, 这种度量关系可以使得公式 (69) 表示**对任意给定的数** $\Lambda^i_{k_r}$ 的这些邻近点的全等变换系统.

① 然而, 正如后面将要展示的, 它到处都是一样的.

对于在 P_0 点处的每个坐标系 x_i 都有一个可能的平行位移的概念, 即在这个坐标系中, 从 P_0 到无限邻近点的矢量的位移, 其分量不发生变化. 如我们所知, 这样一个从 P_0 到所有无穷邻近点的矢量体平行位移系统可以用一个确定的坐标系来表示, 选择一个公式表示为①

$$d\xi^i = -d\gamma^i_k \cdot \xi^k,$$

其中的微分形式 $d\gamma^i_k = \Gamma^i_{kr} dx_r$ 满足对称性的条件

$$\Gamma^i_{kr} = \Gamma^i_{rk}. \tag{70}$$

事实上, 一个可能的平行位移概念对应于系数 Γ 对称的每一个系统. 对于给定的度量关系, 进一步的限制是"平行位移"必须同时是一个全等变换. 第二个公理就是上面提到的无穷小几何的基本定理; 对于给定的度量关系, 在矢量体的变换之间总是存在一个"**单一的**" (single) 平行位移系统. 我们只是暂时地把 §15 中的仿射关系当作空间的一个基本特征; 然而, 事实是, 由于平行位移的固有属性, 它们必须被排除在全等变换之外, 平行位移的概念是由度量关系决定的. 这个假设可以这样阐述.

II. 仿射关系是由度量关系唯一决定的

在我们可以用解析的方法来表述它之前, 必须先处理无限小的旋转. r 个元素的连续群 $\mathbf{G}$ 是连续的 r 维矩阵流形. 如果 $s_1, s_2, \cdots, s_r$ 是这个流形中的坐标, 那么, 对应于坐标系的每一组值, 有该群中的一个矩阵 $A(s_1, s_2, \cdots, s_r)$, 它的值连续地依赖于这组坐标值. 有一组确定的坐标值, 我们可以假定它为 $s_1 = 0$, 它对应于单位矩阵 E 群中无限靠近 E 但不同于 E 的矩阵由

$$\mathsf{A}_1 ds_1 + \mathsf{A}_2 ds_2 + \cdots + \mathsf{A}_r ds_r$$

表示, 其中 $\mathsf{A}_i = \left(\dfrac{\partial A}{\partial s_i}\right)_0$. 我们称矩阵 A 为该群的一个无穷小运算, 如果该群包含一个与 E 和 $\varepsilon\mathsf{A}$ 相重合的变换 (独立于 ε), 该变换在误差范围内比 ε 更快地收敛到零, 因为 ε 的值很小. 该群的所有无穷小运算构成一线性族

$$\mathbf{g} : \lambda_1\mathsf{A}_1 + \lambda_2\mathsf{A}_2 + \cdots + \lambda_r\mathsf{A}_r \quad (\lambda \text{ 是任意数}), \tag{71}$$

$\mathbf{g}$ 是 r 维的, 且 A_i 是彼此线性无关的 (译者注: 原文为 A). 如果 A 是群中的一个任意矩阵, 群的性质表示了在公式 $A(E + \varepsilon\mathsf{A})$ 中无限靠近 A 的群的变换, 其中 ε 是一个无穷小因子, A 遍历群 $\mathbf{g}$ 如果 $\mathbf{g}$ 的维数小于 r, 那么相同的性质在流形的每

① 公式原文为 $d\xi^i = -d\gamma^i \cdot \xi^k$, 应该是 $d\xi^i = -d\gamma^i_k \cdot \xi^k$ (译者注).

个点上也是成立的; 对于 s_i 的所有值, 所有的导数 $\dfrac{\partial A}{\partial s_i}$ 之间会有线性关系, 而 A 实际上依赖的参数少于 r. 无穷小运算生成并确定整个群. 如果对 $E+\dfrac{1}{n}\mathsf{A}$ (n 是一个无穷大的数) 连续进行 n 次无穷小变换, 我们就得到一个有限的且不同于 E 的 (该群中的) 矩阵, 即

$$A=\lim_{n\to\infty}\left(E+\frac{1}{n}\mathsf{A}\right)^n=E+\frac{\mathsf{A}}{1!}+\frac{\mathsf{A}^2}{2!}+\frac{\mathsf{A}^3}{3!}+\cdots;$$

因此, 如果我们让 A 遍历整个族 $\mathbf{g}$, 我们就得到了群的每个矩阵 (或者至少是从单位矩阵开始, 可以连续地到达群中的每个矩阵). 并不是每一个任意给定的线性族 (71) 都以这种方式给出一个群, 而只有那些满足可积性条件的 A 才给出一个群. 后者是通过一种非常类似的方法得到的, 例如, 通过欧几里得空间中平行位移这种方法得到的可积性条件. 如果从单位变换矩阵 $E(s_i=0)$ 通过参数的一个无穷小变化 ds_i 得到邻近的矩阵 $A_d=E+dA$, 然后通过第二个无穷小变化 δs_i, 从 A_δ 得到 $A_\delta A_d$, 然后将这两个操作交换, 同时保持相同的顺序, 我们就得到一个与 E 相差无限小的 (该群中的) 矩阵 $A_\delta^{-1}A_d^{-1}A_\delta A_d$. 设 d 为第一个坐标方向上的变化, δ 为第二个坐标方向上的变化, 则我们处理的是由

$$A_s=A(s,0,0,\cdots,0) \quad \text{和} \quad A_t=A(0,t,0,\cdots,0)$$

形成的矩阵

$$A_{st}=A_t^{-1}A_s^{-1}A_tA_s.$$

现在, $A_{s0}=A_{0t}=E$, 因此

$$\lim_{s\to0,t\to0}\frac{A_{st}-E}{s\cdot t}=\left(\frac{\partial^2A_{st}}{\partial s\partial t}\right)_{\substack{s\to0\\t\to0}}.$$

因为 A_{st} 属于该群, 所以这个极限是群的一个无穷小的运算. 然而, 我们发现

$$\frac{\partial A_{st}}{\partial t}=-\mathsf{A}_2+A_s^{-1}\mathsf{A}_2A_s, \quad \text{对于} \quad t=0$$

导致

$$\frac{\partial^2A_{st}}{\partial s\partial t}=-\mathsf{A}_1\mathsf{A}_2+\mathsf{A}_2\mathsf{A}_1, \quad \text{对于} \quad t\to0,s\to0.$$

因此 $\mathsf{A}_1\mathsf{A}_2-\mathsf{A}_2\mathsf{A}_1$, 或者更一般地说, $\mathsf{A}_i\mathsf{A}_k-\mathsf{A}_k\mathsf{A}_i$ 必须是群的一个无穷小运算, 或者, 同样地, 如果 A 和 B 是群的两个无穷小运算, 那么 $\mathsf{AB}-\mathsf{BA}$ 也一定是群的一

个无穷小运算. 连续变换群理论的基本概念和事实是由索菲斯 • 李 (Sophus Lie) 所提供的 (见注 12)①, 他证明了这个可积性条件不仅是必要的, 而且是充分的. 因此, 可以将 r 维线性矩阵族定义为具有 r 个元素的无穷小群, 只要任意两个矩阵 A 和 B 属于矩阵族, 那么 AB – BA 也属于该矩阵族. 通过引入群的无穷小运算, 使连续变换群问题变成一个线性问题.

如果群的所有变换都保持体积元不变, 则无穷小运算的 "迹" (traces) 为 0. 为了求 $E+\varepsilon\mathsf{A}$ 的行列式 (ε 的幂), 我们从成员 $1+\varepsilon\cdot\mathrm{trace}(\mathsf{A})$ 开始. U 是一个类似的变换, 如果对于旋转群中的每一个 G, UGU^{-1} 或者也可以是 $UGU^{-1}G^{-1}$ 都属于旋转群 $\mathbf{G}$. 因此, A_0^* 是相似变换群的一个无限小运算, 当且仅当 $\mathsf{A}_0^*\mathsf{A}-\mathsf{A}\mathsf{A}_0^*$ 也属于 $\boldsymbol{g}$, 无论使用的是无限小旋转群中的哪个矩阵 A.

无穷小的欧氏旋转

$$d\xi^i = v_k^i \xi^k,$$

即, 它的无穷小线性变换使单位二次形式

$$Q_0 = (\xi^1)^2 + (\xi^2)^2 + \cdots + (\xi^n)^2$$

保持不变 (§6). 它的特征是

$$\frac{1}{2}dQ_0 = \xi^i d\xi^i = 0, \quad \text{这蕴含了} \quad v_i^k = -v_k^i.$$

由此可见, 我们处理的是所有反对称矩阵的无穷小群 δ, 显然它有 $\dfrac{n(n-1)}{2}$ 个元素. 读者可以通过直接计算来验证它是否具有群的性质. 如果 Q 是任何在无限小的欧氏旋转中保持不变的二次形式, 即 $dQ=0$, 那么除了有一个常数因子外, Q 必然与 Q_0 相一致. 事实上, 如果

$$Q = a_{ik}\xi^i\xi^k \quad (a_{ki} = a_{ik}),$$

那么对于所有的反对称系数 v_k^i, 方程

$$a_{rk}v_i^k + a_{ri}v_k^r = 0 \tag{72}$$

一定成立. 如果我们假设 $k=i$, 注意到对于每个特定的 i, 数字 $v_i^1, v_i^2, \cdots, v_i^n$ 可以被任意选择, 除了 $v_i^i=0$ 的情况, 对于 $r\neq i$ 我们得到 $a_{ri}=0$. 如果我们把 a_{ii} 写成 a_i, 那么方程 (72) 就变成了 $v_i^k(a_i-a_k)=0$, 由此我们可以立即推

① 注 12: 参考 Lie-Engel 的巨著: Theorie der Transformationsgruppen, Leipzig, 1888-1893; 关于这个所谓的 "第二基本定理" 和它的逆定理, 参见 Bd. 1, p. 156, Bd. 3, pp. 583, 659, 以及 Fr. Schur, Math. Ann., Bd. 33 (1888), p. 54.

断出所有 a_i 都是相等的. 通过将单个矩阵 E 与 δ 结合, 得到了与相似变换对应的群 δ^*, 这意味着 $d\xi^i = \varepsilon\xi^i$. 对于属于 δ^* 的矩阵 $C = (c_i^k)$, 即对于每一个反对称 v_i^k, $c_r^i v_k^r - v_r^i c_k^r$ 也是一个反对称系数, 则 $c_k^i + c_i^k = a_{ik}$ 满足式 (72), 由此得出 $a_{ik} = 2a \cdot \delta_i^k$, 也就是说, C 等于 aE 加上一个反对称矩阵.

更一般地, 令 δ_Q 表示将任意非退化二次型 Q 转换为其自身的线性变换的无限小群. 如果 Q' 是由 Q 通过线性变换生成的, 则 δ_Q 和 δ'_Q 只能通过它们的定向来区分. 因此, 只有有限数量的不同种类的无限小群 δ_Q, 它们在附属于二次型 Q 的惯性指数上彼此不同. 但是, 如果我们不把自己局限在实数的范围内, 而采用复数的范围, 即使这些差异也可以消除, 在这种情况下, 每一个 δ_Q 都与 δ 有相同的类型.

这些初步的说明使我们能够分析地表述出第 I 和第 II 两个公设. 设 $\mathbf{g}$ 是 P 点处的无限小旋转群. 我们用 $\mathsf{\Lambda}_{kr}^i$ 表示 n^3 个数系统中的每一个数, 用 A_{kr}^i 表示由属于群 $\mathbf{g}$ 的矩阵 $\left(\mathsf{A}_{k1}^i\right), \left(\mathsf{A}_{k2}^i\right), \cdots, \left(\mathsf{A}_{kn}^i\right)$ 组成的每一个系统, 用 $\mathsf{\Gamma}_{kr}^i$ 表示满足对称条件 (70) 的任一数字系统. 如果无穷小旋转群有 N 个元素, 这些元素系统分别形成 n^3, nN 和 $n \cdot \dfrac{n(n+1)}{2}$ 维线性流形. 因为根据 I, 如果度量关系遍历所有可能的值, 任意系数 $\mathsf{\Lambda}_{k1}^i, \mathsf{\Lambda}_{k2}^i, \cdots, \mathsf{\Lambda}_{kn}^i$ 可以作为 n 个坐标方向 (参见 (69) 式) 上的 n 个无穷小全等变换的系数出现, 那么, 由公设 II (参见 (68) 式), 每个 Λ 必须能够且只能够以一种方式根据公式进行分解

$$\mathsf{\Lambda}_{kr}^i = \mathsf{A}_{kr}^i - \mathsf{\Gamma}_{kr}^i.$$

这蕴含两个结果.

(1) $n^3 = nN + n \cdot \dfrac{n(n+1)}{2}$, 或者 $N = \dfrac{n(n-1)}{2}$.

(2) $\mathsf{A}_{kr}^i - \mathsf{\Gamma}_{kr}^i$ 永远不等于零, 除非所有的 A 和 $\mathsf{\Gamma}$ 都为零; 或者, 非零系数 A 永远不满足对称性条件 $\mathsf{A}_{kr}^i = \mathsf{A}_{rk}^i$. 为了使我们能用公式不变地表述这个条件, 将属于 $\mathbf{g}$ 的对称双矩阵 (无穷小双旋转) 定义为

$$\zeta^i = \mathsf{A}_{rs}^i \xi^r \eta^s \quad \left(\mathsf{\Lambda}_{rs}^i - \mathsf{A}_{sr}^i\right),$$

它由两个任意向量 ξ 和 η 产生, 一个向量 ζ 作为一个双线性对称形式, 假设对于每个固定的向量 η, 变换 $\xi \to \zeta$ (因此, 对于每一个固定的向量 ξ, 变换 $\eta \to \zeta$) 是 $\mathbf{g}$ 的一个运算. 因此, 我们可以这样总结我们的结果.

根据公理, 无限小旋转群具有下列性质:

(a) 每个矩阵的迹等于 0;

(b) 除了零矩阵, 没有双重对称矩阵属于群 $\mathbf{g}$;

(c) 群 $\mathbf{g}$ 的维数是最大的, 仍然符合假设 (b), 即 $N = \dfrac{n(n-1)}{2}$.

这些性质对复数和实量都有意义. 我们将证明无限小的欧几里得旋转群 δ 是正确的, 即 n^3 个数 v^i_{kl} 不能同时满足对称条件:

$$v^i_{lk} = v^i_{kl}, \quad v^k_{il} = -v^i_{kl},$$

而这些数不全部为零. 这一点从 §16 为确定仿射关系而进行的计算中可以明显看出. 如果我们写出从 $v^i_{kl} + v^k_{il} = 0$ 通过循环交换指标 i, k, l 得到三个方程, 然后用第一个和第三个方程的和减去第二个方程, 我们就得到, 作为第一个对称条件的结果, $v^i_{kl} = 0$.

在作者看来, 极有可能的是, δ 是唯一满足 (a), (b) 和 (c) 假设的无限小群; 或者, 更确切地说, 在复数的情况下, 通过选择适当的坐标系, 可以使每一个这样的无穷小群与 δ 重合. 如果这是正确的, 那么该无穷小旋转群一定与某个特定的群 δ_Q 相同, 其中 Q 是一个非退化二次型. 除了一个比例常数, Q 本身由群 $\mathbf{g}$ 决定. 如果 $\mathbf{g}$ 是实的, Q 就是实的. 因为如果把 Q (其中的变量是实的) 分解成实部和虚部, 即 $Q_1 + \mathrm{i}Q_2$, 那么 $\mathbf{g}$ 使得二次型 Q_1 和 Q_2 两者都保持不变. 因此, 必有

$$Q_1 = c_1 Q, \quad Q_2 = c_2 Q.$$

因为 $c_1 + \mathrm{i}c_2 = 1$, 所以这两个常数中肯定有一个不等于 0, 因此除了一个常数因子, Q 必须是实的. 这将与上一段后面的论点相联系, 并将完成空间的分析, 那么我们应该能够宣称, 通过探索数学推理可获得的终极基础, 我们已经使空间的性质和毕达哥拉斯定理的有效性的来源变得可理解 (见注 13).① 如果这个假定的数学命题不正确, 那么我们就没有认识到空间的明确的特性和本质. 作者证明了这个命题对于最小维数 $n = 2$ 和 $n = 3$ 是成立的. 在这里提出这些纯粹的数学考虑可能会走得太远.

总之, 建议大家注意两点. 首先, 公理 I 与公理 II 的结果并不矛盾, 公理 II 的结果表明, 不仅度量结构, 而且度量关系在每一点上都是相同的, 即是可以想象到的最简单的类型. 对于每一点, 都有一个测地坐标系统, 以至于该点上所有矢量的移动, 其分量不变, 到邻近点, 始终是一全等的移动. 其次, 以这里所述的方式把握毕达哥拉斯空间的度量结构的独特意义的可能性, 完全取决于定量的度量条件允许相当大的实质变化的情况. 这种可能性取决于黎曼的动力学观点. 在爱因斯坦的万有引力理论 (第 4 章) 取得成功后, 其真理毋庸置疑, 正是这一观点开启了发现 “空间合理性” (rationality of space) 的道路.

在作者看来, 第 2 章对空间的研究为分析 (本质的分析, 这是胡塞尔的现象学哲学的对象) 存在模式提供了一个很好的例子, 这是我们讨论非固有模态的典

① 注 13: 根据群理论对空间问题的第二种看法构成了 §2 所引用的 Helmholtz 和 Lie 研究的基础.

型例子. 空间问题的历史发展告诉我们, 人类在外部现实中很难得出一个明确的结论. 数学发展的一个漫长时期, 从欧几里得到黎曼的几何学的伟大扩展, 从伽利略时代开始, 人们发现了自然界的物理事实和它们的基本定律, 新的经验数据带来了不断的推动, 最终诞生了牛顿、高斯、黎曼、爱因斯坦等具有与众不同的伟大思想的天才, 所有这些因素都是必要的, 它可以把我们从外在的、偶然的、非本质的特性中解放出来, 否则这些特性就会把我们束缚住. 当然, 一旦接受了真正的观点, 理性便充满了光明, 它承认并欣赏自己所能理解的事物. 然而, 理性虽然可以说在整个问题的发展过程中, 总是意识到这一观点, 但它却无法一蹴而就. 这种指责必须针对那些哲学家的不耐烦, 因为他们认为可以在一个典型表现的单一行为的基础上充分地描述存在模式, 原则上他们是对的; 然而, 从人性的角度来看, 他们是多么的大错特错啊! 空间问题同时也是现象学问题的一个很有启发性的例子, 在作者看来, 这是最重要的, 也就是说, 在意识中可觉察到的本质的界定, 在多大程度上表达了当前对象领域所特有的结构, 以及在多大程度上, 仅仅是惯例参与了这种界定.

第 3 章　时空的相对性

§19. 伽利略相对性原理

我们已经在导论部分讨论了如何用时钟来测量时间, 以及在选择了任意的起始时间点和时间单位之后, 如何能够用数字 t 来表征每一个时间点. 但是空间和时间的结合引起了在相对论中要进一步处理的困难问题. 这些问题的解决是人类智力历史上最伟大的成就之一, 这首先与哥白尼和爱因斯坦的名字联系在一起 (见注 1).①

通过时钟, 我们可以直接确定只发生在时钟所在地点的事件的时间条件. 因为我 (作为一个未开悟的人) 毫不犹豫地将我所看到的事物固定在他们感知的瞬间, 我把我的时间延伸到整个世界. 我相信, 说某地正在发生的一件事 "现在" 正在发生 (在我念这个词的时候), 是有客观意义的; 问在不同地方发生的两件事中哪件比另一件发生得早或晚是有客观意义的. **我们暂时接受这些假设所隐含的观点**. 每一个严格局部性的时空事件, 比如瞬间熄灭的火花, 都发生在一个确定的时空点 (space-time-point) 或**世界点** (world-point), "此时此地". 由于上述观点, 每一个世界点都对应着一个确定的时间坐标 t.

我们接下来关心的是确定这样一个事件点 (point-event) 在空间中的位置. 例如赋予两个质点一个距离, 该距离是在一个特定时刻将它们分开的. 假设与一特定时刻t相对应的世界点构成一个具有欧几里得几何的三维点流形(point-manifold). (在本章中, 我们采用第 1 章的空间观) 选择一个确定的长度单位和一个在时刻 t (例如房间的角落) 的直角坐标系. 每个时间坐标为 t 的世界点都有三个确定的空间坐标 x_1, x_2, x_3.

现在让我们把注意力转移到另一时刻 t'. 假设在 t' 时刻用与 t 时刻相同的单位长度进行测量 (借助于在 t 时刻和 t' 时刻都存在的 "刚性" 测量杆) 具有明确的客观意义. 除了时间单位外, 我们还将采用固定长度单位 (cm, s). 我们仍然可以自由地选择与时间 t 无关的笛卡儿坐标系的位置. 只有当我们相信在陈述任意时刻发生的两个事件点发生在空间的**同一点**时, 并且说一个物体处于**静止** (at rest) 状态时, 这样才有客观意义, 我们才能够在任意时刻, 根据任意选择的位置, 来确

---

① 注 1: 所有对狭义相对论的进一步引用将在 Laue, Die Relativitätstheorie I (3 Aufl., Braunschweig, 1919) 中找到.

定坐标系的位置, 而不需要指定额外的 "个别对象"; 也就是说, 我们接受这一假设, 即坐标系永远保持静止状态. 在时间尺度上选择一个初始点, 在初始时刻选择一个确定的坐标系, 就可以得到每一个世界点的四个确定坐标. 为了能够用图形表示条件, 我们省略了一个空间坐标, 假设空间只是一个二维的欧几里得平面 (图 7).

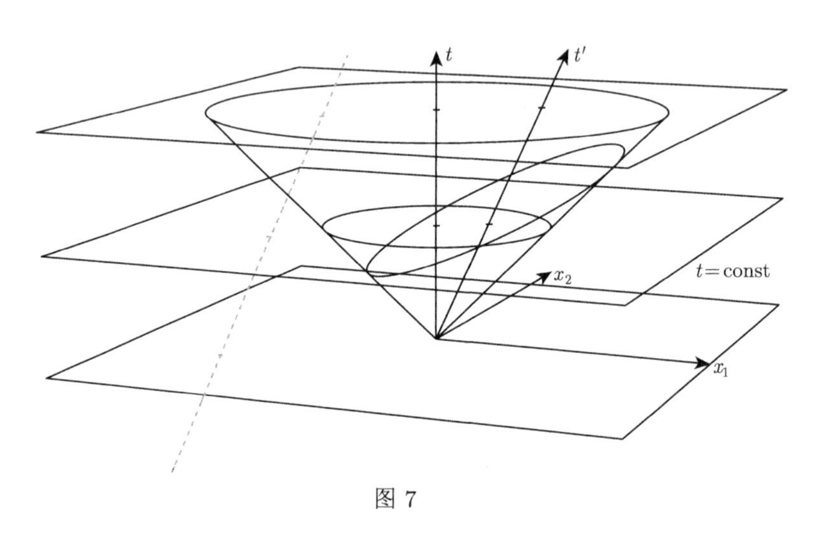

图 7

我们构造一个表示空间中带有直角坐标 (x_1, x_2, t) 的点集的图形, 世界点由带有坐标 (x_1, x_2, t) 的 "图片" 点表示. 那么, 我们就可以用图形的方式描绘出所有运动质点的 "时间表", 每个物体的运动都用 "世界线" (world-line) 表示, 世界线的方向在 t 轴方向上总有一个正分量. 静止质点的世界线与 t 轴平行. 匀速平移的质点的世界线是一条直线. 在截面 t 等于常数上, 我们可以读出在同一时刻 t 所有质点的位置. 如果在时间尺度和其他笛卡儿坐标系中选择一个初始点, $(x_1, x_2, t), (x_1', x_2', t')$ 分别为任意世界点在第一坐标系和第二坐标系中的坐标, 那么变换公式

$$\left.\begin{aligned} x_1 &= \alpha_{11}x_1' + \alpha_{12}x_2' + \alpha_1, \\ x_2 &= \alpha_{21}x_1' + \alpha_{22}x_2' + \alpha_2, \\ t &= t' + a \end{aligned}\right\} \tag{I}$$

成立, 其中, α_i 和 a 表示常数, 特别地, α_{ik} 是正交变换的系数. 因此, 世界坐标是固定的, **除了这种**以客观方式**任意变换**而不指定个别的物体或事件之外. 在这一点上, 我们还没有考虑到对两个度量单位的任意选择. 如果初始点在空间和时间上都保持不变, 使 $\alpha_1 = \alpha_2 = a = 0$, 则 (x_1', x_2', t') 是其 t' 轴与 t 轴重合的直线坐标系的坐标, 而 x_1', x_2' 轴是由 x_1, x_2 轴通过在 $t = 0$ 的平面上旋转而得到的.

只要稍加反思, 就可以证明所采用的假设中有一个是不正确的, 即认为静止的概念具有客观内容的假设.[①]当我安排明天在我们今天遇见的同一地点遇见某人时, 这意味着在同一物质环境中, 在同一街道的同一幢建筑物中 (按照哥白尼的说法, 这可能是明天在恒星空间的完全不同的部分). 所有这一切都因幸运的环境而有了意义, 因为我们一出生就进入了一个基本稳定的世界, 在这个世界里, 这些变化是与一套相对更全面的永久因素一起发生的, 这些因素保持它们的结构 (一部分是直接感知的, 另一部分是推断的) 不变或几乎不变. 房子一动不动, 船只航行的速度是如此之快: 在日常生活中, 这些事情总是被理解为与我们所站立的坚实的地面有关. **只有物体 (质点) 相对于彼此的运动才具有客观意义**, 即由质点的位置及其与时间坐标的函数关系所同时决定的距离和角度. 用两种不同的坐标系表示的同一世界点的坐标之间的联系由公式给出:

$$\left.\begin{aligned}
&x_1 = \alpha_{11}(t')x_1' + \alpha_{12}(t')x_2' + \alpha_1(t'),\\
&x_2 = \alpha_{21}(t')x_1' + \alpha_{22}(t')x_2' + \alpha_2(t'),\\
&t = t' + a,
\end{aligned}\right\} \qquad (\text{II})$$

其中 α_i 和 α_{ik} 可以是 t' 的任意连续函数, 而 α_{ik} 是 t' 的所有值的正交变换的系数. 如果用图解法绘制曲面 $t' = \text{const}$, $x_1' = \text{const}$, $x_2' = \text{const}$, 那么第一类曲面仍然是与平面 $t = \text{const}$ 重合的平面; 另一方面, 其他两类曲面都是曲面. 变换公式不再是线性的.

在这种情况下, 我们达到了一个重要的目的, 当我们在研究行星等质点系统的运动时, 通过选择坐标系, 使得表示质点的空间坐标如何依赖于时间的函数 $x_1(t)$, $x_2(t)$ 变得尽可能简单, 或者至少满足尽可能简单的定律. 这就是哥白尼发现的实质, 后来开普勒将其阐述得如此精妙, 换句话说, 实际上存在这样一种坐标系, 在这个坐标系中, 行星运动的定律比在静止的地球上所采用的形式要简单得多, 表达能力也强得多. 哥白尼的著作在关于世界的哲学思想上引起了一场革命, 因为**他粉碎了地球绝对重要的信念**. 他的思考和开普勒的思考在性质上都是纯**运动学的** (kinematical). 牛顿发现了开普勒的运动学定律的真正基础, 即力学的**动力学**基本定律和万有引力定律. 每个人都知道, 牛顿的力学原理在天体和地球现象上得到了多么出色的证实. 因为我们确信, 它是普遍有效的, 不仅对行星系统有效, 而且由于它的定律对于变换 (II) 来说绝不是不变的, 它使我们能够以一种独立于所有个体规范的方式来固定坐标系, 而且比相对论原理 (II) 所引出的运动学观点所可能得出的结论要明确得多.

① 甚至亚里士多德在这一点上也很清楚, 因为他指出 “地点” ($\tau\acute{o}\pi o\varsigma$) 是一个物体与其邻近的物体之间的关系.

伽利略的惯性原理 (牛顿第一运动定律) 是力学的基础. 它表明一个不受外力作用的质点总保持静止状态或匀速直线运动状态. 因此它的世界线是一条直线, 质点的空间坐标 x_1, x_2 是时间 t 的线性函数. 如果这一原理适用于由 (Ⅱ) 连接的两个坐标系, 那么当 t' 的线性函数被 x_1' 和 x_2' 替换时, x_1 和 x_2 就必定成为 t' 的线性函数. 由此可以直接得出 α_{ik} 一定是常数, 而 a_1 和 a_2 一定是 t 的线性函数; 也就是说, 一个笛卡儿坐标系 (在空间中) 必须相对于另一个坐标系做匀速直线运动. 反过来, 很容易证明, 如果 $\mathbf{C}, \mathbf{C}'$ 是两个这样的坐标系, 惯性原理和牛顿的力学原理对坐标系 $\mathbf{C}$ 成立, 那么对坐标系 $\mathbf{C}'$ 也成立. 因此, 在力学中, 任意两个 "允许" 的坐标系都用公式连接起来

$$\left.\begin{aligned} x_1 &= \alpha_{11}x_1' + \alpha_{12}x_2' + \gamma_1 t' + \alpha_1, \\ x_2 &= \alpha_{21}x_1' + \alpha_{22}x_2' + \gamma_2 t' + \alpha_2, \\ t &= t' + a, \end{aligned}\right\} \tag{Ⅲ}$$

其中 α_{ik} 是正交变换的常数系数, a, α_i 和 γ_i 是任意常数. 这种类型的每一个变换都表示从一个允许的坐标系到另一个坐标系的变换. (这就是伽利略和牛顿的相对论原理.) 这种变换的本质特征是, 如果我们不考虑空间中轴的自然任意方向和任意初始点, 那么变换

$$x_1 = x_1' + \gamma_1 t', \quad x_2 = x_2' + \gamma_2 t', \quad t = t' \tag{1}$$

存在不变性. 在我们的图形表示 (见图 7) 中, x_1', x_2', t' 将是相对于一组直线轴的坐标, 其中 x_1' 轴和 x_2' 轴与 x_1 轴和 x_2 轴重合, 而新的 t' 轴有一些新的方向. 下列考虑表明, 牛顿力学定律在从一个坐标系 $\mathbf{C}$ 变换到另一个坐标系 $\mathbf{C}'$ 时并没有改变. 根据万有引力定律, 在某一时刻的一个质点作用于另一个质点的引力是一个矢量, 它在空间中是独立于坐标系的 (这也是同时连接两个质点的位置的矢量). 每一种力, 无论其物理来源是什么, 其大小必定是相同的; 这是牛顿力学的假设, 它要求物理学满足这一假设, 以便能够给力的概念一个内容. 例如, 我们可以在弹性理论中证明, 应力 (由于它们与变形量的关系) 就是所需要的那种力.

质量是独立于坐标系的标量. 最后, 利用由 (1) 推导出的质点运动的变换公式

$$\frac{dx_1}{dt} = \frac{dx_1'}{dt'} + \gamma_1, \quad \frac{dx_2}{dt} = \frac{dx_2'}{dt'} + \gamma_2; \quad \frac{d^2x_1}{dt^2} = \frac{d^2x_1'}{dt'^2}, \quad \frac{d^2x_2}{dt^2} = \frac{d^2x_2'}{dt'^2}$$

不是速度, 而加速度是一个 (空间中的) 独立于坐标系的矢量. 因此, 基本定律: **质量**乘以**加速度** = **力**, 具有所要求的不变性质.

根据牛顿力学原理, 每一个不受外力作用的孤立质量系统的惯性中心都是沿一条直线运动的. 如果把太阳和它的行星看作这样一个系统, 那么问太阳系的惯

性中心是静止的还是均匀运动的就没有意义了. 然而, 天文学家却断言, 太阳正朝着武仙座 (Hercules) 的某一点移动, 这一事实是基于统计观察得出的, 平均而言, 该区域的恒星似乎会偏离某个中心, 就像我们接近一簇树时, 它们似乎会偏离一样. 如果可以确定恒星一般都处于静止状态, 也就是说, 恒星苍穹的惯性中心是静止的, 那么就可以得出关于太阳运动的结论. 因此, 它仅仅是一个关于惯性中心和恒星苍穹相对运动的断言.

要掌握相对论原理的真正意义, 就必须习惯于不是在 "空间" 或 "时间" 中思考, 而是 "在世界中", 也就是 "在**时空**中" 思考. 只有时空中两个事件的重合 (或直接的连续) 才有直接明显的意义, 在这种情况下, 空间和时间是绝对不能分离的, 这正是相对论所断言的. 根据机械论的观点, 所有的物理现象都可以追溯到机械论, 我们应该假设, 不仅是力学, 而且整个自然界的物理统一性, 都服从伽利略和牛顿提出的相对论原理, 它指出, 不可能从那些对力学来说是等价的, 并且每两个系统都通过变换公式 (Ⅲ) 相互关联的特殊系统中挑出不指定**个别对象**的系统. 这些公式决定了**四维世界的几何**, 就像连接两个笛卡儿坐标系的变换群一样, 决定了三维空间的欧几里得几何. 当且仅当由相对于变换 (Ⅲ) 不变的点坐标之间的算术关系定义的世界点之间的关系才具有客观的意义. 我们说空间在所有点上都是**同质的** (homogeneous) 并且在所有方向上都是齐性的. 然而, 这些断言只是所有笛卡儿坐标系等价的**齐性的完整陈述** (complete statement of homogeneity) 的一部分. 同样地, 相对论的原理确切地决定了世界 (即作为现象 "形式" 的时空, 而不是它 "偶然的" 非同质的物质内容) 在某种意义上是同质的.

正如相对论的动力学原理 (Ⅲ) 与更为普遍的相对论运动学原理 (Ⅱ) 的比较所告诉我们的那样, 两个在运动学上完全相似的力学事件, 在动力学上却可能截然不同, 这确实是值得注意的. 一个单独存在的旋转球形流体质量, 或一个旋转的飞轮, 其本身不能与球形流体质量或静止的飞轮区分开来; 尽管如此, "旋转的" 球体还是变平了, 而静止的球体却不改变其形状, 如果旋转速度足够大, 旋转的飞轮就会受到压力, 导致飞轮破裂, 而静止的飞轮则不会发生这种情况. 这种变化行为的原因只能在这个 "世界的度量结构" 中找到, 它在离心力中作为一种活性的因素表现出来. 这就阐明了上述黎曼的观点; 如果度量结构 (这里指的是整个世界, 而不是空间的基本度量张量) 对应的是真实的东西, 通过力作用于物质, 就像对应麦克斯韦应力张量的东西一样, 那么反过来, 我们就必须假设物质也会对这个真实的东西起作用. 我们将在第 4 章稍后的部分再次讨论这个想法.

目前我们只关注变换公式 (Ⅲ) 的线性性质, 这意味着我们所关注的**世界是一个四维仿射空间**. 为了系统地描述它的几何形状, 除了使用世界点外, 我们还相应地使用**世界矢量** (world-vectors) 或位移的概念. 世界的位移是一个变换, 它赋予每个世界点 P 以一个世界点 P', 其特征是通过方程

$$x_i' = x_i + \alpha_i \quad (i = 0, 1, 2, 3)$$

的形式在允许的坐标系中表示出来, 其中, x_i 表示 P 的四个时空坐标 (t 由 x_0 表示), x_i' 是 P' 在这个坐标系中的坐标, 而 α_i 是常数. 这个概念与所选择的容许坐标系无关. 将 P 转换为 P' (或将 P 转换为 P') 的位移表示为 $\overrightarrow{PP'}$ 世界点和位移满足维数为 $n = 4$ 的仿射几何的所有公理. 伽利略惯性原理 (牛顿第一运动定律) 是一个仿射定律, 它描述了什么运动实现了我们四维仿射空间 (“世界”) 的直线, 也就是说, 这些是由不受外力作用下质点的运动实现的.

从**仿射**的观点, 我们转到**度量**的观点. 从图 7 中, 我们可以看到世界的仿射视图 (一个坐标被压缩), 可以读出它的基本度量结构; 这和欧几里得空间很不一样. 世界是 “分层的”, 其中的平面 $t = \text{const}$ 具有绝对的意义. 选定一个时间单位后, 两个世界点 A 和 B 各有一个确定的时间差, 即向量 $\overrightarrow{AB} = \mathbf{x}$ 的时间分量; 在仿射坐标系中, 时间分量通常是任意向量 $\mathbf{x}$ 的线性形式 $t(\mathbf{x})$. 向量 $\mathbf{x}$ 指向过去或未来取决于 $t(\mathbf{x})$ 是负的还是正的. 在两个世界点 A 和 B 中, A 比 B 早, 与 B 同时, 或比 B 晚, 取决于

$$t\left(\overrightarrow{AB}\right) > 0, \quad = 0, \quad \text{或} \quad < 0.$$

然而, 欧几里得几何适用于每一 “层” (stratum); 它基于一个确定的二次型, 在这种情况下, 它只对位于同一层的世界向量 $\mathbf{x}$ 有定义, 也就是说, 满足方程 $t(\mathbf{x}) = 0$ (因为只有在谈论两个质点的**同时**发生的 (simultaneous) 位置之间的距离时才有意义). 然而, 欧几里得几何的**度量结构**是基于一个确定的正定二次型, 伽利略几何的度量结构则是基于如下的:

(1) 任意向量 $\mathbf{x}$ (位移 $\mathbf{x}$ 的 “持续时间”) 的线性形式 $t(\mathbf{x})$;

(2) 一个确定的正定二次型 $(\mathbf{x}, \mathbf{x})$ ($\mathbf{x}$ 的长度的平方), 它仅对满足方程 $t(\mathbf{x}) = 0$ 的所有向量 $\mathbf{x}$ 的三维线性流形有定义.

如果想要构成一幅物理状态的图画, 我们就不能没有一个确定的参照空间. 这样的空间取决于在世界上任意选择一个位移 $\mathbf{e}$ (在图中时间轴落在这个位移 $\mathbf{e}$ 内), 然后由约定定义, 即所有位于 $\mathbf{e}$ 方向直线上的世界点在**空间的同一点上**. 用几何语言就是, 我们只讨论**平行投影** (parallel projection) 的过程. 为了得到一个适当的公式, 我们将从与任意 n 维仿射空间有关的一些几何考虑开始. 为了使我们能够对这些过程形成一幅图画, 我们将限制在 $n = 3$ 的情况下考虑. 我们在空间中取一组平行于向量 $\mathbf{e}$ ($\neq \mathbf{0}$) 的直线. 如果沿着这些射线观察空间, 所有在这条直线方向上位于其后的空间点就会重合, 没有必要指定这些点所投影到的平面. 因此, 我们的定义采用以下形式.

给定一个不等于 $\mathbf{0}$ 的向量 $\mathbf{e}$ 如果 A 和 A' 是使得 $\overrightarrow{AA'}$ 是 $\mathbf{e}$ 的倍数的两点,

我们可以说它们经过一个由 $\mathbf{e}$ 定义的**小空间**中的同一个点 $\mathbf{A}$. 我们可以用平行于 $\mathbf{e}$ 的直线来表示 $\mathbf{A}$, 在这条直线上所有这些重合的点 $A, A', \cdots$ 位于小空间中. 由于空间的每一个位移 $\mathbf{x}$ 将一条平行于 $\mathbf{e}$ 的直线再次转换成一条平行于 $\mathbf{e}$ 的直线, 因此 $\mathbf{x}$ 带来了小空间的一个确定的位移 $\mathbf{x}$, 但是如果每两个位移 $\mathbf{x}$ 和 $\mathbf{x}'$ 的差是 $\mathbf{e}$ 的倍数, 那么它们在小空间中是重合的. 我们将用重斜体字体打印点和位移的符号来表示到小空间的过渡, 即 "在 $\mathbf{e}$ 方向上的投影". 投影变换

$$\lambda\mathbf{x}, \quad \mathbf{x}+\mathbf{y}, \quad \overrightarrow{AB} \quad 到 \quad \lambda x, \quad x+y, \quad \overrightarrow{\mathsf{AB}},$$

也就是说, 这个投影具有真正的仿射性质; 这意味着在小空间中, 仿射几何是成立的, 其维数比原始 "完整" 空间的维数少 1 维.

如果这个空间在欧几里得意义上是有度量的, 也就是说, 如果它的度量是基于一个非退化的二次形式, 即 $Q(\boldsymbol{x}) = (\boldsymbol{x}, \boldsymbol{x})$ 是它的度量基本形式 (为了简化这个过程, 我们将保留 Q 是正定的情况, 但是证明的思路是普遍适用的), 那么, 当从 e 的方向观察这个空间时, 我们显然要把平行于 e 的两条直线上的两点归为小空间的两点, 它们之间的距离等于这两条直线之间的垂直距离. 让我们用分析的方法来表述它. 假设 $(\mathbf{e}, \mathbf{e}) = e \neq \mathbf{0}$ 每个位移 $\mathbf{x}$ 可以唯一地分解为两项之和

$$\mathbf{x} = \xi\mathbf{e} + \mathbf{x}^*, \tag{2}$$

其中第一个正比于 $\mathbf{e}$, 而第二个垂直于 $\mathbf{e}$, 即

$$(\mathbf{x}^*, \mathbf{e}) = 0, \quad \xi = \frac{1}{e}(\mathbf{x}, \mathbf{e}). \tag{3}$$

将 ξ 称为位移 $\mathbf{x}$ 的**高度** (它是 A 和 B 之间的高度之差, 如果 $\mathbf{x} = \overrightarrow{AB}$). 我们有

$$(\mathbf{x}, \mathbf{x}) = e\xi^2 + (\mathbf{x}^*, \mathbf{x}^*). \tag{4}$$

如果给定 x 的高度 ξ 和由 x 产生的小空间的位移 $\mathbf{x}$, 则 $\mathbf{x}$ 是完全特征的; 写作

$$\mathbf{x} = \xi \,|\, x.$$

将 "完全" 空间 "分解" 为高度和小空间, 将完全空间中两点的 "位置差" (position-difference) $\mathbf{x}$ 分解为高度差 ξ 和小空间中位置差 x, 不仅说空间上的两点重合是有意义的, 而且说小空间上的两点分别重合或高度相同也是有意义的. 小空间的每一个位移 x 都是由一个且只有一个完全空间的位移 $\mathbf{x}^*$ 产生的, 这个位移正交于 $\mathbf{e}$. $\mathbf{x}^*$ 和 x 之间的关系是单可逆的仿射关系. 定义方程

$$(x, x) = (\mathbf{x}^*, \mathbf{x}^*)$$

赋予小空间一个基于二次基本形式 (x,x) 的度量结构. 这将 (4) 转化为毕达哥拉斯的基本方程

$$(\mathbf{x},\mathbf{x}) = e\xi^2 + (x,x)\,, \tag{5}$$

对于两个位移, 可以推广为如下形式

$$(\mathbf{x},\mathbf{y}) = e\xi\eta + (x,y)\,. \tag{5'}$$

它的符号形式是明确的.

这些考虑, 只要涉及仿射空间, 就可以直接应用. 完全空间是四维世界: $\mathbf{e}$ 是指向未来方向的任何向量; 而小空间就是我们通常所说的**空间**. 在与 $\mathbf{e}$ 平行的世界线上, 每两个世界点都投射到同一个空间点上. 这个空间点可以用与 $\mathbf{e}$ 平行的直线来表示, 也可以用一个静止的质点来表示, 也就是说, 它的世界线就是这条直线. 然而, 根据伽利略的相对论原理, 度量结构与我们刚才假设的不一样. 这就需要进行以下修改. 每一个世界的位移 $\mathbf{x}$ 都有一个确定的持续时间 $t(\mathbf{x}) = t$ (这代替了几何参数中的 "高度"), 并在小空间中产生一个位移 x; 它根据

$$\mathbf{x} = t\,|x$$

的公式分解成空间和时间. 特别地, 每个空间位移 x 可以由一个且只有一个世界位移 $\mathbf{x}^*$ 产生, 它满足方程 $t(\mathbf{x}^*) = 0$. 对于此类向量 $\mathbf{x}^*$ 所定义的二次型 $(\mathbf{x}^*,\mathbf{x}^*)$, 给空间留下了其欧几里得的度量结构

$$(x,x) = (\mathbf{x}^*,\mathbf{x}^*)\,.$$

空间取决于投影的方向. 在实际情况下, 投影方向可以由任意匀速运动的质点 (或封闭孤立质量系统的质量中心) 来确定.

我们以学究式精确性阐述了这些细节, 以便至少用一套数学概念来武装自己, 这套数学概念被筛选成一种形式, 使得它们立即可以适用于爱因斯坦的相对论原理, 对于相对论, 我们的直觉能力远远不及伽利略的理论.

回到物理学的领域. **光以有限的速度传播**的发现, 给了事物与感知同时存在的自然观致命一击. 由于我们没有比光本身 (或无线电报) 传输时间信号更快的方法, 因此当然不可能通过测量光信号从 A 站发射到 B 站所经过的时间来测量光速. 1675 年, 罗默 (Römer) 根据木星卫星公转时间的不规则性计算出了这个速度, 而木星卫星的公转时间恰好持续了一年, 他主张说, 如果认为地球和木星的卫星之间有相互作用, 地球公转的时间对卫星造成了如此大的干扰, 那就太荒谬了. 菲佐 (Fizeau) 通过对地球表面的测量证实了这一发现. 他的方法基于一个简单的想法, 即当光线到达 B 时再反射回 A, 使发射台 A 和接收台 B 重合. 根据这些

测量, 我们必须假设扰动的中心以恒定的速度 c 在同心球体中传播. 在我们的图形中 (一个空间坐标再次被限制), 在世界点 O 发射的光信号的传播用圆锥体的描述来表示, 它满足方程

$$c^2t^2 - \left(x_1^2 + x_2^2\right) = 0. \tag{6}$$

每个平面由 $t = \text{const}$ 给出, 它将圆锥体切成一个圆, 它由光信号在时刻 t 到达圆锥体的那些点组成. 方程 (6) 满足所有且仅满足所有光信号所到达的所有世界点 (这里假设 $t > 0$). 问题再次出现在这个事件的描述是基于什么参考空间. **恒星的光行差** (aberration of the stars) 表明, 相对于这个参考空间, 地球的运动符合牛顿的理论, 即它与牛顿力学定义的允许参考空间相同. 然而, 在同心圆内的传播对于伽利略变换 (Ⅲ) 当然不是不变的; 而对于斜交于平面 $t = \text{const}$ 的 t' 轴, 则在传播圈外的点上. 然而, 这不能被认为是对伽利略的相对论原则的反对, 如果我们接受在物理学中长期占据主导地位的观点, 我们假定光是通过一种物质介质传播的, 这种介质叫作以太, 它的粒子彼此之间是可以移动的. 在光的情况下所获得的条件, 完全类似于把一块石头扔到水面上所产生的同心圆波的条件. 后一种现象当然不能证明流体动力学方程与伽利略的相对论原理相反的结论. 至于介质本身, 如水或以太, 它们的粒子彼此处于静止状态, 如果忽略相对较小的振动, 我们所得到的参照系, 就和我们所说的同心传动的说法所提供的参照系是一样的.

为了让我们更深入地了解这个问题, 我们将在这里插入一段光学的描述, 从麦克斯韦时代开始, 它就以运动电磁场理论的名义一直存续着.

§20. 运动场的电动力学——洛伦兹相对论

从静电磁场到运动的电磁场 (即随时间变化的电磁场), 我们学到了以下内容.

1. 所谓的电流实际上是由移动的电流组成的: 根据毕奥 (Biot) 和萨伐尔 (Savart) 定律, 一个带电的线圈在旋转中产生磁场. 如果 ρ 是电荷密度, $\mathbf{v}$ 是速度, 那么显然, 对流的密度 $\mathbf{s} = \rho\mathbf{v}$; 然而, 如果毕奥–萨伐尔定律在旧形式中仍然有效, $\mathbf{s}$ 必须用其他单位来衡量. 因此, 我们必须设 $\mathbf{s} = \dfrac{\rho\mathbf{v}}{c}$, 其中 c 是一个通用常数, 它的维度是速度. 韦伯和科尔劳施 (Kohlrausch) 所做的实验, 罗兰 (Rowland) 和艾肯沃尔德 (Eichenwald) 后来也做了同样的实验, 但在观测误差的范围内, 实验给出的 c 值与得到的光速值一致 (见注 2)①. 我们称 $\dfrac{\rho}{c} = \rho'$ 为电荷密度的电磁测度, 为了使电磁力的密度在电磁单位中也等于 $\rho'\mathbf{E}'$, 我们称 $\mathbf{E}' = c\mathbf{E}$ 为场强的电磁测度 (the electromagnetic measure of the field-intensity).

① 注 2: Helmholtz, Monatsber. d. Berliner Akademie, Marz, 1876, or Ges. Abhandlungen, Bd. 1 (1882), p. 791. Eichenwald, Annalen der Physik, Bd. 11 (1903), p. 1.

2. 运动的磁场在均匀的导线中感应出电流. 由物理定律 $\mathbf{s} = \sigma\mathbf{E}$ 和法拉第电磁感应定理可以确定; 后者断言感应电动势等于通过导体的磁通量的时间衰减, 因此, 我们有

$$\int \mathbf{E}' d\mathbf{r} = -\frac{d}{dt}\int B_n do. \tag{7}$$

左边是沿闭合曲线的线积分, 右边是磁感应强度 $\mathbf{B}$ 的法向分量的曲面积分, 在包含曲线的覆盖曲面上. 因为

$$\operatorname{div} \mathbf{B} = 0, \tag{8$'$}$$

所以通过导电曲线的感应通量是唯一确定的, 也就是说, 不存在真正的磁力. 由斯托克斯定理, 我们从 (7) 式得到微分定律

$$\operatorname{curl} \mathbf{E} + \frac{1}{c}\frac{\partial \mathbf{B}}{\partial t} = \mathbf{0}. \tag{8}$$

因此, 在统计意义下成立的方程 $\operatorname{curl} \mathbf{E} = \mathbf{0}$, 在左边增加了一项 $\frac{1}{c}\frac{\partial \mathbf{B}}{\partial t}$, 这是对时间的导数. 我们所有的电气技术科学都以它为基础, 因此, 实际经验很好地证明了引入它的必要性.

3. 另一方面, 在麦克斯韦时期, 加入到电磁基本方程的项

$$\operatorname{curl} \mathbf{H} = \mathbf{s} \tag{9}$$

是纯粹的假设. 在一个运动场中, 例如在一个电容器的放电中, 不能使 $\operatorname{div} \mathbf{s} = 0$, 但是代替它的 "连续性方程"

$$\frac{1}{c}\frac{\partial \rho}{\partial t} + \operatorname{div} \mathbf{s} = 0 \tag{10}$$

必须成立. 这说明了电流是由流动的电组成的这一事实. 由于 $\rho = \operatorname{div} \mathbf{D}$, 我们发现不是 $\mathbf{s}$, 而 $\mathbf{s} + \frac{1}{c}\frac{\partial \mathbf{D}}{\partial t}$ 必须是无旋的, 这立即表明, 我们必须写出运动场的方程为

$$\operatorname{curl} \mathbf{H} - \frac{1}{c}\frac{\partial \mathbf{D}}{\partial t} = \mathbf{s}, \tag{11}$$

而不是方程 (9). 除此之外, 和之前一样, 我们有

$$\operatorname{div} \mathbf{D} = \rho. \tag{11$'$}$$

由 (11) 和 (11′), 反过来得到连续性方程 (10). 由于增加了一个额外的对时间的微分系数项 $\frac{1}{c}\frac{\partial \mathbf{D}}{\partial t}$ (麦克斯韦的**位移电流**), 电磁扰动以有限的速度 c 在以太中传

播. 它是光的电磁理论的基础, 这个理论成功地解释了光学现象, 并在著名的赫兹实验和无线电报中得到了实验验证, 无线电报是它的技术应用之一. 这也清楚地表明, 这些定律与光的同心圆传播所持有的相同的参考空间有关, 即“固定的”以太. 涉及所考虑物质的特定特性的定律还没有加入到麦克斯韦场方程 (8) 和 (8′) 以及 (11) 和 (11′) 之中.

然而, 我们将在这里只考虑以太的条件, 在这里

$$\mathbf{D} = \mathbf{E}, \quad \mathbf{H} = \mathbf{B},$$

麦克斯韦方程组是

$$\text{curl } \mathbf{E} + \frac{1}{c}\frac{\partial \mathbf{B}}{\partial t} = \mathbf{0}, \quad \text{div } \mathbf{B} = 0, \tag{12}$$

$$\text{curl } \mathbf{B} - \frac{1}{c}\frac{\partial \mathbf{E}}{\partial t} = \mathbf{s}, \quad \text{div } \mathbf{E} = \rho. \tag{12'}$$

根据电子的原子理论, 这些通常是有效的精确的物理定律. 该理论进一步规定 $\mathbf{s} = \dfrac{\rho\mathbf{v}}{c}$, 其中 $\mathbf{v}$ 表示与电荷有关的物质的速度.

作用在物体上的**力**由来自电场和磁场的分量组成: 它的密度是

$$\mathbf{p} = \rho\mathbf{E} + [\mathbf{s}, \mathbf{B}]\,. \tag{13}$$

由于 $\mathbf{s}$ 平行于 $\mathbf{v}$, 单位时间和单位体积内对电子所做的功为

$$\mathbf{p}\cdot\mathbf{v} = \rho\mathbf{E}\cdot\mathbf{v} = c\,(\mathbf{s}, \mathbf{E}) = \mathbf{s}\cdot\mathbf{E}'.$$

它用于增加电子的动能, 由于碰撞的结果, 部分电子转移到中性分子. 正如焦耳所指出的那样, 在导体内部这种增强的分子运动在物理上表现为在这种现象中产生的热. 事实上, 我们通过实验发现 $\mathbf{s}\cdot\mathbf{E}'$ 是电流在单位时间和单位体积中产生的热量. 以这种方式消耗的能量必须由提供电流的仪器提供. 如果方程 (12) 乘以 $-\mathbf{B}$, 方程 (12’) 乘以 $\mathbf{E}$, 然后相加, 我们得到

$$-c\cdot\text{div }[\mathbf{E}, \mathbf{B}] - \frac{\partial}{\partial t}\left(\frac{1}{2}\mathbf{E}^2 + \frac{1}{2}\mathbf{B}^2\right) = c\,(\mathbf{s}, \mathbf{E})\,.$$

如果我们设

$$[\mathbf{E}, \mathbf{B}] = \mathbf{s}, \quad \frac{1}{2}\mathbf{E}^2 + \frac{1}{2}\mathbf{B}^2 = W,$$

并对任一体积 V 积分, 这个方程就变成

$$-\frac{d}{dt}\int_V W dV + c\int_\Omega S_n do = \int_V c\,(\mathbf{s}, \mathbf{E}) dV.$$

左边的第二项是对 V_1 的外表面沿着向内法向 $\mathbf{s}$ 的分量 S_n 的积分. 右边是单位时间内对体积 V 所做的功. 它被 V 中所包含的能量 $\int W dV$ 的减少和从外部流入空间 V 的能量所补偿. 因此, 我们的方程是**能量定理**的表达式. **它证实了我们最初关于场能密度 W 的假设**, 进一步我们看到 $c\mathbf{s}$ (即众所周知的坡印亭矢量①) 代表的就是**能量流或能量通量** (energy stream or energy-flux).

在电荷和电流分布已知的假设下, 洛伦兹以下列方式对场方程 (12) 和 (12′) 进行了积分. 方程 $\operatorname{div}\mathbf{B}=0$ 可以通过设

$$-\mathbf{B}=\operatorname{curl}\mathbf{f} \tag{14}$$

来满足, 其中 $-\mathbf{f}$ 是向量势. 通过把这个代入上面的第一个方程, 我们得到 $\mathbf{E}-\frac{1}{c}\frac{\partial\mathbf{f}}{\partial t}$ 是无旋的, 所以可以设

$$\mathbf{E}-\frac{1}{c}\frac{\partial\mathbf{f}}{\partial t}=\operatorname{grad}\phi, \tag{15}$$

其中 $-\phi$ 为标量势. 我们可以利用 $\mathbf{f}$ 所具有的任意性质, 使它满足辅助条件

$$\frac{1}{c}\frac{\partial\phi}{\partial t}+\operatorname{div}\mathbf{f}=0.$$

这对我们的目的是有利的 (而对于一个静电场, 我们假设 $\operatorname{div}\mathbf{f}=0$). 如果在后两个方程中引入势, 我们可以通过简单的计算得到

$$-\frac{1}{c^2}\frac{\partial^2\phi}{\partial t^2}+\Delta\phi=\rho, \tag{16}$$

$$-\frac{1}{c^2}\frac{\partial^2\mathbf{f}}{\partial t^2}+\Delta\mathbf{f}=\mathbf{s}. \tag{16′}$$

方程 (16) 表示以速度 c 行进的波的扰动. 事实上, 正如泊松方程 $\Delta\phi=\rho$ 有解

$$-4\pi\phi=\int\frac{\rho}{r}dV$$

① 坡印亭定理, 英文表示 Poynting theorem, 是 1884 年约翰 · 坡印亭 (John Poynting) 提出的关于电磁场能量守恒的定理. 他认为电磁场中的电场强度 E 与磁场强度 H 叉乘所得的矢量, 即 $E\times H=S$, 代表电磁场能流密度, 表示一个与垂直通过单位面积的功率相关的矢量. 人们称这个矢量 S 为**坡印亭矢量** (Poynting vector). 坡印亭定理表明, 在电磁场中的任意闭合面上, 坡印亭矢量的外法向分量的闭面积分, 等于闭合面所包围的体积中所储存的电场能和磁场能的时间减少率减去容积中转化为热能的电能耗散率. (译者注)

一样, 因此, 方程 (16) 也有解

$$-4\pi\phi=\int\frac{\rho\left(t-\dfrac{r}{c}\right)}{r}dV,$$

其中左边的 ϕ 是在时刻 t 于 O 点处的值; r 是源 P 的距离, 我们对它从出现点 O 起积分; 在积分号内, ρ 是在时刻 $t-\dfrac{r}{c}$ 于点 P 的值. 类似地, 方程 (16′) 有解

$$-4\pi\mathbf{f}=\int\frac{\mathbf{s}\left(t-\dfrac{r}{c}\right)}{r}dV.$$

某一点的电场不依赖于同一时刻电荷和电流的分布, 但对于每个点来说, 决定因素是回到某一时刻, 就像扰动以速度 c 从源传播到出现点所需要的 $\left(\dfrac{r}{c}\right)$ 一样多.

正如势能 (在笛卡儿坐标系中) 的表达式, 即

$$\Delta\phi=\frac{\partial^2\phi}{\partial x_1^2}+\frac{\partial^2\phi}{\partial x_2^2}+\frac{\partial^2\phi}{\partial x_3^2},$$

对于变量 x_1,x_2,x_3 的线性变换是不变的, 使得它们将二次型

$$x_1^2+x_2^2+x_3^2$$

变换成其自身, 所以当我们从静态场过渡到运动场时, 势能的表达式代替了这个表达式, 即**推迟势** (retarded potentials)

$$-\frac{1}{c^2}\frac{\partial^2\phi}{\partial t^2}+\frac{\partial^2\phi}{\partial x_1^2}+\frac{\partial^2\phi}{\partial x_2^2}+\frac{\partial^2\phi}{\partial x_3^2}$$

对于四个坐标 t,x_1,x_2,x_3 的线性变换是不变的, 所谓的洛伦兹变换, 它把不定形式

$$-c^2t^2+x_1^2+x_2^2+x_3^2 \tag{17}$$

变换成其自身. 洛伦兹和爱因斯坦认识到, 不仅对于方程 (16), 而且对于以太来说, 整个电磁定律体系都具有这种不变性, 也就是说, 这些定律是张量之间的不变关系的表达, 这些张量存在于坐标为 t,x_1,x_2,x_3 的四维仿射空间中, 并在其上形成了一个如形式 (17) 所示的非定的度量结构. 这就是**洛伦兹–爱因斯坦相对论**.

为了证明这个定理, 我们将选择一个新的时间单位, 令 $ct=x_0$ 则度量基本形式的系数为

$$g_{ik}=0\quad(i\neq k),\quad g_{ii}=\varepsilon_i,$$

其中 $\varepsilon_0 = -1, \varepsilon_1 = \varepsilon_2 = \varepsilon_3 = +1$. 所以从一个张量的关于指标 i 的协变分量到这个张量的逆变分量, 我们只需要把第 i 个分量乘以 ε_i. 电流的连续性问题 (10) 假定所需的不变形式为

$$\sum_{i=0}^{3} \frac{\partial s^i}{\partial x_i} = 0,$$

如果引入 $s^0 = \rho$ 和 s^1, s^2, s^3, 它们是 s 的分量, 作为上面四维空间中一个向量的四个逆变分量, 也就是 "4-矢量电流". 与此平行, 从 (16) 和 (16′) 可以看出, 必须把 $\phi_0 = \phi$ 和 $\mathbf{f}$ 的分量, 即 ϕ^1, ϕ^2, ϕ^3 结合起来, 构成一个四维矢量的逆变分量, 我们称之为电磁势; 在其协变分量中, 第 0 个分量即 $\phi_0 = -\phi$, 而其他三个分量 ϕ_1, ϕ_2, ϕ_3 等于 $\mathbf{f}$ 的分量. 由势导出场量 $\mathbf{B}$ 和 $\mathbf{E}$ 的方程 (14) 和 (15) 可以写成不变式

$$\frac{\partial \phi_i}{\partial x_k} - \frac{\partial \phi_k}{\partial x_i} = F_{ik}, \tag{18}$$

其中, 假设

$$\mathbf{E} = (F_{10}, F_{20}, F_{30}), \quad \mathbf{B} = (F_{23}, F_{31}, F_{12}).$$

这就是我们如何结合电场和磁场的强度来组成一个二阶的线性张量 F, 即 "场". 由 (18) 得到不变方程

$$\frac{\partial F_{kl}}{\partial x_i} + \frac{\partial F_{li}}{\partial x_k} + \frac{\partial F_{ik}}{\partial x_l} = 0, \tag{19}$$

这是麦克斯韦方程组中的第一个方程 (12). 我们采取了迂回的路线, 只使用洛伦兹解和势, 以自然地引导三维量的适当组合, 将它们转换成四维的矢量和张量. 通过转换到逆变分量, 我们得到

$$\mathbf{E} = \left(F^{01}, F^{02}, F^{03}\right), \quad \mathbf{B} = \left(F^{23}, F^{31}, F^{12}\right).$$

麦克斯韦方程组中的第二个方程, 用四维张量不变地表示, 现在是

$$\sum_k \frac{\partial F^{ik}}{\partial x_k} = s^i. \tag{20}$$

如果现在引入带有协变分量的四维向量

$$p_i = F_{ik} s^k \tag{21}$$

(以及逆变分量 $p^i = F^{ik}s_k$)——按照以前省略求和符号的做法——那么 p^0 是“功密度”，也就是每单位时间和每单位体积的功: $p^0 = (\mathbf{s}, \mathbf{E})$ (时间单位要适应新的时间 $x_0 = ct$ 的度量方法); p^1, p^2, p^3 是力密度的分量.

这充分证明了洛伦兹相对论. 我们注意到, 在这里得到的定律与那些在静止磁场 (§9(62)) 中保持的定律是完全相同的, 除了它们已经从三维空间转到了四维空间. 毫无疑问, 这些定律背后的真正的数学的和谐性在这个公式中以四维张量的形式找到了尽可能完整的表达.

此外, 我们从上面得知, 正如在三维情况下, 我们可以从一个对称的四维“应力张量” S 推导出“四维力” $= p_i$, 因此

$$-p_i = \frac{\partial S_i^k}{\partial x_k} \quad \text{或者} \quad -p^i = \frac{\partial S^{ik}}{\partial x_k}, \tag{22}$$

$$S_i^k = F_{ir}F^{kr} - \frac{1}{2}\delta_i^k |F|^2. \tag{22$'$}$$

这里场数值的平方 (这里不一定是正数) 是

$$|F|^2 = \frac{1}{2}F_{ik}F^{ik}.$$

我们将通过直接计算来验证公式 (22), 有

$$\frac{\partial S_i^k}{\partial x_k} = F_{ir}\frac{\partial F^{kr}}{\partial x_k} + F^{kr}\frac{\partial F_{ir}}{\partial x_k} - \frac{1}{2}F^{kr}\frac{\partial F_{kr}}{\partial x_i}.$$

右边的第一项给出了

$$-F_{ir}s^r = -p_i.$$

如果我们斜对称地写出 F^{kr} 的系数, 得到第二项为

$$\frac{1}{2}F^{kr}\left(\frac{\partial F_{ir}}{\partial x_k} - \frac{\partial F_{ik}}{\partial x_r}\right),$$

结合第三项, 得到

$$-\frac{1}{2}F^{kr}\left(\frac{\partial F_{ik}}{\partial x_r} + \frac{\partial F_{kr}}{\partial x_i} + \frac{\partial F_{ri}}{\partial x_k}\right).$$

由 (19) 式知, 括号中三项组成的表达式等于 0.

现在, $|F|^2 = \mathbf{B}^2 - \mathbf{E}^2$. 让我们根据空间和时间的划分, 将指标 0 从其他指标 1, 2, 3 中分离出来, 来考察 S_{ik} 的各个分量意味着什么.

$S^{00}=$ 能量密度 $W=\dfrac{1}{2}\left(\mathbf{E}^2+\mathbf{B}^2\right)$,

$S^{0i}=\mathbf{S}$ 的分量 $=[\mathbf{E},\mathbf{B}]$, $\quad i,k=(1,2,3)$,

$S^{ik}=$ 麦克斯韦应力张量的分量, 它在 §9 中给出的由电和磁两部分组成. 因此, (22) 式的第 0 个方程表达了能量定律. 第一、第二和第三个方程有完全类似的形式. 如果, 我们暂时用 G^1,G^2,G^3 来表示向量 $\dfrac{1}{c}\mathbf{S}$ 的分量, 用 $\mathbf{t}^{(i)}$ 来表示分量为 S^{i1},S^{i2},S^{i3} 的向量, 我们得到

$$-p_i=\frac{\partial G^i}{\partial t}+\operatorname{div}\mathbf{t}^{(i)}\quad(i=1,2,3). \tag{23}$$

作用于包围在空间 V 中的电子上的力产生的动量在时间上的增加在数值上等于它本身. 根据方程 (23), 这种增加被分布在密度为 $\dfrac{\mathbf{S}}{c}$ 的场中的**场动量** (field-momentum) 相应的减少以及来自外部的场动量的增加所平衡. 动量的第 i 个分量的电流由 $\mathbf{t}^{(i)}$ 给出, 因此动量通量 (momentum-flux) 只不过是麦克斯韦应力张量. 能量守恒定理只是洛伦兹变换不变定律的一个分量 (即时间分量), 其他分量是空间分量, 它表示动量守恒. 总能量和总动量保持不变: 它们只是从场的一个部分流到另一个部分, 并从场能和场动量转换为物质的动能和动量, 反之亦然. 这就是公式 (22) 的简单物理意义. 根据它, 今后我们将把四维世界的张量 S 称为**能量–动量–张量**, 或者更简单地说, 称为**能量–张量**. 它的对称性告诉我们, **动量密度** $=\dfrac{1}{c^2}$ **乘以能量–通量**. 因此场动量很弱, 但是, 通过证明光在反射面上的压力是有可能证明它的存在的.

洛伦兹变换是线性的. 因此 (再次在我们的图形中限制一个空间坐标), 我们看到这相当于引入一个新的仿射坐标系, 考虑新坐标系的基本向量 $\mathbf{e}_0',\mathbf{e}_1',\mathbf{e}_2'$ 相对于原始的基本向量 $\mathbf{e}_0,\mathbf{e}_1,\mathbf{e}_2$, 即 x_0 (或 t), x_1,x_2 轴方向上的单位向量. 因为对于

$$\mathbf{x}=x_0\mathbf{e}_0+x_1\mathbf{e}_1+x_2\mathbf{e}_2=x_0'\mathbf{e}_0'+x_1'\mathbf{e}_1'+x_2'\mathbf{e}_2',$$

有

$$-x_0^2+x_1^2+x_2^2=-x'^2_0+x'^2_1+x'^2_2\,[=Q(\mathbf{x})],$$

我们得到 $Q(\mathbf{e}_0')=-1$. 因此, 从 O (即 t' 轴) 开始的向量 $\mathbf{e}_0'$ 位于光锥的内部; 平行平面 $t'=\text{const}$ 使它们从圆锥体上切割出椭圆, 圆锥体的中点位于 t' 轴上 (见图 7); x_1' 轴和 x_2' 轴与这些椭圆截面的共轭直径方向一致, 所以它们的方程是

$$x'^2_1+x'^2_2=\text{const}.$$

只要我们保留能够执行振动的以太物质的图像, 那么在洛伦兹相对论中, 我们能看到的只是一个非凡的数学变换性质; 伽利略和牛顿的相对论定理仍然是真正有效的. 然而, 我们面临的任务不仅是解释光学现象, 而且还要解释所有电动力学定律以及作为满足伽利略相对论的以太力学结果的定律. 为了达到这个目的, 我们必须使场量与以太的密度和速度有明确的关系. 在麦克斯韦提出光的电磁理论之前, 人们曾试图对光学现象进行这种研究, 这些努力部分而非全部取得了成功. 这种尝试并没有在麦克斯韦把光学现象归入更广泛的领域的情况下进行 (见注 3)[①]. 相反, **场存在于真空之中而不需要媒介来维持它的想法**逐渐开始占据上风. 事实上, 就连法拉第也用明确的语言表达过, 不是场应该通过与物质的关联来获得它的意义, 相反, 物质的粒子只不过是场的奇点.

§21. 爱因斯坦的相对论

让我们暂时保留我们对以太的观念. 应该可以确定一个物体 (例如地球) 相对于固定或静止的以太的运动. 光行差对我们没有帮助, 因为这只是表明这种相对运动在一年的过程中发生了**变化**. 设 A_1, O, A_2 是地球上的三个固定点, 它们共同运动. 设它们沿地球运动方向在一条直线上并且等距, 使 $A_1O = OA_2 = l$, 设 v 是地球通过以太的平移速度; 设 $\dfrac{v}{c} = q$, 我们假设它是一个很小的量. 在 O 处发出的光信号经过一段时间 $\dfrac{l}{c-v}$ 后到达 A_2, 经过一段时间 $\dfrac{l}{c+v}$ 后到达 A_1. 不幸的是, 这种差异无法被证明, 因为没有比光更快的信号可以用来把时间传递到另一个地方.[②] 我们借鉴了菲佐的想法, 在 A_1 和 A_2 设置了小镜子, 将光线反射回 O. 若光信号在 O 时刻发出, 则 A_2 反射的光线经过一段时间

$$\frac{l}{c-v} + \frac{l}{c+v} = \frac{2lc}{c^2 - v^2}$$

后到达 A, 而 A_1 反射出的光线经过一段时间

$$\frac{l}{c+v} + \frac{l}{c-v} = \frac{2lc}{c^2 - v^2}$$

后达到 O. 现在已经不再有时间上的差别了. 然而, 让我们现在假设第三点 A 通过以太参与平移运动, 使得 $OA = l$, 但 OA 与 OA 的方向形成一个角 θ. 在图 8

① 注 3: 这是真的, 只是受到一定的限制; 见 A. Korn, Mechanische Theorie des elektromagnetischen Feldes, Phys. Zeitschr., Bd. 18, 19 and 20 (1917–1919).

② 我们可能会想到, 把时间从一个世界点传送到另一个世界点, 方法是携带一个时钟, 把时间从一个地方传送到另一个地方. 在实践中, 这个过程对我们的目的来说不够准确. 从理论上讲, 绝不能确定这种传输与所经过的路径无关. 事实上, 相对论证明, 相反, 它们是相互依赖的, 参见 §22.

中, O, O', O'' 分别是从 0 时刻信号发出的点 O 开始的连续三个点的位置, 在 t' 时刻被置于 A' 位置的镜面 A 反射, 最后在 $t'+t''$ 时刻再次达到 O. 从图中我们可以得到比例

$$OA' : O''A' = OO' : O''O'.$$

因此这两个角在 A' 处是相等的. 反射镜必须放置, 就像系统静止时一样, 垂直于刚性连线 OA, 以便光线可以返回到 O. 用初等三角函数计算给出 θ **方向上的视透率**为

$$\frac{2l}{t'+t''} = \frac{c^2-v^2}{\sqrt{c^2-v^2\sin^2\theta}}. \tag{24}$$

因此, 它取决于角度 θ, 它给出了传输的方向. 对 θ 值的观察应能使我们确定 v 的方向和大小.

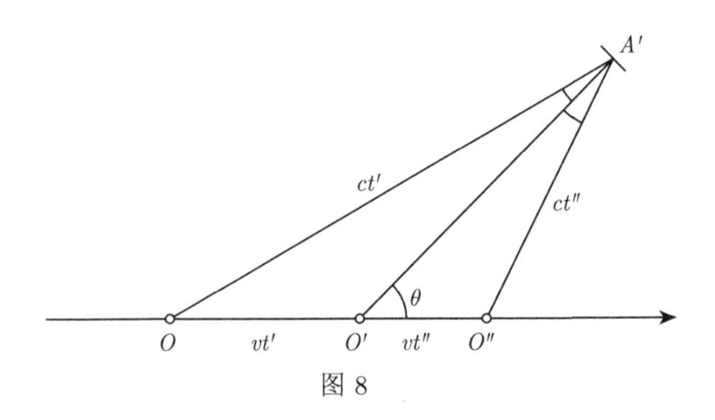

图 8

这些观察结果在著名的**迈克耳孙–莫雷实验** (图 9) 中得到了尝试 (见注 4) ①. 在这种情况下, 两个镜子 A, A' 在距离 l, l' 的地方被刚性地固定在 O 点, 一个沿着运动方向所在的直线, 另一个垂直于这个方向. 整个装置可绕 O 旋转. 通过一块透明的玻璃板 (其中一半镀银, 并在 O 点平分直角), 光线被分成两半, 一半到达 A, 另一半到达 A'. 它们在这两点上反射, 在 O 时, 由于镜面部分镀银, 它们再次组合成单一的复合射线. 让 l 和 l' 近似相等, 那么, 由于 (24) 给出的路径差, 即

$$\frac{2l}{1-q^2} - \frac{2l'}{\sqrt{1-q^2}},$$

就会产生干涉. 如果整个装置现在绕着 O 缓慢地旋转 $90°$, 直到 A' 进入运动方

① 注 4: A. A. Michelson, Sill. Journ., Bd. 22 (1881), p. 120. A. A. Michelson and E. W. Morley, *idem*, Bd. 34 (1887), p. 333. E. W. Morley and D. C. Miller, Philosophical Magazine, vol. viii (1904), p. 753, and Bd. 9 (1905), p. 680. H. A. Lorentz, Arch. Néerl., Bd. 21 (1887), p. 103, or Ges. Abhandl., Bd. 1, p. 341. 自从爱因斯坦提出相对论以来, 这个实验就被反复讨论.

向, 路径差就会变成

$$\frac{2l}{\sqrt{1-q^2}}-\frac{2l'}{1-q^2}.$$

因此, 路径被缩短了一定数量

$$2\left(l+l'\right)\left(\frac{1}{1-q^2}-\frac{1}{\sqrt{1-q^2}}\right)\sim\left(l+l'\right)q^2.$$

这应该用初始干涉条纹的位移来表示. 虽然在一定条件下, 从数值上看, 迈克耳孙所预测的条纹位移即使只有百分之一也不可能逃过探测, 但在进行实验时却找不到一丝痕迹.

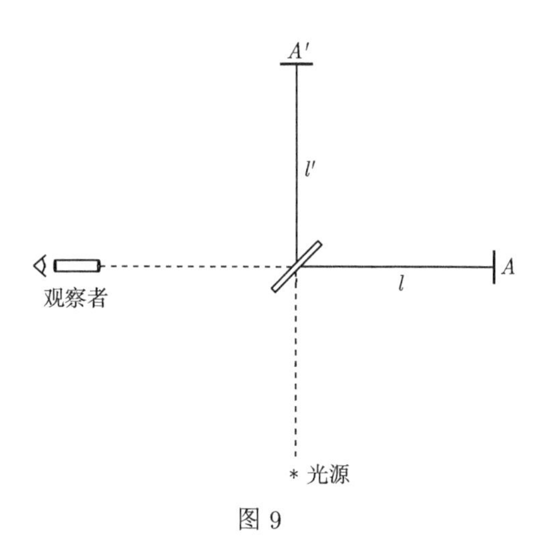

图 9

洛伦兹 (菲茨杰拉德也独立地做过该实验) 试图通过大胆的假设来解释这个奇怪的结果, 即一个相对于以太运动的刚体在运动线的方向上经历了 $1:\sqrt{1-q^2}$ 的收缩. 这实际上可以解释迈克耳孙-莫雷实验的无效结果. 在这里, OA 在第一个位置有真实长度 $l\sqrt{1-q^2}$, OA' 有真实长度 l', 然而, 在第二个位置, OA 有真实长度 l, 但 OA' 有真实长度 $l'\sqrt{1-q^2}$. 在**每种**情况下, 路径的差值都是 $\dfrac{2(l-l')}{\sqrt{1-q^2}}$.

研究还发现, 无论将严格地固定在 O 上的镜面转向哪个方向, 在所有方向上所获得的传播速度 $\sqrt{c^2-v^2}$ 都是相同的; 也就是说, 这个速度不依赖于由 (24) 给出的方向 θ. 然而, 从理论上讲, 似乎仍有可能证明从 c 到 $\sqrt{c^2-v^2}$ 的传播速度下降. 但如果以太以 $1:\sqrt{1-q^2}$ 的比例缩短了运动方向上的测量杆, 它只需要以相同的比例延迟时钟, 就可以掩盖这一影响. 事实上, 不仅是迈克耳孙–莫雷实验, 而且还有一系列进一步的实验, 即旨在证明地球的运动对力学和电磁综合现象的影响, 都导致了无效的结果 (见注 5)[①]. 因此, 以太力学不仅要解释麦克斯韦定律, 还要解释物质与以太之间的这种显著的相互作用. 似乎以太已经把自己带到了阴影之地, 这是为了逃避物理学家的好奇探索的最后努力!

对于为什么在以太中的平移不能与静止相区分这个问题, 唯一合理的答案是爱因斯坦的答案, 即以太不存在! (以太从一开始就只是一个模糊的假设, 而且在事实面前表现得非常糟糕.) 我们的立场是: 对于力学, 我们得到了伽利略的相对论; 对于电动力学, 我们得到了洛伦兹的定理. 如果这是真的, 它们会相互抵消, 从而定义一个绝对的参考空间, 在这个空间里, 力学定律具有牛顿形式, 电动力学定律由麦克斯韦给出. 要解释实验的无效结果 (其目的是要区分平移和静止) 的困难, 只有把这两个相对论原理中的一个视为对**所有**物理现象都有效, 才能克服. 对于电动力学来说, 伽利略的理论没有问题, 因为这意味着, 在麦克斯韦的理论中, 那些我们用来区分运动场和静止场的项不会发生: 没有感应, 没有光, 也没有无线电报. 另一方面, 即使是洛伦兹–菲茨杰拉德的收缩理论也表明, 牛顿的力学可以被修改, 以满足洛伦兹–爱因斯坦相对论, 发生的偏差仅为 $\left(\frac{v}{c}\right)^2$; 这样, 行星或地球上的所有速度 v 都能很容易地观测到它们. 爱因斯坦的解决方案 (见注 6)[②]一举克服了所有的困难, 它是这样的: 世界是一个四维仿射空间, 其度量结构由一个非定二次型

$$Q(\mathbf{x}) = (\mathbf{x}, \mathbf{x})$$

确定, 它有一个负的维度和三个正的维度. 所有的物理量都是四维世界中的标量和张量, 所有的物理定律都表示它们之间的不变关系. 形式 $Q(\mathbf{x})$ 的简单具体含义是, 从世界点 O 发出的光信号到达所有那些世界点而且仅到达那些世界点 A, 其中 $\mathbf{x} = \overrightarrow{OA}$ 属于由方程 $Q(\mathbf{x}) = 0$ (参见 §4) 所定义的两个圆锥片之一. 因此, 这张 (两个锥体的) 向未来开放的一片, 即 $Q(\mathbf{x}) < 0$, 与向过去开放的一片在客观上是不同的. 通过引入适当的由零点 O 和基本向量 $\mathbf{e}_i$ 组成的 “正规” 坐标系, 我们可以使 $Q(\mathbf{x})$ 变成标准的形式

$$\left(\overrightarrow{OA}, \overrightarrow{OA}\right) = -x_0^2 + x_1^2 + x_2^2 + x_3^2,$$

其中 x_i 是 A 的坐标; 此外, 基本向量 $\mathbf{e}_0$ 是属于指向未来的圆锥. **从这些正则的坐标系中进一步缩小选择范围是不可能的**, 也就是说, 没有一个是特别偏爱的, 它

① 注 5: 参考 Trouton and Noble, Proc. Roy. Soc., vol. Lxxii (1903), p. 132. Lord Rayleigh, Phil. Mag., vol. iv (1902), p. 678. D. B. Brace, *idem* (1904), p. 317, vol. x (1905), pp. 71, 591. B. Strasser, Annal. d. Physik, Bd. 24 (1907), p. 137. Des Coudres, Wiedemanns Annalen, Bd. 38 (1889), p. 71. Trouton and Rankine, Proc. Roy. Soc., vol. viii. (1908), p. 420.

② 注 6: Zur Elektrodynamik bewegter Körper, Annal. d. Physik, Bd. 17 (1905), p. 891.

们都是等价的. 如果我们利用特定的一个, 那么 x_0 必须被认为是时间; x_1, x_2, x_3 作为笛卡儿空间坐标, 所有关于空间和时间的普通表述, 都将照例在这个参照系中使用. 关于爱因斯坦发现的充分的数学公式是由闵可夫斯基首先提出的 (见注 7)[①]: 多亏了他, 我们才有了四维世界几何学的概念, 我们的论点从一开始就是基于这个概念的.

迈克耳孙–莫雷实验的无效结果是如何产生的现在已经很清楚了. 因为根据爱因斯坦的相对性原理, 如果发生物质内聚力的相互作用以及光的传播现象, 那么通过客观测定可以发现, 测量杆的行为必须使静止和平移之间是没有区别的. 看到麦克斯韦方程满足爱因斯坦的相对论, 洛伦兹甚至也承认, 我们确实必须把迈克耳孙–莫雷实验看作一个证明, 严格说来, 刚体的力学必须不符合伽利略的相对论原理, 而符合于爱因斯坦的相对论原理.

显然, 这在数学上比前者简单得多, 也更容易理解: 通过爱因斯坦和闵可夫斯基, 世界几何学与欧几里得空间几何学有了更密切的联系. 而且, 通过使 c 收敛到 ∞, 可以很容易地证明伽利略原理是爱因斯坦的世界几何学的一个极限情形. 这种观点的物理意义是, 我们要抛弃对同时性的客观意义的信念; 爱因斯坦在认识论领域的伟大成就是将这一教条从我们的头脑中驱逐出去, 这就是为什么让我们把他的名字与哥白尼相提并论. 上一段末尾给出的图景立即揭示了平面 $x'_0 = \text{const}$ 不再与平面 $x_0 = \text{const}$ 重合. 由于世界的度量结构是基于 $Q(\mathbf{x})$ 的, 所以每个平面 $x'_0 = \text{const}$ 都有一个度量测定, 使得该平面与 "光锥" 相交的椭圆是一个圆, 因而欧几里得几何也适用于它. 它被 x'_0 轴穿过的点是椭圆截面的中点. 所以光的传播也以同心圆的形式在 "带撇的" (accented) 参照系中进行.

接下来, 我们将努力消除我们的直觉, 我们对空间和时间的内在知识似乎难以参与爱因斯坦在时间观念上引起的革命. 根据一般观点, 以下是正确的. 如果以所有可能的速度从点 O 向各个方向发射子弹, 它们都会到达晚于点 O 的世界点; 我不能回到过去. 同样地, 在 O 点发生的事件只会对以后的世界点发生的事情产生影响, 而 "人们不能再撤销" 过去的事情, 根据牛顿的万有引力定律, 万有引力达到了极限, 例如, 伸出手臂, 就会在同一时刻对行星产生影响, 轻微地改变它们的轨道. 如果我们再次不使用空间坐标, 而使用我们的图形表示模式, 那么, 通过 O 的平面 $t = 0$ 的绝对意义就在于, 它将 "未来的" 世界点与 "过去的" 世界点分离开了, 而未来的世界点会受到 O 上的行为的影响, "过去的" 世界点中获得的一些影响也可以传达或赋予 O. 根据爱因斯坦的相对论原理, 在分离平面 $t = 0$ 处得到光锥

$$x_1^2 + x_2^2 - c^2t^2 = 0$$

① 注 7: Minkowski, Die Grundgleichungen für die elektromagnetischen Vorgänge in bewegten Körpern, Nachr. d. K. Ges. d. Wissensch. zu Göttingen, 1908, p. 53, or Ges. Abhandl., Bd. 2, p. 352.

(当 $c=\infty$ 时, 该平面退化为以上的双重平面). 这样就可以清楚地表明其位置. 从 O 点投射出来的所有物体的方向都必须指向前锥 (forward-cone), 即指向未来 (如果我恰好在 O 点, 正好是我身体的世界线方向, 即我的 "生命曲线" (life-curve)). 在 O 点发生的事件只能影响发生在这个前锥内的世界点上的事件, 由此产生的光向真空传播的结果由极限标出.[①] 如果我恰好在 O 点, 那么 O 点正好把我的生命曲线分为过去和未来, 因此不会造成任何变化. 然而, 就我与世界的关系而言, 前锥包括所有受我在 O 的主动或被动行为影响的世界点, 而所有在过去已经完成的、不能再被改变的事件, 都位于这个锥体的外部. **这张前视锥叶将活跃的未来和活跃的过去分开** (图 10). 另一方面, 后锥的内部包括所有我参与的 (无论是主动的还是作为一个观察者的) 或我获得某种知识的事件, 因为只有这样的事件才可能对我产生影响; 如果我的生命是永恒的, 没有什么东西被我的视线所遮蔽, 那么在这个圆锥体之外, 是所有我可能还会经历或将要经历的事情. **这张后视锥叶将我被动的过去和被动的未来分开**. 该叶本身包含了我现在看到的或者能看到的它的表面上的一切东西, 因此, 它恰如其分地描绘了我的外部环境. 事实上, 我们必须以这种方式区分**主动**和**被动**、现在和未来, 这就是罗默发现有限光速的根本重要性, 爱因斯坦的相对论第一次充分表达了这一点. 在允许的坐标系中, 通过 O 的平面 $t=0$ 可以被放置在 O 处, 以便它仅在 O 处切割光锥 $Q(\mathbf{x})=0$, 从而将主动的未来光锥与被动的过去光锥分离.

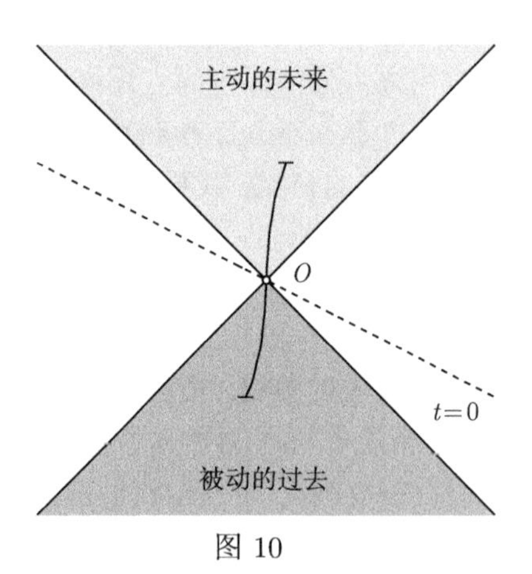

图 10

对于做匀速运动的物体, 总有可能选择一个容许的坐标系 (法坐标系), 使物体在其中处于静止状态. 物体的各个部分彼此之间由一定的距离分开, 连接它们的直线彼此之间形成一定的角度, 等等, 所有这些都可以由所选坐标系中所考虑的

① 当然, 根据爱因斯坦的相对论, 引力的传播也必须以光速进行. 引力势的定律必须以一种类似于静电势在从静态场到运动场的过程中被改变的方式加以修正.

点的空间坐标 x_1, x_2, x_3, 用普通解析几何的公式计算出来. 我将把它们称为物体的**静态测量** (这特别定义了测量杆的**静态长度**). 如果这个物体是一个时钟, 在其中发生了周期性的事件, 那么在这个参考系中就会有一个与此相关联的周期, 在这个周期中, 时钟处于静止状态, 这是一个确定的时间, 由在一个周期内坐标 x_0 的增加决定. 我们将此称为时钟的 "固有时间". 如果在同一时刻把物体推到不同的点上, 这些点就会开始移动, 但由于这种效应最多只能以光速传播, 所以这种运动只能逐渐地传播到整个物体. 只要围绕着每一个攻击点并以光速运动的膨胀球体不重叠, 这些被拖着的点周围的部分就会彼此独立地运动. 由此可见, 根据相对论, 不可能存在旧意义上的刚体; 也就是说, 没有一个物体是客观地始终保持不变的, 不管它受到什么影响. 尽管如此, 为什么我们还能用我们的测量杆在太空中进行测量呢? 我们将使用一个类比. 在封闭容器中处于平衡状态的气体在不同的点被小火焰加热, 然后绝热地移走, 它首先会经过一系列复杂的阶段, 这些阶段并不满足热力学的平衡定律. 然而, 最终它将达到一个新的平衡状态, 对应于它所包含的新的能量数量, 现在由于加热而更大. 我们要求用于测量目的的刚体 (特别是线性**测量杆**) **在一个允许的参考系中静止后**, 它应始终保持与以前完全相同, 即它应具有**相同的静态测量** (或**静态长度**); 我们要求一个运行正确的**时钟**, 当它 (作为一个整体) **在一个允许的参考系统中静止时, 它总是具有相同的固有时间**. 可以假定, 我们将使用的测量杆和时钟满足这个条件, 并达到充分近似的程度. 在我们的类比中, 只有当气体被足够缓慢地加热 (严格地说, 无限缓慢) 时, 它才会通过一系列的热力学平衡状态; 只有当我们平稳地移动测量杆和时钟时, 它们才会保持静止的长度和正确的时间. 在不产生明显误差的情况下作出这一假设的加速度的极限当然是非常广的. 关于这一点, 只有当建立了基于物理和力学定律的**动力学**时, 才能作出明确和确切的说明.

为了从爱因斯坦的相对论的观点得到洛伦兹–菲茨杰拉德收缩的清晰图像, 我们将想象在一个平面上发生以下情况. 在一个允许的参考系中 (坐标 t, x_1, x_2, 一个空间坐标被压缩), 下面的时空表达式将会被提到, 有一张平铺的纸 (纸上标有直角坐标 x_1, x_2), 在纸上画出一条闭合曲线 $\mathbf{c}$. 此外, 我们有一个圆形的盘子, 上面有一个刚性的时针, 时针绕着圆盘的中心旋转, 所以如果圆盘慢慢旋转, 时针上的点就会画出盘子的边缘, 从而证明边缘实际上是一个圆. 现在让盘子沿着纸均匀地平行移动. 同时, 如果指标旋转缓慢, 它的点沿着圆盘的边缘不断地运行: 在这个意义上, 圆盘在平移时也是圆形的. 假设圆盘的边缘在一定时刻与曲线 $\mathbf{c}$ 完全重合. 如果用静止的测量杆来测量 $\mathbf{c}$, 我们发现 $\mathbf{c}$ 不是圆而是椭圆. 这种现象如图 11 所示. 我们加入了参考系 t', x_1', x_2', 使得圆盘相对静止. 任一平面 $t' = \text{const}$ 在这个参照系中与光锥 "只在某一个时刻" 相交于一个圆. 在它上面竖立在 t' 轴方向上的圆柱体代表了一个在 "带撇的"(accented) 参照系中静止的圆, 因此标出了我们的圆盘所经过的世界的一部分. 这个圆柱体与平面 $t = 0$ 的截面不是圆而是一个椭圆. 在它上面沿 t 轴方向构造的直角圆柱体表示为绘制在纸上不断呈现的曲线.

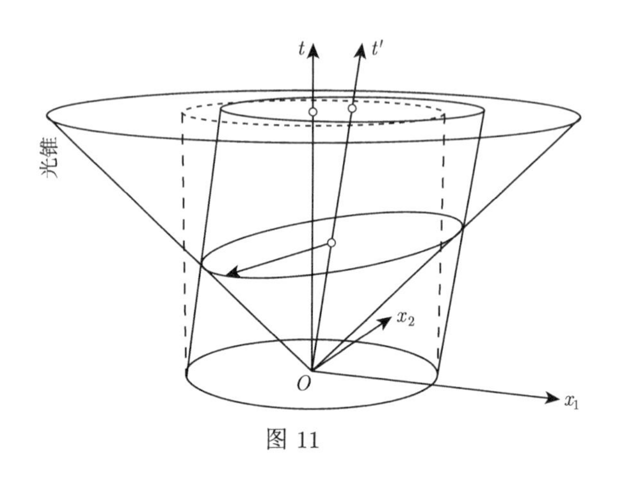

图 11

如果我们现在问, 什么物理定律是必要的, 以区分正规坐标系与所有其他坐标系 (黎曼意义上的), 我们知道, 我们只需要伽利略的相对论和光的传播定律; 借助于光信号和质点在不受外力作用下的运动, 即使质点的运动速度只有很小的极限, 后者可以在其中运动, 我们就能够确定这样一个坐标系. 为了了解这一点, 我们将在伽利略的惯性原理上加上一个推论. 如果一个时钟参与了质点在无外力作用下的运动, 那么它的时间数据就是该运动的 "固有时间" 的量度. 伽利略原理指出, 点的世界线是一条直线; 我们进一步来说明这一点, 以 $s = 0, 1, 2, 3, \cdots$ (或者以 s 值的任何算术级数) 为特征的运动矩表示沿直线的等距点. 通过引入固有时间参数来区分运动的各个阶段, 我们不仅得到了四维世界中的一条直线, 而且还得到了其中的一种 "运动", 根据伽利略的说法, 这种运动是平移.

世界点构成一个四维流形, 这也许是我们经验知识中最确定的事实. 我们称一个四维坐标系 x_i $(i = 0, 1, 2, 3)$ (用来固定这些点在世界的某一部分) 为一个线性坐标系, 如果质点在无外力作用下的运动用固有时间参数 s 的公式表示, 其中 x_i 是 s 的线性函数. 这种坐标系的存在正是惯性定律所宣称的. 在这个线性条件之后, 完全地定义坐标系所需要的就是一个线性变换. 也就是说, 如果 x_i, x_i' 分别是两个不同线性坐标系中同一个点的坐标, 那么 x_i' 一定是 x_i 的线性函数. 通过同时将 x_i 解释为四维欧几里得空间中的笛卡儿坐标, 该坐标系为我们提供了一个欧几里得空间上的世界 (或存在 x_i 的那部分世界) 的表示. 因此, 我们可以这样阐明我们的主张. 两个欧氏空间的相互表示 (换句话说, 从一个欧氏空间到另一个欧氏空间的变换), 使得直线变成直线, 一系列等距点变成一系列等距点, 这必然是一种仿射变换. 图 12 所示为默比乌斯网格结构 (见注 8)[①], 足以向读者提供证明. 很明显, 这个网格系统可以这样安排: 构成它的直线的三个方向可以由一个给定的、任意细的、带有这些方向的圆锥推导出来; 上面的几何定理仍然有效, 即使我们只知道, 由于变换的结果, 其方向属于这个圆锥的直线又变成了直线.

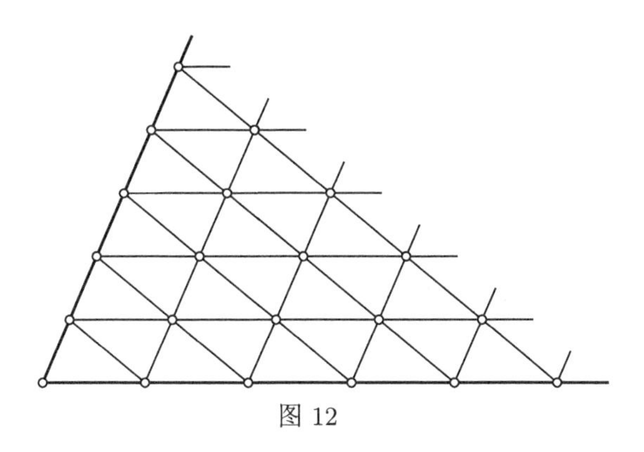

图 12

伽利略的惯性原理本身就足以证明这个世界在性质上是仿射的, 然而, 它不允许我们推断出任何进一步的结果. 世界的度量基础形式 $(\mathbf{x}, \mathbf{x})$ 现在都是由光的传播过程来解释的. 从 O 点发出的光信号到达世界点 A, 当且仅当 $\mathbf{x} = \overrightarrow{OA}$ 属于由 $(\mathbf{x}, \mathbf{x}) = 0$ 所定义的两张锥形叶中的一叶. 这决定了除一个常数因子外的二次形式; 为了解决后者, 我们必须选择一个任意的单位度量 (参见附录 I).

§22. 相对论几何学, 运动学和光学

我们称世界向量 $\mathbf{x}$ 分别为类空或类时的, 如 $(\mathbf{x}, \mathbf{x})$ 是正的或是负的. 类时向量被分为指向**未来**的向量和指向**过去**的向量两种. 我们将指向未来的类时向量 $\mathbf{x}$ 的不变量

$$\Delta s = \sqrt{-(\mathbf{x}, \mathbf{x})} \tag{25}$$

称为它的**固有时间** (proper-time). 如果设

$$\mathbf{x} = \Delta s \cdot \mathbf{e},$$

那么 $\mathbf{e}$ (类时位移的方向) 是指向未来的向量, 且满足正则性条件 $(\mathbf{e}, \mathbf{e}) = -1$.

正如在伽利略几何中一样, 在爱因斯坦的世界几何中, 我们必须将**世界分解为空间和时间**, 方法是通过一个指向未来的类时向量 $\mathbf{e}$ 的方向的投影, 并由条件 $(\mathbf{e}, \mathbf{e}) = -1$ 正则化. 在 §19 详细讨论了这一投影过程. 建立的基本公式 (3), (5),

① 注 8: Möbius, Der barycentrische Calcul (Leipzig, 1827; or Werke, Bd. 1), Kap. 6 u. 7.

(5′) 必须在这里应用于 $e=-1$.① 连接它们的矢量与 $\mathbf{e}$ 成正比的世界点重合在一个空间点上, 我们可以用静止的质点来标记, 并且我们可以用一条平行于 $\mathbf{e}$ 的世界线 (直线) 来表示. 由投影生成的三维空间 R_e 有一个欧氏空间的度量特征, 因为, 对于每一个与 $\mathbf{e}$ 正交的向量 $\mathbf{x}^*$, 即每个满足条件 $(\mathbf{x}^*,\mathbf{e})=0$ 的向量 $\mathbf{x}^*$, $(\mathbf{x}^*,\mathbf{x}^*)$ 是一个正数 (除了 $\mathbf{x}^*=\mathbf{0}$ 的情况, 参见 §4). 世界上的每一个位移 $\mathbf{x}$ 可以按照公式

$$\mathbf{x}=\Delta t\,|\mathsf{x}$$

进行分解, Δt 是它的持续时间 (在 §19 中称为 "高度"), $\mathbf{x}$ 是它在空间 R_e 中产生的位移.

如果 $\mathbf{e}_1,\mathbf{e}_2,\mathbf{e}_3$ 形成 R_e 中的一个坐标系, 那么, 对于世界点来说, 与 $\mathbf{e}=\mathbf{e}_0$ 正交并产生三个给定空间位移的世界位移 $\mathbf{e}_1,\mathbf{e}_2,\mathbf{e}_3$ 与 $\mathbf{e}_0$ 结合形成一个坐标系, 该坐标系属于 R_e. 如果 R_e 中的三个向量 $\mathbf{e}_i$ 构成笛卡儿坐标系, 则它是正则的. 在每一种情况下, 度量基本形式的系数都有形式

$$\begin{vmatrix} -1 & 0 & 0 & 0 \\ 0 & g_{11} & g_{12} & g_{13} \\ 0 & g_{21} & g_{22} & g_{23} \\ 0 & g_{31} & g_{32} & g_{33} \end{vmatrix}.$$

指向未来的类时向量 $\mathbf{x}$ (向量 $\mathbf{x}=\Delta s\cdot\mathbf{e}$) 的固有时时 Δs 等于 $\mathbf{x}$ 在参考空间 R_e 中的持续时间, 其中 $\mathbf{x}$ 不引起空间位移. 在后面的文章中, 我们将对比几种将量分解成向量 $\mathbf{e},\mathbf{e}',\cdots$ 的形式的方法; $\mathbf{e}$ (带指标或不带指标) 总是表示指向未来且满足正则性条件 $(\mathbf{e},\mathbf{e})=-1$ 的类时世界向量.

设 K 是 R_e 中静止的物体, K' 是 R'_e 中静止的物体. K' 在 R_e 中匀速平移运动. 如果把 $\mathbf{e}'$ 分解成 $\mathbf{e}$ 的项, 在 R_e 中我们就得到

$$\mathbf{e}'=h\,|h\mathsf{v}\,, \tag{26}$$

则 K' 在 R_e 中的时间 (即随时间) h 内经历空间位移 $h\mathsf{v}$. 因此, v 是 K' 在 R_e 中的速度或者是 **K' 相对于 K 的速度**. 它的大小由 $v^2=(\mathsf{v},\mathsf{v})$ 确定. 由 (3) 式我们有

$$h=-(\mathbf{e}',\mathbf{e})\,; \tag{27}$$

另一方面, 由 (5) 式

$$1=-(\mathbf{e}',\mathbf{e}')=h^2-h^2(\mathsf{v},\mathsf{v})=h^2\left(1-v^2\right),$$

① 这里选择了空间和时间的单位, 所以**在真空中**光速等于 1. 为了得到厘米–克–秒 (centimetre-gram-second, c.g.s.) 系统的普通单位, 正则性方程 $(\mathbf{e},\mathbf{e})=-1$ 必须用 $(\mathbf{e},\mathbf{e})=-c^2$ 替代, e 必须取等于 $-c^2$.

因此, 我们得到

$$h = \frac{1}{\sqrt{1-v^2}}. \tag{28}$$

如果在 K' 运动的两个矩之间, 它经历了世界位移 $\Delta s \cdot \mathbf{e}'$, (26) 表明 $h \cdot \Delta s = \Delta t$ 为该位移在 R_{e} 中的持续时间. R_{e} 中位移的固有时间 Δs 和持续时间 Δt 由

$$\Delta s = \Delta t \sqrt{1-v^2} \tag{29}$$

联系起来. 由于 (27) 关于 $\mathbf{e}$ 和 $\mathbf{e}'$ 是对称的, (28) 式告诉我们 K' **相对于** K **的速度的大小等于** K **相对于** K' **的速度的大小**. 矢量相对速度**不能**相互比较, 因为一个存在于空间 R_{e}, 另一个存在于空间 R'_{e} 中.

我们考虑把一个量分成三个量 $\mathbf{e}, \mathbf{e}_1, \mathbf{e}_2$, 设 K_1, K_2 是两个分别在 $R_{\mathrm{e}_1}, R_{\mathrm{e}_2}$ 中静止的物体. 假设我们在 R_{e} 中有

$$\mathbf{e}_1 = h_1 \,|h_1 \mathsf{v}_1\,, \quad h_1 = \frac{1}{\sqrt{1-v_1^2}},$$

$$\mathbf{e}_2 = h_2 \,|h_2 \mathsf{v}_2\,, \quad h_2 = \frac{1}{\sqrt{1-v_2^2}}.$$

那么

$$-(\mathbf{e}_1, \mathbf{e}_2) = h_1 h_2 \left\{1 - (v_1 v_2)\right\}.$$

因此, 如果 K_1 和 K_2 在 R_{e} 中分别有速度 $\mathsf{v}_1, \mathsf{v}_2$, 数值为 v_1, v_2, 那么如果这些速度 $\mathsf{v}_1, \mathsf{v}_2$ 彼此形成一个角 θ, 并且如果 $v_{12} = v_{21}$ 是 K_2 相对于 K_1 的速度的大小 (或者反之), 我们发现公式

$$\frac{1 - v_1 v_2 \cos\theta}{\sqrt{1-v_1^2}\sqrt{1-v_2^2}} = \frac{1}{\sqrt{1-v_{12}^2}} \tag{30}$$

成立: **这说明了两个物体的相对速度是如何由它们给定的速度决定的**. 如果使用双曲函数, 对于速度的每一个值 v, 我们设 $v = \tanh v$ (v 始终 < 1), 得到

$$\cosh u_1 \cosh u_2 - \sinh u_1 \sinh u_2 \cos\theta = \cos h u_{12}.$$

如果用相应的三角函数代替双曲函数, 这个公式就变成了球面几何的余弦定理, 因此 u_{12} 是波尔约–罗巴切夫斯基平面上三角形中角 θ 的对边, 剩下的两条边是 u_1 和 u_2.

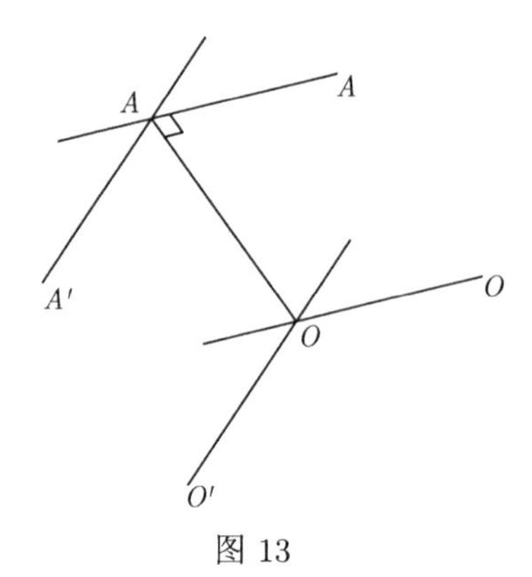

图 13

类似于时间和固有时间的关系 (29), 长度和静态长度之间也有一个关系. 我们将使用 R_e 作为我们的参考空间. 让物体的某个个别质点在某一**特定**时刻处于世界点 $O, A, \cdots$. 空间点 $O, A, \cdots$ 在 R_e 中, 它们所处的位置构成了 R_e 中的一个图形, 在这个图形上, 我们可以通过使物体在空间 R_e 中考虑的时刻留下它自己的一个副本来确定它的持续时间; 前段结尾处的插图给出了一个例子. 另一方面, 如果世界点 $O, A, \cdots$ 处于空间 R_e 中的空间点 $O', A', \cdots$, 其中的 K' 是静止的, 那么, $O', A', \cdots$ 构成物体 K' 的静态形状 (参考图 13, 其中正交的世界距离是垂直绘制的). 在连接 R_e (接收印记或复制) 中的部分与 R'_e 中物体的静态形状之间有一个转换. 这个变换把点 A, A' 变换成彼此. 它显然是仿射的 (事实上, 它只不过是一个正交投影). 由于世界点 O, A **同时**被划分为 $\mathbf{e}$ 点, 我们有

$$\overrightarrow{OA} = \mathbf{x} = \mathbf{0}\,|x \in R_{\mathbf{e}}, \quad x = \overrightarrow{OA}.$$

由公式 (5)

$$\overrightarrow{OA}^2 = (x, x) = (\mathbf{x}, \mathbf{x}),$$

$$\overrightarrow{O'A'}^2 = (\mathbf{x}, \mathbf{x}) + (\mathbf{x}, \mathbf{e}')^2.$$

然而, 如果在 R_e 中我们由 $(5')$ 式来确定 $(\mathbf{x}, \mathbf{e}')$, 就得到

$$(\mathbf{x}, \mathbf{e}') = h\,(x, v),$$

因此

$$\overrightarrow{O'A'}^2 = (x, x) + \frac{(x, v)^2}{1 - v^2}.$$

如果用 R_e 中的笛卡儿坐标系 x_1, x_2, x_3, O 作为原点, x_1 轴指向速度 v 的方向, 那么, 如果 x_1, x_2, x_3 是A的坐标, 我们有

$$\overrightarrow{OA}^2 = x_1^2 + x_2^2 + x_3^2,$$

$$\overrightarrow{O'A'}^2 = \frac{x_1^2}{1-v^2} + x_2^2 + x_3^2 = x_1'^2 + x_2'^2 + x_3'^2,$$

在最后一项中, 设

$$x_1' = \frac{x_1}{\sqrt{1-v^2}}, \quad x_2' = x_2, \quad x_3' = x_3. \tag{31}$$

通过为 R_e 中坐标为 (x_1, x_2, x_3) 的每一个点分配到坐标为 (x_1', x_2', x_3') 的每一个点, 如 (31) 给出的公式所示, 就实现了使草本 (the imprinted copy) 沿着物体运动的方向以 $1:\sqrt{1-v^2}$ 比例的一个膨胀. 我们的公式断言, 这个摹本因此具有与静止时的物体一致的形状, 这就是**洛伦兹–菲茨杰拉德收缩**. 特别地, 物体 K' 在一定时刻在空间 R_e 中所占的体积 V 与它的静止体积 V_0 通过关系式

$$V = V_0\sqrt{1-v^2}$$

联系起来.

当我们用光学方法测量角度时, 我们就确定了 (刚性的) 测量仪器处于静止状态下的参考系中光线所形成的角度. 同样, 当我们的眼睛取代这些仪器时, 正是这些角度决定了视野内物体的视觉形式. 因此, 为了建立几何和几何量观测之间的关系, 我们必须考虑到光学因素. 光线在以太和在一个允许的参考系中静止的均匀介质中的麦克斯韦方程组的解是这样一种形式, 即 “相位” 量的分量 (在复记号中) 都是

$$= \text{const} \ e^{2\pi i\Theta(P)},$$

式中省略了一个附加常数, $\Theta = \Theta(P)$ 是由所设条件决定的相位; 它是一个关于世界点的函数, 在这里它是作为论点出现的. 如果世界坐标以任意方式线性变换, 新坐标系中的分量将再次具有相同的形式, 具有相同的相函数 Θ. 因此, 相位是不变的. 对于平面波, 它是 P 的世界坐标的**线性**实函数 (如果不考虑吸收介质), 因此任意两点的相位差 $\Theta(B) - \Theta(A)$ 是任意位移 $\mathbf{x} = \overrightarrow{AB}$ 的一个线性形式, 即是一个协变的世界矢量. 如果用相应的位移 $\mathbf{I}$ 来表示它 (我们将把它简略地称为光线 $\mathbf{I}$), 那么

$$\Theta(B) - \Theta(A) = (\mathbf{I}, \mathbf{x}).$$

如果用类时向量 $\mathbf{e}$ 把它分解成空间和时间, 并设

$$\mathbf{I} = \nu \left| \frac{\nu}{q} \ a \right. \tag{32}$$

使得 R_e 中的空间向量 a 是单位长度

$$\mathbf{x} = \Delta t \left| x \right. ,$$

那么, 相差为

$$\nu\left\{\frac{(\mathsf{a},\mathsf{x})}{q}-\Delta t\right\}.$$

由此可见, ν 表示频率, q 表示传输速度, a 表示光线在空间 $R_{\mathbf{e}}$ 中的方向. 麦克斯韦方程组告诉我们, 在以太中传输速度 $q=1$, 或

$$(\mathbf{I},\mathbf{I})=0.$$

如果用两种方法把世界分成时间和空间, 首先用 $\mathbf{e}$, 其次用 $\mathbf{e}'$, 并通过带撇区分从第二种过程中得到的量值, 我们立即发现作为不变性 $(\mathbf{I},\mathbf{I})$ 结果的如下法则

$$\nu^2\left(\frac{1}{q^2}-1\right)=\nu'^2\left(\frac{1}{q'^2}-1\right).\tag{33}$$

如果我们把注意力集中在频率为 ν_1,ν_2, 传输速度为 q_1,q_2 的两束光线 $\mathbf{I}_1,\mathbf{I}_2$ 上, 那么

$$(\mathbf{I_1},\mathbf{I_2})=\nu_1\nu_2\left\{\frac{\mathsf{a}_1\mathsf{a}_2}{q_1q_2}-1\right\}.$$

如果它们相互之间形成一个角 ω, 那么

$$\nu_1\nu_2\left\{\frac{\cos\omega}{q_1q_2}-1\right\}=\nu_1'\nu_2'\left\{\frac{\cos\omega'}{q_1'q_2'}-1\right\}.\tag{34}$$

对于以太, 这些方程变成

$$q=q'(=1),\quad \nu_1\nu_2\sin^2\frac{\omega}{2}=\nu_1'\nu_2'\sin^2\frac{\omega'}{2}.\tag{35}$$

最后, 为了得到频率 ν 和 ν' 之间的关系, 假设一个物体在 $R'_{\mathbf{e}}$ 中处于静止状态; 设它在空间 $R_{\mathbf{e}}$ 中有速度 v, 那么, 和之前一样, 在 $R_{\mathbf{e}}$ 中我们必须设

$$\mathbf{e}'=h\,|h\mathsf{v}\,.\tag{26}$$

由 (26) 和 (32) 可知

$$\nu'=-(\mathbf{I},\mathbf{e})=\nu h\left\{1-\frac{(\mathsf{a},\mathsf{v})}{q}\right\}.$$

因此, 如果光线在 $R_{\mathbf{e}}$ 中的方向与物体的速度成 θ 角, 则

$$\frac{\nu'}{\nu}=\frac{1-\dfrac{v\cos\theta}{q}}{\sqrt{1-v^2}}.\tag{36}$$

(36) 式就是多普勒原理. 例如, 由于钠分子在允许的系统中处于静止状态, 客观上保持不变, 这个关系 (36) 将存在于静止的钠分子的频率 ν' 和以速度 v 运动的钠分子的频率 ν 之间, 这两个频率都是在静止的分光镜中被观察到的; θ 是分子运动方向与进入分光镜的光线之间的夹角. 如果把 (36) 代入 (33), 我们得到一个 q 和 q' 之间的方程, 这个方程使我们能够从同一介质静止时的传播速度 q' 计算出在运动介质中的传播速度 q, 例如, 在水里, v 现在表示水的流速; θ 表示水流方向与光线形成的夹角. 如果假设这两个方向重合, 然后忽略 v 的高于一次的幂 (因为 v 与光速相比实际上非常小), 我们得到

$$q = q' + v(1 - q'^2);$$

也就是说, **不是**介质的整个速度 v 加到传播速度上, 而只是其中的部分 $1 - \dfrac{1}{n^2}$ $\left(\text{其中 } n = \dfrac{1}{q'} \text{ 是介质的折射率}\right)$. 菲涅耳 (Fresnel) 的 "对流系数" (convection-co-efficient) $1 - \dfrac{1}{n^2}$ 是菲佐 (Fizeau) 在相对论出现之前很久通过实验确定的, 他让来自同一光源的两束光线相互干扰, 一束光线穿过静止的水, 而另一束光线穿过运动的水 (见注 9)①. 相对论解释了这一显著的结果, 这一事实表明它对运动介质的光学和电动力学是有效的 (在这种情况下, 由洛伦兹和爱因斯坦的相对论原理推导出来的 q 等于 c 的相对论原理是不成立的; 从这种情况下成立的波动方程中, 人们可能会错误地相信这一点). 我们将为以太找到 (34) 式的特殊形式, 其中 $q = q' = 1$ (参见 (35) 式), 即

$$\sin^2\frac{\omega}{2} = \frac{(1 - v\cos\theta_1)(1 - v\cos\theta_2)}{1 - v^2}\sin^2\frac{\omega'}{2}.$$

如果参考空间 R_e 恰好是行星理论的普遍基础 (并且太阳系的质量中心处于静止状态), 如果所讨论的物体是地球 (有一个观测仪器位于地球上), v 表示它在 R_e 中的速度, ω 表示在 R_e 中从无限远的两颗恒星到达太阳系的两束光线形成的角度, θ_1, θ_2 为 R_e 中, 这些射线与地球运动方向形成的夹角, 那么从地球上观测恒星的角度 ω' 就由上述方程确定. 当然, 我们不能测量 ω, 但是通过考虑 θ_1 和 θ_2 在一年内的变化, 我们注意到了 ω' 的变化 (**光行差**).

① 注 9: 考虑到光的色散, 需要注意的是, q' 是频率 ν' 在静止水中的传播速度, 而不是频率 ν (它存在于水的内部和外部). 迈克耳孙和莫雷对这个结果进行了仔细的实验验证, 见 Amer. Jour. of Science, 31 (1886), p. 377, Zeeman, Versl. d. K. Akad. v. Wetensch., Amsterdam, 23 (1914), p. 245; 24 (1915), p. 18. 塞曼有一个新的干扰实验, 与菲佐的实验类似: Zeeman, Versl. Akad. v. Wetensch., Amsterdam, 28 (1919), p. 1451; Zeeman and Snethlage, *idem*, p. 1462. 关于旋转物体的干涉实验, 见 Laue, Annal. d. Physik, 62 (1920), p. 448.

在**非匀速运动**的情况下, 给出时间、固有时间、体积和静态体积之间关系的公式也是有效的. 如果 $d\mathbf{x}$ 是一个移动的质点在无限小的时间内所经历的无限小的位移, 那么

$$d\mathbf{x} = ds \cdot \mathbf{u}, \quad (\mathbf{u}, \mathbf{u}) = -1, \quad ds > 0$$

给出了这个位移的固有时间 ds 和世界方向 $\mathbf{u}$. 积分

$$\int ds = \int \sqrt{-(d\mathbf{x}, d\mathbf{x})}$$

占据世界线一部分的时间是在这部分运动中流逝的固有时间: 它独立于世界被分割成空间和时间的方式, 如果运动不是太快, 将由一个刚性的固定在质点上的时钟指示. 如果使用世界上任意的线性坐标 x_i, 并用固有时间 s 作为参数来解析地表示世界线 (就像我们在三维几何中使用弧长一样), 那么

$$\frac{dx_i}{ds} = u^i$$

是 $\mathbf{u}$ 的 (逆变) 分量, 我们得到 $\sum_i u_i u^i = -1$. 如果用 $\mathbf{e}$ 把世界分成空间和时间, 我们会发现

$$\mathbf{u} = \frac{1}{\sqrt{1-v^2}} \left| \frac{\mathsf{v}}{\sqrt{1-v^2}} \right. \text{在} R_{\mathbf{e}} \text{中},$$

其中 v 是质点的速度; 我们发现在 $R_{\mathbf{e}}$ 中位移 $d\mathbf{x}$ 所经过的时间 dt 和固有时间 ds 由

$$ds = dt\sqrt{1-v^2} \tag{37}$$

连接. 如果两个世界点 A, B 彼此相对, 使得 $\overrightarrow{AB}$ 是指向未来的类时向量, 那么 A 和 B 可以由世界线连接, 其方向也同样满足这个条件; 换句话说, 离开 A 的质点可以到达 B. 它们这样做所需的固定时间取决于世界线; 对于通过匀速平移从 A 到 B 的质点, 它是最长的. 因为如果以 A 和 B 在空间中占据同一点的方式将世界分解为空间和时间, 这种运动就退化为静止, 并且我们得到了命题 (37), 它表明固有时间滞后于时间 t. 人类的生命过程可以很好地比作时钟. 假设我们有两个孪生兄弟, 他们在世界的 A 点互相道别, 其中一个留在家里 (也就是说, 在一个允许的参考空间里永久性地静止), 而另一个出发去旅行, 在这个过程中, 他以接近于光的速度 (相对于 “家乡”) 运动. 当漫游者在晚年回到家时, 他会显得比待在家里的人年轻得多.

以数值为 v 的速度运动的质量元 dm (连续延伸的物体) 在某一特定时刻占据了一体积 dV, 该体积 dV 与它的静态体积 dV_0 通过公式

$$dV = dV_0\sqrt{1-v^2}$$

联系起来. 由此得到密度 $\dfrac{dm}{dV}=\mu$ 与静态密度 $\dfrac{dm}{dV_0}=\mu_0$ 的关系:

$$\mu_0 = \mu\sqrt{1-v^2}.$$

μ_0 是一个不变量, 而 $\mu_0\mathbf{u}$ 是带有分量 $\mu_0 u^i$ 的一个逆变向量, 即 "物质的通量", 它是由独立于坐标系的质量的运动所决定的. 它满足连续性方程

$$\sum_i \frac{\partial\left(\mu_0 u^i\right)}{\partial x_i} = 0.$$

同样的道理也适用于电. 如果它与物质相关联, de 是质量元素 dm 的电荷, 那么静态密度 $\rho_0 = \dfrac{de}{dV_0}$ 与密度 $\rho = \dfrac{de}{dV}$ 由公式

$$\rho_0 = \rho\sqrt{1-v^2}$$

相联系, 则

$$s^i = \rho_0 u^i$$

为电流的逆变分量 (4 维矢量); 这与 §20 的结果完全一致. 在麦克斯韦的电学现象学理论中, 电子隐藏的运动并没有被考虑为物质的运动, 因此在他的理论中, 电流并没有被假定为与物质相联系. 要解释为什么一块物质带有一定的电荷, 唯一的方法就是说这个电荷同时存在于被考虑的物质所占据的空间中. 由此可以看出, 电荷并不像电子理论中所说的那样, 是由物质的部分所决定的不变量, 而是取决于世界分裂成空间和时间的方式.

§23. 运动物体的电动力学

通过将世界分割成空间和时间, 我们将所有张量分割开来. 首先将用纯数学方法研究这是如何产生的, 然后将应用这些结果来推导运动物体电动力学的基本方程. 让我们取一个 n 维的度量空间, 称之为基于度量的基础形式 $(\mathbf{x},\mathbf{x})$ 的 "世界". 设 $\mathbf{e}$ 是其中的一个向量, 对于该向量有 $(\mathbf{e},\mathbf{e}) = e \neq 0$. 我们用通常的方法把世界分为空间 $R_{\mathbf{e}}$ 和时间 $\mathbf{e}$. 设 $e_1, e_2, \cdots, e_{n-1}$ 是空间 $R_{\mathbf{e}}$ 里的任一坐标系, 并设

$\mathbf{e}_1, \mathbf{e}_2, \cdots, \mathbf{e}_{n-1}$ 是正交于 $\mathbf{e} = \mathbf{e}_0$ 并且在 $R_\mathbf{e}$ 中由 $e_1, e_2, \cdots, e_{n-1}$ 产生的世界的位移. 在坐标系 $\mathbf{e}_i\,(i = 0, 1, 2, \cdots, n-1)$“属于 $R_\mathbf{e}$”, 并代表世界, 度量基本张量的协变分量的格式具有形式

$$\left|\begin{array}{c|cc} e & 0 & 0 \\ \hline 0 & g_{11} & g_{12} \\ 0 & g_{21} & g_{22} \end{array}\right| \quad (n = 3)\,.$$

作为一个例子, 我们考虑一个二阶张量, 并假设它在这个坐标系中有分量 T_{ik}. 现在, 我们断言它是以一种只依赖于 $\mathbf{e}$ 的方式并根据下面的格式分解的:

$$\begin{array}{|c|cc|} \hline T_{00} & T_{01} & T_{02} \\ \hline T_{10} & T_{11} & T_{12} \\ T_{20} & T_{21} & T_{22} \\ \hline \end{array}$$

也就是说, 转化成一个标量, 存在于 $R_\mathbf{e}$ 中的两个矢量和一个二阶张量, 它们在这里是通过在坐标系 $e_i\,(i = 1, 2, \cdots, n-1)$ 中的分量来表征的.

如果把任意的世界位移 $\mathbf{x}$ 分解成 $\mathbf{e}$ 的项, 那么

$$\mathbf{x} = \xi \,|\mathsf{x}\,,$$

如果, 当我们把 $\mathbf{x}$ 分解成两个因子, 一个与 $\mathbf{e}$ 成正比, 另一个正交于 $\mathbf{e}$, 我们就有

$$\mathbf{x} = \xi\mathbf{e} + \mathbf{x}^*,$$

那么, 如果 $\mathbf{x}$ 有分量 ξ^i, 我们就得到

$$\mathbf{x} = \sum_{i=0}^{n-1} \xi^i \mathbf{e}_i, \quad \xi = \xi^0, \quad \mathbf{x}^* = \sum_{i=1}^{n-1} \xi^i \mathbf{e}_i, \quad \mathsf{x} = \sum_{i=1}^{n-1} \xi^i e_i.$$

因此, 在不使用坐标系的情况下, 我们可以用下列方式表示张量的分解. 如果 $\mathbf{x}, \mathbf{y}$ 是世界上任意两个位移, 并设

$$\mathbf{x} = \xi\mathbf{e} + \mathbf{x}^*, \qquad \mathbf{y} = \eta\mathbf{e} + \mathbf{y}^*, \tag{38}$$

使 $\mathbf{x}^*$ 和 $\mathbf{y}^*$ 正交于 $\mathbf{e}$, 则属于二阶张量的双线性形式为

$$T(\mathbf{x},\mathbf{y}) = \xi\eta T(\mathbf{e},\mathbf{e}) + \eta T(\mathbf{x}^*,\mathbf{e}) + \xi T(\mathbf{e},\mathbf{y}^*) + T(\mathbf{x}^*,\mathbf{y}^*).$$

因此, 如果把 $\mathbf{x}^*$ 和 $\mathbf{y}^*$ 解释为与 $\mathbf{e}$ 正交的世界位移, 它产生了空间的两个任意的位移 x, y, 我们得到

(1) 一个标量 $T(\mathbf{e},\mathbf{e}) = J = J$;

(2) 空间 R_e 中的两个线性形式 (向量), 定义为

$$L(x) = T(\mathbf{x}^*,\mathbf{e}), \quad L'(x) = T(\mathbf{e},\mathbf{x}^*);$$

(3) 空间 R_e 中的双线性形式 (张量), 定义为

$$T(x,y) = T^*(\mathbf{x}^*,\mathbf{y}^*).$$

如果 $\mathbf{x},\mathbf{y}$ 是产生 x, y 的任意世界位移, 我们必须在 R_e 中根据 (38) 式分别用 $\mathbf{x}-\xi\mathbf{e}, \mathbf{y}-\eta\mathbf{e}$ 代替这个定义中的 $\mathbf{x}^*$ 和 $\mathbf{y}^*$, 其中,

$$\xi = \frac{1}{e}(\mathbf{x},\mathbf{e}), \quad \eta = \frac{1}{e}(\mathbf{y},\mathbf{e}).$$

如果现在设

$$T(\mathbf{x},\mathbf{e}) = L(\mathbf{x}), \quad T(\mathbf{e},\mathbf{x}) = L'(\mathbf{x}),$$

我们就得到

$$\left.\begin{aligned} &L(x) = L(\mathbf{x}) - \frac{J}{e}(\mathbf{x},\mathbf{e}), \quad L'(x) = L'(\mathbf{x}) - \frac{J}{e}(\mathbf{x},\mathbf{e}), \\ &T(x,y) = T(\mathbf{x},\mathbf{y}) - \frac{1}{e}(\mathbf{y},\mathbf{e})L(\mathbf{x}) - \frac{1}{e}(\mathbf{x},\mathbf{e})L'(\mathbf{y}) + \frac{J}{e^2}(\mathbf{x},\mathbf{e})(\mathbf{y},\mathbf{e}). \end{aligned}\right\} \tag{39}$$

左边的 R_e 中的线性和双线性形式 (矢量和张量) 可以由右边的世界矢量和世界张量表示, 该世界矢量和世界张量是由它们唯一导出的. 用分量来表示上面的表示法, 这相当于: 举例来说

$$T = \begin{vmatrix} T_{11} & T_{12} \\ T_{21} & T_{22} \end{vmatrix} \quad \text{表示为} \quad \begin{vmatrix} 0 & 0 & 0 \\ 0 & T_{11} & T_{12} \\ 0 & T_{21} & T_{22} \end{vmatrix}.$$

很明显, 在所有的计算中, 空间张量都可以用具有代表性的世界张量来代替. 但是, 我们只在一个空间张量是 λ 乘以另一个空间张量的情况下使用这个方法, 具有代表性的世界张量也是如此.

如果将分量的计算建立在**任意**坐标系上, 其中 $\mathbf{e}=(e^0,e^1,\cdots,e^{n-1})$, 那么不变量是

$$J=T_{ik}e^ie^k,\quad e=e^ie_i.$$

但是 R_e 中的两个向量和张量在世界上有它们的代表, 根据 (39), 两个向量和张量有分量

$$\mathsf{L}:L_i-\frac{J}{e}e_i,\quad L_i=T_{ik}e^k,$$

$$\mathsf{L}':L'_i-\frac{J}{e}e_i,\quad L'_i=T_{ki}e^k;$$

$$\mathsf{T}:T_{ik}-\frac{e_kL_i+e_iL'_k}{e}+\frac{J}{e^2}e_ie_k.$$

在反对称张量的情况下, $J=0$, $\mathsf{L}'=-\mathsf{L}$; 我们的公式退化为

$$\mathsf{L}:L_i=T_{ik}e^k,$$

$$\mathsf{T}:T_{ik}+\frac{e_iL_k-e_kL_i}{e}.$$

一个二阶线性世界张量在空间中分裂成一个矢量和一个二阶线性空间张量.

静止物体的麦克斯韦场方程已于 §20 提出. 赫兹是第一个尝试将它们推广到适用于一般运动物体上的人. 法拉第感应定律指出, 封闭在导体中的感应通量的时间衰减等于感应电动势, 即

$$-\frac{1}{c}\frac{d}{dt}\int B_n do=\int \mathbf{E}d\mathbf{r}. \tag{40}$$

如果导体在运动, 那么左边的面积分必须在导体内部延伸并随导体运动的表面上进行. 由于法拉第感应定律只适用于导体内感应通量的时间变化是由导体的运动引起的情况, 赫兹毫不怀疑, 当导体处于运动状态时, 这个定律同样适用. 等式 $\operatorname{div}\mathbf{B}=0$ 不受影响. 从矢量分析可知, 考虑到这个方程, 感应定律 (40) 可以用微分形式表示

$$\operatorname{curl}\mathbf{E}=-\frac{1}{c}\frac{\partial\mathbf{B}}{\partial t}+\frac{1}{c}\operatorname{curl}[\mathbf{v},\mathbf{B}], \tag{41}$$

其中 $\dfrac{\partial\mathbf{B}}{\partial t}$ 表示空间中一个不动点中的 $\mathbf{B}$ 相对于时间的微分系数, $\mathbf{v}$ 表示物体的速度.

从 (41) 中可以得出显著的推论. 正如在威尔逊的实验中 (见注 10)①, 假定在电容器的两个极板之间有一种均匀的电介质, 并假定这种介质在这些极板之间以大小为 $\mathbf{v}$ 的恒定速度运动, 我们将把这两极板用导线连接起来. 进一步假设, 有一个平行于板且垂直于 $\mathbf{v}$ 的均匀磁场 H. 设想介质与冷凝器的板隔之间有一个狭窄的空隙, 我们将假定它的厚度在极限情形下是 (趋于) $\to 0$. 由 (41) 可知, 在两个板块之间的空间内, $\mathbf{E}-\frac{1}{c}[\mathbf{v},\mathbf{B}]$ 是可以从电势推导出来的; 由于后者在由导线连接的极板处必须为零, 因此很容易看出, 我们必须有 $\mathbf{E}=\frac{1}{c}[\mathbf{v},\mathbf{B}]$. 故产生了一个强度为 $E=\frac{\mu}{c}vH$ (其中 μ 表示磁导率) 的均匀电场, 它垂直作用于板块. 因此, 必须在极板上调用表面密度为 $\frac{\varepsilon\mu}{c}vH$ (ε 为介电常数) 的静电荷. 如果电介质是一种气体, 无论气体稀薄到什么程度, 这种效应都应该显现出来, 因为 $\varepsilon\mu$ 在无限稀薄时收敛, 不是收敛到 0, 而是收敛到 1. 如果我们要保持对以太的信念, 这就只有一个意义, 即, 如果板块之间的以太相对于板块和板块外的以太运动, 那么这种效应就一定会发生. 然而, 为了解释感应, 我们必须假设以太是被连接线拖着走的.② 菲佐关于光在流动水中传播的实验和威尔逊的实验本身证明了这一假设是错误的. 正如在菲佐的实验中出现了对流系数 $1-\frac{1}{n^2}$, 所以在这个实验中我们只观察到量

$$\frac{\varepsilon\mu-1}{c}vH$$

的变化, 当 $\varepsilon\mu=1$ 时这个量为零. 这似乎是一件与运动导体中的感应现象相矛盾的无法解释的事情 (图 14).

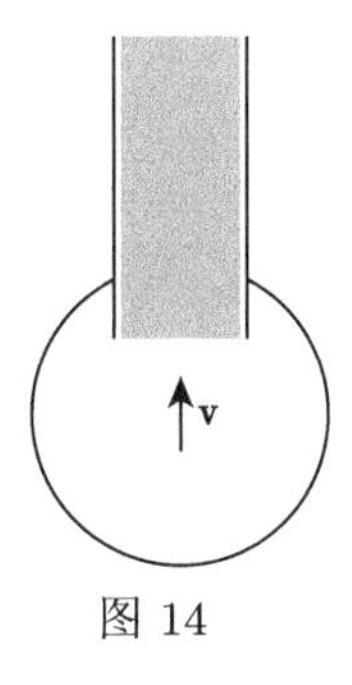

图 14

相对论对此提供了一个完整的解释. 如果像在 §20 中一样, 我们再次设 $ct=$

① 注 10: Wilson, Phil. Trans. (A), vol. 204 (1904), p. 121.

② 在 (41) 中, $\mathbf{v}$ 表示以太的速度, 不是相对于物质而是相对于什么?

x_0, 如果我们再次从 **E** 和 **B** 中建立场 F, 从 **D** 和 **H** 中建立二阶斜对称张量 H, 我们就得到了场方程

$$\left.\begin{aligned} \frac{\partial F_{kl}}{\partial x_i}+\frac{\partial F_{li}}{\partial x_k}+\frac{\partial F_{ik}}{\partial x_l}=0, \\ \sum_k \frac{\partial H^{ik}}{\partial x_k}=s^i. \end{aligned}\right\} \tag{42}$$

如果在每种情况下都认为 F_{ik} 和 H^{ik} 分别是一个二阶张量的协变分量和逆变分量, 那么这些方程是成立的, 但是 s^i 是四维世界中矢量的逆变分量, 因为后者在任何线性坐标系中都是不变的. 然而, 物质定律

$$\mathbf{D}=\varepsilon\mathbf{E}, \quad \mathbf{B}=\mu\mathbf{H}, \quad \mathbf{s}=\sigma\mathbf{E},$$

意味着, 如果以物质处于静止状态的方式把世界划分为空间和时间, 把 F 分解为 $\mathbf{E}|\mathbf{B}$, H 分解为 $\mathbf{D}|\mathbf{H}$, s 分解为 $\rho|\mathbf{s}$, 那么上述关系成立. 如果现在使用任意的坐标系, 并且物质的世界方向包含分量 u^i, 那么在以上的解释之后, 这些事实就会有这种形式

(a)
$$H_i^*=\varepsilon F_i^*, \tag{43}$$

其中

$$F_i^*=F_{ik}u^k, \quad H_i^*=H_{ik}u^k;$$

(b)
$$F_{ik}-(u_iF_k^*-u_kF_i^*)=\mu\left\{H_{ik}-(u_iH_k^*-u_kH_i^*)\right\}; \tag{44}$$

(c)
$$s_i+u_i\left(s_ku^k\right)=\sigma F_i^*. \tag{45}$$

这是这些定律的不变形式. 为了便于计算, 用直接由它们推导出的方程

$$F_{kl}u_i+F_{li}u_k+F_{ik}u_l=\mu\left\{H_{kl}u_i+H_{li}u_k+H_{ik}u_l\right\} \tag{46}$$

来代替 (44) 是很方便的. 我们推导 (46) 的方式表明, 它们只适用于匀速运动的物质. 然而, 我们也可以认为它们对匀速运动的单个物体也同样有效, 如果它被真空与速度不同的物体隔开. [①] 最后, 它们也可以被认为适用于以任何方式运动的物质, 只要其速度波动不太快. 在用这种方法得到不变量形式之后, 我们现在可以用任意 **e** 来分割这个世界. 假设在 R_e 中测定静止场的有质动力效应的测量仪器. 我们将使用属于 R_e 的坐标系, 并设

$$\begin{pmatrix}F_{10}, & F_{20}, & F_{30}\end{pmatrix}=\begin{pmatrix}E_1, & E_2, & E_3\end{pmatrix}=\mathbf{E},$$

① 这是大多数应用中的基本要点. 将麦克斯韦静力定律应用到由物体 K 及其周围的真空组成的区域, 该区域是指 K 处于静止状态的参考系, 当我们从不同的物体相对于另一个物体的运动中推导出结果时, 我们发现在真空的空间中不会出现差异, 因为相对论的原理适用于真空的空间.

$$\left(F_{23},\quad F_{31},\quad F_{12}\right)=\left(B_{23},\quad B_{31},\quad B_{12}\right)=\mathbf{B},$$

$$\left(H_{10},\quad H_{20},\quad H_{30}\right)=\left(D_{1},\quad D_{2},\quad D_{3}\right)=\mathbf{D},$$

$$\left(H_{23},\quad H_{31},\quad H_{12}\right)=\left(H_{23},\quad H_{31},\quad H_{12}\right)=\mathbf{H},$$

$$s^0=\rho;\quad \left(s^1,s^2,s^3\right)=\left(s^1,s^2,s^3\right)=\mathbf{s},$$

$$u^0=\frac{1}{\sqrt{1-v^2}},\quad \left(u^1,u^2,u^3\right)=\frac{\left(v^1,v^2,v^3\right)}{\sqrt{1-v^2}}=\frac{\mathbf{v}}{\sqrt{1-v^2}},$$

因此, 我们又得到了**麦克斯韦场方程, 它以完全不变的形式有效, 不仅对静态的物质有效, 而且对运动的物质也有效**. 然而, 这难道不与电磁感应的观察结果严重冲突吗? 电磁感应似乎需要增加一个项, 如 (41) 式. 没有, 因为这些观察结果并不能真正决定场 $\mathbf{E}$ 的强度, 而只能决定导体中流过的电流, 然而, 对于运动物体, 两者之间的联系由另一个方程给出, 即 (45) 式.

如果我们写下 (43), (45) 的方程, 它们对应于指标为 $i=1,2,3$ 的分量, 而 (46) 的分量对应的指标为

$$(i,k,l)=(2,3,0)\,,\quad (3,1,0)\,,\quad (1,2,0)$$

(其他的都是多余的), 下面的结果是显而易见的. 如果设

$$\mathbf{E}+[\mathbf{v},\mathbf{B}]=\mathbf{E}^*,\quad \mathbf{D}+[\mathbf{v},\mathbf{H}]=\mathbf{D}^*,$$

$$\mathbf{B}-[\mathbf{v},\mathbf{E}]=\mathbf{B}^*,\quad \mathbf{H}-[\mathbf{v},\mathbf{D}]=\mathbf{H}^*,$$

那么

$$\mathbf{D}^*=\varepsilon\mathbf{E}^*,\quad \mathbf{B}^*=\mu\mathbf{H}^*.$$

另外, 将 $\mathbf{s}$ 分解为“对流电流” $\mathbf{c}$ 和“传导电流” $\mathbf{s}^*$, 即

$$\mathbf{s}=\mathbf{c}+\mathbf{s}^*,$$

$$\mathbf{c}=\rho^*\mathbf{v},\qquad \rho^*=\frac{\rho-(\mathbf{v},\mathbf{s})}{1-v^2}=\rho-(\mathbf{v},\mathbf{s}^*),$$

那么

$$\mathbf{s}^*=\frac{\sigma\mathbf{E}^*}{\sqrt{1-v^2}}.$$

现在一切都清楚了: 电流一部分是由带电物质的运动引起的对流电流, 另一部分是由物质的传导性 σ 决定的传导电流. 如果电动势由线积分 (不是 $\mathbf{E}$ 的线积分,

而是 $\mathbf{E}^*$ 的线积分) 定义, 则根据欧姆定律计算导电电流. 对于 $\mathbf{E}^*$ 有一个完全类似于 (41) 的方程成立, 即

$$\operatorname{curl}\mathbf{E}^* = -\frac{\partial \mathbf{B}}{\partial t} + \operatorname{curl}[\mathbf{v},\mathbf{B}] \quad (\text{我们现在始终取 } c=1)$$

或者用积分表示, 如 (40) 式

$$-\frac{d}{dt}\int B_n do = \int \mathbf{E}^* d\mathbf{r}.$$

这充分解释了运动导体中法拉第感应现象. 对于威尔逊的实验, 根据目前的理论知, $\operatorname{curl}\mathbf{E}=\mathbf{0}$, 即 $\mathbf{E}$ 在两个板之间为零. 这给了我们单个矢量的常数值 (其中电矢量垂直于板, 而磁矢量平行于板且垂直于速度): 这些值是

$$E^* = vB^* = v\mu H^* = \mu v(H+vD),$$

$$D = D^* - vH = \varepsilon E^* - vH.$$

如果用上式中的 E^* 替换第一个方程中的 E, 我们就得到

$$D = v\left\{(\varepsilon\mu - 1)H + \varepsilon\mu v D\right\},$$

$$D = \frac{\varepsilon\mu - 1}{1-\varepsilon\mu v^2} vH.$$

这是在电容器板上被调用的电荷的表面密度的值: 它与我们的观察结果一致, 因为 v 很小, 公式中的分母与单位相差很小.

在物质与以太边界处的边界条件是考虑到场量值 F 和 H 在随物质运动时不能发生任何突然 (不连续) 变化而得到的. 但是, 一般来说, 在物质经过这一点的瞬间, 在某个固定的空间点上, 为了清晰起见, 想象在以太中, 它们会经历一个突然的变化. 如果 s 是物质的基本粒子的固有时间, 则

$$\frac{dF_{ik}}{ds} = \frac{\partial F_{ik}}{\partial x_l} u^l$$

必须保持处处有限. 如果设

$$\frac{\partial F_{ik}}{\partial x_l} = -\left(\frac{\partial F_{kl}}{\partial x_i} + \frac{\partial F_{li}}{\partial x_k}\right),$$

我们看到这个表达式等于

$$\frac{\partial F_i^*}{\partial x_k} - \frac{\partial F_k^*}{\partial x_i}.$$

因此, $\mathbf{E}^*$ 不能有表面旋度 ($\mathbf{B}$ 不能有表面散度).

在发现相对论原理之前, 洛伦兹从电子理论推导出运动物体的基本方程, 其形式与上述相同. 这并不奇怪, 因为麦克斯韦关于以太的基本定律满足相对论的原理, 而电子理论则通过从这些定律中建立平均值来推导支配物质行为的定律. 菲佐和威尔逊的实验, 以及伦琴 (Röntgen) 和艾奇沃尔德的实验 (见注 11)①, 证明了物质的电磁行为符合相对论原理; 运动物体的电动力学问题使爱因斯坦第一次阐明了这个问题. 我们要感谢闵可夫斯基, 因为他清楚地认识到, 如果麦克斯韦关于静止物质的理论被认为是理所当然的, 那么运动物体的基本方程是由相对论原理唯一决定的. 也是他把麦克斯韦方程写成了最终的形式 (见注 12)②.

我们的下一个目标将是使不遵循经典形式的**力学**原理服从于爱因斯坦的相对论原理, 并探究后者所要求的修改是否能够与实验事实相一致.

§24. 根据相对论原理的力学

根据电子理论, 我们发现电磁场的力学效应依赖于一个矢量 $\mathbf{p}$, 其逆变分量为

$$p^i = F^{ik} s_k = \rho_0 F^{ik} u_k.$$

因此它满足方程

$$p^i u_i = (\mathbf{p}, \mathbf{u}) = 0, \tag{47}$$

其中 $\mathbf{u}$ 是物质的世界方向. 如果把 $\mathbf{p}$ 和 $\mathbf{u}$ 以任何方式分解成空间和时间, 即

$$\left.\begin{aligned} \mathbf{u} &= h\,|h\mathsf{v}, \\ \mathbf{p} &= \lambda\,|\mathsf{p}\,, \end{aligned}\right\} \tag{48}$$

我们得到 p 作为重力密度 (force-density), 正如我们从 (47) 或者从

$$h\,\{\lambda - (\mathsf{p}, \mathsf{v})\} = 0$$

所看到的 λ 是功密度 (work-density).

我们用得到电磁学基本方程的同样方法, 得出了与爱因斯坦的相对论一致的力学基本定律. 我们假定牛顿定律在物质静止的参照系中仍然有效. 我们将注意力集中在质点 m 上, 它位于一个确定的世界点 O, 并将我们的量按照它的世界方向 $\mathbf{u}$ 分解为空间和时间. m 在 $R_{\mathbf{u}}$ 中是暂时静止的. 设 μ_0 为 O 点处物质在 $R_{\mathbf{u}}$

① 注 11: Röntgen, Sitzungsber. d. Berliner Akademie, 1885, p. 195; Wied. Annalen, Bd. 35 (1888), p. 264, Bd. 40 (1890), p. 93. Eichenwald, Annalen d. Physik, Bd. 11 (1903), p. 421.

② 注 12: Minkowski (l.c.[7]).

中的密度. 假设, 当一个无限小的时间增量 ds 经过之后, m 有一个世界方向的增量 $\mathbf{u}+d\mathbf{u}$. 由 $(\mathbf{u},\mathbf{u})=-1$ 得到 $(\mathbf{u}\cdot d\mathbf{u})=0$. 因此, 关于 $\mathbf{u}$ 的分解, 我们得到

$$\mathbf{u}=1\,|\,\mathsf{O}\,,\quad d\mathbf{u}=0\,|\,d\mathsf{v}\,,\quad \mathbf{p}=0\,|\,\mathsf{p}\,.$$

由

$$\mathbf{u}+d\mathbf{u}=1\,|\,d\mathsf{v}$$

得出 $d\mathsf{v}$ 是 m (在 $\mathsf{R}_{\mathbf{u}}$ 中) 在时间 ds 内获得的相对速度. 因此, 毫无疑问, 力学的基本定律是

$$\mu_0\frac{d\mathsf{v}}{ds}=\mathsf{p}.$$

从这儿我们立刻推出不变式

$$\mu_0\frac{d\mathbf{u}}{ds}=\mathbf{p}, \tag{49}$$

这与分解的方式无关. 其中, μ_0 是**静态密度**, 即质量在静止时的密度; ds 是物质粒子在无限小的位移过程中所经过的**固有时间**, 在这个过程中, 它的世界方向增加了 $d\mathbf{u}$.

分解成 $\mathbf{u}$ 项是一种在物质粒子运动过程中会改变的划分. 然而, 如果现在将这些量分解成空间和时间, 通过一些固定的类时向量 $\mathbf{e}$, 它指向未来并满足正则性条件 $(\mathbf{e},\mathbf{e})=-1$, 那么, 由 (48), (49) 分解为

$$\left.\begin{aligned}\mu_0\frac{d}{ds}\left(\frac{1}{\sqrt{1-v^2}}\right)&=\lambda,\\ \mu_0\frac{d}{ds}\left(\frac{\mathsf{v}}{\sqrt{1-v^2}}\right)&=\mathsf{p}.\end{aligned}\right\} \tag{50}$$

在这种划分或分解中, t 为时间, dV 为体积, dV_0 为物质粒子在某一时刻的静态体积, 则其质量为 $m=\mu_0 dV_0$, 并且, 如果

$$\mathsf{p}dv=\mathsf{P},\quad \lambda dV=\mathsf{L}$$

分别为作用于质点上的力及其所做的功, 那么, 如果我们把方程乘以 dV, 并考虑到

$$\mu_0 dV\cdot\frac{d}{ds}=m\sqrt{1-v^2}\cdot\frac{d}{ds}=m\cdot\frac{d}{ds},$$

并且质量 m 在运动过程中保持恒定, 最后得到

$$\frac{d}{dt}\left(\frac{m}{\sqrt{1-v^2}}\right)=\mathsf{L}, \tag{51}$$

$$\frac{d}{dt}\left(\frac{m\mathsf{v}}{\sqrt{1-v^2}}\right)=P. \tag{52}$$

这些是关于质点的力学方程. 动量方程 (52) 与牛顿方程的不同之处在于质点的(运动) 动量不是 $m\mathsf{v}$ 而是 $\frac{m\mathsf{v}}{\sqrt{1-v^2}}$. 能量方程 (51) 起初似乎很奇怪: 如果我们把它展开成 v 的幂级数, 我们得到

$$\frac{m}{\sqrt{1-v^2}}=m+\frac{mv^2}{2}+\cdots,$$

所以如果忽略 v 的高次幂和常数 m, 我们发现动能的表达式就退化为经典力学给出的表达式.

这表明, 质点的速度与光速相比, 与牛顿力学的偏差 (正如我们所怀疑的那样) 仅为二阶的量. 因此, 我们通常在力学中处理的小速度的情况下, 实验上无法证明有什么不同. 只有在速度接近于光速的情况下, 它才会变得可察觉; 在这种情况下, 物质对加速力 (the accelerating force) 的惯性阻力将增加到这样的程度, 以至于实际达到光速的可能性被排除在外. 放射性物质发射的**阴极射线**和 β 射线使我们熟悉了自由负电子, 它的速度与光速相当. Kaufmann, Bucherer, Ratnowsky, Hupka 等的实验表明, 实际上电场在电子中引起的纵向加速度或磁场引起的横向加速度正是相对论所要求的. 最近, 在原子发射的谱线的精细结构中发现了基于原子中循环电子运动的进一步确认 (见注 13)①. 只有当我们在电子理论的基本方程 (在 §20 中, 电子理论被转化为符合相对性原理的不变形式) 中加上方程 $s^i=\rho_0 u^i$ (即电与物质有关的断言) 以及力学的基本方程, 才能得到一个相互关联的定律的完整论述, 其中包含了一个独立于所有符号惯例的关于自然现象实际展开的陈述. 在这最后的阶段已经完成, 终于可以宣称, 我们已经证明了相对性原理对某一特定区域, 即电磁现象的原理的正确性.

在电磁场中, 有质动力向量 (ponderomotive vector)p_i 是由张量 S_{ik} 的如下公式

$$p^i=-\frac{\partial S_i^k}{\partial x_k}$$

① 注 13: W. Kaufmann, Nachr. d. K. Gesellsch. d. Wissensch. zu Göttingen, 1902, p. 291; Ann. d. Physik, Bd. 19 (1906), p. 487, Bd. 20 (1906), p. 639. A. H. Bucherer, Ann. d. Physik, Bd. 28 (1909), p. 513, Bd. 29 (1919), p. 1063. S. Ratnowsky, Determination experimentale de la variation d'inertie des corpuscules cathodiques en fonction de la vitesse, Dissertation, Geneva, 1911. E. Hupka, Ann. d. Physik, Bd. 31 (1910), p. 169. G. Neumann, Ann. d. Physik, Bd. 45 (1914), p. 529, mit Nachtrag von C. Schaefer, *ibid.*, Bd. 49, p. 934. 关于原子理论, 见: K. Glitscher, Spektroskopischer Vergleich zwischen den Theorien des starren und des deformierbaren Elektrons, Ann. d. Physik, Bd. 52 (1917), p. 608.

导出的, 该张量只依赖于相量 (phase-quantities) 的局部值. 根据物理学中赋予能量概念的普遍意义, 我们必须假定这不仅适用于电磁场, 而且适用于物理现象的每一个领域, 而且把这个张量当作原初量而不是有质动力是有利的. 我们的目的是发现对于每一个现象领域, 能量–动量–张量 (其分量 S_{ik} 必须总是满足对称性条件) 以何种方式依赖于特征场量或相量. 这样, 力学方程的左边

$$\mu_0 \frac{du^i}{ds} = p_i$$

可以直接化为"运动的" 能量–动量–张量的项

$$U_{ik} = \mu_0 u_i u_k.$$

由于

$$\frac{\partial U_i^k}{\partial x_k} = u_i \frac{\partial(\mu_0 u^k)}{\partial x_k} + \mu_0 u^k \frac{\partial u_i}{\partial x_k}.$$

右边的第一项等于 0, 这是由于物质的连续性方程; 第二项 $= \mu_0 \dfrac{du^i}{ds}$, 这是因为

$$u^k \frac{\partial u_i}{\partial x_k} = \frac{\partial u_i}{\partial x_k} \frac{\partial x_k}{\partial s} = \frac{du_i}{ds}.$$

据此, 力学方程断言由动能张量 U 和势能张量 S 组成的完全能量–动量–张量 $T_{ik} = U_{ik} + S_{ik}$ 满足守恒定理

$$\frac{\partial T_i^k}{\partial x_k} = 0.$$

能量守恒的原理在这里已得到了最清楚的表述. 但是, 根据相对论, 它与动量守恒的原理是不可分割的, **动量 (或冲量) 的概念必须像能量的概念一样具有普遍的意义**. 如果我们用法向坐标系来表示世界点的运动张量, 使物质本身相对于它是暂时静止的, 那么它的分量就采用一种特别简单的形式, 即 $U_{00} = \mu_0$ (或者 $= c^2\mu_0$, 如果我们使用 c.g.s. 系统, 其中的 c 不等于 1), 其余的分量都为零. 这就提出了这样一种观点: 质量应该被看作在空间中运动物体浓缩的势能.

§25. 质量与能量

解释上句所表达的思想, 我们将回到对电子运动的考虑上来. 到目前为止, 我们已经设想我们必须在力 $\mathbf{P}$ 的运动方程 (52) 中写出如下内容:

$$\mathbf{P} = e(\mathbf{E} + [\mathbf{v}, \mathbf{H}]) \quad (e \text{ 为电子电荷})$$

即 **P** 由外加电场和磁场 **E** 和 **H** 组成. 然而, 实际上, 电子在运动过程中不仅受这些外部场的影响, 而且还受它自己产生的伴生场 (accompanying field) 的影响. 然而, 如果我们不知道电子的构成, 也不知道内聚压力的性质和规律, 那么问题就来了. 内聚压力使电子聚集在一起, 以抵抗内部被压缩的负电荷所产生的巨大离心力. 在任何情况下, 静止的电子和它的电场 (我们认为是它的一部分) 是一个物理系统, 处于静态平衡状态, 这是问题的本质. 让我们选择一个电子处于静止状态的正规坐标系. 假设它的能量–张量有分量 t_{ik}. 电子处于静止状态这一事实, 可由其分量为 t_{0i} $(i=1,2,3)$ 的能量–通量 (energy-flux) 为零来表示. 平衡的第 0 个条件

$$\frac{\partial t_i^k}{\partial x_k}=0 \tag{53}$$

告诉我们能量密度 t_{00} 与时间 x_0 无关. 由于对称, 动量密度的每一个分量 $t_{i0}(i=1,2,3)$ 也为零. 如果 $\mathbf{t}^{(1)}$ 是分量为 t_{11},t_{12},t_{13} 的向量, 则均衡条件 (53)$(i=1)$ 给出

$$\operatorname{div}\mathbf{t}^{(1)}=0.$$

因此, 我们有, 例如

$$\operatorname{div}\left(x_2\mathbf{t}^{(1)}\right)=x_2\operatorname{div}\mathbf{t}^{(1)}+t_{12}=t_{12},$$

由于散度的积分是零 (我们可以假设 t 在无穷远处消失, 至少到四阶), 我们得到

$$\int t_{12}dx_1dx_2dx_3=0.$$

同样地, 我们发现, 尽管 t_{ik} $(i,k=1,2,3)$ 不会消失, 但它们的体积积分 $\int t_{ik}dV_0$ 会消失. 我们可以认为, 对于每一个处于静力平衡状态的系统, 这些情况都是存在的. 所得结果可用任意坐标系的不变公式表示

$$\int t_{ik}dV_0=E_0u_iu_k \quad (i,k=0,1,2,3)\,. \tag{54}$$

E_0 是能量–容量 (energy-content, 在电子处于静止状态的参考空间中测量的), u_i 是电子的世界方向上的协变分量, dV_0 是空间元素的静态体积 (假设整个空间都参与电子的运动). (54) 式对于匀速运动是严格正确的. 如果 $\mathbf{u}$ 在空间或时间上的变化不太突然, 我们也可以在非匀速运动的情况下应用这个公式. 而由电子自身作用的质动力分量

$$\bar{p}^i=-\frac{\partial t^{ik}}{\partial x_k}$$

则不再等于零.

如果我们假设电子完全没有质量, p^i 是来自外部的 "四力", 那么平衡要求

$$\bar{p}^i + p^i = 0. \tag{55}$$

我们把 $\mathbf{u}$ 和 $\mathbf{p}$ 按照固定的 $\mathbf{e}$ 分解成空间和时间, 得到

$$\mathbf{u} = h\,|\,h\mathsf{v}\,, \quad \mathbf{p} = (p^i) = \lambda\,|\,\mathsf{p}$$

并关于体积元 $dV = dV_0\sqrt{1-v^2}$ 对 (55) 式积分. 因为, 如果使用一个对应于 R_e 的法向坐标系, 我们有

$$\begin{aligned}\int \bar{p}^i dV = \int \bar{p}^i dx_1 dx_2 dx_3 &= -\frac{d}{dx_0}\int t^{i0} dx_1 dx_2 dx_3 \\ &= -\frac{d}{dx_0}\left(E_0 u^0 u^i \sqrt{1-v^2}\right) = -\frac{d}{dt}\left(E_0 u^i\right)\end{aligned}$$

(其中 $x_0 = t$, 表示时间), 得到

$$\frac{d}{dt}\left(\frac{E_0}{\sqrt{1-v^2}}\right) = L\left(=\int \lambda dV\right),$$

$$\frac{d}{dt}\left(\frac{E_0\mathsf{v}}{\sqrt{1-v^2}}\right) = \mathsf{P}\left(=\int \mathsf{p} dV\right).$$

如果来自外界的力 P 与 $\frac{E_0}{a}$ (a 是电子的半径) 相比不是太大, 并且它在电子附近的密度实际上是恒定的, 这些方程就成立. 如果质量 m 被 E 取代, 它们完全符合力学的基本方程. 换句话说, **惯性是能量的一种属性**. 在力学中, 我们认为每一个物体都有一个恒定的质量 m, 根据物体在力学基本定律中发生的方式, 这个质量 m 代表物质的惯性, 即它对加速力的阻力. 力学认为惯性质量是已知的, 不需要进一步解释. 我们现在认识到, 物质中所含的势能是造成这种惯性的原因, 并且在光速不统一的 c.g.s. 系统中, 与能量 E_0 对应的质量值是

$$m = \frac{E_0}{c^2}. \tag{56}$$

因此, 我们对物质有了一种新的、纯动力学的看法.① 正如相对论教导我们要摒弃我们可以在不同时间识别空间中的同一点的信念, **现在我们看到, 在不同时**

① 甚至康德在他的《自然科学的形而上学基础》(*Metaphysischen Anfangsgründen der Naturwissenschaft*) 中也教导说, 物质不仅通过其存在来填补空间, 而且还通过其各部分的排斥力来填补空间.

间谈论物质的同一位置不再有意义. 电动势以前被认为是非物质电磁场中的外来物质, 现在看来, 它不再是一个与电磁场截然不同的很小的区域, 而是这样一个区域对它来说, 场量和电密度都具有极高的值. 这种类型的 "能量结" (energy-knot) 在真空中传播的方式与水波在海面上传播的方式没有什么不同; 没有一种物质在任何时候都是由 "同一种物质" 组成的. 只有一种势能; 没有运动的能量–动量–张量加进去. 在力学中, 分解成这两种能量只是将场中稀疏分布的能量与集中在能量节、电子和原子中的能量分离; 两者之间的界限很不明确. 场的理论必须解释为什么场在结构上是粒状的, 以及为什么这些能量结在来来往往的过程中从能量和动量中永久地保存自己 (尽管它们并非完全不变, 但它们以一种非凡的精度保持了自己的身份), 这就是**问题所在**. 麦克斯韦和洛伦兹的理论无法解决这个问题, 主要原因是它缺乏将电子聚集在一起的内聚力. **通常所说的物质**, **其本质上是原子的**, 因为我们通常不把弥散分布的能量称为物质. 当然, **原子和电子不是最终不变的元素**, 自然力从外部攻击它们, 把它们推来推去, 但它们本身是连续分布的, 在它们最小的部分受到流体特性的微小变化的影响. 并不是场需要物质作为载体才能自身存在, 但**物质**却恰恰相反, **是场的产物**. 用场的相量来表示能量–张量 T_{ik} 分量的公式告诉我们, 根据这些定律, 场与能量和动量有关, 也就是与物质有关. 由于在弥散场能与电子和原子的场能之间没有明确的界线, 我们必须扩大物质的概念, 如果它仍要保留一个确切的含义的话. 将来我们将把物质这一项赋给这个实物, 它是由能量–动量–张量表示的. 在这个意义上, 如光场, 也与物质有关. 就像物质以这种方式融合到场中一样, 力学也被扩展到物理学中. 对于物质守恒定律, 力学基本定律为

$$\frac{\partial T_i^k}{\partial x_k} = 0, \tag{57}$$

其中的 T_{ik} 用场量表示, 表示这些量之间的微分关系, 因此必须从场方程中推导出来. 从广义上讲 (其中我们现在用的这个词), 物质就是我们通过感官直接感知的物质. 如果抓住一块冰, 我就会感受到在冰和我身体之间流动的能量流是热量, 动量流是压力. 我眼睛上皮组织表面的光能通量决定了我所经历的光学感觉. 然而, 在直接展现给我们感官的物质背后, 隐藏着**场**. 为了发现支配后者本身 (即场) 的规律, 以及它决定物质的规律, 我们在麦克斯韦的理论中有了第一个辉煌的开端, 但这并不是我们追求知识的最终目的. ①

为了解释物质的惯性, 根据公式 (56), 我们必须赋予它相当大的能量–容量: 一公斤水含有 9×10^{23} 尔格 (erg). 这种能量的一小部分是内聚能, 它使分子或原子在体内结合在一起. 另一部分是将分子中的原子结合在一起的化学能, 以及

① 稍后, 我们将再一次修正我们对物质的看法; 然而, 物质存在的观点最终被推翻了.

我们在爆炸中观察到的突然释放的化学能 (在固体中, 这种化学能不能与内聚能区分开来). 物体的化学结构或原子或电子的组合的变化涉及能量, 由于电动力把带负电的电子和带正电的原子核结合在一起, 所有的电离现象都包括在这一类中. 复合原子核的能量, 其中一部分在放射性衰变中释放出来, 远远超过上述数量. 这其中的大部分, 又一次, 由原子核元素和电子的内在能量组成. 我们只是通过惯性效应来了解宇宙, 迄今为止, 由于仁慈的上帝, 我们还没有发现一种使宇宙"爆炸"的方法. **惯性质量随所含能量的变化而变化**. 如果一个物体受热, 它的惯性质量就会增加; 如果它被冷却, 它就会减少; 当然, 这种效应太小, 无法直接观察到.

上述对静力平衡系统的处理, 我们通常遵循劳厄 (Laue) 的方法,[①] 甚至在爱因斯坦发现相对论原理之前, 就已应用于对电子的构成有特殊假设的情况下. 电子被认为是一个球体, 其表面或整个体积上的电荷都是均匀的, 并被一个由指向中心方向并且各个方向相等的力组成的内聚压力固定在一起. 如果把电子的半径数量级定为 10^{-13}cm, 所得的"电磁质量" $\frac{E_0}{c^2}$ 在数值上与观测结果一致. 即使在相对论出现之前, 这种对电子惯性的解释也是可能的, 对此我们也没有理由感到惊讶; 因为, 按照麦克斯韦的方法来处理电动力学, 就这一现象的分支而言, 我们已经不知不觉地走到了相对性原理的节奏中了. 我们首先要感谢爱因斯坦和普朗克, 因为他们阐明了能量的惯性 (见注 15)[②]. 普朗克在他发展动力学的过程中, 从一个"测试体" (test body) 开始, 尽管它不是普通意义上的物质, 与电子相反, 该测试体是完全为人所知的, 即热力学平衡中的腔辐射 (cavity-radiation), 根据基尔霍夫定律, 它在每个封闭的腔内, 在相同的均匀温度下产生.

在不考虑物质原子结构的现象学理论中, 我们想象储存在电子、原子等中的能量均匀地分布在物体上. 我们只需要通过引入静态质量密度 μ 作为能量–动量–张量中的能量密度来考虑这个问题, 能量–动量–张量是指物质处于静止状态的坐标系. 因此, 如果在流体力学中我们把自己限制在绝热现象上, 我们就必须设

$$\left|T_i^k\right| = \left|\begin{array}{c|ccc} -\mu_0 & 0 & 0 & 0 \\ \hline 0 & p & 0 & 0 \\ 0 & 0 & p & 0 \\ 0 & 0 & 0 & p \end{array}\right|,$$

其中 p 是均匀压强; 在绝热现象中能量–通量为零. 为了能写出这个张量在任意坐

① 注 14: Die Relativitätstheorie I (3 Aufl., 1919), p. 229.

② 注 15: Einstein (l.c.[6]). Planck, Bemerkungen zum Prinzip der Aktion und Reaktion in der allgemeinen Dynamik, Physik. Zeitschr., Bd. 9 (1908), p. 828; Zur Dynamik bewegter Systeme, Ann. d. Physik, Bd. 26 (1908), p. 1.

标系中的分量, 我们必须另外设 $\mu_0 = \mu^* - p$. 那么, 我们就得到不变方程为

$$T_i^k = \mu^* u_i u^k + p\delta_i^k,$$

或

$$T_{ik} = \mu^* u_i u_k + p \cdot g_{ik}. \tag{58}$$

质量的静态密度是

$$T_{ik} u^i u^k = \mu^* - p = \mu_0,$$

因此我们必须让 μ_0, 而不是 μ^*, 在不可压缩流体的情况下, 等于一个常数. 如果没有力作用在流体上, 流体动力学方程就变成

$$\frac{\partial T_i^k}{\partial x_k} = 0.$$

正如这里对流体力学所做的那样, 我们可以找到一种基于相对论原理的弹性理论的形式 (见注 16)①. 使引力定律 (在牛顿的形式下, 完全受制于牛顿和伽利略的相对性原理) 符合于爱因斯坦理论的任务仍然存在. 然而, 这涉及它自己的特殊问题, 我们将在最后一章中回到这个问题.

§26. Mie 的理论

麦克斯韦和洛伦兹的理论不能适用于电子的内部, 因此, 从普通电子理论的观点来看, 我们必须把电子看成是先天给定的东西, 看成是场中的异物. **Mie** 提出了一个更一般的电动力学理论, 似乎可以从场中推导出物质 (见注 17)②. 我们将在这里简要地概述它的要点, 作为一个完全符合物质的新概念的物理理论的例子, 这个例子对以后的工作很有帮助. 这将给我们一个机会把问题更清楚地表述出来.

我们将保留下列相量的观点: ① 四维的电流矢量 s, 即 “电”; ② 二阶的线性张量 F, 即 “场”. 它们的性质用方程式表示为

$$① \ \frac{\partial s^i}{\partial x_i} = 0,$$

$$② \ \frac{\partial F_{kl}}{\partial x_i} + \frac{\partial F_{li}}{\partial x_k} + \frac{\partial F_{ik}}{\partial x_l} = 0.$$

如果 F 可由向量 ϕ_i 根据公式 ③ 推导, 则公式 ② 成立

① 注 16: Herglotz, Ann. d. Physik, Bd. 36 (1911), p. 453.

② 注 17: Ann. d. Physik, Bd. 37, 39, 40 (1912–1913).

$$③\ F_{ik} = \frac{\partial \phi_i}{\partial x_k} - \frac{\partial \phi_k}{\partial x_i}.$$

反过来, 由式 ② 可知, 必须存在向量 ϕ, 使式 ③ 成立. 同样地, 如果 s 可由

$$④\ s^i = \frac{\partial H^{ik}}{\partial x_k}$$

的二阶斜对称张量 H 导出, 则 ① 可以得到满足. 反过来, 由 ① 可知, 满足这些条件的张量 H 必然存在. 洛伦兹一般地假定 (不仅对以太, 而且对电子域) $H = F$. 遵循 Mie 的思想, 我们将作出更一般的假设, 即 H 不仅仅是一个计算数, 而且具有真正的意义, 因此, 它的分量是初等相量 s 和 F 的通用函数. 为了符合逻辑, 我们必须对 ϕ 做出同样的假设. 量的合成形式

$$\begin{array}{c|c} \phi & F \\ \hline s & H \end{array}$$

包含第一行的强度量; 它们之间通过微分方程 ③ 相互联系. 在第二行, 我们有量值, 对于它, 微分量 ④ 成立. 如果我们对空间和时间进行分解, 并使用 §20 中相同的术语, 我们就会得到众所周知的方程

$$① \ \frac{d\rho}{dt} + \mathrm{div}\ s = 0;$$

$$② \ \frac{d\mathsf{B}}{dt} + \mathrm{curl}\ \mathsf{E} = \mathbf{0} \quad (\mathrm{div}\ \mathsf{B} = 0);$$

$$③ \ \frac{df}{dt} + \mathrm{grad}\ \phi = \mathsf{E} \quad (-\mathrm{curl}\ f = \mathsf{B});$$

$$④ \ \frac{\partial \mathsf{D}}{dt} - \mathrm{curl}\ \mathsf{H} = -s \quad (\mathrm{div}\ \mathsf{D} = \rho).$$

如果已知用 s 和 F 表示 ϕ 和 H 的通用函数, 则排除括号中的方程, 分别计算各分量, 我们面前有十个 "主方程", 其中十个相量对时间的导数是用它们自己和它们的空间导数来表示的; 也就是说, 我们的物理定律是以**因果原理**所要求的形式存在的. 在这里, 相对性原理在某种意义上是与因果关系原理相对立的, 它要求主方程必须与括号内的 "辅助方程" 相辅相成, 在这些辅助方程中不存在时间导数. 由于注意到辅助方程是不必要的, 因而冲突被避免了. 由主式 ②, ③ 可知

$$\frac{\partial}{\partial t}(\mathsf{B} + \mathrm{curl}\ f) = \mathbf{0},$$

从 ① 和 ④ 可得

$$\frac{\partial \rho}{\partial t} = \frac{\partial}{\partial t}(\mathrm{div}\ \mathsf{D}).$$

将米氏理论与洛伦兹电子理论基本方程进行比较具有指导意义. 在后者中, 当 ①, ② 和 ④ 发生, 而 H 由初级相量决定的定律简单地表示为 $\boldsymbol{D} = \boldsymbol{E}, \boldsymbol{H} = \boldsymbol{B}$. 另一方面, 在 Mie 的理论中, ϕ 和 f 在 ③ 中被定义为一个计算过程的结果, 并且没有规律来决定这些势如何依赖于电场的相量和电. 取而代之的是给出机械力密度和力学定律的公式, 它支配着电子在这种力的影响下的运动. 然而, 由于根据我们所提出的新观点, 力学定律必须从场方程中推导出来, 因此就需要一个补充; 为此, Mie 假设 ϕ 和 f 具有所表示意义上的物理意义. 然而, 我们可以用完全类似于力学基本定律的形式来阐明 Mie 方程 ③. 在这种情况下, 我们将有质量动力与"电动力" $\boldsymbol{E}$ 进行对比. 在静态情况 ③ 中有

$$\boldsymbol{E} - \mathrm{grad}\,\phi = \mathbf{0}, \tag{59}$$

也就是说, 在以太中, 电动力 $\boldsymbol{E}$ 被"**电压**" (electrical pressure) ϕ 所抵消. 然而, 总的来说, 由此产生的电磁力, 由 ③, 现在属于大小为 f 的量, 称为"**电动量**" (electrical momentum) 的量 f. 在米氏的理论中, 作为电学理论开端的静电学基本方程 (59), 由于电势作为一种电压力的出现, 突然获得了更生动的意义, 这使我们感到惊奇; 这是保持电子在一起所需的内聚压力.

上述所提出的只是一个空洞的计划, 必须由那些尚不可知的普遍函数来填补, 这些普遍函数把量的大小与强度的大小联系起来. 在某种程度上, 它们可以纯粹通过假设来确定, 即守恒定律 (57) 必须对能量–动量–张量 T_{ik} 成立 (也就是说, 能量原理必须有效). 因为如果我们要与实验取得某种联系, 这当然是一个必要条件. 能量定律必须是

$$\frac{\partial W}{\partial t} + \mathrm{div}\boldsymbol{s} = 0$$

的形式, 其中 W 是能量密度, $\boldsymbol{s}$ 是能量–通量. 通过 ② 乘以 $\boldsymbol{H}$, ④ 乘以 $\boldsymbol{E}$, 然后相加, 我们得到麦克斯韦的理论, 它给出

$$\boldsymbol{H}\frac{\partial \boldsymbol{B}}{\partial t} + \boldsymbol{E}\frac{\partial \boldsymbol{D}}{\partial t} + \mathrm{div}[\boldsymbol{E}, \boldsymbol{H}] = -(\boldsymbol{E}, \boldsymbol{s}). \tag{60}$$

在这个关系 (60) 中, 我们在右边也有功, 它被用来增加电子的动能, 或者, 根据我们现在的观点, 增加电子场的势能. 因此, 这一项也必须由一个关于时间的微分项和一个散度项组成. 如果我们现在用前面处理 ② 和 ④ 的方法处理 ① 和 ③, 即 ① 乘以 ϕ, ③ 乘以 $\boldsymbol{s}$, 我们得到

$$\phi\frac{\partial \rho}{\partial t} + \boldsymbol{s}\frac{\partial f}{\partial t} + \mathrm{div}(\phi\boldsymbol{s}) = (\boldsymbol{E}, \boldsymbol{s}). \tag{61}$$

(60) 和 (61) 一起给出了能量定理, 因此能量–通量必须为

$$S = [E, H] + \phi s,$$

以及

$$\phi\delta\rho + s\delta f + H\delta B + E\delta D = \delta W$$

为能量密度的总微分. 很容易看出为什么与 s 成比例的项, 即 ϕs 必须添加到在以太中成立的项 (E, H) 之中去. 因为当产生对流的电子 s 运动时, 它所含的能量也随之流动. 在以太中, 这一项 (E, H) 被 S 压制, 但在电子中另一个 ϕs 很容易占据上风. 数量 ρ, f, B, D 出现在能量密度的总微分公式中作为独立的微分相量. 为了清楚起见, 我们将 ϕ 和 E 作为自变量来代替 ρ 和 D. 通过这种方法, 所有的强度量都成为自变量. 我们必须建立

$$L = W - ED - \rho\phi, \tag{62}$$

然后, 我们得到

$$\delta L = (H\delta B - D\delta E) + (s\delta f - \rho\delta\phi).$$

如果 L 是强度量的函数, 那么这些方程将大小的量表示为强度量的函数. **取代这十个未知的普遍函数, 我们现在只有一个函数, 即** L, 这是由**能量原理**完成的.

让我们再次回到四维符号, 我们有

$$\delta L = \frac{1}{2} H^{ik}\delta F_{ik} + s^i\delta\phi_i. \tag{63}$$

由此得出 δL, 因此 L 函数, 即 "**哈密顿函数**" 是一个不变量. 由具有分量 ϕ_i 的向量和具有分量 F_{ik} 的二阶线性张量可以形成的最简单不变量是下列表达式的平方:

对于向量 ϕ^i, $\phi_i\phi^i$,

对于张量 F_{ik}, $2L^0 = \frac{1}{2}F_{ik}F^{ik}$,

具有分量 $\sum \pm F_{ik}F_{lm}$ 的四阶线性张量 (这个和扩展到指标 i, k, l, m 的 24 个排列; 上指标适用于偶数排列, 下指标适用于奇数排列); 最后是矢量 $F_{ik}\phi^k$.

正如在三维几何中关于全等的最重要的定理是向量对 $\mathbf{a}, \mathbf{b}$ 通过不变量 $\mathbf{a}^2, \mathbf{ab}, \mathbf{b}^2$ 的全等性来完全表征一样, 因此, 在四维几何中, 所引用的不变量完全决定了由向量 ϕ 和二阶线性张量 F 组成的图形的全等性. 每一个不变量, 特别是哈密顿函数 L, 必须用上述四个量的代数表示. 因此, Mie 的理论把物质问题的解决归结为这个表达式的一个规定. 麦克斯韦的以太理论, 当然排除了电子的可能性, 作为特

殊情况 $L=L^0$ 包含在其中. 如果我们也用四维量表示 W 和 S 的分量, 我们看到, 它们在组合的第 0 行是负的

$$T_i^k=F_{ir}H^{kr}+\phi_i s^k-L\cdot\delta_i^k. \tag{64}$$

T_i^k 是能量–动量–张量的混合分量, 根据我们的计算, 它满足 $i=0$ 时的守恒定理 (57), 因此也满足 $i=1,2,3$ 时的守恒定理 (57). 下一章将增加证明它的协变分量满足对称性条件 $T_{ki}=T_{ik}$.

这个场的定律可以概括为一个非常简单的变分原理, 即哈密顿原理. 为此, 我们仅将带分量 ϕ_i 的位势视为一个独立的相量, 并利用方程

$$F_{ik}=\frac{\partial\phi_i}{\partial x_k}-\frac{\partial\phi_k}{\partial x_i}$$

来定义电场. 哈密顿不变函数 L 依赖于势和场, 属于这些定律. 我们用 (63) 定义了电流矢量 s 和斜对称张量 H. 如果在任意的线性坐标系中

$$d\omega=\sqrt{g}dx_0dx_1dx_2dx_3$$

是世界的四维 “体积元素” ($-g$ 是度量基本形式的行列式), 那么在世界上任何一个区域的积分 $\int Ld\omega$ 都是一个不变量. 它被称为该区域所包含的**作用** (action). 哈密顿原理指出, 场的状态的每一个无限小变化, 在有限区域外消失, 总的作用量的变化为零, 即

$$\delta\int Ld\omega=\int\delta Ld\omega=0. \tag{65}$$

这个积分是对整个世界的积分, 或者是对一个有限区域的积分, 在这个有限区域之外, 相位的变化就消失了. 这种变化是由位势分量的无限小增量 $\delta\phi_i$ 以及附加的场

$$\delta F_{ik}=\frac{\partial\left(\delta\phi_i\right)}{\partial x_k}-\frac{\partial\left(\delta\phi_k\right)}{\partial x_i}$$

的无限小变化来表示的, 其中 $\delta\phi_i$ 是仅在有限区域内不为零的时空函数. 如果把上式代入 δL 的表达式 (63) 中, 则得到

$$\delta L=s^i\delta\phi_i+H^{ik}\frac{\partial\left(\delta\phi_i\right)}{\partial x_k}.$$

根据分部积分原理, 得到

$$\int H^{ik}\frac{\partial\left(\delta\phi_i\right)}{\partial x_k}d\omega=-\int\frac{\partial H^{ik}}{\partial x_k}\delta\phi_i d\omega,$$

因此,

$$\delta\int Ld\omega=\int\left\{s^i-\frac{\partial H^{ik}}{\partial x_k}\right\}\delta\phi_i d\omega. \tag{66}$$

鉴于 ③ 是由定义给出的, 我们看到哈密顿原理提供了场方程 ④. 事实上, 比如说, 如果

$$s-\frac{\partial H^{ik}}{\partial x_k}\neq 0,$$

但是在某一点上为 >0, 那么我们可以在这个点周围划出一个小区域, 这样, 对于它, 这个差值在整个区域都是正的. 如果我们为 $\delta\phi_1$ 选择一个非负函数, 它在标记区域之外消失, 并且如果 $\delta\phi_2=\delta\phi_3=\delta\phi_4=0$, 我们得到方程 (65) 的一个矛盾, 从 ③ 和 ④ 得到 ① 和 ②.

因此, 我们发现, **在哈密顿原理 (65) 中, Mie 电动力学是以压缩形式存在的**, 类似于力学的发展在作用原理中达到其顶峰的方式. 然而, 在力学中, 作用的确定函数 L 对应于每一个给定的力学系统, 必须从该系统的构成中推导出来, 而我们在这里所关心的是一个单一的系统, 即世界. 这就是物质的真正问题开始的地方: 我们必须确定 "作用的函数", 属于世界的 "世界函数" L. 目前它使我们感到困惑. 如果我们选择一个任意的 L 函数, 我们就会得到一个由这个作用函数控制的 "可能的" 世界, 这个世界对我们来说比实际世界更容易理解, 只要我们的数学分析没有让我们失望. 当然, 我们关心的是发现唯一存在的世界, 对我们来说**真实**的世界. 从我们所知道的物理定律来看, 我们可以预期属于它的 L 函数具有简单的数学性质. 物理学 (这次是场物理学) 再一次追求的目标是把所有的自然现象归结为**一个单一的物理定律**: 当建立在机械质点物理学基础上的牛顿的《原理》正在庆祝胜利的时候, 人们曾认为这一目标几乎触手可及. 但是知识的宝藏不像成熟的果实, 可以从树上摘下来.

目前, 我们还不知道作为 Mie 理论基础的相量是否足以描述物质, 或者物质在本质上是否纯粹是 "电性的" (electrical). 最重要的是, 那些现象的不祥阴云正在物理知识领域投下阴影, 威胁着谁也不知道会发生什么样的新革命. 我们正试图用行动的量子论来成功地解释这些现象.

让我们对 L 函数做如下假设:

$$L=\frac{1}{2}|F|^2+\omega\left(\sqrt{-\phi_i\phi^i}\right) \tag{67}$$

(ω 是单变量函数的符号); 它表明自己是超越麦克斯韦理论的最简单的理论. 我们没有理由假设世界函数确实具有这种形式. 我们将只考虑我们已经考虑过的静态

解, 因为我们有

$$B = H = \mathbf{0}, \quad s = f = \mathbf{0},$$

$$E = \operatorname{grad} \phi, \quad \operatorname{div} D = \rho,$$

$$D = E, \quad \rho = -\omega'(\phi)$$

(重音符号表示导数). 与普通的以太静电学相比, 我们有了新的情况, 即密度 ρ 是电势, 也即电压力 ϕ 的普遍函数. 我们得到泊松方程

$$\Delta\phi + \omega'(\phi) = 0. \tag{68}$$

如果 $\omega(\phi)$ 不是 ϕ 的偶函数, 则该方程在 ϕ 过渡到 $-\phi$ 后不再成立; 这就解释了**正电和负电性质的不同**. 然而, 在非静态场的情况下, 这肯定会导致一个显著的困难. 如果具有相反符号的电荷出现在后者中, 则 (67) 式的根号在场的不同点上必须具有不同的符号. 因此, 在场中一定有 $\phi_i\phi^i$ 消失的点. 在这样一个点的附近, $\phi_i\phi^i$ 必须能够假设为正的和负的值 (这在静态情况下不成立, 因为 ϕ_0 的函数 ϕ_0^2 的最小值是 0). 因此, 我们的场方程的解在正则距离处必须成为虚的. 用这种方法将场的退化解释为独立的部分是困难的, 每个部分只包含一个符号的电荷, 并由场变为虚的区域彼此分离.

方程 (68) 的一个解 (在无穷远处消失) 代表了一种可能的电平衡状态, 或者我们现在继续构建的世界中能够单独存在的一个可能的微粒. 只有当解为径向对称时, 平衡才能稳定. 在这种情况下, 如果 r 表示半径向量, 方程就变成

$$\frac{1}{r^2}\frac{d}{dr}\left(r^2\frac{d\phi}{dr}\right) + \omega'(\phi) = 0. \tag{69}$$

如果 (69) 在 $r = \infty$ 处有一个常规解

$$-\phi = \frac{e_0}{r} + \frac{e_1}{r^2} + \cdots, \tag{70}$$

通过将这个幂级数代入方程的第一项, 我们发现 $\omega'(\phi)$ 的级数以 r^{-4} 或一个负指数更大的幂开始, 因此, 当 $x = 0$ 时, $\omega(x)$ 必须至少是五阶的零. 在这个假设下, 方程在 $r = 0$ 处必须有无穷多个正则解, 在 $r = \infty$ 处也必须有无穷多个正则解. 我们可以 (在一般情况下) 期望这两个**一维**解族 (包含在所有二维完全解族中) 具有有限或至少是离散个数的解. 这些代表了各种可能的光颗粒. (原子核的电子和元素?) 当然, 一个电子或一个原子核并不是单独存在于这个世界上的, 但是, 它们之间的距离与它们自身的大小相比是如此之大, 以至于它们不会对单个电子或

原子核内部的场的结构带来明显的改变. 如果 ϕ 是 (69) 的一个解, 表示在 (70) 式中的这样一个微粒, 那么它的总电荷等于

$$4\pi\int_0^{\infty}\omega'(\phi)\,r^2dr=-4\pi\cdot r^2\frac{d\phi}{dr}\bigg|_{r=\infty}=4\pi c_0,$$

但它的质量是能量密度 W 的积分, 由 (62) 给出

$$\begin{aligned}\text{Mass}&=4\pi\int_0^{\infty}\left\{\frac{1}{2}(\text{grad }\phi)^2+\omega(\phi)-\phi\omega'(\phi)\right\}r^2dr\\&=4\pi\int_0^{\infty}\left\{\omega(\phi)-\frac{1}{2}\phi\omega'(\phi)\right\}r^2dr.\end{aligned}$$

因此, 这些物理定律使我们能够计算出电子的质量和电荷, 以及单个现有元素的原子量和电荷量. 然而, 到目前为止, 我们一直认为物质的这些最终成分是由它们的数值性质所给定的. 当然, 所有这一切只是一个建议的行动计划, 只要世界函数 L 是未知的. 我们刚刚开始的特殊假设 (67), 仅仅是为了表明, 如果我们能够发现其作用函数 (action-function), 我们将会对物质及其组成成分有多么深刻和彻底的认识啊, 而这些认识是建立在规律之上的. 至于其他方面, 对这种任意选择的假设的讨论不能导致任何适当的进展, 需要新的物理知识和原理来告诉我们确定哈密顿函数的正确方法.

相反地, 为了澄清场的纯物理性质, 在电动力学领域, Mie 使它变得可行, 因为就其一般性质而言提供了假设, 它的作用原理 (65) 将与麦克斯韦和洛伦兹的理论相对照, 后一种理论认为, 除了电磁场, 还有一种物质在其中运动. 这种物质是三维连续体, 因此, 它的各部分可以连续地表示为三个坐标 α,β,γ 的值. 让我们设想这种物质被分解成无穷小的元素. 因此, 物质的每一元素都有一个确定不变的正质量 dm 和一个不变的电荷 de. 作为历史的一种表述, 它对应着一条有明确方向的世界线, 或者, 更好的说法, 一条无限细的 "世界–纤维" (world-filament). 如果我们再把它分成小块, 并且, 如果

$$ds=\sqrt{-g_{ik}dx_idx_k}$$

是该部分的固有时长, 那么我们可以利用不变方程

$$dmds=\mu_0d\omega \tag{71}$$

引入静态质量–密度的时空函数 μ_0. 我们称在世界的一个区域 $\mathfrak{X}$ 上的积分

$$\int_{\mathfrak{X}}\mu_0d\omega=\int dmds=\int dm\int\sqrt{-g_{ik}dx_idx_k}$$

为**质量的物质作用** (substance-action of mass). 在最后一个积分中, 内积分是指物质质量 dm 的任意元素的世界线的那一部分, 它属于区域 $\mathfrak{X}$, 外积分是指物质所有元素的总和. 在纯数学语言中, 从物质固有时间 (substance-proper-time) 的积分到时空积分的转变发生如下. 我们首先引入质量的物质密度 ν:

$$dm = \nu d\alpha d\beta d\gamma$$

(ν 表现为物质坐标 α, β, γ 的任意变换的标量密度). 在质点 α, β, γ 的每一条世界线上, 我们从一个确定的起始点计算固有时间 s (当然, 从一个质点到另一个质点, 固有时间必须连续变化). 质点 α, β, γ 恰好在其运动时刻 s 处 (在固有时间 s 过后) 的世界点坐标 x_i 是 α, β, γ, s 的连续函数, 假设它们的函数行列式

$$\frac{\partial (x_0, x_1, x_2, x_3)}{\partial (\alpha, \beta, \gamma, s)}$$

有绝对值 Δ. 那么方程 (71) 表明

$$\mu_0 \sqrt{g} = \frac{\nu}{\Delta}.$$

我们可以用类似的方法来解释电荷的静态密度 ρ_0. 我们将

$$\int \left(de \int \phi_i dx_i \right)$$

记为**电的物质作用** (substance-action of electricity); 在上式的积分中, 外积分是对所有的物质元素的积分, 但在每一种情况下, 内积分都是在一个带有电荷 de 的物质元素的世界线的某一部分, 其路径位于世界区域 $\mathfrak{X}$ 的内部. 因此, 我们也可以写作

$$\int deds \cdot \phi u = \int \rho_0 u^i \phi_i d\omega = \int s^i \phi_i d\omega,$$

若 $u^i = \dfrac{dx_i}{ds}$ 为世界方向的分量, $s^i = \rho_0 u^i$ 为 4-电流 (纯对流) 的分量. 最后, 除了物质作用外, 还有**电流的场作用** (field-action of electricity), 麦克斯韦理论对此作了简单的约定

$$\frac{1}{4} \int F_{ik} F^{ik} d\omega \quad \left(F_{ik} = \frac{\partial \phi_i}{\partial x_k} - \frac{\partial \phi_k}{\partial x_i} \right).$$

对麦克斯韦–洛伦兹定律作了浓缩陈述的哈密顿原理可以这样表述:

总作用, 即电场作用和电的质量物质作用, 加上对于 (ϕ_i 的) 场相位的任意变化 (在有限区域以外的点消失) 以及不变的单个质点所描绘的世界线时空位移的类似条件所产生的质量物质作用的总和.

如果我们改变 ϕ_i, 这个原理清楚地给出了方程

$$\frac{\partial F^{ik}}{\partial x_k}=s^i=\rho_0 u^i,$$

但是, 如果我们保持 ϕ_i 不变, 并对物质点的世界线进行变分, 我们通过交换微分和变分 (正如在 §17 中确定最短线), 然后分部积分就得到

$$\begin{aligned}\int \phi_i dx_i &= \int(\delta\phi_i dx_i+\phi_i d\delta\phi_i)=\int(\delta\phi_i dx_i-\delta x_i d\phi_i)\\ &=\int\left(\frac{\partial\phi_i}{\partial x_k}-\frac{\partial\phi_k}{\partial x_i}\right)\delta x_k\cdot dx_i,\end{aligned}$$

这里 δx_i 是世界线的个别点所经历的无限小位移的分量. 因此, 我们得到

$$\delta\int\left(de\int\phi_i dx_i\right)=\int deds\cdot F_{ik}u^i\delta x_k=\int\rho_0 F_{ik}u^i\delta x_k\cdot d\omega.$$

如果同样对质量的物质作用进行变分 (对于更一般的情况, g_{ik} 是可变的, 这在 §17 中已经做过了), 我们就得到了加入到麦克斯韦理论中的场方程中的力学方程; 也就是

$$\mu_0\frac{du^i}{ds}=p_i,\quad p_i=\rho_0 F_{ik}u^k=F_{ik}s^k.$$

这就完成了 §24 所提到的法则的循环证明. 当然, 这个理论不能解释电子的存在, 因为电子缺乏内聚力.

刚才所阐述的作用原理的一个显著特征是, 场的作用不像在电的情况中所发生的那样与质量的物质作用相联系. 这个缺口将在下一章中被填补, 在这一章中, 我们将展示**引力场**与质量的关系, 就像电磁场与电荷的关系一样.

本章所描述的知识的巨大进步在于, 我们认识到现实的作用场景不是三维的欧几里得空间, 而是一个**四维的世界**, **在这个世界里**, **空间和时间不可分割地联系在一起**. 在我们的经验中, 无论空间的直觉本质与时间的直觉本质之间的鸿沟有多深, 这种质的差异都无法进入客观世界, 而物理学力图从直接经验中明确客观世界. 它是一个四维连续体, 既不是“时间”也不是“空间”. 只有在这个世界的一部分中传递的意识, 才能体验到与它相遇并在它后面传递的分离的部分, 作为**历史**, 也就是说, 作为一个过程, 在时间中前进, 在空间中发生.

这个四维空间像欧几里得空间一样是有**度量**的, 但是决定它的度量结构的二次形式不是正定的, 而是有**一个**负的维度. 这种情况在数学上当然不重要, 但对现实及其作用的关系却有着深刻的意义. 我们有必要掌握四维世界的概念, 从数学

的角度来看, 它是如此简单, 不仅在孤立的抽象中, 而且在建立物理现象的观点时, 还需要从它当中寻求最重要的推论, 这样我们就可以对它的内容和影响的范围有一个恰当的理解, 这就是我们的短期目标. 值得注意的是, 欧几里得把静态世界的三维几何放进了一个完整的公理系统中, 它具有如此透明的特性, 然而, 我们只有在经过长期的斗争, 并参考大量的物理现象和经验数据之后, 才能掌握四维几何. 直到现在, 相对论才成功地使我们为充分理解世界的运动和变化本质的物理知识成为可能.

第 4 章　广义相对论

§27. 运动的相对性, 度量场, 引力①

在前一章中, 无论爱因斯坦的相对性原理如何成功地概括了从经验中得出的物理定律, 这些定律定义了世界上活动的关系, 但从认识论的观点来看, 我们都不能表示满意. 让我们再次回到上一章的开头. 在那里我们介绍了“运动学”的相对论原理; x_1, x_2, x_3, t 是一个世界点的时空坐标, 它指的是空间中一个确定不变的笛卡儿坐标系; x_1', x_2', x_3', t' 是相对于第二个这样的坐标系的同一点, 该坐标系可以相对于第一个坐标系任意移动, 它们通过 §19 的转换公式 (Ⅱ) 连接起来. 如果其中之一的相量和用参数 x_1, x_2, x_3, t 描述的第一个相量的数学函数一样, 由 x_1', x_2', x_3', t' 的相同数学函数表示, 那么, 很明显, 两个系列的物理状态或相就不能以一种客观的方式彼此区分. 因此, 物理定律在一个独立的时空参数系统中的形式必须与在另一个系统中的形式完全相同. 必须承认的是, 动力学事实显然与爱因斯坦的假设直接矛盾, 而正是这些事实, 自牛顿时代以来, 迫使我们把绝对意义归于旋转, 而不是平移. 然而, 我们的思想从来没有成功地毫无保留地接受现实强加给它们的这种残缺不全的东西 (尽管哲学家们已经做了各种努力来证明它的合理性, 例如康德的 *Metaphysische Anfangsgründe der Naturwissenschaften*), 离心力的问题一直被认为是一个未解之谜.②

---

① 注 1: 关于这一段, 以及直到 §34 为止的整个章节, 参见 A. Einstein, Die Grundlagen der allgemeinen Relativitätstheorie (Leipzig, Joh. Ambr. Barth, 1916); Über die spezielle und die aligemeine Relativitätstheorie (gemeinverständlich; Sammlung Vieweg, 10 Aufl., 1910). E. Freundlich, Die Grundlagen der Einsteinschen Gravitationstheorie (4 Aufl., Springer, 1920). M. Schlick, Raum und Zeit in der gegenwärtigen Physik (3 Aufl., Springer, 1920). A. S. Eddington 的《空间、时间和万有引力》(剑桥, 1920) 中的 §35 和 §36 的描述, 是一个包括对广义相对论发展的、卓越的、通俗的和全面的阐述. Eddington, Report on the Relativity Theory of Gravitation (London, Fleetway Press, 1919). M. Born, Die Relativitätstheorie Einsteins (Springer, 1920). E. Cassirer, Zur Einsteinschen Relativitätstheorie (Berlin, Cassirer, 1921). E. Kretschmann, Über den physikalischen Sinn der Relativitätspostulate, Ann. Phys., Bd. 53 (1917), p. 575. G. Mie, Die Einsteinsche Gravitationstheorie und das Problem der Materie, Phys. Zeitschr., Bd. 18 (1917), pp. 551-556, 574-580, 596-602. F. Kottler, Über die physikalischen Grundlagen der allgemeinen Relativitätstheorie, Ann. d. Physik, Bd. 56 (1918), p. 401. Einstein, Prinzipielles zur allgemeinen Relativitätstheorie, Ann. d. Physik, Bd. 55 (1918), p. 241.

② 注 2: 甚至牛顿也感受到了这种困难; 这是 E. 马赫最清楚地陈述和强调的. 详细的参考文献见 A. Voss, Die Prinzipien der rationellen Mechanik, in der Mathematischen Enzyklopädie, Bd. 4, Art. 1, Absatz 13-17 (phoronomische Grundbegriffe).

离心力和其他惯性力来源于哪里? 牛顿的回答是: 源自绝对空间. 狭义相对论给出的答案与牛顿的答案没有本质区别. 它承认世界的度量结构是这些力量的来源, 并认为这种结构是世界的一种形式属性. 但是, 表现为力量的东西必须是真实的. 然而, 如果度量结构本身能够发生变化并对物质做出反应, 我们就可以将其视为真实的东西. 因此, 我们走出困境的唯一途径, 也是爱因斯坦所开辟的, 就是将黎曼的思想, 如第 2 章所述, 应用于第 3 章中讨论的四维爱因斯坦-闵可夫斯基世界, 而不是三维的欧几里得空间. 在这样做的时候, 我们暂时不使用度量流形的最一般概念, 而是保留黎曼的观点. 据此, 我们必须假设世界点形成一个四维流形, 在这个四维流形上有一个正、三个负维[①]的非退化二次微分形式 Q 对度量的确定有深刻的影响. 在任一坐标系 x_i $(i=0,1,2,3)$ 中, 在黎曼的意义上, 设

$$Q=\sum_{i,k} g_{ik}dx_i dx_k. \tag{1}$$

物理定律将用张量关系来表示, 这些张量关系对于定理的任意连续变化的变量 x_i 是不变的. 其中, 二次微分形式 (1) 的系数 g_{ik} 将与其他物理相量一起出现. 因此, 我们将满足上述相对性假设, 在不违反经验事实的情况下, 如果我们以完全相同的方式来看待 g_{ik}, **就像我们把电磁势的分量** ϕ_i (由不变的**线性**微分形式 $\sum \phi_i dx_i$ 的系数构成) **作为物理相量**, 其对应的是真实的东西, 即 "度量场". 在这些情况下, 不变性不仅存在于 §19 的转换公式 (Ⅱ) 中提到的变换, 只对时间坐标具有完全任意 (非线性) 的特征, 而且对于任何变换都是如此. 公式 (Ⅱ) 赋予时间坐标的特殊区别, 确实与从爱因斯坦的相对论原理中获得的知识是不相容的. 通过允许任意变换来代替 (Ⅱ), 也就是说, 对于空间坐标来说也是非线性的, 我们肯定笛卡儿坐标系绝不比任何 "曲线" 坐标系更受青睐. **这标志着传统意义上的几何学可能独立于物理学而存在的观点的终结**, 正是因为我们没有从教条中解放出来, 才有了这样的几何学, 我们才从逻辑上考虑到了 §19 的转换公式 (Ⅱ) 阐述的相对性原理, 而不是一下子就考虑四个世界坐标的任意变换的不变性原理. 然而, 实际上, 空间测量是基于一个物理事件: 光线和刚性测量杆对我们整个物理世界的反应. 我们已经在 §21 中遇到过这种观点, 但我们首先可以从 §12 的讨论中得到线索, 因为我们确实已经在这里得出了黎曼的 "动力学" 观点, 这是所有运动相对性的必然结果. 光线和测量杆的行为除了由它们自身的性质决定外, 还受 "度量场" 的制约, 正如电荷的行为不仅取决于它本身, 而且还取决于电场. 同样地, 就电场而言, 它依赖于电荷, 并且有助于产生电荷之间的机械相互作用, 因此我们在这里必须假设, 度量场 (或者, 在数学语言中, 带分量 g_{ik} 的张量) 与充满世界的物质含量有关.

① 与前一章相比, 我们在记号上作了改变, 在度量基本形式前加上了相反的符号. 前者更便于表示世界的空间和时间的区分, 而后者更适合于广义相对论.

我们再次提请注意在上一段的结论中提出的作用原理; 在涉及物质的两个部分中, 度量场对质量占据的位置与电场对电荷占据的位置相同. 上一章关于世界的度量结构 (相当于三维空间中的欧几里得几何学) 所作的假设, 也就是说有特别被青睐的坐标系, 即其中度量基本形式具有常数系数的 “线性” 坐标系, 在这种观点面前再也不能维持下去了.

一个简单的例子就足以说明当运动发生时几何条件是如何关联的. 让我们设一个平面圆盘匀速旋转. 我肯定, 如果我们认为欧几里得几何对于我们所说的匀速旋转的相对参考空间是有效的, 那么, 如果用测量杆来测量转盘本身, 它就不再是有效的了. 我们考虑一个圆心位于旋转中心的圆盘上的圆. 无论测量它的测量杆是否静止, 它的半径都是一样的, 因为当它处于测量半径所需的位置时, 它的运动方向与测量杆垂直, 即沿着它的长度运动. 另一方面, 由于后者受到洛伦兹–菲茨杰拉德收缩的影响, 当使用测量杆时, 得到的圆周长比圆盘静止时测得的值大. 因此当圆盘旋转时, 欧几里得定理即圆的周长等于 2π 乘以半径不再适用于圆盘.

餐车在急转弯时打翻了玻璃杯, 飞轮在快速旋转时爆裂, 根据刚才所表达的观点, 并非牛顿所说的 “绝对旋转” 的影响, 而是我们否认绝对旋转的存在; 它们是 “度量场” 的影响, 或者说是仿射关系的影响与之相关. 伽利略的惯性原理表明, 有一种 “强制引导” (forcible guidance), 它迫使以一定速度运动的物体以一定的方式运动, 而这种运动只能通过外力来改变. 这个物理上真实的 “引导场” 在上面被称为 “仿射关系”. 当一个物体被外力牵引时, 像离心力之类的力的引导作用就产生了. 只要引导场的状态没有持续存在, 而现在的引导场是由存在于世界的恒星质量的影响下从过去的引导场中产生的, 那么上述现象在一定程度上就是恒星的影响的结果, 即相对于恒星的旋转发生.①

继爱因斯坦之后, 从上一章所述的狭义相对论出发, 我们可以分两个连续的阶段得出广义相对论.

I. 根据连续性原则, 我们在四维世界中采取了与在第 2 章中把我们从欧几里得几何带到黎曼几何同样的步骤. 这导致了二次微分形式 (1) 的出现, 使物理定律适应这种普遍性并不困难. 用张量密度代替第 3 章中的张量来表示量的大小是方便的; 我们可以通过乘以 $\sqrt{g}$ (其中 g 是 g_{ij} 的负行列式) 来完成. 因此, 特别地, 质量密度 μ 和电荷密度 ρ, 不是由 §26 的公式 (71) 给出, 而是由下式给出

$$dmds = \mu dx, \quad deds = \rho dx \quad (dx = dx_0 dx_1 dx_2 dx_3).$$

① 我们说 “部分” 是因为物质在世界上的分布并不能唯一地定义 “引导场”, 因为两者在某一时刻是相互独立的和偶然的 (类似于电荷和电场). 物理定律只告诉我们, 当被赋予一个初始状态时, 所有其他状态 (过去和未来) 如何必然从它们中产生. 如果我们要坚持场的纯物理的观点, 至少我们必须这样判断. 我们所感知的形式的世界作为一个整体是稳定的 (即静止的), 如果它要有意义的话, 可以解释为表示它处于统计平衡状态. 参见 §34.

沿世界线的固有时间 ds 由下式决定

$$ds^2 = g_{ik}dx_i dx_k.$$

麦克斯韦方程

$$F_{ik} = \frac{\partial \phi_i}{\partial x_k} - \frac{\partial \phi_k}{\partial x_i}, \quad \frac{\partial \mathbf{F}^{ik}}{\partial x_k} = \mathbf{s}^i,$$

式中 ϕ_i 是不变线性微分形式 $\phi_i dx_i$ 的系数, $\mathbf{F}^{ik}$ 据上述约定表示 $\sqrt{g} \cdot F^{ik}$. 在洛伦兹理论中, 我们设

$$\mathbf{s}^i = \rho u^i \quad \left(u^i = \frac{dx_i}{ds}\right).$$

单位体积的机械力 (四维世界中的同变矢量密度) 由下式给出: [1]

$$\mathbf{p}_i = -F_{ik}\mathbf{s}^k, \tag{2}$$

力学方程一般为

$$\mu\left(\frac{du_i}{ds} - \left\{\begin{matrix} i\beta \\ \alpha \end{matrix}\right\} u_\alpha u^\beta\right) = \mathbf{p}_i, \tag{3}$$

条件是 $\mathbf{p}_i u^i$ 始终为 0. 除 $\mathbf{p}_i$ 外, 我们通过引入量

$$\left\{\begin{matrix} i\beta \\ \alpha \end{matrix}\right\} \cdot \mu u_\alpha u^\beta = \frac{1}{2}\frac{\partial g_{\alpha\beta}}{\partial x_i} \cdot u^\alpha u^\beta \tag{4}$$

(参见 §17, 方程 (64)) 作为 "赝力" (pseudo-force, 引导场的反作用力) 的密度分量 $\bar{\mathbf{p}}_i$, 我们就可以把它们转化成我们之前发现的相同的形式. 这时, 方程式变成

$$\mu\frac{du_i}{ds} = \mathbf{p}_i + \bar{\mathbf{p}}_i.$$

这种 "赝力" 最简单的例子是离心力和科里奥利力 (Coriolis force). 如果我们将度量场产生的 "赝力" 公式 (4) 与电磁场机械力的公式进行比较, 我们发现它们完全相似. 正如具有逆变分量 $\mathbf{s}^i$ 的矢量密度描述了电的特征一样, 正如我们即将看到的, 运动的物质由具有分量 $\mathbf{T}_i^k = \mu u_i u^k$ 的张量密度来描述. 这些量

$$\Gamma^\alpha_{i\beta} = \left\{\begin{matrix} i\beta \\ \alpha \end{matrix}\right\}$$

---

[1] 因为在度量基础形式中符号是颠倒的, 所以这里的符号是颠倒的.

对应于与电场的分量 F_{ik} 相对应的度量场的分量. 正如场分量 F 由电磁势 ϕ_i 的微分得到, Γ 也由 g_{ik} 微分得到, 因此它们构成了度量场的势. 力密度 (force-density) 一方面是电场和电的乘积, 另一方面是度量场和物质的乘积, 因此

$$\mathbf{p}_i = -F_{ik}\mathbf{s}^k, \quad \bar{\mathbf{p}}_i = \Gamma^\alpha_{i\beta}\mathbf{T}^\beta_\alpha.$$

如果我们放弃物质独立于物理状态而存在的观点, 我们得到的是由场的状态决定的一般能量–动量–密度 $\mathbf{T}^k_i$. 根据狭义相对论, 它满足守恒定律

$$\frac{\partial \mathbf{T}^k_i}{\partial x_k} = 0.$$

现在, 根据 §14 公式 (37), 用一般不变量代替这个方程

$$\frac{\partial \mathbf{T}^k_i}{\partial x_k} - \Gamma^\alpha_{i\beta}\mathbf{T}^\beta_\alpha = 0. \tag{5}$$

如果左边只有第一项, $\mathbf{T}$ 就会再次满足守恒定律. 但在这种情况下, 我们还有第二项. “真正的” 总力

$$\mathbf{p}_i = -\frac{\partial \mathbf{T}^k_i}{\partial x_k}$$

不会消失, 但必须由起源于度量场的 “赝力” 来抵消, 即

$$\bar{\mathbf{p}}_i = \Gamma^\alpha_{i\beta}\mathbf{T}^\beta_\alpha = \frac{1}{2}\frac{\partial g_{\alpha\beta}}{\partial x_i}\mathbf{T}^{\alpha\beta}. \tag{6}$$

在狭义相对论中, 当使用曲线坐标系, 或曲线运动或加速运动时, 这些公式是适用的. 为了弄清楚这些考虑的简单含义, 我们将用这个方法来确定在旋转参考系中所产生的**离心力**. 如果我们用一个法坐标系, 即 t, x_1, x_2, x_3, 但引入 r, z, θ 来代替笛卡儿的空间坐标系, 我们得到

$$ds^2 = dt^2 - (dz^2 + dr^2 + r^2 d\theta^2).$$

用 ω 表示一个恒定的角速度, 我们进行替换

$$\theta = \theta' + \omega t', \quad t = t',$$

在替换之后, 去掉撇号. 那么, 我们就得到

$$ds^2 = dt^2(1 - r^2\omega^2) - 2r^2\omega d\theta dt - (dz^2 + dr^2 + r^2 d\theta^2).$$

如果现在记

$$t = x_0, \quad \theta = x_1, \quad z = x_2, \quad r = x_3,$$

我们得到了一个静止的质点, 此时使用的参考系是

$$u^1 = u^2 = u^3 = 0; \quad \text{因此} \quad \left(u^0\right)^2\left(1 - r^2\omega^2\right) = 1.$$

离心力的分量满足公式 (4),

$$\bar{\mathbf{p}}_i = \frac{1}{2}\frac{\partial g_{00}}{\partial x_i} \cdot \mu\left(u^0\right)^2$$

并且由于 g_{00} (等于 $1 - r^2\omega^2$) 对 x_0, x_1, x_2 的导数消失, 且由于

$$\frac{\partial g_{00}}{\partial x_3} = \frac{\partial g_{00}}{\partial r} = -2r\omega^2,$$

那么, 如果我们回到常用的单位, 其中光速不是一个单位, 如果使用逆步变量而不是协变分量, 用更有指示性的 t, θ, z, r 代替指标 $0, 1, 2, 3$, 我们得到

$$\bar{\mathbf{p}}^t = \bar{\mathbf{p}}^\theta = \bar{\mathbf{p}}^z = 0, \quad \bar{\mathbf{p}}^r = \frac{\mu r\omega^2}{1 - \left(\frac{r\omega}{c}\right)^2}. \tag{7}$$

两种密切相关的情况描述了度量场的 "赝力" 的特征. 首先, 它们给予位于某一特定时空点 (或者更确切地说, 以一定速度通过该点的物体) 的加速度与其质量无关, 即力本身与其作用质点的惯性质量成正比. 其次, 如果使用一个适当的坐标系, 即一个测地坐标系, 在一个确定的时空点上, 这些力就消失了 (参见 §14). 如果要维持狭义相对论, 通过引入一个线性坐标系, 所有时空点都可以同时消失, 但在一般情况下, 通过在这一点上选择适当的坐标系, 可以使仿射关系的全部 40 个分量 $\Gamma^\alpha_{i\beta}$ 至少在每个单独的点上消失.①

正如我们所知, 刚才提到的两个相关情况, 对于万有引力来说都是正确的. 在一个给定的引力场中, 每一个被带入引力场的质量都有相同的加速度, 这一事实构成了**万有引力**问题的真正本质. 在静电场中, 微电荷粒子受到力 $e \cdot \mathbf{E}$ 的作用, 电荷 e 仅取决于粒子, 而电场强度 $\mathbf{E}$ 仅取决于电场. 如果没有其他力作用, 这个力给惯性质量为 m 的粒子一个加速度, 这个加速度由力学基本方程 $m\mathbf{b} = e\mathbf{E}$ 给出. 在引力场中有一些东西与此完全相似. 作用在粒子上的力等于 $g\mathbf{G}$, 其中 g 即 "引力电荷", 只取决于粒子, 而 $\mathbf{G}$ 只取决于场, 这里的加速度由公式 $m\mathbf{b} = g\mathbf{G}$

① 因此, 我们看到, 在度量场的性质中, 它不能用对于任意变换不变的场张量 Γ 来描述.

决定. 现在这个奇怪的事实表明, “引力电荷” 或 “**引力质量**” g **等于** “**惯性质量**” m. 厄特沃什 (Eötvös) 最近通过最精细的实际实验测试了这一定律的准确性.①地球自转给地球表面的物体施加的离心力与物体的惯性质量成正比, 但其重量与引力质量成正比. 如果引力质量和惯性质量始终不成比例, 那么这两者的合力, 即表观重量, 对于不同的物体将有不同的方向. 厄特沃什用一种称为扭力天平的极其灵敏的仪器证明了这种方向差异的不存在: 它能使物体的惯性质量的测量精度与最灵敏的天平测定物体重量的精度相同. 引力质量和惯性质量之间的比例关系也适用于这样的情况, 即质量的减少不是由于旧意义上的物质逃逸, 而是由于放射性能量的释放.

根据力学基本定律, 物体的惯性质量具有**普遍**意义. 正是惯性质量控制着物体在任何力的影响下的行为, 无论力的物理性质是什么; 尽管如此, 根据通常的观点, 物体的惯性质量只与一种特殊的物理力场即万有引力场有关. 但是, 从这个观点来看, 惯性质量和引力质量之间的一致性仍然是完全不可理解的. 只有从一开始就把引力和惯性质量一并考虑进去的力学才能充分考虑到这一点. 这发生在广义相对论给出的力学的情况下, 其中我们假设**万有引力, 就像离心力和科里奥利力一样, 包含在 “赝力” 中, 而 “赝力” 源于度量场**. 事实上, 我们会发现, 行星遵循由引导场为其绘制的轨迹, 我们不必像牛顿那样借助于一种特殊的 “引力” 来解释伽利略原理 (或牛顿第一运动定律) 所规定的使行星偏离其轨道的影响. 引力也满足第二个假设, 也就是说, 如果我们引入一个适当的坐标系, 它们可能会在一个时空点消失. 一个封闭的盒子, 比如升降机, 它的悬索断了, 在地球引力场中没有摩擦地下降, 就是这样一个参照系的显著例子. 对于盒子里的观察者来说, 所有自由下落的物体看起来都是静止的, 物理事件在盒子里发生的方式和盒子静止时一样, 没有引力场, 尽管引力在起作用.

Ⅱ. 从狭义相对论到广义相对论的转变, 如 I 中所述, 是一个纯粹的数学过程. 通过引入度量基本形式 (1), 我们可以制定物理定律, 使其对任意变换保持不变; 这是一种纯粹数学性质的可能性, 并不表示这些定律的特殊性. 只有当假定世界的度量结构不是**先验**的, 而是上述二次型与物质通过一般不变定律联系起来时, 一个新的物理因素才会出现. 只有这个事实才使我们有理由把我们的推理称为 “广义相对论”; 我们并不是简单地把它交给一个仅仅借用了相对论数学形式的理论. 如果我们想解决运动的相对性问题, 同样的事实是必不可少的; 它也使我们能够完成 I 中提到的类比, 根据这个类比, 度量场与物质的关系, 就像电场与电的关系一样. 只有我们接受这一事实, 上一节末尾简要引用的理论才有可能实现, 根据这个理论, **万有引力是度量场的一种表现方式**; 因为我们根据经验知道, 引力场是由

① 注 3: Mathematische und naturwissenschaftliche Berichte aus Ungarn Ⅷ (1890).

物质的分布决定的 (根据牛顿引力定律). 在作者看来, 这个假设, 而不是广义不变性的假设, 才是广义相对论的真正支点. 如果我们采用这种观点, 我们就不再有理由称起源于度量场的力为赝力. 它们就和电磁场的机械力一样具有真正的意义. 科里奥利力或中心力是引力场或导向场对物质施加的实际力效应. 然而, 在 I 中, 我们面临着一个简单的问题: 把已知的物理定律 (如麦克斯韦方程组) 从一个常数度量的基本张量的特例推广到一般情况, 遵循上面所述的思想, 我们必须找到**引力的不变定律, 根据该定律, 物质决定引力场的分量** $\Gamma^{\alpha}_{\beta i}$, 并且它在爱因斯坦的理论中取代牛顿的引力定律. 这一领域的著名定律并没有为此提供一个起点. 然而, 爱因斯坦成功地以一种令人信服的方式解决了这个问题, 并且证明行星运动的过程可以用牛顿的旧定律解释, 也同样可以用新定律解释; 事实上, 行星系统所揭示的与牛顿理论的唯一不一致之处, 迄今为止仍然无法解释, 即水星的近日点每世纪逐渐前进 $43''$, 爱因斯坦的引力理论准确地解释了这一点.

因此, 这个理论, 作为思辨思维力量的最伟大的例子之一, 不仅解答了所有运动的相对性问题 (唯一满足逻辑要求的解决方案), 而且还解答了引力问题.①我们可以看到, 在第 2 章的论证中, 有多少令人信服的论点, 将黎曼和爱因斯坦的思想带到了一个成功的问题上. 也可以说, 他们的观点首次对这样一种情况给予了应有的重视: 与世界的物质内容相比, 空间和时间是现象的**形态**. 只有物理相量可以测量, 也就是说, 可以从物质运动的行为中读出; 但是, 我们不能测量我们预先任意分配给世界点的四个世界坐标, 以便能够用 (四个自变量的) 数学函数来表示遍及世界的相量.

而电磁场的势是由世界坐标 $\phi_i dx_i$ 的不变线性微分形式的系数建立起来的, 引力场的势由不变二次微分形式的系数组成. 这个具有根本重要性的事实, 通过上述各个阶段的逐渐转变, 已经构成了**毕达哥拉斯定理**的形式. 它实际上不是从真正意义上的引力现象的观测中产生的 (牛顿通过引入引力势来解释这些观测), 而是从几何学, 从测量的观测中产生的. 爱因斯坦的引力理论是迄今为止完全独立发展的两个知识领域融合的结果; 这种综合可以用这个如下的组合来表示:

$$\underbrace{\text{毕达哥拉斯}\quad\text{牛顿}}_{\text{爱因斯坦}}$$

为了从直接观测到的现象中得到量 g_{ij} **的值**, 我们使用了光信号和在无外力作用下运动的质点, 就像在狭义相对论中一样. 让世界点以某种方式指向任何坐标 x_i. 通过世界点 O 的测地线, 即

① 注 4: 关于其他使万有引力理论适应于狭义相对论的结果的尝试 (由 Abraham, Mie, Nordström), 全部的参考文献载于 M. Abraham, Neuere Gravitationstheorien, Jahrbuch der Radioaktivität und Elektronik, Bd. 11 (1915), p. 470.

$$\frac{d^2x_i}{ds^2}+\left\{\begin{matrix}\alpha\beta\\ i\end{matrix}\right\}\frac{dx_\alpha}{ds}\frac{dx_\beta}{ds}=0, \tag{8}$$

$$g_{ik}\frac{dx_i}{ds}\frac{dx_k}{ds}=C=\text{const}, \tag{9}$$

分成两类: ① 具有**类空**方向的; ② 具有**类时**方向的 (分别为 $C<0$ 和 $C>0$). 后者构成一个具有公共顶点 O 的 "双" 圆锥体, 在 O 处, 圆锥体分成两个简单的圆锥体, 其中一个通向未来, 另一个通向过去. 第一个圆锥体包含了所有属于 O 的 "主动未来" 的世界点, 第二个圆锥体则由包括 O 的 "被动过去" 的所有世界点构成. 圆锥的极限薄片由测地零线 ($C=0$) 构成; 该薄片的 "未来" 那半个部分包含从 O 发出的光信号到达的所有世界点, 或者更一般地说, 是发源于 O 的每一个效应的确切初始点. 因此, 度量基本形式一般决定了哪些世界点在效应上相互关联. 如果 dx_i 是无限接近 O 的点 O' 的相对坐标, 则当且仅当 $g_{ik}dx_idx_k=0$ 时, O 发出的光信号将穿过 O'. 通过在 O 点附近观察光的到达, 我们可以确定在 O 点 g_{ik} 的值之比; 对于 O 点以及任何其他的点也是如此. 然而, 从光的传播现象中不可能得出任何进一步的结果, 因为从 102 页注释中可以看出, 测地零线仅取决于 g_{ik} 的比值.

例如, 一个观察者 (79 页的 "点眼" (point-eye)) 从天空中的恒星接收到的光学 "方向" 图, 其构造如下. 从观察者所处的世界点 O 开始, 这些测地零线 (光线) 将被画在与恒星世界线相交的圆锥体的后面部分. 在 O 点处的每条光线的方向都被分解成一个沿观察者世界线 e 方向的分量, 以及另一个垂直于它的 s 方向 (垂直的含义由 98 页给出的世界的度量结构定义); $\mathbf{s}$ 是光线的空间方向. 在三维线性流形中, 垂直于 $\mathbf{e}$ 的点 O 处的线元素, $-ds^2$ 是正定形式. 光线的空间方向 $\mathbf{s}$ 之间的夹角 (产生于上述的正定形式, 当它被视为度量基本形式时, 并根据 §11 的公式 (15) 计算) 决定了观察者所观察到的恒星的位置.

g_{ik} 的比例系数不能从光的传播现象中推导出来, 它可以由带有时钟的质点的运动来确定. 因为, 如果我们假设 (至少对于没有力的非加速运动), 从这样一个时钟上读出的时间是固有时间 (proper-time) s, 那么方程式 (9) 清楚地表明沿着运动的世界线应用度量单位成为可能 (参见附录 I).

§28. 爱因斯坦引力基本定律

根据牛顿的理论, 物质的状态 (或相) 由一个**标量**来表征, 即质量密度 μ; 引力势也是一个标量 Φ, 泊松方程成立, 即

$$\Delta\Phi=4\pi k\mu \tag{10}$$

(其中 $\Delta =$ 梯度向量的散度; $k =$ 万有引力常数). 这就是物质决定引力场的定律. 但根据相对论, 物质只能严格地用二阶对称张量 T_{ik} 来描述, 或者用相应的混合张量密度 $\mathbf{T}_i^k$ 更好地描述; 与此相一致, 引力场的势由对称**张量** g_{ik} 的分量组成. 因此, 在爱因斯坦的理论中, 我们期望方程 (10) 被一个方程组所取代, 方程组的左边是 g_{ik} 的二阶微分表达式, 右边是能量密度的分量; 这个系统必须对坐标的任意变换保持不变. 为了找到万有引力定律, 我们最好从 §26 结尾处的哈密顿原理中寻找线索. 它的**行为**由三部分组成: 电的物质作用、电的场作用、质量或引力的物质作用. 它缺少第四项, 引力场作用, 我们现在必须找到. 然而, 在进行这项工作之前, 当让电磁场的势 ϕ_i 和物质元素的世界线保持不变, 而让**度量场的势** g_{ik} **受无穷小的虚变差** δ **的影响**, 我们将计算已知的前三项之和的变化量. 只有从广义相对论的角度来看, 这才是可能的.

这不会引起电的物质作用发生变化, 但是引起场作用中被积函数的变化, 即

$$\frac{1}{2}\mathbf{S} = \frac{1}{4}F_{ik}\mathbf{F}^{ik}$$

为

$$\frac{1}{4}\left\{\sqrt{g}\delta\left(F_{ik}F^{ik}\right) + \left(F_{ik}F^{ik}\right)\delta\sqrt{g}\right\}.$$

大括号中的第一项被加数 $= \mathbf{F}_{rs}\delta F^{rs}$, 因此, 由

$$F^{rs} = g^{ri}g^{sk}F_{ik},$$

我们立即得到了值

$$2\sqrt{g}F_{ir}F_k^r\delta g^{ik}.$$

根据 §17 (58′) 式, 第二项被加数为

$$-\mathbf{S}g_{ik}\delta g^{ik}.$$

因此, 我们最终在场的作用中找到了变化, 为

$$\int\frac{1}{2}\mathbf{S}\delta g^{ik}dx = \int\frac{1}{2}\mathbf{S}^{ik}\delta g_{ik}dx \quad (\text{参见 §17 (59) 式}).$$

如果

$$\mathbf{S}_i^k = \frac{1}{2}\mathbf{S}\delta_i^k = F_{ir}\mathbf{F}^{kr} \tag{11}$$

是电磁场能量密度的分量.[①] 现在我们突然明白了 (而且只有现在我们已经成功地计算了世界度量场的变化) 电磁场能量–动量–密度的复杂表达式 (11) 的起源是什么.

① 符号与第 3 章中使用的符号相反, 因为度量基本形式的符号发生了变化.

对于质量的物质作用, 我们得到了相应的结果, 因为有

$$\delta\sqrt{g_{ik}dx_idx_k}=\frac{1}{2}\frac{dx_idx_k\delta g_{ik}}{ds}=\frac{1}{2}dsu^iu^k\delta g_{ik},$$

所以

$$\delta\int\left(dm\int\sqrt{g_{ik}dx_idx_k}\right)=\int\frac{1}{2}\mu u^iu_k\delta g_{ik}dx.$$

因此, 到目前为止, 我们所知道的由于度量场的变化, 作用的总变化是

$$\int\frac{1}{2}\mathbf{T}^{ik}\delta g_{ik}dx, \tag{12}$$

其中 $\mathbf{T}^{ik}$ 表示总能量的张量密度.

缺少的第四项作用, 即引力场作用, 必须是一个由 g_{ik} 及其一阶导数构成的不变积分 $\int\mathbf{G}dx$, 其中被积函数 $\mathbf{G}$ 由势 g_{ik} 和引力场的分量 $\left\{\begin{matrix}ik\\r\end{matrix}\right\}$ 组成. 在我们看来, 只有在这种情况下, 我们才能得到不高于二阶的引力定律的微分方程. 如果这个函数的全微分是

$$\delta\mathbf{G}=\frac{1}{2}\mathbf{G}^{ik}\delta g_{ik}+\frac{1}{2}\mathbf{G}^{ik,r}\delta g_{ik,r}\quad\left(\mathbf{G}^{ki}=\mathbf{G}^{ik},\mathbf{G}^{ki,r}=\mathbf{G}^{ik,r}\right), \tag{13}$$

对于在有限极限以外区域消失的无穷小变量 δg_{ik}, 通过分部积分, 我们得到

$$\delta\int\mathbf{G}dx=\int\frac{1}{2}\left[\mathbf{G}\right]^{ik}\delta g_{ik}dx, \tag{14}$$

其中“拉格朗日导数” $[\mathbf{G}]^{ik}$, 其在 i 和 k 上是对称的, 根据公式计算

$$[\mathbf{G}]=\mathbf{G}^{ik}-\frac{\partial\mathbf{G}^{ik,r}}{\partial x_r}.$$

引力方程将实际呈现出预期的形式, 即

$$[\mathbf{G}]_i^k=-\mathbf{T}_i^k. \tag{15}$$

现在已经没有任何理由让人惊讶, 当我们根据方程式 (12) 改变作用的前三个因子中的 g_{ik} 时, 恰好是能量–动量分量作为系数出现. 不幸的是, 我们所希望的那种标量密度 $\mathbf{G}$ 根本不存在, 因为我们可以通过选择适当的坐标系使所有的 $\left\{\begin{matrix}ik\\r\end{matrix}\right\}$

在任何给定点消失. 然而标量 R, 即黎曼定义的曲率, 使我们熟悉了一个不变量, 它只包含唯一线性的 g_{ik} 的二阶导数, 甚至可以证明, 它是这种类型的唯一不变量 (参见附录 II, 其中给出了证明). 由于这种线性关系, 我们可以用不变积分 $\int \frac{1}{2} R\sqrt{g}dx$, 通过分部积分得到二阶导数. 然后我们得到

$$\int \frac{1}{2} R\sqrt{g}dx = \int \mathbf{G}dx$$

加一个散度积分, 也就是说, 一个被积函数为 $\frac{\partial \mathbf{w}^i}{\partial x_i}$ 的积分, 这里 $\mathbf{G}$ 只依赖于 g_{ik} 和它们的一阶导数. 因此, 对于在有限区域外消失的变量 δg_{ik}, 我们得到

$$\delta \int \frac{1}{2} R\sqrt{g}dx = \delta \int \mathbf{G}dx,$$

因为, 根据分部积分原理,

$$\int \frac{\partial \left(\delta \mathbf{w}^i\right)}{\partial x_i} dx = 0.$$

不是 $\int \mathbf{G}dx$ 本身而是变分 $\delta \int \mathbf{G}dx$ 是不变的, 这是哈密顿原理的本质特征. 因此, 我们不必担心引入 $\int \mathbf{G}dx$ 作为引力场的作用, 而我们发现这个假设是唯一可能的. 这样, 我们就被迫得到可以说独一无二的引力方程 (15). 由此可知, **每种能量都会产生引力效应**: 这不仅适用于集中在电子和原子中的能量, 也适用于有限意义上的物质, 而且适用于扩散场能量 (因为 $\mathbf{T}_i^k$ 是总能量的组成部分).

在我们进行必要的计算之前, 如果希望能够明确地写出引力方程, 必须首先检验是否得到了类似于米氏理论 (Mie's theory) 的结果. 其中发生的作用 $\int \mathbf{L}dx$ 不仅是线性的, 而且是任意变换的不变量. 因为 $\mathbf{L}$ 是由一个协变向量的分量 ϕ_i (即电磁势的分量)、一个二阶线性张量的分量 F_{ik} (即电磁场的分量) 和基本度量张量的分量 g_{ik} 代数组成的 (不是张量分析的结果). 我们把这个函数的全微分 $\delta\mathbf{L}$ 设为

$$\frac{1}{2}\mathbf{T}^{ik}\delta g_{ik} + \delta_0\mathbf{L}, \quad \text{其中} \quad \delta_0\mathbf{L} = \frac{1}{2}\mathbf{H}^{ik}\delta F_{ik} + \mathbf{s}^i\delta\phi_i$$
$$\left(\mathbf{T}^{ki} = \mathbf{T}^{ik}, \quad \mathbf{H}^{ki} = -\mathbf{H}^{ik}\right). \tag{16}$$

然后, 我们把张量密度 $\mathbf{T}_i^k$ 称为能量或物质. 通过这样做, 我们再次确认度量场 (势为 g_{ik}) 与物质 ($\mathbf{T}^{ik}$) 的关系, 正如电磁场 (势 ϕ_i) 与电流 $\mathbf{s}^i$ 有关一样. 我们现在有义务证明, 目前的推导精确地导出了 §26 公式 (64) 中关于能量和动量的表达

式. 这将为能量–张量的对称性提供证明, 其在前面被省略了. 为了做到这一点, 我们不能在麦克斯韦理论的特殊情况下使用上述直接计算的方法, 但我们必须应用以下巧妙的方法, 其核心可以在拉格朗日变分法中找到, 但菲利克斯・克莱因 (F. Klein) 对其进行了适当的形式完善讨论.[①]

我们使世界连续体受到无穷小的变形, 因此, 一般而言点 (x_i) 变成了点 $(\bar{x}_j)$.

$$\bar{x}_i = x_i + \varepsilon \cdot \xi^i (x_0, x_1, x_2, x_3) \tag{17}$$

(式中 ε 为常数无穷小参数, 其所有高次项均被剔除). 我们设想相量随变形而变化, 因此在其结论中, 新的 ϕ_i (我们称之为 $\bar{\phi}_i$) 是由式 (17) 得出此类坐标的函数, 方程式

$$\phi_i(x)dx_i = \bar{\phi}_i(\bar{x})d\bar{x}_i \tag{18}$$

成立; 并且在相同意义下, 与系数 g_{ik}, F_{ik} 相对应的对称和斜对称双线性微分形式保持不变. 由于变形, ϕ_i 在一个固定的世界点 (x_i) 处, 量 $\overline{\phi}_i(x) - \phi_i(x)$ 的变化将用 $\delta\phi_i$ 表示; δg_{ik} 和 δF_{ik} 具有相应的意义.

如果我们用变形产生的 $\overline{\phi}_i$ 替换函数 $\mathbf{L}$ 中的旧的量 ϕ_i, 则假定函数 $\bar{\mathbf{L}} = \mathbf{L} + \delta\mathbf{L}$, 其中的 $\delta\mathbf{L}$ 由公式 (16) 给出. 再者, 设 $\mathfrak{X}$ 是世界上的任意区域, 由于变形而变成 $\bar{\mathfrak{X}}$. 变形引起作用 $\int_{\mathfrak{X}} \mathbf{L}dx$ 发生变化 $\delta' \int_{\mathfrak{X}} \mathbf{L}dx$, 其等于 $\mathfrak{X}$ 上的积分 $\bar{\mathbf{L}}$ 与 $\bar{\mathfrak{X}}$ 上的积分 $\mathbf{L}$ 之差. 作用的不变性用以下等式表示

$$\delta' \int_{\mathfrak{X}} \mathbf{L}dx = 0. \tag{19}$$

我们把这个差分自然地分成两部分: ① $\bar{\mathbf{L}}$ 和 $\mathbf{L}$ 在 $\mathfrak{X}$ 上的积分之差; ② $\mathbf{L}$ 在 $\bar{\mathfrak{X}}$ 和在 $\mathfrak{X}$ 上的积分之差. 由于 $\bar{\mathfrak{X}}$ 与 $\mathfrak{X}$ 的差别很小, 我们可以对第一部分设

$$\delta \int_{\mathfrak{X}} \mathbf{L}dx = \int_{\mathfrak{X}} \delta\mathbf{L}dx,$$

在 89 页我们发现第二部分是

$$\varepsilon \int_{\mathfrak{X}} \frac{\partial (\mathbf{L}\xi^i)}{\partial x_i} dx.$$

① 注 5: F. Klein, Über die Differentialgesetze für die Erhaltung von Impuls und Energie in der Einsteinschen Gravitationstheorie, Nachr. d. Ges. d. Wissensch. zu Göttingen, 1918. 参考在同一期刊中, E. Noether 给出了不变变分问题的一般公式.

为了完成这个论证, 我们接下来必须计算变化量 $\delta\phi_i$, δg_{ik}, δF_{ik}. 如果我们暂时设 $\overline{\phi}_i(\overline{x})-\phi_i(x)=\delta'\phi_i$, 那么由于式 (18), 我们得到

$$\delta'\phi_i\cdot dx_i+\varepsilon\phi_r d\xi^r=0,$$

因此

$$\delta'\phi_i=-\varepsilon\cdot\phi_r\frac{\partial\xi^r}{\partial x^i}.$$

而且, 因为

$$\delta\phi_i=\delta'\phi_i-\left\{\bar{\phi}_i(\bar{x})-\phi_i(x)\right\}=\delta'\phi_i-\varepsilon\cdot\frac{\partial\phi}{\partial x_r}\xi^r,$$

我们得到, 消除了显而易见的因子 ε,

$$-\delta\phi_i=\phi_r\frac{\partial\xi^r}{\partial x_i}+\frac{\partial\phi_i}{\partial x_r}\xi^r. \tag{20}$$

同样, 我们得到

$$-\delta g_{ik}=g_{ir}\frac{\partial\xi^r}{\partial x_k}+g_{rk}\frac{\partial\xi^r}{\partial x_i}+\frac{\partial g_{ik}}{\partial x_r}\xi^r, \tag{20'}$$

$$-\delta F_{ik}=F_{ir}\frac{\partial\xi^r}{\partial x_k}+F_{rk}\frac{\partial\xi^r}{\partial x_i}+\frac{\partial F_{ik}}{\partial x_r}\xi^r, \tag{20''}$$

而且, 由于

$$F_{ik}=\frac{\partial\phi_i}{\partial x_k}-\frac{\partial\phi_k}{\partial x_i},\quad \text{有}\quad \delta F_{ik}=\frac{\partial(\delta\phi_i)}{\partial x_k}-\frac{\partial(\delta\phi_k)}{\partial x_i}, \tag{21}$$

因为前者是一个不变的关系, 我们从中得到

$$\bar{F}_{ik}(\bar{x})=\frac{\partial\bar{\phi}_i(\bar{x})}{\partial\bar{x}_k}-\frac{\partial\bar{\phi}_k(\bar{x})}{\partial\bar{x}_i},$$

以及

$$\bar{F}_{ik}(x)=\frac{\partial\bar{\phi}_i(x)}{\partial x_k}-\frac{\partial\bar{\phi}_k(x)}{\partial x_i}.$$

代入得到

$$-\delta\mathbf{L}=\left(\mathbf{T}_i^k+\mathbf{H}^{rk}F_{ri}+\mathbf{s}^k\phi_i\right)\frac{\partial\xi}{\partial x_k}+\left(\frac{1}{2}\mathbf{T}^{\alpha\beta}\frac{\partial g_{\alpha\beta}}{\partial x_i}+\cdots+\right)\xi^i.$$

如果用分部积分方法去掉 ξ^i 的导数, 并使用缩写

$$\mathbf{V}_i^k = \mathbf{T}_i^k + F_{ir}\mathbf{H}^{kr} + \phi_i\mathbf{s}^k - \delta_i^k\mathbf{L},$$

我们得到如下形式的公式

$$-\delta'\int_{\mathfrak{X}} \mathbf{L}dx = \int_{\mathfrak{X}} \frac{\partial(\mathbf{V}_i\xi^i)}{\partial x_k}dx + \int_{\mathfrak{X}} (\mathbf{t}_i\xi^i)dx = 0. \tag{22}$$

由此可知, 正如我们所料, 通过恰当地选择 ξ^i, 也就是说, 使它们消失在一个确定的区域之外, 这里取其为 $\mathfrak{X}$, 在每一点上都必须有

$$\mathbf{t}_i = 0. \tag{23}$$

因此, 公式 (22) 的第一项被加数也等于零. 以这种方式得到的恒等式对任意的量 ξ^i 和任何有限的积分区域 $\mathfrak{X}$ 都是有效的. 因此, 由于连续函数对任意区域的积分只有在函数本身等于 0 时才能消失, 所以我们必须有

$$\frac{\partial(\mathbf{V}_i^k\xi^i)}{\partial x_k} = \mathbf{V}_i^k\frac{\partial\xi^i}{\partial x_k} + \frac{\partial\mathbf{V}_i^k}{\partial x_k}\xi^i = 0.$$

现在, ξ^i 和 $\dfrac{\partial\xi^i}{\partial x_k}$ 可以在同一点上假设为任意值. 因此

$$\mathbf{V}_i^k = 0 \quad \left(\frac{\partial\mathbf{V}_i^k}{\partial x_k} = 0\right).$$

这给了我们期望的结果

$$\mathbf{T}_i^k = \mathbf{L}\delta_i^k - F_{ir}\mathbf{H}^{kr} - \phi_i\mathbf{s}^k.$$

这些考虑同时给了我们能量守恒和动量守恒定理, 我们在 §26 中计算得到了这些定理, 它们包含在方程 (23) 中. 当一个无穷小的变形消失在世界的一个有限区域之外时, 发现整个世界作用的变化是

$$\int \delta\mathbf{L}dx = \int \frac{1}{2}\mathbf{T}^{ik}\delta g_{ik}dx + \int \delta_0\mathbf{L}dx = 0. \tag{24}$$

根据方程 (21) 和哈密顿原理, 即

$$\int \delta_0\mathbf{L}dx = 0, \tag{25}$$

在这里是有效的, 第二部分 (在麦克斯韦方程中) 消失了. 但是, 正如我们已经计算过的, 第一部分是

$$-\int\left(\mathbf{T}_i^k\frac{\partial\xi^i}{\partial x_k}+\frac{1}{2}\frac{\partial g_{\alpha\beta}}{\partial x_i}\mathbf{T}^{\alpha\beta}\xi^i\right)dx=\int\left(\frac{\partial\mathbf{T}_i^k}{\partial x_k}-\frac{1}{2}\frac{\partial g_{\alpha\beta}}{\partial x_i}\mathbf{T}^{\alpha\beta}\right)\xi^i dx.$$

因此, **根据电磁场的规律, 我们得到了力学方程**

$$\frac{\partial\mathbf{T}_i^k}{\partial x_k}-\frac{1}{2}\frac{\partial g_{\alpha\beta}}{\partial x_i}\mathbf{T}^{\alpha\beta}=0. \tag{26}$$

(由于引力附加项的存在, 这些方程在广义相对论中不再适合称为守恒定理. 关于是否真的可以建立合适的守恒定理的问题将在 §33 中讨论.)

引力场的作用补充了哈密顿原理, 即

$$\delta\int(\mathbf{L}+\mathbf{G})\,dx=0, \tag{27}$$

其中电磁场和**引力**条件 (相) 可相互独立地受到虚拟无穷小变化的影响, 除了电磁定律, 还产生了引力方程 (15). 如果这里我们把以公式 (26) 结尾的上述过程应用于 $\mathbf{G}$ 而不是 $\mathbf{L}$, 对于消失在有限区域之外的世界连续体的变形所引起的变化 δ, 我们得到

$$\delta\int\mathbf{G}dx=\delta\int\frac{1}{2}R\sqrt{g}dx=0,$$

我们得到类似于 (26) 的**数学恒等式**, 即

$$\frac{\partial\left[\mathbf{G}\right]_i^k}{\partial x_k}-\frac{1}{2}\frac{\partial g_{\alpha\beta}}{\partial x_i}\left[\mathbf{G}\right]^{\alpha\beta}=0.$$

$\mathbf{G}$ 包含 g_{ik} 的导数并包含 g_{ik} 本身这一事实不重要. 因此, *力学方程 (26) 是引力方程 (15) 和电磁场定律的结果.*

这些奇妙的关系, 在这里揭示出来, 可以用以下方式来表述, 而不必考虑米氏的电动力学理论是否有效. 物理系统的相 (或状态) 是通过某些可变的时空相量 ϕ (前面的 ϕ_i) 来描述的. 除此之外, 我们还必须考虑系统嵌入的**度量场**, 其特征是其势 g_{ik}. 系统中发生的现象背后的一致性由不变积分 $\int\mathbf{L}dx$ 表示, 其中标量密度 $\mathbf{L}$ 是 ϕ 及其一阶导数和二阶导数 (如果需要) 的函数, 也是 g_{ik} 的函数, 但后一个量单独出现在 $\mathbf{L}$ 中而不是它们的导数. 我们通过只显式地写下包含微分 δg_{ik} 的部分, 形成函数 $\mathbf{L}$ 的全微分, 即

$$\delta\mathbf{L}=\frac{1}{2}\mathbf{T}_i^k\delta g_{ik}+\delta_0\mathbf{L}.$$

$\mathbf{T}_i^k$ 是与系统的物理状态或相有关的**能量**的张量密度 (与**物质**相同). 因此, 对其组成部分的确定就简化为哈密顿函数 $\mathbf{L}$ 的确定. 仅广义相对论允许将变化过程应用于世界的度量结构, 从而得出能量的真正定义. 相律 (phase-law) 来源于 “部分” 作用原理, 其中只有相量 ϕ 会发生变化; 产生与它的方程和数量 ϕ 一样多. 如果我们把部分作用原理扩大到整体作用原理 (27), 那么就会产生十个势 g_{ik} 的另外十个引力方程 (15), 其中 g_{ik} 也会发生变化. **力学方程** (26) 是相律和引力定律的结果; 它们实际上可以称为后者的消元式. 因此, 在相律引力定律体系中, 有四个多余的方程. 实际上一般解必须包含四个任意函数, 由于这些方程具有其不变性, x_i 的坐标系是不确定的, 因此, 从方程的**一个**解导出的这些坐标的任意连续变换总是依次产生新的解. (然而, 这些解代表了世界上相同的客观过程.) 在爱因斯坦的理论中, 对旧的几何学、力学和物理学的划分必须被物理相律度量场或引力场的划分所取代.

为了完整起见, 我们将再次回到洛伦兹和麦克斯韦理论中使用的哈密顿原理. 应用于 ϕ_i 的变化给出了电磁定律, 但应用于 g_{ik} 的变化给出了引力定律. 由于作用是一个不变量, 世界连续体的无穷小变形所引起的无穷小变化等于 0; 这种变形会影响电磁和引力场以及物质元素的世界线. 这种变化由三项被加数组成, 即依次由电磁场、引力场和物质路径 (substance-paths) 的变化依次引起的变化. 由于电磁定律和引力定律, 前两部分为零, 因此第三部分也消失了, 我们看到力学方程是上述两组定律的结果. 总结我们以前的计算, 我们可以通过以下步骤得出这个结果. 根据万有引力定律, 可得方程, 即

$$\mu U_i + u_i M = -\left\{\frac{\partial \mathbf{S}_i^k}{\partial x_i} - \frac{1}{2}\frac{\partial g_{\alpha\beta}}{\partial x_i}\mathbf{S}^{\alpha\beta}\right\}, \tag{28}$$

其中 $\mathbf{S}_i^k$ 是电磁场能量的张量密度, 即

$$U_i = \frac{du_i}{ds} - \frac{1}{2}\frac{\partial g_{\alpha\beta}}{\partial x_i}u^\alpha u^\beta,$$

M 是物质连续性方程的左边的元素成员, 即

$$M = \frac{\partial(\mu u^i)}{\partial x_i}.$$

作为麦克斯韦方程的结果, 公式 (28) 的右边的成员为

$$\mathbf{p}_i = -F_{ik}\mathbf{s}^k \quad (\mathbf{s}^i = \rho u^i).$$

如果把公式 (28) 乘以 u^i, 对 i 求和, 得到 $M = 0$; 这样就得到了物质的连续性方程, 也得到了通常形式的力学方程.

在全面考察了爱因斯坦的引力定律如何被安排到其余物理定律的方案中之后, 我们仍然面临着为 $[\mathbf{G}]_i^k$ 求出显式表达式的任务.① 如我们所知 (第 91 页), 仿射关系的分量的虚变化是一个张量

$$\delta\Gamma_{ik}^r = \delta\left\{\begin{matrix} ik \\ r \end{matrix}\right\} = \gamma_{ik}^r.$$

如果我们在某一点使用测地坐标系, 那么我们直接从 R^{ik} (§17 公式 (60)) 的公式中得到

$$\delta R_{ik} = \frac{\partial\gamma_{ik}^r}{\partial x_r} - \frac{\partial\gamma_{ir}^k}{\partial x_k},$$

并且

$$g^{ik}\delta R_{ik} = g^{ik}\frac{\partial\gamma_{ik}^r}{\partial x_r} - g^{ir}\frac{\partial\gamma_{ik}^k}{\partial x_r}.$$

如果设

$$g^{ik}\gamma_{ik}^r - g^{ir}\gamma_{ik}^k = \omega^r,$$

我们得到

$$g^{ik}\delta R_{ik} = \frac{\partial\omega^r}{\partial x_r},$$

或者, 对于任意坐标系, 有

$$\delta R = R_{ik}\delta g^{ik} + \frac{1}{\sqrt{g}}\frac{\partial(\sqrt{g}\omega^r)}{\partial x_r}.$$

散度在积分中消失了, 因此, 根据定义, 我们将有

$$\delta\int R\sqrt{g}dx = \int[\mathbf{G}]^{ik}\,\delta g_{ik}dx = -\int[\mathbf{G}]_{ik}\,\delta g^{ik}dx,$$

由于 R_{ik} 在黎曼空间是对称的, 我们得到

$$[\mathbf{G}]_{ik} = \sqrt{g}\left(\frac{1}{2}g_{ik}R - R_{ik}\right) = \frac{1}{2}g_{ik}\mathbf{R} - \mathbf{R}_{ik},$$

$$[\mathbf{G}]_i^k = \frac{1}{2}\delta_i^k\mathbf{R} - \mathbf{R}_i^k.$$

① 注 6: Following A. Palatini, Deduzione invariantiva delle equazioni gravitazionali dal principio di Hamilton, Rend. del Circ. Matem. di Palermo, t. 43 (1919), pp. 203-212.

所以引力定律是

$$\boxed{\mathbf{R}_i^k - \frac{1}{2}\delta_i^k\mathbf{R} = \mathbf{T}_i^k.} \tag{29}$$

当然, 在这里 (和电磁方程中电荷单位完全一样), 已经恰当地选择了质量单位. 如果保留 c.g.s. 系统的单位, 就必须在右边加上一个通用常数 $8\pi\kappa$ 作为因子. 从一开始, κ 是正的还是负的, 等式 (29) 的右边是否应该是相反的符号, 这似乎仍然是个疑问. 然而, 我们将在下一段中发现, 由于质量相互吸引而不排斥, κ 实际上是正的.

数学上值得注意的是, **精确的引力定律不是线性的**; 虽然它们在场分量 $\left\{\begin{matrix} ik \\ r \end{matrix}\right\}$ 的导数中是线性的, 但场分量本身却不是线性的. 如果缩并方程 (29), 也就是说设 $k = i$ 并对 i 求和, 我们得到 $-\mathbf{R} = \mathbf{T} = \mathbf{T}_i^i$, 因此, 我们也可以用

$$\mathbf{R}_i^k = \mathbf{T}_i^k - \frac{1}{2}\delta_i^k\mathbf{T}. \tag{30}$$

在第一篇论文中, 爱因斯坦在没有遵循哈密顿原理的情况下建立了引力方程组, 但右边缺少了 $-\frac{1}{2}\delta_i^k\mathbf{T}$ 这一项; 他后来才认识到, 这是能量–动量定理的结果.[①]这里所描述的, 受哈密顿原理约束的一系列关系, 已经在 H. A. 洛伦兹、希尔伯特、爱因斯坦、克莱因和作者的进一步作品中得以体现.[②]

在后文中, 我们将发现有必要知道 $\mathbf{G}$ 的值. 通过分部积分 (即通过分离一个散度) 来转换

$$\int R\sqrt{g}dx \quad 到 \quad 2\int \mathbf{G}dx,$$

我们必须设

$$\sqrt{g}g^{ik}\frac{\partial}{\partial x_r}\left\{\begin{matrix} ik \\ r \end{matrix}\right\} = \frac{\partial}{\partial x_r}\left(\sqrt{g}g^{ik}\left\{\begin{matrix} ik \\ r \end{matrix}\right\}\right) - \left\{\begin{matrix} ik \\ r \end{matrix}\right\}\frac{\partial}{\partial x_r}\left(\sqrt{g}g^{ik}\right),$$

① 注 7: Einstein, Zur allgemeinen Relativitätstheorie, Sitzungsber. d. Preuss. Akad. d. Wissenschaften, 1915, **44**, p. 778, 以及 p. 799 的附录. 还有 Einstein, Die Feldgleichungen der Gravitation, *idem*, 1915, p. 844.

② 注 8: H. A. Lorentz, Het beginsel van Hamilton in Einstein's theorie der zwaartekracht, Versl. d. Akad. v. Wetensch. te Amsterdam, XXIII, p. 1073: Over Einstein's theorie der zwaartekracht I, II, III, *ibid.*, XXIV, pp. 1389, 1759, XXV, p. 468. Trestling, *ibid.*, Nov., 1916; Fokker, *ibid.*, Jan., 1917, p. 1067. Hilbert, Die Grundlagen der Physik, 1 Mitteilung, Nachr. d. Gesellsch. d. Wissensch. zu Göttingen, 1915, 2 Mitteilung, 1917. Einstein, Hamiltonsches Prinzip und allgemeine Relativitätstheorie, Sitzungsber. d. Preuss. Akad. d. Wissensch., 1916, **42**, p. 1111. Klein, Zu Hilberts erster Note über die Grundlagen der Physik, Nachr. d. Ges. d. Wissensch. zu Göttingen, 1918, and the paper quoted in Note 5, also Weyl, Zur Gravitationstheorie, Ann. d. Physik, Bd. 54 (1917), p. 117.

$$\sqrt{g}g^{ik}\frac{\partial}{\partial x_k}\left\{\begin{matrix} ir \\ r \end{matrix}\right\} = \frac{\partial}{\partial x_k}\left(\sqrt{g}g^{ik}\left\{\begin{matrix} ir \\ r \end{matrix}\right\}\right) - \left\{\begin{matrix} ir \\ r \end{matrix}\right\}\frac{\partial}{\partial x_k}\left(\sqrt{g}g^{ik}\right).$$

因此我们得到

$$\begin{aligned}2\mathbf{G} = &\left\{\begin{matrix} is \\ s \end{matrix}\right\}\frac{\partial}{\partial x_k}\left(\sqrt{g}g^{ik}\right) - \left\{\begin{matrix} ik \\ r \end{matrix}\right\}\frac{\partial}{\partial x_r}\left(\sqrt{g}g^{ik}\right) \\ &+ \left(\left\{\begin{matrix} ik \\ r \end{matrix}\right\}\left\{\begin{matrix} rs \\ s \end{matrix}\right\} - \left\{\begin{matrix} ir \\ s \end{matrix}\right\}\left\{\begin{matrix} ks \\ r \end{matrix}\right\}\right)\sqrt{g}g^{ik}.\end{aligned}$$

然而, 右边的前两项根据 §17 公式 (57′), (57″), 如果我们省略了系数 $\sqrt{g}$,

$$\begin{aligned}\text{上式} &= -\left\{\begin{matrix} is \\ s \end{matrix}\right\}\left\{\begin{matrix} kr \\ i \end{matrix}\right\}g^{kr} + 2\left\{\begin{matrix} ik \\ r \end{matrix}\right\}\left\{\begin{matrix} rs \\ i \end{matrix}\right\}g^{sk} - \left\{\begin{matrix} ik \\ r \end{matrix}\right\}\left\{\begin{matrix} rs \\ i \end{matrix}\right\}g^{ik} \\ &= \left(-\left\{\begin{matrix} rs \\ s \end{matrix}\right\}\left\{\begin{matrix} ik \\ r \end{matrix}\right\} + 2\left\{\begin{matrix} sk \\ r \end{matrix}\right\}\left\{\begin{matrix} ri \\ s \end{matrix}\right\} - \left\{\begin{matrix} ik \\ r \end{matrix}\right\}\left\{\begin{matrix} rs \\ s \end{matrix}\right\}\right)g^{ik} \\ &= 2g^{ik}\left(\left\{\begin{matrix} ir \\ s \end{matrix}\right\}\left\{\begin{matrix} ks \\ r \end{matrix}\right\} - \left\{\begin{matrix} ik \\ r \end{matrix}\right\}\left\{\begin{matrix} rs \\ s \end{matrix}\right\}\right).\end{aligned}$$

因此我们终于获得

$$\frac{1}{\sqrt{g}}\mathbf{G} = \frac{1}{2}g^{ik}\left(\left\{\begin{matrix} ir \\ s \end{matrix}\right\}\left\{\begin{matrix} ks \\ r \end{matrix}\right\} - \left\{\begin{matrix} ik \\ r \end{matrix}\right\}\left\{\begin{matrix} rs \\ s \end{matrix}\right\}\right). \tag{31}$$

这就完成了爱因斯坦引力理论基础的发展. 我们现在必须探究, 观测是否证实了这一建立在纯粹推测基础上的理论, 最重要的是, 用它来解释行星的运动是否与牛顿引力定律一样 (或更好). §29—§32 处理万有引力方程的解. 广义理论的讨论要到 §33 才继续.

§29. 静止引力场——实验比较

为了建立爱因斯坦定律与行星系统观测结果之间的关系, 我们首先将它们专门用于静止引力场的情况.[①]后者的特点是, 如果我们使用适当的坐标, 世界就会分

① 注 9: Following Levi-Civita, Statica Einsteiniana, Rend. della R. Accad. dei Linceï, 1917, vol. xxvi., ser. 5a, 1°sem., p. 458.

解为空间和时间, 因此对于度量形式来说

$$ds^2 = f^2dt^2 - d\sigma^2, \quad d\sigma^2 = \sum_{i,k=1}^{3} \gamma_{ik}dx_idx_k,$$

我们得到

$$g_{00} = f^2; \quad g_{0i} = g_{i0} = 0; \quad g_{ik} = -\gamma_{ik} \quad (i, k = 1, 2, 3),$$

它的系数 f 和 γ^{ik} 只取决于空间坐标 x_1, x_2, x_3, 而不依赖于时间 $t = x_0$. $d\sigma^2$ 是一个正定的二次微分形式, 它决定了具有坐标 x_1, x_2, x_3 的空间的度量性质; f 显然是光速. 时间的度量 t 完全由已建立的假设确定 (当时间单位已被选择时), 而空间坐标 x_1, x_2, x_3 仅在这些坐标之间的任意连续变换的范围内是固定的. 因此, 在静态情况下, 世界的度量除了给出空间的度量外, 还给出了空间中的标量场 f.

如果用附加的 * 表示与三元形式 $d\sigma^2$ 有关的克里斯托费尔 3 指标符号, 并且如果指标字母 i, k, l 只依次假定值为 1, 2, 3, 那么很容易从定义中得出

$$\left\{\begin{matrix} ik \\ l \end{matrix}\right\} = \left\{\begin{matrix} ik \\ l \end{matrix}\right\}^*,$$

$$\left\{\begin{matrix} ik \\ 0 \end{matrix}\right\} = 0, \quad \left\{\begin{matrix} 0i \\ k \end{matrix}\right\} = 0, \quad \left\{\begin{matrix} 00 \\ 0 \end{matrix}\right\} = 0,$$

$$\left\{\begin{matrix} i0 \\ 0 \end{matrix}\right\} = \frac{f_i}{f}, \quad \left\{\begin{matrix} 00 \\ 0 \end{matrix}\right\} = ff^i.$$

在上面, $f_i = \dfrac{\partial f}{\partial x_i}$ 是三维梯度的协变分量, $f^i = \gamma^{ik}f_k$ 是对应的逆步变量, 而 $\sqrt{\gamma}f^i = \mathbf{f}^i$ 是空间中逆步变量矢量密度的分量. 对于 γ_{ik} 的行列式 γ, 我们有 $\sqrt{g} = f\sqrt{\gamma}$. 如果我们进一步设

$$f_{ik} = \frac{\partial f_i}{\partial x_k} - \left\{\begin{matrix} ik \\ r \end{matrix}\right\}^* f_r = \frac{\partial^2 f}{\partial x_i \partial x_k} - \left\{\begin{matrix} ik \\ r \end{matrix}\right\}^* \frac{\partial f}{\partial x_r}$$

(求和字母 r 的取值也假定为只有三个值 1, 2, 3), 如果我们还设

$$\Delta f = \frac{\partial \mathbf{f}}{\partial x_i} \quad (\Delta f = \sqrt{\gamma} \cdot f_i^i),$$

通过简单的计算, 我们分别得到了属于 $d\sigma^2$ 的二次基本型 ds^2 的二阶曲率张量的分量 R_{ik} 和 P_{ik} 之间的关系,

$$R_{ik} = \mathsf{P}_{ik} - \frac{f_{ik}}{f},$$

$$R_{i0} = R_{0i} = 0,$$

$$R_{00} = f \cdot \frac{\Delta f}{\sqrt{\gamma}} \quad (\mathbf{R}_0^0 = \Delta f).$$

对于非相干的静态物质 (即各部分不通过应力相互作用), $\mathbf{T}_0^0 = \mu$ 是能量密度张量中唯一不为零的分量, 因此 $\mathbf{T} = \mu$. 静止的物质产生静态引力场. 在引力方程 (30) 中, 我们唯一感兴趣的是 $\begin{pmatrix} 0 \\ 0 \end{pmatrix}$ 阶, 这让我们得到

$$\Delta f = \frac{1}{2}\mu, \tag{32}$$

或者, 如果插入比例常数因子 $8\pi\kappa$, 我们得到

$$\Delta f = 4\pi\kappa\mu. \tag{32$'$}$$

如果假设对于适当选择的空间坐标 x_1, x_2, x_3, ds^2 与

$$c^2dt^2 - \left(dx_1^2 + dx_2^2 + dx_3^2\right) \tag{33}$$

的差别仅为无穷小 (如果这是真的, 产生引力场的质量必须是无穷小的), 通过设

$$f = c + \frac{\Phi}{c}, \tag{34}$$

我们得到

$$\Delta\Phi = \frac{\partial^2\Phi}{\partial x_1^2} + \frac{\partial^2\Phi}{\partial x_2^2} + \frac{\partial^2\Phi}{\partial x_3^2} = 4\pi\kappa c\mu, \tag{10}$$

并且 μ 是 c 乘以普通单位的质量密度. 我们发现, 实际上, 根据我们所有的几何观测, 这个假设对于行星系统来说是非常近似正确的. 由于行星的质量与太阳的质量相比非常小, 而太阳的质量产生了引力场, 因此我们可以将前者视为嵌入太阳引力场的 "试验体". 如果我们忽略了由于行星相互影响而产生的扰动, 它们的运动就由这个静态引力场中的测地世界线给出. 因此, 运动满足变分原理

$$\delta \int ds = 0,$$

世界线的两端保持固定. 对于剩余部分, 这给了我们

$$\delta \int \sqrt{f^2 - v^2} ds = 0,$$

其中

$$v^2 = \left(\frac{d\sigma}{dt}\right)^2 = \sum_{i,k=1}^{3} \gamma_{ik} \frac{dx_i}{dt} \frac{dx_k}{dt}$$

是速度的平方. 这是一个与经典力学形式相同的变分原理; 本例中的“拉格朗日函数”是

$$L = \sqrt{f^2 - v^2}.$$

如果我们作与上面相同的近似, 并注意到在一个无限弱的引力场中, 出现的速度也将是无穷小的 (与 c 相比), 我们得到

$$\sqrt{f^2 - v^2} = \sqrt{c^2 - 2\Phi - v^2} = c + \frac{1}{c}\left(\Phi - \frac{1}{2}v^2\right),$$

而且现在我们可以设

$$v^2 = \sum_{i,k=1}^{3} \left(\frac{dx_i}{dt}\right)^2 = \sum_i \dot{x}_i^2,$$

我们得到

$$\delta \int \left\{\frac{1}{2}\sum_i \dot{x}_i^2 - \Phi\right\} dt = 0;$$

也就是说, 如果我们假设一个具有势能 $m\Phi$ 的力作用在其中, 质量为 m 的行星按照经典力学定律运动. **这样我们就把这个理论与牛顿的理论联系起来了**: Φ 是满足泊松方程 (10) 的牛顿势, $\mathsf{k} = c^2\kappa$ 是牛顿的引力常数. 从众所周知的牛顿常数 k, 我们得到了 $8\pi\kappa$ 的数值

$$8\pi\kappa = \frac{8\pi\mathsf{k}}{c^2} = 1.87 \times 10^{-27}\ (\mathrm{cm} \cdot \mathrm{gr}^{-1}).$$

因此, 尽管建立在 $d\sigma^2$ 上的空间有效几何与欧几里得几何在行星系统的尺寸上差别很小, 度量基本形式与欧几里得 (33) 的偏差相当大, 足以使测地世界线与直线匀速运动的差异达到行星运动实际表现出的量. (这些尺寸的测地三角形中的角之和与 180° 相差很小). 造成这种情况的主要原因是地球轨道的半径约为 8 光分, 而地球在其轨道上的公转时间是一整年!

我们将进一步研究质点和光线在静态引力场中运动的精确理论.①根据 §17, 测地世界线可以用两个变分原理来描述

$$\delta\int\sqrt{Q}ds=0,\quad \text{或}\quad \delta\int Qds=0,\quad \text{其中}\quad Q=g_{ik}\frac{dx_i}{ds}\frac{dx_k}{ds}. \tag{35}$$

第二个变分原理认为参数 s 的选择是合理的, 第二个变分原理单独说明了满足条件 $Q=0$ 的“零线”, 并描述了光信号的过程. 该变分必须以这样一种方式进行, 即所考虑的这条世界线的两端保持不变. 如果只让 $x_0=t$ 变化, 我们得到静态情况

$$\delta\int Qds=\left[2f^2\frac{dx_0}{ds}\delta x_0\right]-2\int\frac{d}{ds}\left(f^2\frac{dx_0}{ds}\right)\delta x_0 ds. \tag{36}$$

因此我们发现

$$f^2\frac{dx_0}{ds}=\text{const 成立}.$$

如果我们暂时把注意力集中在光线的情况上, 我们可以通过适当地选择参数 s 的度量单位 (除了一个任意的度量单位外, s 是由变分原理本身标准化的), 使右边的常数等于 1. 如果我们现在更普遍地通过改变光线的空间路径来实现变化, 同时保持末端固定, 但是去掉时间施加的辅助条件, 即端部的 $\delta x_0=0$, 那么, 从 (36) 式中可以明显看出, 原理变成

$$\delta\int Qds=2\left[\delta t\right]=2\delta\int dt.$$

特别地, 如果变化后的路径和原来的路径一样以光速穿过, 那么对于变化的世界线, 也有

$$Q=0,\quad d\delta=fdt,$$

我们得到了

$$\delta\int dt=\delta\int\frac{d\delta}{f}=0. \tag{37}$$

这个方程只确定光线的空间位置; 它就是**费马的最短路径原理**. 在公式 (37) 中, 时间已被完全消除; 如果光线的位置以无限小的量改变, 并且其末端保持固定, 则对光线路径的任意部分都有效.

对于一个静态引力场, 如果使用任一空间坐标 x_1,x_2,x_3, 我们可以用笛卡儿坐标为 x_1,x_2,x_3 的点来表示该空间中坐标为 x_1,x_2,x_3 的点, 并以此来构造欧几里得空间的图形表示. 如果我们在这个图像空间中标出两颗静止的恒星 S_1,S_2 和

① 注 10: 也可参考 Levi-Civita, La teoria di Einstein e il principio di Fermat, Nuovo Cimento, ser. 6, vol. xvi. (1918), pp. 105-114.

一个静止的观察者 B 的位置, 那么这些恒星出现在观察者面前的角度就不等于连接恒星和观察者的直线 BS_1, BS_2 之间的角度; 我们必须用由式 (37) 得到的最短路径的曲线把 B 和 S_1, S_2 连接起来, 然后通过一个辅助结构, 将这两条直线在 B 处的夹角从欧几里得度量变换为由度量基本形式 $d\sigma^2$ 确定的黎曼角 (参见 §11 公式 (15)). 用这种方法计算出的角度, 是确定恒星之间实际观测位置的角度, 并在观测仪器的刻度盘上读出. 然而 B, S_1, S_2 在空间中保持它们的位置, 如果大质量碰巧靠近射线路径, 这个角度 S_1BS_2 可能会改变. 在这个意义上, 我们可以说**光线是由于引力场而弯曲的**. 但是, 光线不是度量基本形式为 $d\sigma^2$ 的空间测地线, 不像我们在 §12 中假设的那样得到一般结果, 它们没有让积分 $\int d\sigma$ 具有极限值, 而是让积分 $\int \frac{d\sigma}{f}$ 具有极限值. 光线的弯曲尤其发生在太阳的引力场中. 如果我们的图形表示使用坐标 x_1, x_2, x_3, 其中欧几里得公式 $d\sigma^2 = dx_1^2 + dx_2^2 + dx_3^2$ 在无穷远处成立, 那么对光线通过太阳附近的情况进行的数值计算表明, 光线必须偏离其路径 1.74 秒 (见 §31). 这意味着恒星在太阳明显近邻的位置会发生位移, 这当然是可以测量的. 当然, 只有在日全食时才能观察到恒星的这些位置. 考虑到的恒星必须足够明亮, 数量尽可能多, 离太阳足够近, 以产生可测量的效果, 但又必须足够远, 以避免被日冕的光辉所掩盖. 5 月 29 日是最适宜观测的日子, 幸运的是, 1919 年 5 月 29 日发生日全食. 两支英国探险队被派往观测到日全食的区域, 一支前往巴西北部的索布拉尔 (Sobral in North Brazil), 另一支前往几内亚湾的普林西比岛, 为了确定爱因斯坦位移的存在与否. 结果表明, 该效应与预测值一致; 索布拉尔的最终测量结果为 $1.98'' \pm 0.12''$, 普林西比岛的最终测量结果为 $1.61'' \pm 0.30''$ (见注 11).[①]

根据爱因斯坦的万有引力理论, 另一种光学效应应该在静态场中自己呈现出来, 在有利条件下可能是可观测的, 该效应来自宇宙时间 dt 和空间中某一固定点上的固有时间 ds 之间的关系

$$ds = f dt,$$

如果两个静止的钠原子在客观上是完全相似的, 那么正如在**固有时间**测量的那样, 产生 D-线光波的事件必须具有相同的频率. 因此, 如果 f 在原子所处的点上分别有 f_1, f_2 的值, 那么在 f_1, f_2 和宇宙时间的频率 ν_1, ν_2 之间, 就会存在这种关系

$$\frac{\nu_1}{f_1} = \frac{\nu_2}{f_2}.$$

① 注 11: F. W. Dyson, A. S. Eddington, C. Davidson, A Determination of the Deflection of Light by the Sun's Gravitational Field, from Observations made at the Total Eclipse of May 29th, 1919; Phil. Trans. of the Royal Society of London, Ser. A, vol. 220 (1920), pp. 291-333. Cf. E. Freundlich, Die Naturwissenschaften, 1920, pp. 667-673.

但是，以**宇宙**时间来衡量，原子发射的光波在空间的所有点上的频率都是相同的(因为，在静态度量场中，麦克斯韦方程组有一个解，其中时间用因子 $e^{i\nu t}$ 表示，ν 是任意恒定频率). 因此，如果我们将大质量恒星发出的光在分光镜中产生的钠 D-线与地球源发射到同一分光镜的同一条线进行比较，应该会有轻微的位移. 与后一条线相比，前一条线应略微向红色偏移，因为 f 在大质量附近的值比在离它们很远的地方稍小. 根据我们的近似公式 (34)，频率降低的比率在距离质量 m_0 的距离 r 处有 $1-\dfrac{\kappa m_0}{r}$. 在太阳表面，这相当于波长为 4000Å 的蓝色线的位移为 0.008Å. 这种效应只是在可观测的范围内. 此外，还有多普勒效应引起的扰动、地球上用于比较的方法的不确定性、太阳线中某些不规则的波动 (其原因仅作了部分解释)，以及最后由于太阳密集线的强度重叠而产生的相互干扰 (在某些情况下，会使两条线合并成一条强度最大的线). 如果将所有这些因素都考虑在内，迄今为止所作的观察似乎证实了向红色的位移达到所述的量.[①]然而，这个问题尚不能被视为已经得到了明确的回答.

这是通过实验控制这个理论的第三种可能性. 根据爱因斯坦的说法，牛顿的行星理论只是一种第一近似. 这个问题本身就表明，爱因斯坦的理论和后者之间的分歧是否足够大，可以用我们所掌握的方法来检测. 很明显，这样的机会对离太阳最近的水星是最有利的. 事实上，在爱因斯坦把近似法推进了一步之后，在史瓦西[②]精确地确定了由静止质量产生的径向对称引力场以及无穷小质量质点的路径之后，两位科学家都发现，**水星的椭圆轨道应该经历一个缓慢的旋转，旋转方向与轨道所经过的方向相同** (超过剩余行星产生的扰动)，每世纪总计达 43″. 自勒威耶时代以来，水星近日点的长期扰动中就已经发现这个量级的效应，这不能用通常的扰动原因来解释. 为了消除理论和观测之间的这种差异，人们提出了多种假设.[③]我们将回到史瓦西在 §31 中给出的严格解.

因此，我们看到，无论爱因斯坦的引力理论对我们的时空观念产生了多么大的变革，在我们的观测领域，与旧理论的实际偏差是极其微小的. 这一理论的主要支持，与其说来自迄今为止的观察，不如说来自其内在的逻辑一致性，因为它远远超越了经典力学，事实上，它一下子就解决了令人费解的万有引力和运动相对性

---

① 注 12: Schwarzschild, Sitzungsber. d. Preuss. Akad. d. Wissenschaften, 1914, p. 1201. Ch. E. St. John, Astrophys. Journal, 46 (1917), p. 249 (vgl. auch die dort zitierten Arbeiten von Halm und Adams). Evershed and Royds, Kodaik. Obs. Bull., 39. L. Grebe and A. Bachem, Verhandl. d. Deutsch. Physik. Ges., 21 (1919), p. 454; Zeitschrift für Physik, 1 (1920), p. 51. E. Freundlich, Physik. Zeitschr., 20 (1919), p. 561.

② 注 13: Einstein, Sitzungsber. d. Preuss. Akad. d. Wissensch., 1915, 47, p. 831. Schwarzschild, Sitzungsber. d. Preuss. Akad. d. Wissensch., 1916, 7, p. 189.

③ 注 14: 下面的假设最受欢迎. H. Seeliger, Das Zodiakallicht und die empirischen Glieder in der Bewegung der inneren Planeten, Münch. Akad., Ber. 36 (1906). Cf. E. Freundlich, Astr. Nachr., Bd. 201 (June, 1915), p. 48.

问题, 这是一种非常符合我们理性思维的方式.

用与光线相同的方法, 我们可以为质点在静态引力场中的运动建立一个只影响空间路径的 "最小" 原理, 与费马最短路径原理相对应. 如果 s 是固有时间的参数, 则

$$Q = 1, \quad 且 \quad f^2 \frac{dt}{ds} = \text{const} = \frac{1}{E} \tag{38}$$

是能量积分. 我们现在应用式 (35) 中两个变分原理的第一个, 并通过任意改变空间路径、同时保持末端 $x_0 = t$ 固定, 将其按如上归纳. 我们得到了

$$\delta \int \sqrt{Q} ds = \left[\frac{1}{E} \delta t \right] = \delta \int \frac{dt}{E}. \tag{39}$$

为了消除固有时间, 我们将第一个方程 (38) 除以第二个方程的平方, 结果是

$$\frac{1}{f^4} \left\{ f^2 - \left(\frac{d\sigma}{dt} \right)^2 \right\} = E^2, \quad d\sigma = f^2 \sqrt{U} dt, \tag{40}$$

其中

$$U = \frac{1}{f^2} - E^2.$$

方程 (40) 是质点穿过其路径的速度定律. 如果我们执行变分, 使变化的路径按照相同的定律以相同的常数 E 遍历, 则从 (39) 可以得出

$$\delta \int \frac{dt}{E} = \delta \int \sqrt{f^2 - \left(\frac{d\sigma}{dt} \right)^2} dt = \delta \int E f^2 dt, \quad 即 \quad \delta \int f^2 U dt = 0,$$

或者, 最后通过用弧 $d\sigma$ 的空间元素来表示 dt, 从而完全消除时间, 我们得到

$$\delta \int \sqrt{U} d\sigma = 0.$$

质点的路径是这样确定的, 我们得到一个关系式, 给出了在这条路径上运动的时间, 从方程 (40) 得到

$$dt = \frac{d\sigma}{f^2 \sqrt{U}}.$$

对于 $E = 0$, 我们又得到了光线的定律.

§30. 引　力　波

通过假设生成能量场 $\mathbf{T}_i^k$ 是无限弱的, 爱因斯坦成功地将引力方程进行了广义积分.① 在这些情况下, 如果坐标选择得当, g_{ik} 与 $\overset{0}{g}_{ik}$ 的差别只有无穷小的 γ_{ik}. 然后我们把世界看作 "欧几里得的", 具有度量基本形式

$$\overset{0}{g}_{ik} dx_i dx_k, \tag{41}$$

而且 γ_{ik} 是这个世界上二阶对称张量场的分量. 后续要执行的操作将始终基于度量基本形式 (41). 目前, 我们又在讨论狭义相对论. 我们将考虑选择的坐标系为法坐标系, 因此对于 $i \neq k$ 有 $\overset{0}{g}_{ik} = 0$, 并且

$$g_{00} = 1, \quad \overset{0}{g}_{11} = \overset{0}{g}_{22} = \overset{0}{g}_{33} = -1.$$

x_0 是时间, x_1, x_2, x_3 是笛卡儿空间坐标; 光速归一化为 1.

我们引入这些量

$$\psi_i^k = \gamma_i^k - \gamma \delta_i^k \quad \left(\gamma = \frac{1}{2}\gamma_i^i\right),$$

接下来我们断言, 可以不失一般性地设

$$\frac{\partial \psi_i^k}{\partial x_k} = 0. \tag{42}$$

因为如果一开始不是这样, 我们可以通过一个微小的变化来改变坐标系, 使 (42) 成立. 导出新坐标系 $\bar{x}$ 的变换公式, 即

$$\bar{x}_i = x_i + \xi(x_0, x_1, x_2, x_3),$$

包含未知函数 ξ^i, 其与 γ 的无穷小具有相同的阶数. 我们得到了新的系数 $\bar{g}_{ik}$, 根据先前的公式, 我们一定有

$$g_{ik}(x) - \bar{g}_{ik}(x) = g_{ik}\frac{\partial \xi^r}{\partial x_k} + g_{kr}\frac{\partial \xi^r}{\partial x_i} + \frac{\partial g_{ik}}{\partial x_r}\xi^r,$$

所以, 在这里我们得到

$$\gamma_{ik}(x) - \bar{\gamma}_{ik}(x) = \frac{\partial \xi_i}{\partial x_k} + \frac{\partial \xi_k}{\partial x_i}, \quad \gamma(x) - \bar{\gamma}(x) = \frac{\partial \xi^i}{\partial x_i} = \Xi,$$

---

① 注 15: Einstein, Sitzungsber. d. Preuss. Akad. d. Wissensch., 1916, p. 688; 附录 Über Gravitationswellen, *idem*, 1918, p. 154. Also Hilbert (l.c.[8]), 2 Mitteilung.

最终得到

$$\frac{\partial \gamma_i^k}{\partial x_k} - \frac{\partial \bar{\gamma}_i^k}{\partial x_k} = \nabla \xi_i + \frac{\partial \Xi}{\partial x_i}, \quad \frac{\partial \gamma}{\partial x_i} - \frac{\partial \bar{\gamma}}{\partial x_i} = \frac{\partial \Xi}{\partial x_i},$$

式中 ∇ 表示任意函数的微分算子

$$\nabla f = \frac{\partial}{\partial x_i}\left(\overset{0}{g}_{ik}\frac{\partial f}{\partial x_k}\right) = \frac{\partial^2 f}{\partial x_0^2} - \left(\frac{\partial^2 f}{\partial x_1^2} + \frac{\partial^2 f}{\partial x_2^2} + \frac{\partial^2 f}{\partial x_3^2}\right).$$

因此, 如果 ξ^i 是由方程确定的, 那么在新的坐标系中就可以满足所需的条件

$$\nabla \xi^i = \frac{\partial \psi_i^k}{\partial x_k},$$

该方程可通过推迟势 (retarded potentials) 来求解 (参见第 3 章, 第 133 页). 如果不考虑线性洛伦兹变换, 坐标系不仅定义到一阶小量, 而且定义到二阶小量. 非常值得注意的是, 这种不变的归一化是可能的.

现在计算曲率的分量 R_{ik}. 由于场量 $\left\{\begin{matrix} ik \\ r \end{matrix}\right\}$ 是无穷小的, 我们通过把自己限制在一阶的项就得到了

$$R_{ik} = \frac{\partial}{\partial x_r}\left\{\begin{matrix} ik \\ r \end{matrix}\right\} - \frac{\partial}{\partial x_k}\left\{\begin{matrix} ir \\ r \end{matrix}\right\}.$$

现在

$$\left[\begin{matrix} ik \\ r \end{matrix}\right] = \frac{1}{2}\left(\frac{\partial \gamma_{ir}}{\partial x_k} + \frac{\partial \gamma_{kr}}{\partial x_i} - \frac{\partial \gamma_{ik}}{\partial x_r}\right),$$

因此

$$\left\{\begin{matrix} ik \\ r \end{matrix}\right\} = \frac{1}{2}\left(\frac{\partial \gamma_i^r}{\partial x_k} + \frac{\partial \gamma_k^r}{\partial x_i} - \overset{0}{g}_{rs}\frac{\partial \gamma_{ik}}{\partial x_s}\right).$$

考虑到方程式 (42) 或

$$\frac{\partial \gamma_i^k}{\partial x_k} = \frac{\partial \gamma}{\partial x_i},$$

我们得到

$$\frac{\partial}{\partial x_r}\left\{\begin{matrix} ik \\ r \end{matrix}\right\} = \frac{\partial^2 \gamma}{\partial x_i \partial x_k} - \frac{1}{2}\nabla \gamma_{ik}.$$

以同样的方式我们得到

$$\frac{\partial}{\partial x_k}\left\{\begin{array}{c} ir \\ r \end{array}\right\}=\frac{\partial^2\gamma}{\partial x_i\partial x_k}.$$

结果是

$$R_{ik}=-\frac{1}{2}\nabla\gamma_{ik}.$$

因此, $R=-\nabla\gamma$ 且

$$R_i^k-\frac{1}{2}\delta_i^k R=-\frac{1}{2}\nabla\psi_i^k.$$

然而, 引力方程是

$$\frac{1}{2}\nabla\psi_i^k=-T_i^k, \tag{43}$$

并可借助于推迟势直接整合 (参见第 133 页). 使用相同的符号, 我们得到

$$\psi_i^k=-\int\frac{T_i^k(t-r)}{2\pi r}dV.$$

因此, 物质分布的每一次变化都会产生一种引力效应, 这种效应会以光速在空间中传播. 振荡的质量产生引力波. 在我们所能接触到的自然界中, 没有任何地方会发生足以使引力波被观测到的质量振荡.

方程 (43) 完全符合电磁方程

$$\nabla\phi^i=s^i,$$

就像电场的电势 ϕ^i 必须满足次级条件一样

$$\frac{\partial\phi^i}{\partial x_i}=0.$$

因为电流 s^i 满足这个条件

$$\frac{\partial s^i}{\partial x_i}=0,$$

所以在这里引入了引力势 ψ_i^k 系统的次级条件 (42), 因为它们适用于物质–张量

$$\frac{\partial T_i^k}{\partial x_k}=0.$$

平面引力波可能存在, 它们在没有物质的空间中传播, 我们通过与光学中相同的假设得到它们, 即通过设

$$\psi_i^k = a_i^k \cdot e^{(\alpha_0 x_0 + \alpha_1 x_1 + \alpha_2 x_2 + \alpha_3 x_3)\sqrt{-1}}.$$

这里 a_i^k 和 α_i 是常数; 后者满足条件 $\alpha_i \alpha^i = 0$. 此外, $\alpha_0 = \nu$ 是振动频率, $\alpha_1 x_1 + \alpha_2 x_2 + \alpha_3 x_3 = \text{const}$ 是恒定相位的平面. 同时满足微分方程 $\nabla \phi_i^k = 0$. 次级条件 (42) 要求

$$a_i^k \alpha_k = 0. \tag{44}$$

如果 x_1 轴是波的传播方向, 我们有

$$\alpha_2 = \alpha_3 = 0, \quad -\alpha_1 = \alpha_0 = \nu,$$

方程式 (44) 表明

$$a_i^0 = a_i^1 \quad \text{或} \quad a_{0i} = -a_{1i}. \tag{45}$$

相应地, 只需指定常数对称张量 a 的空间部分即可, 即

$$\begin{Vmatrix} a_{11} & a_{12} & a_{13} \\ a_{21} & a_{22} & a_{23} \\ a_{31} & a_{32} & a_{33} \end{Vmatrix},$$

由于指标为 0 的 a 是由 (45) 式所确定的, 因此空间部分不受限制. 反过来, 它在波的传播方向上分成三项被加数:

$$\begin{Vmatrix} a_{11} & 0 & 0 \\ 0 & 0 & 0 \\ 0 & 0 & 0 \end{Vmatrix} + \begin{Vmatrix} 0 & a_{12} & a_{13} \\ a_{21} & 0 & 0 \\ a_{31} & 0 & 0 \end{Vmatrix} + \begin{Vmatrix} 0 & 0 & 0 \\ 0 & a_{22} & a_{23} \\ 0 & a_{32} & a_{33} \end{Vmatrix}.$$

因此, 张量振动可以分解为三个独立的分量: 纵向纵波、纵向横波和横向横波.

汉斯 • 锡林 (H. Thirring) 在万有引力方程的近似方法的基础上做了两个有趣的积分应用.① 在它的帮助下, 他研究了一个大而重的空心球体的旋转对位于球体中心附近的质点运动的影响. 正如所料, 他发现了一种与离心力相同的力效应. 除此之外, 第二个力出现了, 它试图将物体拖入赤道面, 这与离心力试图把物体从

① 注 16: Phys. Zeitschr., Bd. 19 (1918), pp. 33 and 156. 也可参考 de Sitter, Planetary motion and the motion of the moon according to Einstein's theory, Amsterdam Proc., Bd. 19, 1916.

轴上赶走的定律相同. 其次, 他分别研究了中心天体的旋转对其行星或卫星的影响. 以木星的第五颗卫星为例, 所引起的扰动达到一定的程度, 使理论与观测相比较成为可能.

既然我们已经在 §29, §30 中考虑了仅顾及线性项的引力方程的近似积分, 我们接下来将努力得出严格的解, 然而, 我们的注意力将局限于静态引力.

§31. 一体问题的严格解法①

对于静态引力场, 我们有

$$ds^2 = f^2 dx_0^2 - d\sigma^2,$$

其中 $d\sigma^2$ 在三个空间变量 x_1, x_2, x_3 中是正定的二次型式; 光速 f 同样只依赖于这些变量. 如果选择适当的空间坐标, f 和 $d\sigma^2$ 对于这些坐标的线性正交变换是不变的, 则场是**径向对称**的. 如果是这样的话, f 必须是距离中心

$$r = \sqrt{x_1^2 + x_2^2 + x_3^2}$$

的函数, 但 $d\sigma^2$ 必须为

$$\lambda\left(dx_1^2 + dx_2^2 + dx_3^2\right) + l\left(x_1 dx_1 + x_2 dx_2 + x_3 dx_3\right)^2, \tag{46}$$

其中 λ 和 l 同样仅为 r 的函数. 在不干扰这个范式的情况下, 我们可以对空间坐标进行进一步的变换, 即用 $\tau x_1, \tau x_2, \tau x_3$ 代替 x_1, x_2, x_3, 比例因子 τ 是距离 r 的任意函数. 通过适当选择 λ, 我们显然可以成功地得到 $\lambda = 1$; 让我们假设这已经完成了. 然后, 使用 §29 的符号, 我们得到

$$\gamma_{ik} = -g_{ik} = \delta_i^k + l \cdot x_i x_k \quad (i, k = 1, 2, 3).$$

接下来我们将定义这个径向对称场, 在没有物质的地方, 也就是能量密度 $\mathbf{T}_i^k$ 消失的地方, 使它满足齐次引力方程. 这些方程都包含在变分原理中

$$\delta \int \mathbf{G} dx = 0.$$

① 注 17: 参考 Schwarzschild (l.c.[12]); Hilbert (l.c.[8]), 2 Mitt.; J. Droste, Versl. K. Akad. v. Wetensch., Bd. 25 (1916), p. 163.

我们要寻找的引力场, 是由径向对称中心分布的静止质量所产生的引力场. 如果撇号表示对 r 的微分, 我们得到

$$\frac{\partial\gamma_{ik}}{\partial x_\alpha}=l'\frac{x_\alpha}{r}x_ix_k+l(\delta_i^\alpha x_k+\delta_k^\alpha x_i),$$

因此

$$-\left[\begin{array}{c}ik\\ \alpha\end{array}\right]=\frac{1}{2}\frac{x_\alpha}{r}l'x_ix_k+l\delta_i^k x_\alpha\quad(i,k=1,2,3).$$

因为它来自

$$x_\alpha=\sum_{\beta=1}^{3}\gamma_{\alpha\beta}x^\beta,$$

那么

$$x^\alpha=\frac{1}{h^2}x_\alpha\quad 且\quad h^2=1+lr^2,$$

正如直接替代法所证实的那样, 我们一定有

$$\left\{\begin{array}{c}ik\\ \alpha\end{array}\right\}=\frac{1}{2}\frac{x_\alpha}{r}\frac{l'x_ix_k+2lr\delta_i^k}{h^2}.$$

对于点 $x_1=r,x_2=0,x_3=0$ 进行 $\mathbf{G}$ 的计算就足够了. 此时, 我们得到刚才计算的三个指标符号:

$$\left\{\begin{array}{c}11\\ 1\end{array}\right\}=\frac{h'}{h}\quad 和\quad\left\{\begin{array}{c}22\\ 1\end{array}\right\}=\left\{\begin{array}{c}33\\ 1\end{array}\right\}=\frac{lr}{h^2},$$

剩下的等丁零. 在包含 0 的三个指标符号中, 我们根据 §29 发现

$$\left\{\begin{array}{c}10\\ 0\end{array}\right\}=\left\{\begin{array}{c}01\\ 0\end{array}\right\}=\frac{f'}{f}\quad 和\quad\left\{\begin{array}{c}00\\ 1\end{array}\right\}=\frac{ff'}{h^2},$$

而所有其他值等于 0. 所有位于主对角线 $(i=k)$ 的 g_{ik} 值分别等于

$$f^2,\quad -h^2,\quad -1,\quad -1,$$

而横向的都消失了. 因此由 $\mathbf{G}$ 的定义 (31) 给出了

$$
-\frac{2}{\sqrt{g}}\mathbf{G} = \begin{array}{c|l}
\frac{1}{f^2} & \begin{Bmatrix} 00 \\ 1 \end{Bmatrix}\left(\begin{Bmatrix} 10 \\ 0 \end{Bmatrix} + \begin{Bmatrix} 11 \\ 1 \end{Bmatrix}\right) - 2\begin{Bmatrix} 01 \\ 0 \end{Bmatrix}\begin{Bmatrix} 00 \\ 1 \end{Bmatrix} \\
 & \begin{Bmatrix} 11 \\ 1 \end{Bmatrix}\left(\begin{Bmatrix} 10 \\ 0 \end{Bmatrix} + \begin{Bmatrix} 11 \\ 1 \end{Bmatrix}\right) - \begin{Bmatrix} 10 \\ 0 \end{Bmatrix}\begin{Bmatrix} 10 \\ 0 \end{Bmatrix} \\
-\frac{1}{h^2} & -\begin{Bmatrix} 11 \\ 1 \end{Bmatrix}\begin{Bmatrix} 11 \\ 1 \end{Bmatrix} \\
-1 & \begin{Bmatrix} 22 \\ 1 \end{Bmatrix}\left(\begin{Bmatrix} 10 \\ 0 \end{Bmatrix} + \begin{Bmatrix} 11 \\ 1 \end{Bmatrix}\right) \\
-1 & \begin{Bmatrix} 33 \\ 1 \end{Bmatrix}\left(\begin{Bmatrix} 10 \\ 0 \end{Bmatrix} + \begin{Bmatrix} 11 \\ 1 \end{Bmatrix}\right).
\end{array}
$$

第一行和第二行的项加在一起就得到

$$
\left(\begin{Bmatrix} 11 \\ 1 \end{Bmatrix} - \begin{Bmatrix} 10 \\ 0 \end{Bmatrix}\right)\left(\frac{1}{f^2}\begin{Bmatrix} 00 \\ 1 \end{Bmatrix} - \frac{1}{h^2}\begin{Bmatrix} 10 \\ 0 \end{Bmatrix}\right).
$$

然而, 这个乘积中的第二个因子等于零. 因为, 根据 §17 公式 (57)

$$
\sum_{i=0}^{3}\begin{Bmatrix} 1i \\ i \end{Bmatrix} = \frac{\Delta'}{\Delta} \quad (\Delta = \sqrt{g} = hf),
$$

第三行和第四行的项之和等于

$$
-\frac{2lr}{h^2}\cdot\frac{\Delta'}{\Delta}.
$$

如果我们想在对时间 x_0 的固定间隔、在一个由两个球面所围成的壳上对空间求世界积分 $\mathbf{G}$, 那么, 由于积分的元素是

$$
dx = dx_0 \cdot d\Omega \cdot r^2 dr \quad (d\Omega = \text{立体角}),
$$

待解的变分方程为

$$
\delta\int \mathbf{G}r^2 dr = 0.
$$

因此, 如果设

$$
\frac{lr^3}{h^2} = \frac{lr^3}{1+lr^2} = \left(1 - \frac{1}{h^2}\right)r = \omega,
$$

我们得到

$$
\delta\int \omega\Delta' dr = 0,
$$

其中 Δ 和 ω 可视为两个可以任意变化的函数.

通过改变 ω, 我们得到

$$\Delta' = 0, \quad \Delta = \text{const}.$$

因此, 如果我们选择合适的时间单位,

$$\Delta = hf = 1.$$

分部积分得到

$$\int \omega \Delta' dr = [\omega, \Delta] - \int \Delta \omega' dr.$$

因此, 如果改变 Δ, 我们就得到

$$\omega' = 0, \quad \omega = \text{const} = 2m.$$

最后, 根据 ω 和 $\Delta = 1$ 的定义, 我们得到

$$\boxed{f^2 = 1 - \frac{2m}{r}, \quad h^2 = \frac{1}{f^2},}$$

这就完成了问题的解决. 时间单位的选择使得光速在无穷远等于 1. 对于与 m 相比更大的距离 r, 势的牛顿值在以下意义上成立: 由方程 $m = \kappa m_0$ 引入的量 m_0 作为其中**产生场的质量**出现; 我们称 m 为引起场扰动的物质的**引力半径**. 由于 $4\pi m$ 是空间矢量密度 $\mathbf{f}^i$ 通过包围质量的任意球体的通量, 我们从公式 (32′) 得到离散或非相干质量

$$m_0 = \int \mu dx_1 dx_2 dx_3.$$

由于 f^2 不可能变为负, 因此很明显, 如果我们使用这里介绍的没有物质的空间区域的坐标, r 必须 $> 2m$. 通过液体球体的特殊情况进一步说明了这一点, 液体球体将在 §32 中讨论, 质量内部的引力场也将被确定. 如果我们忽略了行星和遥远恒星的影响, 我们可以将所发现的解应用到引力场中. 太阳质量的引力半径约为 1.47 公里, 而地球的引力半径只有 5 毫米.

行星的运动 (假设与太阳的质量相比是无穷小的) 用一条测地世界线来表示. 四个方程式中

$$\frac{d^2 x_i}{ds^2} + \left\{ \begin{matrix} \alpha\beta \\ i \end{matrix} \right\} \frac{dx_\alpha}{ds} \frac{dx_\beta}{ds} = 0,$$

与指标 $i=0$ 对应的那一项给出了静态引力场的能量积分

$$f^2\frac{dx_0}{ds}=\text{const.}$$

正如我们在上面看到的; 或者因为,

$$\left(f\frac{dx_0}{ds}\right)^2=1+\left(\frac{d\sigma}{ds}\right)^2,$$

我们得到了

$$f^2\left[1+\left(\frac{d\sigma}{ds}\right)^2\right]=\text{const},$$

在径向对称场的情况下, 对应指标 $i=1,2,3$ 的方程给出了比例

$$\frac{d^2x_1}{ds^2}:\frac{d^2x_2}{ds^2}:\frac{d^2x_3}{ds^2}=x_1:x_2:x_3$$

(从写下的三个指标符号可以很容易地看出这一点). 从它们出发, 用一般的方法, 得到了三个表示面积定律的方程

$$\cdots,\quad x_1\frac{dx_2}{ds}-x_2\frac{dx_1}{ds}=\text{const},$$

这个定理不同于牛顿理论中的相似定理, 因为微分不是根据宇宙时间, 而是根据行星的固有时间 s (译者注: 固有时间指两个事件在惯性参考系中同一位置发生的时间间隔) 来进行的. 根据面积定律, 运动发生在一个平面上, 可以选择这个平面作为我们的坐标平面 $x_3=0$. 如果在其中引入极坐标, 即

$$x_1=r\cos\phi,\quad x_2=r\sin\phi,$$

面积的积分是

$$r^2\frac{d\phi}{ds}=\text{const}=b. \tag{47}$$

但是, 由于

$$dx_1^2+dx_2^2=dr^2+r^2d\phi^2,\quad x_1dx_1+x_2dx_2=rdr,$$
$$d\sigma^2=\left(dr^2+r^2d\phi^2\right)+l\,(rdr)^2=h^2dr^2+r^2d\phi^2,$$

能量积分变成

$$f^2\left\{1+h^2\left(\frac{dr}{ds}\right)^2+r^2\left(\frac{d\phi}{ds}\right)^2\right\}=\text{const}.$$

因为 $fh=1$, 我们用 f^2 代替它的值, 得到

$$-\frac{2m}{r}+\left(\frac{dr}{ds}\right)^2+r(r-2m)\left(\frac{d\phi}{ds}\right)^2=-E=\text{const.} \tag{48}$$

与牛顿理论的能量方程相比, 这个方程与牛顿理论的区别只是在左边最后一项用 $r-2m$ 代替 r. 接下来的步骤与牛顿的理论相同. 我们将 $\dfrac{d\phi}{ds}$ 从公式 (47) 代入公式 (48), 得到

$$\left(\frac{dr}{ds}\right)^2=\frac{2m}{r}-E-\frac{b^2(r-2m)}{r^3},$$

或者, 用距离倒数 $\rho=\dfrac{1}{r}$ 代替 r,

$$\left(\frac{d\rho}{\rho^2 ds}\right)^2=2m\rho-E-b^2\rho^2(1-2m\rho).$$

为了到达行星的轨道, 我们将这个方程除以方程 (47) 的平方来消除固有时间, 因此

$$\left(\frac{d\rho}{d\phi}\right)^2=\frac{2m}{b^2}\rho-\frac{E}{b^2}-\rho^2+2m\rho^3.$$

在牛顿理论中, 右边的最后一项没有. 考虑到行星情况下的数值条件, 我们发现右边 ρ 的三次多项式有三个正根 $\rho_0>\rho_1>\rho_2$, 因此

$$\text{上式}=2m\left(\rho_0-\rho\right)\left(\rho_1-\rho\right)\left(\rho-\rho_2\right);$$

假设 ρ 的值在 ρ_1 和 ρ_2 之间. 根 ρ_0 与其余两个相比非常大. 正如牛顿的理论, 设

$$\frac{1}{\rho_1}=a(1-e),\quad \frac{1}{\rho_2}=a(1+e),$$

并称 a 为半长轴, e 为偏心率. 然后得到

$$\rho_1+\rho_2=\frac{2}{a\left(1-e^2\right)}.$$

如果比较 ρ^2 的系数, 我们会发现

$$\rho_0+\rho_1+\rho_2=\frac{1}{2m}.$$

ϕ 由第一类椭圆积分用 ρ 的项表示, 因此, ρ 反过来是 ϕ 的椭圆函数. 这种运动与球形摆的运动类型完全相同. 为了得到简单的近似公式, 我们做了与牛顿理论中确定开普勒轨道相同的替换, 即

$$\rho - \frac{\rho_1 + \rho_2}{2} + \frac{\rho_1 - \rho_2}{2} \cos\theta.$$

那么

$$\phi = \int \frac{d\theta}{\sqrt{2m\left(\rho_0 - \frac{\rho_1 + \rho_2}{2} - \frac{\rho_1 - \rho_2}{2}\cos\theta\right)}}. \tag{49}$$

近日点的特征是 $\theta = 0, 2\pi, \cdots$. 从近日点到近日点旋转一整圈后, 方位角 ϕ 的增加由上述积分提供, 取值范围在 0 和 2π 之间. 在达到足够精度的情况下, 可以很容易地设此增量为

$$\frac{2\pi}{\sqrt{2m\left(\rho_0 - \frac{\rho_1 + \rho_2}{2}\right)}}.$$

然而, 我们发现

$$\rho_0 - \frac{\rho_1 + \rho_2}{2} = (\rho_0 + \rho_1 + \rho_2) - \frac{3}{2}(\rho_1 + \rho_2) = \frac{1}{2m} - \frac{3}{a(1 - e^2)}.$$

因此, 上述 (方位角) 的增加

$$\frac{2\pi}{\sqrt{1 - \frac{6m}{a(1 - e^2)}}} \sim 2\pi\left\{1 + \frac{3m}{a(1 - e^2)}\right\},$$

以及**每转一圈近日点的进动**等于

$$\frac{6\pi m}{a(1 - e^2)}.$$

另外, 太阳的引力半径 m 可以根据开普勒第三定律, 用行星的公转时间 T 和半长轴 a 来表示, 因此

$$m = \frac{4\pi^2 a^3}{c^2 T^2}.$$

迄今为止, 天文学家利用他们所掌握的最精细的手段, 只有水星 (离太阳最近的行星) 才能够确定近日点的这种进动的存在.①

① 注 18: 关于 n 体的问题, 参见 J. Droste, Versl. K. Akad. v. Wetensch., Bd. 25 (1916), p. 460.

公式 (49) 也给出了光线路径的偏转 α. 如果 $\theta_0 = \dfrac{\pi}{2} + \varepsilon$ 是 $\rho = 0$ 的角 θ, 则取 $-\theta_0$ 和 $+\theta_0 = \pi + \alpha$ 之间的积分值. 在本例中

$$2m\left(\rho_0 - \rho\right)\left(\rho_1 - \rho\right)\left(\rho - \rho_2\right) = \frac{1}{b^2} - \rho^2 + 2m\rho^3.$$

ρ 的值在 0 和 ρ_2 之间波动. 此外, $\dfrac{1}{\rho_1} = r$ 是光线接近质心 O 的最近距离, 而 b 是光线的两条渐近线与 O 的距离$\Bigg($对于任何曲线, 该距离由 $\rho = 0$ 的 $\dfrac{d\phi}{d\rho}$ 的值给出$\Bigg)$. 现在,

$$2m\left(\rho_0 + \rho_1 + \rho_2\right) = 1$$

完全正确. 如果 $\dfrac{m}{b}$ 是一个很小的分数, 我们得到一个一阶近似值

$$m\rho_1 = -m\rho_2 = \frac{m}{b}, \quad \frac{m}{2}\left(\rho_1 + \rho_2\right) = \left(\frac{m}{b}\right)^2, \quad \varepsilon = \frac{m}{b},$$

$$\alpha = \int_{-\theta_0}^{\theta_0}\left(1 + \frac{m}{b}\cos\theta\right)d\theta - \pi = 2\varepsilon + \frac{2m}{b}, \quad 因此 \quad \boxed{\alpha = \frac{4m}{b}.}$$

如果根据牛顿理论计算光线的路径, 同时考虑到光的引力, 也就是说, 把它看作一个物体在无穷远处速度为 c 的路径, 那么设

$$\frac{1}{b^2} + \frac{2m}{b^2}\rho - \rho^2 = \left(\rho_1 - \rho\right)\left(\rho - \rho_2\right),$$

其中 $\rho_1 > 0, \rho_2 < 0$ 并设

$$\cos\theta_0 = -\frac{\rho_1 + \rho_2}{\rho_1 - \rho_2},$$

我们得到

$$\pi + \alpha = 2\theta_0, \quad \alpha \sim \frac{2m}{b}.$$

因此, 牛顿引力定律导致的偏转只有爱因斯坦预言的一半大. 在索布拉尔和普林西比所做的观察决定了这个问题肯定有利于爱因斯坦.[①]

① 注 19: 参考 A. S. Eddington, Report, §29, §30.

§32. 引力静力学问题的附加严格解

在具有笛卡儿坐标 x_1, x_2, x_3 的欧几里得空间中, 以 x_3 轴为旋转轴的旋转曲面的方程为

$$x_3 = F(r), \quad r = \sqrt{x_1^2 + x_2^2}.$$

在它上面, 两个无限接近点之间距离 $d\sigma$ 的平方为

$$\begin{aligned} d\sigma^2 &= \left(dx_1^2 + dx_2^2\right) + \left(F'(r)\right)^2 dr^2 \\ &= \left(dx_1^2 + dx_2^2\right) + \left(\frac{F'(r)}{r}\right)^2 \left(x_1 dx_1 + x_2 dx_2\right)^2. \end{aligned}$$

在径向对称的静态引力场中, 有一个平面 $(x_3 = 0)$ 穿过中心

$$d\sigma^2 = \left(dx_1^2 + dx_2^2\right) + l\left(x_1 dx_1 + x_2 dx_2\right)^2,$$

其中

$$l = \frac{h^2 - 1}{r^2} = \frac{2m}{r^2(r - 2m)}.$$

如果我们设

$$F'(r) = \sqrt{\frac{2m}{r - 2m}}, \quad F(r) = \sqrt{8m(r - 2m)}.$$

这两个公式是相同的. 因此, 在这个平面上的几何形状与在欧几里得空间中抛物线旋转表面上的几何形状是一样的

$$z = \sqrt{8m(r - 2m)}$$

(参见注 20)①.

一个**带电球体**, 除了引起一个径向对称的引力场外, 还会产生一个类似的静电场. 由于两个场相互影响, 因此只能同时确定它们.②如果我们用 c.g.s. 系统的普

① 注 20: L. Flamm, Beiträge zur Einsteinschen Gravitationstheorie, Physik. Zeitschr., Bd. 17 (1916), p. 449.

② 注 21: H. Reistner, Ann. Physik, Bd. 50 (1916), pp. 106-120. Weyl (l.c.[8]). G. Nordström, On the Energy of the Gravitation Field in Einstein's Theory, Versl. d. K. Akad. v. Wetensch., Amsterdam, vol. xx., Nr. 9, 10 (Jan. 26th, 1918). C. Longo, Legge elettrostatica elementare nella teoria di Einstein, Nuovo Cimento, ser. 6, vol. xv. (1918). p. 191.

通单位 (而不是那些以另一种方式去掉 4π 因子的赫维赛德 (Heaviside) 单位, 我们在前面已经普遍使用过), 那么在没有质量和电荷的区域, 积分就变成了

$$\int \left\{ \omega\Delta' - \kappa\frac{\Phi'^2 r^2}{\Delta} \right\} dr.$$

它假设在平衡条件下是一个稳定值. 符号同上, Φ 表示静电势. 根据经典理论, 电场数值的平方作为电场**作用**函数的基础. 就像在没有电荷的情况下一样, ω 的变化给出了

$$\Delta' = 0, \quad \Delta = \text{const} = c.$$

但 Φ 的变分导致

$$\frac{d}{dr}\left(\frac{r^2\Phi'}{\Delta}\right) = 0, \quad \text{于是} \quad \Phi = \frac{e_0}{r}.$$

因此对于静电势, 我们得到的公式与不考虑万有引力时的公式相同. 常数 e_0 是激发场的电荷. 最后, 如果 Δ 变化, 我们得到

$$\omega' - \kappa\frac{\Phi'^2 r^2}{\Delta} = 0,$$

因此

$$\omega = 2m - \frac{\kappa}{c^2}\frac{e_0^2}{r}, \quad \frac{1}{h^2} = \left(\frac{f}{c}\right)^2 = 1 - \frac{2\kappa m_0}{r} + \frac{\kappa}{c^2}\frac{e_0^2}{r},$$

其中 m_0 表示产生引力场的质量. 如我们所见, 在 f^2 中, 除了依赖于质量的项, 还有一个随着 r 增大而迅速减小的电学项. 我们称 $m = \kappa m_0$ 为 m_0 的引力半径, $\frac{\sqrt{\kappa}}{c}e_0 = e$ 为电荷 e_0 的引力半径. 我们的公式得出了**一个关于电子结构的观点, 它本质上与普遍接受的结构不同**. 电子的半径是有限的; 如果我们要避免得出这样的结论, 即静电场产生的总能量是无限的, 因此惯性质量是无限大的, 这就被认为是必要的. 如果电子的惯性质量仅由它的场能导出, 那么它的半径大约的数量级为

$$a = \frac{e_0^2}{m_0 c^2}.$$

但是在我们的公式中, 一个有限质量 m_0 (产生引力场) 的出现与 r 的微小程度无关, 这个公式被认为是有效的; 如何调和这些结果呢? 根据法拉第的观点, 被表面 Ω 包围的电荷只不过是通过 Ω 的电场通量. 与此类似, 在下一段中我们会发现质量概念的真正含义, 无论是作为产生场的质量, 还是作为惯性质量或引力质量,

都是用场通量来表示的. 如果我们认为这里给出的静态解对所有空间都是有效的, 那么通过任何球体的电场通量在中心是 $4\pi e_0$. 另一方面, 由半径为 r 的球体包围的质量假定为

$$m_0 - \frac{1}{2}\frac{e_0^2}{c^2 r},$$

它依赖于 r 的值, 因此质量是连续分布的. 当然, 质量密度和能量密度是一致的. 计算质量所依据的中心"初始能级"不等于 0, 而是 $-\infty$. 因此, 电子的质量 m_0 根本无法从这个能级上确定, 而是在无限远的距离处表示"终极能级". 现在 a 表示包围质量零点的球体的半径. 与米氏 (Mie) 的观点相反, **物质**现在被认为是**这个场的一个真正的奇点**. 然而, 在广义相对论中, 空间不再被假定为欧几里得空间, 因此我们不必把欧几里得空间的关系强加给它. 它很可能除无限之外还有其他的限制, 特别是它的关系类似于包含孔洞的欧几里得空间的关系 (参见 §34). 因此, 我们可以主张在这里发展出的思想与米氏的思想享有同等的权利: 即电子的总质量和它产生的场的势之间没有联系, 在这种情况下, 讨论把电子聚集在一起的内聚压力已经没有意义. 目前理论的一个不令人满意的特点是场完全不带电, 而质量 (= 能量) 则以不断减小的密度渗透整个场.

需要注意的是 $a : e = e : m$ 或 $e = \sqrt{am}$. 就电子而言, 商 $\dfrac{e}{m}$ 是 10^{20} 量级的数, $\dfrac{a}{m}$ 是 10^{40} 量级的数; 也就是说, 两个电子 (相隔很远) 相互施加的电斥力是它们因万有引力所施加的力的 10^{40} 倍. 在一个电子中出现一个数量级与单位相差很大整数的情况, 使得米氏的理论中包含了这样一个命题, 即所有由电子测量确定的纯数字, 都必须能从精确的物理定律导出为数学常数, 这一点相当可疑; 另一方面, 我们同样怀疑地认为, 世界的构造是建立在某些偶然数值的纯数字基础上的.

根据爱因斯坦的理论, 存在于**大质量物体**内部的引力场只有在完全了解物体的动力学结构时才能确定; 由于力学条件包含在引力方程中, 所以在静态情况下给出了平衡条件. 当我们处理由**均质不可压缩流体**组成的物体时, 给出了最简单的条件. 没有体积力作用的流体的能量张量根据 §25 给出, 公式如下:

$$T_{ik} = \mu^* u^i u_k - p g_{ik},$$

其中, u_i 是物质世界方向的协变分量, 标量 p 表示压力, 而 μ^* 由恒定密度 μ_0 通过公式 $\mu^* = \mu_0 + p$ 确定. 我们引入这些量

$$\mu^* u_i = v_i$$

作为自变量, 并设

$$L = \frac{1}{\sqrt{g}}\mathbf{L} = \mu_0 - \sqrt{v_i v^i}.$$

如果只改变 g^{ik}, 而不是 v_i, 那么

$$d\mathbf{L} = -\frac{1}{2}\mathbf{T}_{ik}\delta g_{ik}.$$

因此, 将这些方程与这种变化联系起来, 我们可以将它们概括在公式中

$$\delta \int (\mathbf{L} + \mathbf{G})\, dx = 0.$$

然而, 必须注意的是, 如果在这个原理中, v_i 作为自变量变化, 它**不会得到**正确的流体动力学方程$\left(\text{相反, 我们应该得到 } \frac{v^i}{\sqrt{v_i v^i}} = 0\text{, 这将毫无意义}\right)$. 但是这些能量守恒定理和动量守恒定理, 已经包含在引力方程中了.

在静态情况下, $v_1 = v_2 = v_3 = 0$, 所有的量都与时间无关. 我们设 $v_0 = v$, 并像在 §28 中一样, 应用变分符号 δ 表示由无限小变形 (在本例中为纯空间变形) 产生的变化. 那么

$$\delta\mathbf{L} = \frac{1}{2}\mathbf{T}^{ik}\delta g_{ik} - h\delta v \quad \left(h = \frac{\Delta}{f}\right),$$

其中 δv 只表示空间中两个点的 v 之差, 它们是由于位移而相互产生的. 现在从 §28 给出的能量–动量定理的结论进行逆向论证, 我们从这个定理中推断出, 即

$$\int \mathbf{T}^{ik}\delta g_{ik} dx = 0,$$

并且从方程式

$$\int \delta\mathbf{L} dx = 0,$$

它表达了 $\mathbf{L}$ 的世界积分的不变性质, 即 $\delta v = 0$. 这意味着, **在充满流体的连通空间中, v 有一个常数值**. 能量定理是完全相同的, 动量定律最简单的就是用这个事实来表达. 一个处于平衡状态的单一质量的流体, 其质量和场的分布是径向对称的. 在这种特殊情况下, 我们必须对 ds^2 做出与 §31 开头相同的假设, 包括三个未知函数 λ, l, f. 如果我们从设 $\lambda = 1$ 开始, 我们将失去通过改变 λ 得到的方程. 一个完全替代它的方程式清楚地给出在径向无限小的空间位移过程中断言作用的不变性, 也就是动量定理 $v = \text{const}$,

$$\delta \int \left\{\Delta'\omega + r^2\mu_0\Delta - r^2 vh\right\} dr = 0,$$

其中 Δ 和 h 将发生变化, 而

$$\omega=\left(1-\frac{1}{h^2}\right)r.$$

让我们从改变 Δ 开始; 我们得到

$$\omega'-\mu_0 r^2=0 \quad 和 \quad \omega=\frac{\mu_0}{3}r^3,$$

那就是

$$\boxed{\frac{1}{h^2}=1-\frac{\mu_0}{3}r^3,} \tag{50}$$

假设流体的球形质量半径 $r=r_0$. 很明显, r_0 必须保持

$$<a=\sqrt{\frac{3}{\mu_0}}.$$

能量和质量用引力理论给出的合理化单位表示. 例如, 对于一个水球, 半径的上限等于

$$\sqrt{\frac{3}{8\pi\kappa}}=4.10^8(\mathrm{km})=22(\text{light-minutes}),$$

尤其是在球体外, 我们先前的公式是有效的

$$\frac{1}{h^2}=1-\frac{2m}{r}, \quad \Delta=1.$$

边界条件要求 h 和 f 在通过球面时具有连续值, 并且压力 p 在球面上消失. 从 h 的连续性我们得到了流体球的引力半径

$$m=\frac{\mu_0 r_0^3}{6}.$$

在 r_0 和 μ_0 之间的不等式表明, 半径 r_0 必须大于 $2m$. 因此, 如果我们从无穷远开始, 那么, 在到达上述 $r=2m$ 奇异球体之前, 我们先到达了流体, 在该流体中其他定律也成立. 如果我们现在采用克为单位, 我们必须用 $8\pi\kappa\mu_0$ 代替 μ_0, 而 $m=\kappa m_0$, m_0 表示引力质量. 然后我们发现

$$m_0=\mu_0\frac{4\pi r_0^3}{3}.$$

因为

$$v = \mu^* f = \frac{\mu^* \Delta}{h}$$

是一个常数, 假设球体表面的值为 $\frac{\mu_0}{h_0}$, 其中 h_0 表示由方程 (50) 给出的 h 的值, 我们在整个内部都能看到

$$v = (\mu_0 + p) f = \frac{\mu_0}{h_0}. \tag{51}$$

h 的变分得到

$$-\frac{2\Delta'}{h^3} + rv = 0.$$

因为从方程 (50) 可以看出

$$\frac{h'}{h^3} = \frac{\mu_0}{3} r,$$

我们立即得到

$$\Delta = \frac{3v}{2\mu_0} h + \text{const.}$$

此外, 如果我们使用方程 (51) 给出的常数 v 的值, 并通过使用球体表面的边界条件 $\Delta = 1$ 来计算出现的积分常数的值, 则

$$\Delta = \frac{3h - h_0}{2h_0}, \quad \boxed{f = \frac{3h - h_0}{2hh_0},}$$

最后, 我们从方程 (51) 得到

$$\boxed{p = \mu_0 \cdot \frac{h_0 - h}{3h - h_0}.}$$

引力势或光速 f 和压力场 p, 这些结果决定了空间的度量基本形式

$$d\sigma^2 = \left(dx_1^2 + dx_2^2 + dx_3^2\right) + \frac{(x_1 dx_1 + x_2 dx_2 + x_3 dx_3)}{a^2 - r^2}. \tag{52}$$

如果我们在空间中引入一个多余的坐标 (a superfluous co-ordinate)

$$x_4 = \sqrt{a^2 - r^2},$$

那么

$$x_1^2 + x_2^2 + x_3^2 + x_4^2 = a^2, \tag{53}$$

因此

$$x_1dx_1 + x_2dx_2 + x_3dx_3 + x_4dx_4 = 0.$$

方程 (52) 就变成了

$$d\sigma^2 = dx_1^2 + dx_2^2 + dx_3^2 + dx_4^2.$$

在流体球的整个内部, 空间球面几何是有效的, 即在笛卡儿坐标为 x_i 的四维欧几里得空间中的“球面” (53) 上是名副其实的. 流体覆盖球体的帽状部分. 里面的压力是“垂直高度”的分式线性函数, $z = x_4$ 在球体上:

$$\frac{p}{\mu_0} = \frac{z - z_0}{3z_0 - z}.$$

此外, 该公式还表明, 在一个纬度为 $z = \text{const}$ 的球体上, 由于压力 p 不可能从正到负穿过无穷大, $3z_0$ 必须 $> a$ 并且上述流体球半径的上限 a 必须相应地减小到 $\frac{2a\sqrt{2}}{3}$.

这些流体球的结果首先由史瓦西获得.① 在解决了径向对称静引力场的最重要问题后, 作者成功地解决了更一般的**圆柱对称静引力场问题**.②我们在这里只简单地提一下这项研究的最简单的结果. 让我们首先考虑**不带电**的质量和一个没有物质的空间中的引力场. 然后从引力方程中得出, 如果使用某种空间坐标 r, θ, z (所谓的正则**圆柱坐标**), 则

$$ds^2 = f^2dt^2 - d\sigma^2, \quad d\sigma^2 = h\left(dr^2 + dz^2\right) + \frac{r^2d\theta^2}{f^2}.$$

θ 是一个模为 2π 的角; 也就是说, 与 θ 的值相差 2π 整数倍的点只有一个. 在旋转轴上 $r = 0$. 另外, h 和 f 是 r 和 z 的函数. 我们将用欧几里得空间来绘制实空间, 其中 r, θ, z 是圆柱坐标. 除了沿旋转轴方向上的位移 $z' = z + \text{const}$, 标准坐标系定义是唯一的. 当 $h = f = 1$ 时, $d\sigma^2$ 与欧几里得图像空间 (用于绘图) 的度量基本形式相同. 如果物质的分布是以正则坐标表示的, 那么引力问题在这个理论和牛顿理论上一样容易解决. 如果我们把这些质量转移到图像空间, 也就是说, 如果我们使每个空间的一部分所包含的质量等于图像空间相应部分所包含的质量, 并且如果 ψ 是这个质量分布在欧几里得图像空间中的牛顿势, 那么这个简单的公式

$$f = e^{\psi/c^2} \tag{54}$$

① 注 22: Sitzungsber. d. Preuss. Akad. d. Wissensch., 1916, 18, p. 424. 以及 H. Bauer, Kugelsymmetrische Lösungssysteme der Einsteinschen Feldgleichungen der Gravitation für eine ruhende, gravitierende Flüssigkeit mit linearer Zustandsgleichung, Sitzungsber. d. Akad. d. Wissensch. in Wien, math.-naturw. Kl., Abt. IIa, Bd. 127 (1918).

② 注 23: Weyl (l.c.[8]), §5, §6. And a remark in Ann. d. Physik, Bd. 59 (1919).

成立. 第二个仍然未知的函数 h 也可以由普通泊松方程 (指子午面 $\theta = 0$) 的解来确定. 对于带电体, 也存在正则坐标系. 如果我们假设质量与电荷相比可以忽略不计, 也就是说, 对于空间的任意一部分, 其中所含电荷的引力半径远大于其中所含质量的引力半径, 如果 ϕ 表示正则图像空间中转移电荷的静电势 (根据经典理论计算), 则 f 和实空间中的静电势 Φ 由公式给出

$$\Phi = \frac{c}{\sqrt{\kappa}} \tan\left(\frac{\sqrt{\kappa}}{c}\phi\right), \quad f = \frac{1}{\cos\left(\frac{\sqrt{\kappa}}{c}\phi\right)}. \tag{54'}$$

把径向对称的情况归为这个更一般的理论并不容易, 有必要对空间坐标进行一个相当复杂的变换, 我们不在这里讨论.

正如米氏电动力学定律是非线性的一样, **爱因斯坦的万有引力定律**也是非线性的. 这种非线性在那些可以直接观测到的测量中是不可察觉的, 因为在这些测量中, 非线性项与线性项相比可以忽略不计. 正是由于这样, **叠加原理**才被可见世界中各种力的相互作用所证实. 也许只有在原子内部发生了一些不寻常的现象, 而我们至今还没有清楚地了解, 这种非线性才被考虑进去. 非线性微分方程与线性方程组相比, 特别是在奇异点方面, 涉及极其复杂、出乎意料以及目前相当不可控的条件. 这两种情形, 即非线性微分方程的显著行为和原子内部事件的特殊性, 应该是相互关联的. 方程 (54) 和 (54′) 提供了一个很好且简单的例子, 说明在严格的万有引力理论中, 叠加原理是如何被修正的: 场势 f 和 Φ 在一种情况下取决于数量 ψ 的指数函数, 在另一种情况下取决于 ϕ 的三角函数, 这些量满足叠加原理. 然而, 同时, 这些方程清楚地表明, 引力方程的非线性对于解释原子内部的现象或电子的构造毫无帮助. 因为只有当 $\frac{\sqrt{\kappa}}{c}\phi$ 的值与 1 相当时, ϕ 和 Φ 之间的差异才会变得明显. 但即使在电子内部 (电子的电荷 e_0),

$$e = \frac{\sqrt{\kappa}}{c} e_0 \sim 10^{-33}(\mathrm{cm}).$$

这种情况也只出现在半径与引力半径量级相当的球体上.

显然, 引力的静态微分方程不能唯一地确定解, 但必须加上无穷远处的边界条件或对称条件, 如径向对称的位置. 我们所找到的解, 是那些在空间无穷远处, 度量基本形式收敛到狭义相对论所特有的表达式的解

$$dx_0^2 - \left(dx_1^2 + dx_2^2 + dx_3^2\right).$$

列维-奇维塔 (Levi-Civita) 发起了一系列关于静态引力问题的巧妙研究.[①]意

① 注 24: Levi-Civita: ds^2 einsteiniani in campi newtoniani, Rend. Accad. dei Linceeï, 1917-1919.

大利数学家除了研究静态情况, 还研究了“平稳”的情况, 其特点是所有的 g_{ik} 都独立于时间坐标 x_0, 而“横向”系数 g_{01}, g_{02}, g_{03} 不必消失.①这方面的一个例子是围绕一个平稳旋转的物体的场.

§33. 引力能. 守恒定理

一个孤立的体系在其历史进程中冲出一条“世界通道”; 假设在这条通道之外, 流密度 $\mathbf{s}^i$ 消失了 (如果不是完全消失, 至少在这样的程度上, 下面的论点仍然有效). 从连续性方程

$$\frac{\partial \mathbf{s}^i}{\partial x_i} = 0 \tag{55}$$

可以看出, 矢量密度 $\mathbf{s}^i$ 的通量在穿过通道的每个三维“平面”上都有相同的值 e. 为了确定 e 的符号, 我们可以认为它的方向是从过去走向未来的. 不变量 e 是系统的**电荷**. 如果坐标系满足以下条件, 即每个“平面” $x_0 = \text{const}$ 在有限区域内与通道相交, 并且这些平面按照 x_0 的值递增排列, 按照“过去 → 未来”的顺序依次排列, 则可以通过方程计算 e,

$$\int \mathbf{s}^0 dx_1 dx_2 dx_3 = e,$$

其中积分在 $x_0 = \text{const}$ 族的任意平面上进行. 因此, 积分 $e = e(x_0)$ 与“时间” x_0 无关, 如果我们将其对“空间坐标” x_1, x_2, x_3 进行积分, 从公式 (55) 中也可以看出. 仅凭连续性方程, 以上所述的是有效的; 在洛伦兹理论中的物质概念及其引出的约定, 即 $\mathbf{s}^i = \rho u^i$, 在这种情况下不会有问题.

类似的**守恒定理**是否适用于**能量和动量**? 这当然不能由 §28 的方程 (26) 来决定, 因为后者包含了附加项, 这是万有引力理论的一个特征. 然而, **也可以**用散度的形式写出这个附加项. 我们选择一个明确的坐标系, 并使世界连续体处于真正意义上的无穷小变形, 也就是说, 我们为 §28 中的变形分量 ξ^i 选择常数. 当然, 对于任何有限区域 $\mathfrak{X}$,

$$\delta' \int_{\mathfrak{X}} \mathbf{G} dx = 0$$

(g_{ik} 及其导数的**每一个**函数都是如此, 它与不变量的性质无关; δ' 表示位移影响的变化, 如 §28 所示). 因此, 位移给出了

---

① 注 25: A. De-Zuani, Equilibrio relativo ed equazioni gravitazionali di Einstein nel caso stazionario, Nuovo Cimento, ser. v, vol. xviii. (1819), p. 5. A. Palatini, Moti Einsteiniani stazionari, Atti del R. Instit. Veneto di scienze, lett. ed arti, t. 78 (2) (1919), p. 589.

$$\int_{\mathfrak{x}} \frac{\partial\left(\mathbf{G}\xi^k\right)}{\partial x_k} dx + \int_{\mathfrak{x}} \delta\mathbf{G} dx = 0.$$

如果像之前一样, 设

$$\partial\mathbf{G} = \frac{1}{2}\mathbf{G}^{\alpha\beta}\delta g_{\alpha\beta} + \frac{1}{2}\mathbf{G}^{\alpha\beta,k}\delta g_{\alpha\beta,k}, \tag{13}$$

然后分部积分给出

$$2\int_{\mathfrak{x}} \delta\mathbf{G} dx = \int_{\mathfrak{x}} \frac{\partial\left(\mathbf{G}^{\alpha\beta,k}\right)\delta g_{\alpha\beta,k}}{\partial x_k} dx + \int_{\mathfrak{x}} [\mathbf{G}]^{\alpha\beta}\,\delta g_{\alpha\beta} dx.$$

在这种情况下, 因为 ξ 是常数,

$$\delta g_{\alpha\beta} = -\frac{\partial g_{\alpha\beta}}{\partial x_i}\xi^i.$$

如果我们引入量

$$\mathbf{G}\delta_i^k - \frac{1}{2}\mathbf{G}^{\alpha\beta,k}\frac{\partial g_{\alpha\beta}}{\partial x_i} = \mathbf{t}_i^k,$$

那么, 通过前面的关系式, 我们得到了方程

$$\int_{\mathfrak{x}} \left\{\frac{\partial\mathbf{t}_i^k}{\partial x_k} - \frac{1}{2}[\mathbf{G}]^{\alpha\beta}\frac{\partial g_{\alpha\beta}}{\partial x_i}\right\}\xi^i dx = 0,$$

因为这适用于任意区域 $\mathfrak{x}$, 被积函数必须等于零. 其中 ξ^i 表示任意常数, 因此我们得到四个恒等式:

$$\frac{1}{2}[\mathbf{G}]^{\alpha\beta}\frac{\partial g_{\alpha\beta}}{\partial x_i} = \frac{\partial\mathbf{t}_i^k}{\partial x_k}.$$

根据引力方程, 左边等于

$$-\frac{1}{2}\mathbf{T}^{\alpha\beta}\frac{\partial g_{\alpha\beta}}{\partial x_i},$$

相应地, 力学方程 (26) 变为

$$\frac{\partial\mathbf{U}_i^k}{\partial x_k} = 0, \quad 这里\quad \mathbf{U}_i^k = \mathbf{T}_i^k + \mathbf{t}_i^k. \tag{56}$$

因此, 如果我们把 $\mathbf{t}_i^k$ 看作**引力场能量密度**的分量, 它只依赖于引力的势和场分量, 我们就得到了与“物理状态或相”和“引力”有关的**所有**能量的纯散度方程.①

① 注 26: Einstein, Grundlagen [(l.c.[1])] S. 49. 这里的证明是根据克莱因的证明 (l.c.[5]) 得来的.

然而, 在物理上, 把 $\mathbf{t}_i^k$ 作为引力场的能量分量来引入似乎毫无意义, 因为这些量**既不是张量, 也不是对称的**. 实际上, 如果我们选择一个合适的坐标系, 我们可能会使所有的 $\mathbf{t}_i^k$ 在某一点上消失; 只需选择测地坐标系即可. 另一方面, 如果我们用"欧几里得"世界中的曲线坐标系来计算没有万有引力的情况, 我们得到的 $\mathbf{t}_i^k$ 都不同于零, 尽管在这种情况下, 引力能的存在几乎是毋庸置疑的. 因此, 虽然微分关系 (56) 没有真正的物理意义, 但我们可以通过在**孤立系统上积分**, 从中导出一个不变的守恒定理.①

在运动过程中, 一个孤立的系统及其伴随的引力场冲出了"世界"中的一条通道. 在通道之外, 在系统的空旷环境中, 我们假设张量密度 $\mathbf{t}_i^k$ 和引力场消失. 然后, 我们可以使用坐标 $x_0(=t), x_1, x_2, x_3$, 以便度量基本形式在通道外呈现为恒定的系数, 特别是假设

$$dt^2 - \left(dx_1^2 + dx_2^2 + dx_3^2\right).$$

因此, 在通道外, 除了一个线性 (洛伦兹) 变换外坐标是固定的, $\mathbf{t}_i^k$ 在那里消失了. 我们假设每个"平面" $t = \text{const}$ 与通道只有有限的共同部分. 如果在这样一个平面上关于 x_1, x_2, x_3 对方程 (56) 积分, 我们发现量

$$J_i = \int \mathbf{U}_i^0 dx_1 dx_2 dx_3$$

与时间无关, 即 $\dfrac{dJ_i}{dt} = 0$. 我们称 J_0 为**能量**, J_1, J_2, J_3 为系统的**动量坐标**.

这些量具有独立于坐标系的意义. 首先, 我们确认, 如果坐标系在**通道内**任何地方发生变化, 它们仍保持其值. 假设 $\bar{x}_i$ 为新坐标, 与通道外区域的旧坐标相同. 我们划出两个"面"

$$x_0 = \text{const} = a, \quad \bar{x}_0 = \text{const} = \bar{a} \quad (\bar{a} \neq a),$$

它们在通道中不相交 (为此, 只需选择一个与另一个完全不同的 a 和 $\bar{a}$). 然后我们可以构造一个第三坐标系 x_i^*, 其与 x_i 坐标系的第一个面的邻域相同、与 x_i 坐标系的第二个面的邻域相同, 并且在通道外与两个坐标系都相同. 如果我们给出这个系统的能量–动量分量 J_i^* 的表达式, 假设对 $x_0^* = a$ 和 $x_0 = \bar{a}$ 的值相同, 那么就得到了我们所说的结果, 即 $J_i = \bar{J}_i$.

---

① 注 27: 为了讨论这些方程的物理意义, 参见 Schrödinger, Phys. Zeitschr., Bd. 19 (1918), p. 4; H. Bauer, *idem*, p. 163; Einstein, *idem*, p. 115, 最后可参见 Einstein, Der Energiesatz in der allgemeinen Relativitätstheorie, in den Sitzungsber. d. Preuss. Akad. d. Wissensch., 1918, p. 448, 该文消除了这些困难, 我们在正文中也遵循了这一点. 还可参考 F. Klein, Über die Integralform der Erhaltungssätze und die Theorie der räumlich geschlossenen Welt, Nachr. d. Ges. d. Wissensch. Zu Göttingen, 1918.

因此, 只有在坐标线性变换的情况下, 才需要研究 J_i 的行为. 然而, 对于这样的情况, 具有常数 (即与位置无关) 分量的张量的概念是不变的. 我们利用这种类型的任意向量 p^i, 形式为 $\mathbf{U}^k = \mathbf{U}_i^k p^i$, 并从 (56) 中推导出

$$\frac{\partial \mathbf{U}^k}{\partial x_k} = 0.$$

通过应用与上述电流相同的推理, 可以得出

$$\int \mathbf{U}^0 dx_1 dx_2 dx_3 = J_i p^i$$

是关于线性变换的不变量. **相应地**, J_i **是系统"欧几里得"环境中一个常数协变向量的分量**; 这个能量–动量矢量是由物理系统的相位 (或状态) 唯一确定的. 这个矢量的方向通常决定了通道穿过周围世界的方向 (一个纯粹的描述性数据, 可以用精确的形式表达, 数学分析很难做到). 不变量

$$\sqrt{J_0^2 - J_1^2 - J_2^2 - J_3^2}$$

是系统的**质量**.

在静态情况下, $J_1 = J_2 = J_3 = 0$, 而 J_0 等于 $\mathbf{R}_0^0 - \left(\frac{1}{2}\mathbf{R} - \mathbf{G}\right)$ 的空间积分. 分别根据 §29 和 §28 (第 200 页),

$$\mathbf{R}_0^0 = \frac{\partial \mathbf{f}^i}{\partial x_i},$$

一般地,

$$\frac{1}{2}\mathbf{R} - \mathbf{G} = \frac{1}{2}\frac{\partial}{\partial x_i}\sqrt{g}\left(g^{\alpha\beta}\left\{\begin{matrix}\alpha\beta\\ i\end{matrix}\right\} - g^{i\alpha}\left\{\begin{matrix}\alpha\beta\\ \beta\end{matrix}\right\}\right),$$

因此, 在 §29 和 §31 的符号中, 质量 J_0 等于 (伪) 空间矢量密度的通量

$$\mathbf{m}_i = \frac{1}{2} f\sqrt{g}\left(\gamma^{\alpha\beta}\left\{\begin{matrix}\alpha\beta\\ i\end{matrix}\right\} - \gamma^{i\alpha}\left\{\begin{matrix}\alpha\beta\\ \beta\end{matrix}\right\}\right) \quad (i, \alpha, \beta = 1, 2, 3), \tag{57}$$

如果我们使用普通单位, 它还需要乘以 $\frac{1}{8\pi\kappa}$. 因为在距离系统很远的地方, §31 中找到的磁场定律的解总是有效的, 其中 $\mathbf{m}^i$ 是强度的径向流

$$\frac{1 - f^2}{8\pi\kappa r} = \frac{m_0}{4\pi r^2},$$

我们得到系统的能量 J_0 或惯性质量等于质量 m_0, 这是系统产生的引力场的特征.[①]另一方面, 需要附加说明的是, 基于物质概念的物理学导致了对于质量值的 $\frac{\mu}{f}$ 的空间积分, 而实际上, 对于非相干物质, $J_0 = m_0$ 为 μ 的空间积分; 这明确地表明, 关于物质的整个概念是多么根本的错误.

§34. 关于整个世界的相互联系

广义相对论使它无法确定, 即世界点是否可以用四个坐标 x_i 的值以单一可逆的连续方式来表示. 它只是假设每个世界点的**邻域**可以在四维 “数空间” 的一个区域中有一个单一可逆的连续表示 (因此, “四维数空间的点” 是指任一四元数组); 它从一开始就没有假设世界的相互联系. 在曲面理论中, 当我们从要研究的曲面的参数表示开始, 我们所指的只是曲面的一部分, 而不是整个曲面, 一般来说, 这些曲面在欧几里得平面或平面区域上不能唯一连续地表示. 在所有一对一的连续变换过程中保持不变的曲面的这些特性构成了*拓扑学*的主题 (位置分析), 例如, 连通性是*拓扑学*的一个属性. 从*拓扑学*的角度来看, 举个实例, 由球体连续变形产生的每个表面与球体没有区别, 但与环面有区别. 因为在环面上存在封闭的线, 这些线不会将它分成几个区域, 而在球体上则找不到这样的线. 从球面上有效的几何学出发, 我们通过确定球面上两个直径相对的点, 导出了 “球面几何学” (继黎曼之后, 我们建立了与波尔约–罗巴切夫斯基几何学相反的几何学). 从位置分析的角度来看, 得到的曲面 **F** 与球面同样不同, 因为它的性质, 它被称为单侧曲面. 如果我们想象在一个表面上有一个小轮子在一个方向上连续旋转, 在旋转过程中, 这个轮子的中心形成了一条闭合曲线, 那么我们应该预计当轮子回到它的初始位置时, 它将以与它开始运动时相同的方向旋转. 如果是这种情况, 那么无论车轮的中心在表面上形成了什么样的曲线, 后者被称为**双侧曲面**; 反之, 则称为**单侧曲面**. 单侧曲面的存在首先由默比乌斯指出. 上面提到的曲面 **F** 是单面的, 而球体当然是双面的. 如果把轮子的中心做成一个大圆, 这是显而易见的; 在球体上, 如果要封闭这条路径, 必须穿过**整个**圆, 而在 **F** 上只需要覆盖一半. 与二维流形的情况非常类似, 四维流形在*拓扑学*上可能具有不同的性质. 但是, 在每一个四维流形中, 一个点的邻域当然可以用四个坐标以连续的方式表示, 这样不同的四个坐标总是对应于这个邻域的不同点. 四个世界坐标的使用就是这样解释的.

每一个世界点都是主动未来和被动过去的双锥面的起源. 然而在狭义相对论中, 这两个部分被一个中间区域隔开, 在目前的情况下, 主动未来的锥体与被动过去的锥体肯定是可能重叠的, 因此, 原则上, 现在有可能经历一些事件, 这些事件

① 注 28: 参考 G. Nordström, On the mass of a material system according to the Theory of Einstein, Akad. v. Wetensch., Amsterdam, vol. xx., No. 7 (Dec. 29th, 1917).

将在一定程度上影响我未来的决心和行动. 此外, 尽管它在每一点上都有一个类似时间的方向, 一条世界线 (特别是我身体的世界线) 回到它曾经经过的一个点的附近并非不可能. 其结果将是世界的一个幽灵图像, 比 E.T.A. 霍夫曼的怪异幻想所想象的任何东西都更可怕. 事实上, 在我们所生活的世界范围内, 产生这种影响所必需的非常大的 g_{ik} 的波动并没有发生. 然而, 对这些可能性的推测还是有一定的兴趣的, 因为它们揭示了宇宙和现象级时间的哲学问题. 尽管出现了这种悖论, 但我们在任何地方都找不到与经验中直接呈现给我们的事实有任何实质矛盾的地方.

我们在 §26 中看到, 除对万有引力的考虑外, 米氏的基本电动力学定律具有**因果关系**原则所要求的形式. 相量的时间导数用这些量本身及其空间微分系数表示. 当我们引入万有引力, 从而通过 g_{ik} 和 $\left\{\begin{matrix} ik \\ r \end{matrix}\right\}$ 来增加相量表 ϕ_i, F_{ik} 时, 这些事实仍然存在. 但是, 由于物理定律的一般不变性, 我们必须确切表达我们的陈述, 以便从某一时刻的相量的值出发, 所有关于它们**具有一个不变量特性**的断言都是物理定律的结果, 此外, 必须指出的是, 这一说法并不是指整个世界, 而只是指可以用四个坐标表示的一部分. 跟着希尔伯特,① 我们继续这样前进. 在世界邻域点 O, 我们引入 4 个坐标 x_i, 这样在 O 点本身,

$$ds^2 = dx_0^2 - \left(dx_1^2 + dx_2^2 + dx_3^2\right).$$

在 O 周围的三维空间 $x_0 = 0$ 中, 我们可以划出一个区域 $\mathbf{R}$, 使得在这个区域中, $-ds^2$ 是正定的. 通过这个区域的每一个点, 我们画出一条与该区域正交的测地世界线, 并且它有一个类似时间的方向. 这些线将单独覆盖 O 的某个四维邻域. 我们现在引入新的坐标, 它将与三维空间 $\mathbf{R}$ 中先前的坐标重合, 因为现在将把坐标 x_0, x_1, x_2, x_3 指定给我们到达的点 P, 如果从 $\mathbf{R}$ 中的点 $P_0 = (x_1, x_2, x_3)$ 沿着穿过它的正交测地线走, 那么经过的弧的固有时间 P_0P 等于 x_0. 这种坐标系是由高斯引入曲面理论的. 由于每条测地线上的 $ds^2 = dx_0^2$, 我们必须得到该坐标系中所有四个坐标完全相同:

$$g_{00} = 1. \tag{58}$$

由于直线与三维空间 $x_0 = 0$ 正交, 对于 $x_0 = 0$ 我们得到

$$g_{01} = g_{02} = g_{03} = 0. \tag{59}$$

此外, 由于当 x_1, x_2, x_3 保持不变且 x_0 变化时得到的线是测地线, 因此 (根据测地

① 注 29: Hilbert (l.c.[8]), 2 Mitt.

线方程) 可以得出

$$\left\{ \begin{matrix} 00 \\ i \end{matrix} \right\} = 0 \quad (i = 1,2,3),$$

所以也得到

$$\left[\begin{matrix} 00 \\ i \end{matrix} \right] = 0.$$

考虑到 (58), 我们从后者得到

$$\frac{\partial g_{0i}}{\partial x_0} = 0 \quad (i = 1,2,3),$$

由于 (59), 我们不仅得到了 $x_0 = 0$, 而且得到了相同的四个坐标

$$g_{0i} = 0 \quad (i = 1,2,3). \tag{60}$$

下面的情景呈现在我们面前: 一组具有类时方向的测地线, 它们单独地、完全地 (无间隙地) 覆盖了某一世界区域; 同样, 一个类似的三维空间的单参数族 $x_0 =$ const, 根据公式 (60), 这两个族在任何地方都是相互正交的, 被两个"平行"空间 $x_0 =$ const 从测地线切断弧的所有部分具有相同的固有时间. 如果我们用这个特定的坐标系, 那么

$$\frac{\partial g_{ik}}{\partial x_0} = -2\left\{ \begin{matrix} ik \\ 0 \end{matrix} \right\} \quad (i,k = 1,2,3)$$

且引力方程使我们能够表示导数

$$\frac{\partial}{\partial x_0}\left\{ \begin{matrix} ik \\ 0 \end{matrix} \right\} \quad (i,k = 1,2,3),$$

不仅可以用 ϕ_i 及其导数来表示, 还可以用 g_{ik} 关于 x_1, x_2, x_3 的 (一阶或二阶) 导数来表示, 还可以用 $\left\{ \begin{matrix} ik \\ 0 \end{matrix} \right\}$ 本身来表示. 因此, 把这 12 个量,

$$g_{ik}, \quad \left\{ \begin{matrix} ik \\ 0 \end{matrix} \right\} \quad (i,k = 1,2,3)$$

与电磁量一起作为未知数, 我们就得到了所需的结果 (x_0 扮演时间的角色). 过去光锥从点 O' 开始具有一个正的 x_0 坐标, 将从 $\mathbf{R}$ 中切出一部分 $\mathbf{R}'$, 这部分 $\mathbf{R}'$ 与

光锥的薄片一起, 将标记出世界 $\mathbf{G}$ 的有限区域 (即顶点位于 O' 的圆锥形帽). 如果我们关于测地零线表示所有作用的初始点的断言是完全正确的, 那么上述 12 个量的值以及空间 $\mathbf{R}'$ 三维区域中的电磁势 ϕ_i 和场量 F_{ik} 的值完全决定了世界区域 $\mathbf{G}$ 中后两个量的值. 这一点迄今尚未得到证实. *在任何情况下, 我们都可以看到, 场的微分方程包含了完整形式的自然物理定律*, 例如, 由于空间无穷远的边界条件不能有进一步的限制.

爱因斯坦从宇宙学的角度论证了世界作为一个整体的相互联系,[①] 得出了世界在空间上是有限的结论. 正如在牛顿引力理论中, 只有附加当引力势在无穷远处消失的条件时, 用泊松方程表示的连续作用定律包含了牛顿万有引力定律, 因此爱因斯坦在他的理论中试图通过在空间无穷远处引入边界条件来补充微分方程. 为了克服建立符合天文事实的一般不变特性条件的困难, 他发现自己不得不假设世界相对于空间是封闭的, 因为在这种情况下, 边界条件是不存在的. 由于以上的评述, 该推论不能令作者信服, 因为微分方程本身没有边界条件, 包含了自然的物理定律, 以一种不加修饰的形式排除了所有的歧义. 因此, 从这个问题中产生的另一个考虑因素就有了更大的分量: 我们的恒星系统以恒星的相对速度存在, 而恒星的相对速度与光的相对速度相比非常小, 它是如何持续存在并维持自身的, 它还没有 (甚至在很久以前已经) 分散到无限的空间? 这个系统呈现出与处于平衡状态的气体中的分子提供给相应小尺寸观察者的观点完全相同的观点. 在气体中, 单个分子也不是静止的, 但根据麦克斯韦分布定律, 小的速度比大的速度发生得更频繁, 而且平均而言, 分子在气体体积上的分布是均匀的, 因此很少出现明显的密度差异. 如果这个类比是合理的, 我们可以根据同样的**统计原理**来解释恒星系统的状态和它的引力场, 这些原理告诉我们, 孤立体积的气体几乎总是处于平衡状态. 然而, 只有在**静态引力场中静止恒星的均匀分布, 作为一种理想的平衡状态, 符合万有引力定律**, 这才有可能实现. 在静态引力场中, 静止质点的世界线 (即 x_1, x_2, x_3 保持不变, 并且 x_0 独立变化的线) 是一条测地线, 如果

$$\left\{ \begin{matrix} 00 \\ i \end{matrix} \right\} = 0 \quad (i = 1, 2, 3),$$

所以

$$\left[\begin{matrix} 00 \\ i \end{matrix} \right] = 0, \quad \frac{\partial g_{00}}{\partial x_i} = 0.$$

因此, 静止质量的分布只可能在

$$\sqrt{g_{00}} = f = \text{const} = 1$$

① 注 30: Einstein, Sitzungsber. d. Preuss. Akad. d. Wissensch., 1917, 6, p. 142.

时成立. 然而, 方程式

$$\Delta f = \frac{1}{2}\mu \quad (\mu \text{ 为质量密度}) \tag{32}$$

表明, 所考虑的理想平衡态与迄今为止所假定的万有引力定律是**不相容**的.

然而, 在推导 §28 中的引力方程时, 我们犯了遗漏的错误. R 不是唯一依赖于 g_{ik} 及其一次和二次微分系数的不变量, 并且在后者中其是线性的, 因为这种描述的最一般不变量的形式是 $\alpha R+\beta$, 其中 α 和 β 是数值常数. 因此, 我们可以用 $R+\lambda$ 代替 R $\left(\text{用 } \mathbf{G}+\frac{1}{2}\lambda\sqrt{g} \text{ 代替 } \mathbf{G}\right)$来推广万有引力定律, 其中 λ 表示一个普适常数. 如果它不等于 0, 正如我们迄今为止所假定的, 我们可以认为它等于 1; 通过这种方法, 不仅时间单位被相对论原理简化为长度单位, 质量单位被万有引力定律简化为同一单位, 而且长度单位本身是绝对固定的. 通过这些修改, 给出了静态非相干物质的引力方程 ($\mathbf{T}_0^0=\mu=\mu_0\sqrt{g}$, 张量–密度 $\mathbf{T}$ 的所有其他分量等于零), 如果我们使用方程 $f=1$ 和 §29 的符号:

$$\lambda=\mu_0[\text{替代 (32) 式}]$$

并且

$$P_{ik}-\lambda\gamma_{ik}=0 \quad (i,k=1,2,3). \tag{61}$$

因此, 在这种情况下, 如果质量以密度 λ 分布, 这种理想的平衡状态是可能的. 然后, 空间必须是度量齐次的; 实际上, 对于半径为 $a=\sqrt{2/\lambda}$ 的球面空间, 方程 (61) 实际上是满足的. 因此, 在空间中, 我们可以引入四个坐标, 其连接关系为

$$x_1^2+x_2^2+x_3^2+x_4^2=a^2, \tag{62}$$

为此我们得到

$$d\sigma^2=dx_1^2+dx_2^2+dx_3^2+dx_4^2.$$

由此, 我们得出结论, 空间是封闭的, 因此是有限的. 如果不是这样的话, 就很难想象统计均衡状态是如何形成的. 如果世界在空间上是封闭的, 观察者就有可能看到同一颗恒星的几张图片. 这些图片描绘的是恒星所处的时期被巨大的时间间隔隔开 (在这个时间间隔内, 光曾经完全环绕世界一周). 我们还没有探究空间点是否单独地和可逆地对应于满足条件 (62) 的四维值 x_i, 或者是否存在两种值体系

$$(x_1,x_2,x_3,x_4) \quad \text{和} \quad (-x_1,-x_2,-x_3,-x_4)$$

对应于同一点. 从拓扑学的观点来看, 这两种可能性是不同的, 即使两个空间都是双面的. 根据一种或另一种的观点, 世界的总质量 (以克为单位) 将分别为

$$\frac{\pi a}{2\kappa} \quad \text{或者} \quad \frac{\pi a}{4\kappa}.$$

因此, 我们的解释要求世界上恰好存在的总质量与作用定律中的普适常数 $\lambda = \dfrac{2}{a^2}$ 有一定的关系, 这显然令我们很难轻易相信.

可通过变分原理推导出与无质量世界相对应的修正齐次引力方程的径向对称解 (符号见 §31)

$$\delta \int \left(2\omega\Delta' + \lambda\Delta r^2\right) dr = 0.$$

如前所述, ω 的变分给出 $\Delta = 1$. 另一方面, Δ 的变分给出

$$\omega' = \frac{\lambda}{2} r^2. \tag{63}$$

我们要求 $r = 0$ 的正则性, 从 (63) 可以得出

$$\omega = \frac{\lambda}{6} r^3$$

和

$$\frac{1}{h^2} = f^2 = 1 - \frac{\lambda}{6} r^2. \tag{64}$$

空间可以在 "球体" 上全等地表示为

$$x_1^2 + x_2^2 + x_3^2 + x_4^2 = 3a^2, \tag{65}$$

在四维欧氏空间中, 半径为 $\sqrt{3}a$ (球面上的两个极点之一, 其前三个坐标 x_1, x_2, x_3 均为 0, 在我们的例子中对应于中心). 世界是一个竖立在这个球体上的圆柱体, 沿着第五个坐标轴 t 的方向. 但是由于在 "最大球体" $x_4 = 0$ 上, 它可能被指定为该中心的赤道或空间地平线, f 变为零, 因此世界的度量基本形式变得奇异, 我们看到一个静止的空世界的可能性是与这里被认为有效的物理定律相违背的. 至少在地平线上应该有质量. 如果我们假设那里存在一种不可压缩流体 (仅仅是为了确定我们自己在这个问题上的方向), 那么就可以很容易进行计算. 根据 §32, 要解决的变分问题是 (如果我们使用相同的符号并添加 λ 项)

$$\delta \int \left\{\Delta'\omega + \left(\mu_0 + \frac{\lambda}{2}\right) r^2\Delta - r^2 v h\right\} dr = 0.$$

与前面的表达式相比, 我们注意到唯一的变化在于常数 μ_0 被 $\mu_0 + \dfrac{\lambda}{2}$ 所替代. 如前所述

$$\omega' - \left(\mu_0 + \frac{\lambda}{2}\right) r^2 = 0, \quad \omega = -2M + \frac{2\mu_0 + \lambda}{6} r^3,$$

$$\frac{1}{h^2} = 1 + \frac{2M}{r} - \frac{2\mu_0 + \lambda}{6} r^2. \tag{66}$$

如果流体位于 $x_4 = \text{const}$ 的两条经线之间, 其半径为 $r_0 (< \sqrt{3}a)$, 则 (64) 参数的连续性要求常数

$$M = \frac{\mu_0}{6} r_0^3.$$

对于 r_0 和 $\sqrt{3}a$ 之间的值 $r = b$, $\frac{1}{h^2}$ 的一阶值变为等于零. 因此, 空间仍然可以在球体 (65) 上表示, 但是这种表示不再与流体占据的区域一致. Δ 的方程式 (第 224 页) 现在得出的 f 值在赤道处不会消失. 消失压力的边界条件给出了 μ_0 和 r_0 之间的超验关系, 由此可知, 如果视界质量取任意小, 那么所讨论的流体必须具有相应的大密度, 即, 使总质量不小于某一正极限.[①]

(63) 式的一般解为

$$\frac{1}{h^2} = f^2 = 1 - \frac{2m}{r} - \frac{\lambda}{6} r^2 \quad (m = \text{const}).$$

它对应于球体位于中心的情况. 只有在 $r_0 \leqslant r \leqslant r_1$ 的区域内, 世界才能没有质量, 其中 f^2 为正; 视界质量也是必要的. 同样, 如果中心质量带电, 在这种情况下, $\Delta = 1$. 在 $\frac{1}{h^2} = f^2$ 的表达式中, 必须加上电子项 $+\frac{e^2}{r^2}$, 静电势 $= \frac{e}{r}$.

也许在追求上述的反思时, 我们太轻而易举地被想象中飞入无质量区域诱惑. 然而, 这些思考有助于弄清楚新的时空观在**可能性**的范围内带来了什么. 它们所基于的假设无论如何都是最简单的, 在这个最简单的假设基础上, 它变得可以解释: 在实际呈现给我们的世界中, 就电磁场和引力场而言, 静态条件作为一个整体存在, 并且只有那些在无穷远处消失或分别收敛于欧几里得度量的静态方程的解是有效的. 因为在球面上, 这些方程将有一个唯一的解 (边界条件不涉及这个问题, 因为它们被整个封闭构型的正则性假设所取代). 如果我们使常数 λ 任意小, 则球面解收敛到无穷远处满足所提到的无限世界的边界条件, 当我们到达极限时, 这个无限世界的边界条件就产生了.

如果在具有度量基本形式 $ds^2 = -\Omega(dx)$ 的五维空间中 ($-\Omega$ 表示具有常数系数的非退化二次型), 我们检查由方程 $\Omega(x) = \frac{6}{\lambda}$ 定义的四维 "圆锥曲面". 因此, 在没有质量的情况下, 这个基础给出了用 λ 项修正的爱因斯坦引力方程的解. 如果情况必然如此, 由此产生的世界的度量基本形式是有一个正的维度和三个负的维度, 那么我们必须认为 Ω 是一个有四个正的维度和一个负的维度的形式, 因而

① 注 31: Weyl, Physik. Zeitschr., Bd. 20 (1919), p. 31.

$$\Omega(x) = x_1^2 + x_2^2 + x_3^2 + x_4^2 - x_5^2.$$

通过一个简单的替换, 这个解可以很容易地转化为上述静态情况下的解. 因为如果我们设

$$x_4 = z\cosh t, \quad x_5 = z\sinh t,$$

我们得到

$$x_1^2 + x_2^2 + x_3^2 + z^2 = \frac{6}{\lambda}, \quad -ds^2 = \left(dx_1^2 + dx_2^2 + dx_3^2 + dz^2\right) - z^2 dt^2.$$

然而, 这些 "新的" z, t 坐标只能表示 "楔形" 截面 $x_4^2 - x_5^2 > 0$. 在楔形物的 "边缘" ($x_4 = 0$ 与 $x_5 = 0$ 同时出现), t 变得不确定. 因此, 在原始坐标中显示为二维结构的这条边在新坐标中是三维的; 它是在球体 (65) 的赤道 $z = 0$ 上沿 t 轴方向竖立的圆柱体. 问题来了, 是第一坐标系还是第二坐标系以规则的方式代表整个世界. 在前一种情况下, 世界作为一个整体将不会是静止的, 其中物质的缺失将符合物理定律; 德西特 (de Sitter) 从这一假设中论证.① 在后一种情况下, 我们有一个没有视界质量就不可能存在的静态世界; 这一假设, 我们已经做了更充分的处理, 得到了爱因斯坦的支持.

§35. 作为电磁现象起源的世界度量结构②

我们现在的目标是最终的综合. 为了能够用数字来描述世界某一点的物理状态, 我们不仅要把这一点的邻域称为坐标系, 而且还必须确定某些度量单位. 对于第二种情况, 我们希望获得与第一种情况相同的基本观点, 即前文所述爱因斯坦理论所确定的坐标系的任意性. 这一思想, 在从欧几里得到黎曼几何之后, 应用到几何和距离的概念 (第 2 章), 最终进入了微分几何领域. 除去 "超距作用" 所有思想的痕迹, 让我们假设几何世界是这样的; 那么, 我们发现世界的度量结构除依赖于二次型 (1) 之外, 还依赖于线性微分形式 $\phi_i dx_i$.

① 注 32: 参考 de Sitter's Mitteilungen im Versl. d. Akad. v. Wetensch. te Amsterdam, 1917, 还有他的一系列简明文章 On Einstein's theory of gravitation and its astronomical consequences (Monthly Notices of the R. Astronom. Society); 还有 F. Klein (l.c.[27]).

② 注 33: 以下两篇文章中所包含的理论是由 Weyl 在 "Gravitation und Elektrizität" 的注释中发展的, 即 Sitzungsber. d. Preuss. Akad. d. Wissensch., 1918, p. 465. 也可参考 Weyl, Eine neue Erweiterung der Relativitätstheorie, Ann. d. Physik, Bd. 59 (1919). E. Reichenbächer 也显示出了类似的趋势 (尽管作者在要点上并不清楚) (Grundzüge zu einer Theorie der Elektrizität und Gravitation, Ann. d. Physik, Bd. 52 [1917], p. 135; also Ann. d. Physik, Bd. 63 [1920], pp. 93-144). 关于从一个共同的根源推导出电学和万有引力的其他尝试, 参考注 4 中引用的 Abraham 的文章; 也可参考 G. Nordström, Physik. Zeitschr., 15 (1914), p. 504; E. Wiechert, Die Gravitation als elektrodynamische Erscheinung, Ann. d. Physik, Bd. 63 (1920), p. 301.

正如从狭义相对论到广义相对论的步骤一样, 所以这种扩展只会影响到物理学的世界几何基础. 牛顿力学和狭义相对论都假定, 匀速平移是一组矢量轴的唯一运动状态, 因此轴在某一时刻的位置决定了它们在所有其他时刻的位置. 但这与**运动相对性**的直观原理是不相容的. 如果不严重违反事实, 只要坚持一组向量轴的**无穷小**平行位移的概念, 就可以满足这一原则; 但是我们发现我们不得不把决定这种位移的仿射关系看作某种物理上真实的东西, 它在物理上取决于物质的状态 (“**引导场**”). 从经验中知道的万有引力的性质, 特别是惯性质量和引力质量相等, 最后告诉我们, 除惯性之外, 万有引力已经包含在引导场中了. 因此, 广义相对论获得了一种意义, 这种意义超越了它最初对**世界几何**的重要影响, 扩展到了一种具体的物理意义. 运动相对性特征的确定性同样伴随着**量的相对性**原理. 我们决不能让我们的勇气在坚持这一原则上失败, 尽管存在着刚体, 根据这一原则, 一个物体在某一时刻的大小并不决定它在另一时刻的大小.[①]但是, 除非我们与基本事实发生激烈的冲突, 否则如果不保留无穷小全等变换的概念, 就不能维持这一原则; 也就是说, 除它在每一点上的测量测定之外, 我们必须给世界分配一种度量关系. 现在这不应被视为揭示了作为现象形式属于世界的 “几何” 性质, 而应被视为具有物理实在性的相位场. 因此, 由于作用的传播和刚体的存在使我们在世界的度量特征上找到了一个较低等级的仿射关系, 它立即向我们暗示, 不仅要识别了二次基本形式 $g_{ik}dx_idx_k$ 与引力场势的协同效应, 而且要识别了**线性基本形式 $\phi_i dx_i$ 与电磁势的协同效应**. 电磁场和电磁力是从世界的度量结构或我们所称的度量中导出的. 然而, 除万有引力和电磁作用之外, 我们还不知道其他真正重要的力的作用; 对于所有其他的力, 统计物理学提出了一些合理的论据, 用平均值法把它们追溯到上述两种力. 由此得出结论: **世界是一个 $(3+1)$ 维度量流形, 所有的物理场现象都是世界度量的表达式**. (旧的观点认为四维度量连续体是物理现象的场景; 然而, 物理本质本身就是 “存在” 于这个世界的事物, 我们必须以经验给予我们认知的形式接受它们的类型和数量, 再没有什么可以更进一步去 “理解” 它们了.) 我们应该用 “以太世界的状态” 这个短语作为 “度量结构” 这个词的同义词, 以便引起人们对与度量结构相关的现实特征的注意; 但是我们必须小心, 不要让这个表达诱使我们形成误导性的印象. 在这个术语中, 微分几何的基本定理表明, 引导场、引力也是, 是由以太的状态决定的. “物理状态” 和 “万有引力” 的对立在 §28 中被阐明, 并通过将哈密顿的函数分成两部分以非常明确的术语表达出来, 在新的观点中被克服, 这本身是统一的和逻辑的. 笛卡儿关于纯几何物理学的梦想似乎正在以一种他完全没有预见的方式实现. 强度 (intensity) 的量与量值 (magnitude) 的量有明显的区别.

① 在这方面必须回顾, 具有给定世界线的点眼 (point-eye) 在每一时刻从世界的给定区域接收到的空间方向图仅取决于 g_{ik} 的比率, 因为这对大地零线是光传播的决定因素适用.

除了一个加性全微分, 线性基本形式 $\phi_i dx_i$ 是确定的, 但由此导出的距离曲率张量

$$f_{ik} = \frac{\partial \phi_i}{\partial x_k} - \frac{\partial \phi_k}{\partial x_i}$$

不具有任意性. 根据麦克斯韦理论, 电磁势也得到了同样的结果. 电磁场张量, 我们前面用 F_{ik} 表示, 现在用距离曲率 f_{ik} 来表示. 如果我们对电的本质的看法是正确的, 那么麦克斯韦方程组的第一个系统

$$\frac{\partial f_{ik}}{\partial x_l} + \frac{\partial f_{kl}}{\partial x_i} + \frac{\partial f_{li}}{\partial x_k} = 0 \tag{67}$$

是一个内在的定律, 它的有效性完全独立于支配着物理相量实际运行通过的一系列值的任何物理定律. 在四维度量流形中, 最简单的积分不变量是

$$\int \mathbf{I} dx = \frac{1}{4} \int f_{ik} \mathbf{f}^{ik} dx \tag{68}$$

正是这一个积分不变量, 以作用的形式, 麦克斯韦的理论才得以建立! 因此, 我们有充分的权利声称, 麦克斯韦理论中所体现的全部经验法则有利于电的世界度量性质. 既然在四维或四维以下的流形中, 这样一个简单的结构根本不可能构造一个积分不变量, 新的观点不仅使我们对麦克斯韦的理论有了更深刻的理解, 而且使我们认识到世界是四维的这一事实, 迄今为止, 人们一直认为这只是 “偶然的”, 通过它变得易懂. 在线性基本形式 $\phi_i dx_i$ 中, 有一个加性全微分形式的任意因子, 但没有比例因子; 量的作用是一个纯数. 但只有当这个理论与世界的原子结构相一致时, 它才应该是这样, 根据最新的结果（量子理论）, 原子结构极受重视.

当可以选择坐标系和校准, 使线性基本形式等于 $\phi_i dx_i$, 二次基本形式等于

$$f^2 dx_0^2 - d\sigma^2$$

时, 就会出现**静态情况**, 其中 ϕ 和 f 不依赖于时间 x_0, 而只依赖于空间坐标 x_1, x_2, x_3, 而 $d\sigma^2$ 在三个空间变量中是正定的二次微分形式. 这种特殊形式的基本形式 (如果我们忽略非常特殊的情况) 仍然不受坐标变换和重新校准的影响, 只有当 x_0 经历了它自己的线性变换, 并且如果空间坐标同样只在它们之间变换, 而校准比必须是一个常数. 因此, 在静力学的情况下, 我们有一个基态为 $d\sigma^2$ 的三维黎曼空间和两个标量场: 静电势 ϕ 和引力势或光速 f. 选择长度单位和时间单位 (cm, s) 作为任意单位; $d\sigma^2$ 的量纲为 cm^2, f 的量纲为 $\mathrm{cm} \cdot \mathrm{s}^{-1}$, ϕ 的量纲为 s^{-1}. 因此, 在广义相对论中 (即在静力学的情况下), 我们可以说一个空间是一个**黎曼**空间, 而不是一个更一般的类型, 在这个类型中, 距离的转移是不可积分的.

如果我们再次选择了狭义相对论的校准, 那么可以选择

$$ds^2 = dx_0^2 - \left(dx_1^2 + dx_2^2 + dx_3^2\right).$$

如果 $x_i, \bar{x}_i$ 表示两个坐标系, 对于这两个系统, 可以得到 ds^2 这个标准形式, 那么从 x_i 到 $\bar{x}_i$ 的转换是保形变换, 也就是说, 我们发现

$$dx_0^2 - \left(dx_1^2 + dx_2^2 + dx_3^2\right),$$

除比例因子外, 等于

$$d\bar{x}_0^2 - \left(d\bar{x}_1^2 + d\bar{x}_2^2 + d\bar{x}_3^2\right).$$

四维闵可夫斯基世界的保形变换与球面变换相吻合,① 也就是说, 这些变换将世界的每个 "球面" 再次转换为一个球面. 球体由齐次 "六球面" 坐标之间的线性齐次方程表示

$$u_0 : u_1 : u_2 : u_3 : u_4 : u_5 = x_0 : x_1 : x_2 : x_3 : \frac{(x,x)+1}{2} : \frac{(x,x)-1}{2},$$

其中

$$(x,x) = x_0^2 - \left(x_1^2 + x_2^2 + x_3^2\right).$$

它们受到的约束条件为

$$u_0^2 - u_1^2 - u_2^2 - u_3^2 - u_4^2 + u_5^2 = 0.$$

因此, 球面变换将自己表示为 u_i 的线性齐次变换, 这些线性齐次变换使这个条件保持不变, 如方程所示. 因此, 以太的麦克斯韦方程在狭义相对论中的形式, 不仅对线性洛伦兹变换的 10 参数组是不变的, 而且对更全面的 15 参数球变换组也是不变的.②

为了检验关于电磁场性质的新假设是否能够解释这些现象, 我们必须弄清它的含义. 我们选择一个哈密顿原理作为我们的初始物理定律, 它指出, 在有限区域外消失的世界的度量结构的每一个无穷小的变化, 其作用 $\int \mathbf{W} dx$ 的变化为零. 这个作用是一个不变量, 因此 $\mathbf{W}$ 是一个由度量结构导出的标量密度 (在真正意义上). 米氏、希尔伯特和爱因斯坦假设这个作用是坐标变换的不变量. 我们在这里

① 注 34: 这个定理是由刘维尔证明的, 见 G. Monge, Application de l'analyse à la géométrie (1850), p. 609. 附录的注 IV.

② 注 35: 这一事实在这里似乎是一个不证自明的结果, 在此之前已被指出 E. Cunningham, Proc. of the London Mathem. Society (2), vol. viii. (1910), pp. 77-98; H. Bateman, *idem*, pp. 223-264.

要补充一个进一步的限制, 即它必须对重新校准的过程保持不变, 其中 ϕ_i, g_{ik} 被分别替换为

$$\phi_i - \frac{1}{\lambda}\frac{\partial \lambda}{\partial x_i} \quad 和 \quad \lambda g_{ik}, \tag{69}$$

其中 λ 是位置的任意正函数. 我们假设 $\mathbf{W}$ 是一个二阶表达式, 即一方面建立 g_{ik} 及其一阶和二阶导数, 另一方面建立 ϕ_i 及其一阶导数. 最简单的例子是麦克斯韦的作用密度 **I**. 但我们将在这里进行一般性的研究, 而不拘泥于 $\mathbf{W}$ 的任何特定形式. 根据 §28 中使用的克莱因方法 (只有现在才完全适用), 我们将在这里推导出某些数学恒等式, 这些恒等式适用于起源于度量结构的每个标量密度 $\mathbf{W}$.

I. 如果我们赋予描述相对于参考系的度量结构的量 ϕ_i, g_{ik} 的无穷小增量 $\delta\phi_i$, δg_{ik}, $\mathfrak{X}$ 表示世界的有限区域, 则分部积分的效果是将区域 $\mathfrak{X}$ 上 $\mathbf{W}$ 相应变化 $\delta\mathbf{W}$ 的积分分为两部分: ① 一个散度积分, ② 被积函数仅为 $\delta\phi_i$ 和 δg_{ik} 的线性组合的积分, 因此

$$\int_{\mathfrak{X}} \delta\mathbf{W} dx = \int_{\mathfrak{X}} \frac{\partial\left(\delta\mathbf{v}^k\right)}{\partial x_k} dx + \int_{\mathfrak{X}} \left(\mathbf{w}^i \delta\phi_i + \frac{1}{2}\mathbf{W}^{ik}\delta g_{ik}\right) dx, \tag{70}$$

其中 $\mathbf{W}^{ki} = \mathbf{W}^{ik}$.

$\mathbf{w}^i$ 是逆变向量密度 (contra-variant vetor-density) 的分量, 而 $\mathbf{W}_i^k$ 是二阶混合张量密度的分量 (真正意义上). $\delta\mathbf{v}^k$ 是以下的线性组合

$$\delta\phi_\alpha, \quad \delta g_{\alpha\beta} \quad 和 \quad \delta g_{\alpha\beta,i} \quad \left[\delta g_{\alpha\beta,i} = \frac{\partial g_{\alpha\beta}}{\partial x_i}\right].$$

我们用公式来表示

$$\delta\mathbf{v}^k = (k,\alpha)\,\delta\phi_\alpha + (k,\alpha,\beta)\,\delta g_{\alpha\beta} + (k,i,\alpha,\beta)\,\delta g_{\alpha\beta,i}.$$

只有当系数 (k,i,α,β) 在指标 k 和 i 中对称的归一化条件被加上时, $\delta\mathbf{v}^k$ 才由方程 (70) 唯一定义. 如果 $\delta\phi_i$ 被视为权重为零的协变向量的分量并且 δg_{ik} 被视为权重单位张量的分量, 则在归一化中, $\delta\mathbf{v}^k$ 是向量密度 (真正意义上) 的分量. (当然, 没有人反对用另一个归一化来代替这个归一化, 前提是它在相同意义上是不变的.)

首先, 我们表示 $\int_{\mathfrak{X}} \mathbf{W} dx$ 是一个尺度不变量, 即使世界的尺度被无限微小地改变, 它也不会改变. 如果改变后的尺度与原始尺度之间的尺度比为 $\lambda = 1 + \pi$, 则 π 是一个无穷小的标量场, 它表征了事件的特征, 并且可以任意地赋值. 作为该过程的结果, 根据 (69), 基本量假定了以下增量:

$$\delta g_{ik} = \pi g_{ik}, \quad \delta\phi_i = -\frac{\partial\pi}{\partial x_i}. \tag{71}$$

如果我们将这些值代入 $\delta\mathbf{v}^k$, 则得到以下表达式:

$$\mathbf{s}^k(\pi)=\pi\cdot\mathbf{s}^k+\frac{\partial\pi}{\partial x_\alpha}\cdot\mathbf{h}^{k\alpha}. \tag{72}$$

它们是矢量密度的分量, 矢量密度以线性微分的方式依赖于标量场 π. 由此进一步得出, 由于 $\dfrac{\partial\pi}{\partial x_\alpha}$ 是由标量场导出的协变向量场的分量, $\mathbf{s}^k$ 是向量密度, 而 $\mathbf{h}^{k\alpha}$ 是二阶逆步变量张量密度. 由于它的定标不变性, 作用积分的变化量 (70) 必须消失, 即

$$\int_{\mathfrak{X}}\frac{\partial\mathbf{s}^k(\pi)}{\partial x_k}dx+\int_{\mathfrak{X}}\left(-\mathbf{w}^i\frac{\partial\pi}{\partial x_i}+\frac{1}{2}\mathbf{W}_i^i\pi\right)dx=0.$$

如果我们用分部积分的方法变换第二个积分的第一项, 我们可以写, 而不是前面的方程,

$$\int_{\mathfrak{X}}\frac{\partial\left(\mathbf{s}^k(\pi)-\pi\mathbf{w}^k\right)}{\partial x_k}dx+\int_{\mathfrak{X}}\pi\left(\frac{\partial\mathbf{w}^i}{\partial x_i}+\frac{1}{2}\mathbf{W}_i^i\right)dx=0. \tag{73}$$

这立即以变分法的计算中所熟悉的方式给出了恒等式

$$\frac{\partial\mathbf{w}^i}{\partial x_i}+\frac{1}{2}\mathbf{W}_i^i=0. \tag{74}$$

如果左边的位置在点 x_i 上的函数与 0 不同, 表示为正, 则可以标记这个点的邻域 $\mathfrak{X}$, 这样在 $\mathfrak{X}$ 的每个点上都是正的. 如果我们在方程 (73) 中为 $\mathfrak{X}$ 选择这个区域, 而为 π 选择一个函数, 它在 $\mathfrak{X}$ 以外的点消失, 但在 $\mathfrak{X}$ 中大于 0, 那么第一个积分消失, 但第二个积分为正, 这与方程 (73) 相矛盾. 既然已经确定了这一点, 我们知道方程 (73) 给出了

$$\int_{\mathfrak{X}}\frac{\partial\left(\mathbf{s}^k(\pi)-\pi\mathbf{w}^k\right)}{\partial x_k}dx=0.$$

对于给定的标量场 π, 它对每个有限区域 $\mathfrak{X}$ 都成立, 因此我们必须有

$$\frac{\partial\left(\mathbf{s}^k(\pi)-\pi\mathbf{w}^k\right)}{\partial x_k}=0. \tag{75}$$

如果我们在这里代入方程 (72), 并且观察到, 对于一个特定的点, 任意的值可能被赋给 $\pi,\dfrac{\partial\pi}{\partial x},\dfrac{\partial^2\pi}{\partial x_i\partial x_k}$, 那么这个公式分解成恒等式:

$$\frac{\partial\mathbf{s}^k}{\partial x_k}=\frac{\partial\mathbf{w}^k}{\partial x_k};\quad \mathbf{s}^i+\frac{\partial\mathbf{h}^{\alpha i}}{\partial x_\alpha}=\mathbf{w}^i;\quad \mathbf{h}^{\alpha\beta}+\mathbf{h}^{\beta\alpha}=0. \tag{$75_{1,2,3}$}$$

根据第三个恒等式, $\mathbf{h}^{ik}$ 是一个二阶线性张量密度. 鉴于 $\mathbf{h}$ 的斜对称性, 第一项是第二项的结果, 因为

$$\frac{\partial^2 \mathbf{h}^{\alpha\beta}}{\partial x_\alpha \partial x_\beta} = 0.$$

Ⅱ. 我们使世界连续体发生一个无穷小的变形, 其中每个点都经历一个分量为 ξ^i 的位移, 让度量结构伴随着变形而不改变. 如果我们保持在同一时空点, 用 δ 表示变形量所引起的变化; 如果我们共享时空点的位移, 用 δ' 表示相同量的变化. 然后, 通过 (20), (20′), (71),

$$\left.\begin{aligned} -\delta\phi_i &= \left(\phi_r \frac{\partial \xi^r}{\partial x_i} + \frac{\partial \phi_i}{\partial x_r}\xi^r\right) + \frac{\partial \pi}{\partial x_i}, \\ -\delta g_{ik} &= \left(g_{ir}\frac{\partial \xi^r}{\partial x_k} + g_{kr}\frac{\partial \xi^r}{\partial x_i} + \frac{\partial g_{ik}}{\partial x_r}\xi^r\right) - \pi g_{ik}, \end{aligned}\right\} \tag{76}$$

其中 π 表示一个无穷小的标量场, 按照我们的约定, 这个标量场仍然是任意的. 有关坐标变换和校准变化的作用不变性与此变化有关的公式表示

$$\delta' \int_{\mathfrak{X}} \mathbf{W} dx = \int_{\mathfrak{X}} \left\{ \frac{\partial \left(\mathbf{W}\xi^k\right)}{\partial x_k} + \delta \mathbf{W} \right\} dx = 0. \tag{77}$$

如果我们只想表示关于坐标的不变性, 我们必须使 $\pi = 0$, 但由此得到的变分公式 (76) 就没有不变性. 实际上, 这种约定指变形使两种基本形式发生变化, 使线元素的度量 l 保持不变, 即 $\delta' l = 0$. 然而, 这个方程并不表示距离的全等转移过程, 而是表明

$$\delta' l = -l\left(\phi_i \delta' x_i\right) = -l\left(\phi_i \xi^i\right),$$

因此, 在公式 (76) 中, 如果要得到不变公式, 我们必须选择 π 不等于零, 而是等于 $-\left(\phi_i \xi^i\right)$, 即

$$\left.\begin{aligned} -\delta\phi_i &= f_{ik}\xi^r, \\ -\delta g_{ik} &= \left(g_{ir}\frac{\partial \xi^r}{\partial x_k} + g_{kr}\frac{\partial \xi^r}{\partial x_i}\right) + \left(\frac{\partial g_{ik}}{\partial x_r} + g_{ik}\phi_r\right)\xi^r. \end{aligned}\right\} \tag{78}$$

它所代表的两种基本形式的变化, 是由于变形和每一个线元素的连续转换, 使度量结构呈现出不变的状态. 不变特征也很容易在分析中识别; 特别是在第二个方程 (78) 的情况下, 如果引入混合张量

$$\frac{\partial \xi^i}{\partial x_k} + \Gamma^i_{kr}\xi^r = \xi^i_k.$$

然后方程变成

$$-\delta g_{ik} = \xi_{ik} + \xi_{ki}.$$

既然尺度不变性已经在 I 中得到应用, 那么在 (76) 的情况下, 我们可以将自己限制在 π 的选择上, 这在上面讨论过, 并且我们发现从不变性的观点来看, π 是唯一可能的.

对于变分 (78), 让

$$\mathbf{W}\xi^k + \delta\mathbf{v}^k = \mathbf{S}^k(\xi).$$

$\mathbf{S}^k(\xi)$ 是以线性微分方式依赖于任意向量场 ξ^i 的向量密度. 我们以明确的形式写作

$$\mathbf{S}^k(\xi) = \mathbf{S}_i^k\xi^i + \overline{\mathbf{H}}_i^{k\alpha}\frac{\partial\xi^i}{\partial x_\alpha} + \frac{1}{2}\mathbf{H}_i^{k\alpha\beta}\frac{\partial^2\xi^i}{\partial x_\alpha\partial x_\beta}$$

(当然, 最后一个系数关于指标 α,β 是对称的). $\mathbf{S}^k(\xi)$ 是依赖于向量场 ξ^i 的向量密度, 这一事实最简单、最充分地表达了 $\mathbf{S}^k(\xi)$ 表达式中的系数所具有的不变性特征; 特别是, 由此可知, $\mathbf{S}_i^k$ 不是二阶混合张量密度的分量, 我们称它们为 “伪张量密度” 的分量. 如果在方程 (77) 中插入表达式 (70) 和 (78), 我们得到一个积分, 它的被积函数是

$$\frac{\partial\mathbf{S}^k(\xi)}{\partial x_k} - \xi^i\left\{f_{ki}\mathbf{w}^k + \frac{1}{2}\left(\frac{\partial g_{\alpha\beta}}{\partial x_i} + g_{\alpha\beta}\phi_i\right)\mathbf{W}^{\alpha\beta}\right\}\mathbf{W}_i^k\frac{\partial\xi^i}{\partial x_k}.$$

考虑到

$$\frac{\partial g_{\alpha\beta}}{\partial x_i} + g_{\alpha\beta}\phi_i = \Gamma_{\alpha,\beta i} + \Gamma_{\beta,\alpha i}$$

和关于 $\mathbf{W}^{\alpha\beta}$ 的对称性, 我们有

$$\frac{1}{2}\left(\frac{\partial g_{\alpha\beta}}{\partial x_i} + g_{\alpha\beta}\phi_i\right)\mathbf{W}^{\alpha\beta} = \Gamma_{\alpha,\beta i}\mathbf{W}^{\alpha\beta} = \Gamma_{\beta i}^{\alpha}\mathbf{W}_{\alpha}^{\beta}.$$

如果对被积函数的最后一个项应用分部积分, 我们就得到

$$\int_{\mathfrak{X}}\frac{\partial\left(\mathbf{S}^k(\xi) - \mathbf{W}_i^k\xi^i\right)}{\partial x_k}dx + \int_{\mathfrak{X}}[\cdots]_i\,\xi^i dx = 0.$$

根据上面使用的推断方法, 我们可以从等式中得到

$$[\cdots]_i, \quad \text{即} \quad \left(\frac{\partial\mathbf{W}_i^k}{\partial x_k} - \Gamma_{\beta}^{\alpha}\mathbf{W}_{\alpha}^{\beta}\right) + f_{ik}\mathbf{w}^k = 0 \tag{79}$$

且

$$\frac{\partial\left(\mathbf{S}^k(\xi)-\mathbf{W}_i^k\xi^i\right)}{\partial x_k}=0. \tag{80}$$

后者分解为以下四个等式:

$$\left.\begin{array}{c}\dfrac{\partial \mathbf{S}_i^k}{\partial x_k}=\dfrac{\partial \mathbf{W}_i^k}{\partial x_k};\quad \mathbf{S}_i^k+\dfrac{\partial \overline{\mathbf{H}}_i^{\alpha k}}{\partial x_\alpha}=\mathbf{W}_i^k;\\ \left(\bar{\mathbf{H}}_i^{\alpha\beta}+\bar{\mathbf{H}}_i^{\beta\alpha}\right)+\dfrac{\partial \mathbf{H}_i^{\gamma\alpha\beta}}{\partial x_\gamma}=0;\quad \mathbf{H}_i^{\alpha\beta\gamma}+\mathbf{H}_i^{\beta\gamma\alpha}+\mathbf{H}_i^{\gamma\alpha\beta}=0.\end{array}\right\} \tag{$80_{1,2,3,4}$}$$

由 (80_4) 式, 我们用 $-\mathbf{H}_i^{\alpha\beta\gamma}-\mathbf{H}_i^{\beta\alpha\gamma}$ 替换 (80_3) 式的 $\mathbf{H}_i^{\gamma\alpha\beta}$, 就得到

$$\bar{\mathbf{H}}_i^{\alpha\beta}-\frac{\partial \mathbf{H}_i^{\alpha\beta\gamma}}{\partial x_\gamma}=\mathbf{H}_i^{\alpha\beta}$$

关于指标 α,β 是斜对称的. 如果引入 $\mathbf{H}_i^{\alpha\beta}$ 来代替 $\bar{\mathbf{H}}_i^{\alpha\beta}$, 我们会发现 (80_3) 和 (80_4) 仅仅是关于对称性的陈述, 而 (80_2) 变成

$$\mathbf{S}_i^k+\frac{\partial \mathbf{H}_i^{\alpha k}}{\partial x_\alpha}+\frac{\partial^2 \mathbf{H}_i^{\alpha\beta k}}{\partial x_\alpha\partial x_\beta}=\mathbf{W}_i^k. \tag{81}$$

(80_1) 由于 $\dfrac{\partial^2 \mathbf{H}_i^{\alpha\beta}}{\partial x_\alpha\partial x_\beta}=0$ 的对称条件, 我们得到

$$\frac{\partial^3 \mathbf{H}_i^{\alpha\beta\gamma}}{\partial x_\alpha\partial x_\beta\partial x_\gamma}=0.$$

例子　在麦克斯韦的作用密度的情况下, 很明显有

$$\delta \mathbf{v}^k=\mathbf{f}^{ik}\delta\phi_i.$$

因此 $\mathbf{s}^i=0,\mathbf{h}^{ik}=\mathbf{f}^{ik};\mathbf{S}_i^k=\mathbf{I}\delta_i^k-f^{i\alpha}\mathbf{f}^{k\alpha}$, 而且量 $\mathbf{H}=0$. 所以我们的等式导致

$$\mathbf{w}^i=\frac{\partial \mathbf{f}^{\alpha i}}{\partial x_\alpha},\quad \frac{\partial \mathbf{w}^i}{\partial x_i}=0,\quad \mathbf{W}_i^i=0,$$

$$\mathbf{W}_i^k=\mathbf{S}_i^k,\quad \left(\frac{\partial \mathbf{S}_i^k}{\partial x_k}-\frac{1}{2}\frac{\partial g_{\alpha\beta}}{\partial x_i}\mathbf{S}^{\alpha\beta}\right)+f_{i\alpha}\frac{\partial \mathbf{f}^{\beta\alpha}}{\partial x_\beta}=0.$$

通过前面的计算, 我们得到了最后两个公式, 后者被发现表达了麦克斯韦的场能张量密度 $\mathbf{S}_i^k$ 和有质动力之间的期望联系.

场定律和守恒定理 如果, 在公式 (70) 中, 取在有限区域外消失的任意变量 δ, 而对于 $\mathfrak{X}$, 取整个世界或一个区域, 在它之外 $\delta = 0$, 我们得到

$$\int \delta \mathbf{W} dx = \int \left(\mathbf{w}^i \delta \phi^i + \frac{1}{2} \mathbf{W}^{ik} \delta g_{ik} \right) dx.$$

如果 $\int \mathbf{W} dx$ 是作用, 我们由此可以看出, 哈密顿原理中包含以下不变定律:

$$\mathbf{w}^i = 0, \quad \mathbf{W}_i^k = 0,$$

其中, 我们称前者为电磁定律, 后者为引力定律. 在这些等式的左侧之间有五个恒等式, 它们在 (74) 和 (79) 中已经说明. 因此, 在场方程中有五个多余的方程对应于从一个参考系到另一个参考系的转换 (依赖于五个任意函数).

根据 (75_2), 电磁定律有以下形式:

$$\frac{\partial \mathbf{h}^{ik}}{\partial x_k} = \mathbf{s}^i \quad [\text{以及 } (67)] \tag{82}$$

完全符合麦克斯韦的理论; $\mathbf{s}^i$ 是 4 维流密度, 并且二阶 $\mathbf{h}^{ik}$ 的线性张量密度是场的电磁密度. 不需要专门的作用, 我们就可以从校准不变性中读出麦克斯韦理论的整个结构. 哈密顿函数 $\mathbf{W}$ 的特殊形式只影响公式, 其说明了流和场密度由以太的相量 ϕ_i, g_{ik} 决定. 对于严格意义上的麦克斯韦理论 ($\mathbf{W} = \mathbf{1}$), 它只在空的空间中有效, 我们得到 $\mathbf{h}^{ik} = \mathbf{f}^{ik}, \mathbf{s}^i = 0$, 这是它应该有的.

正如 $\mathbf{s}^i$ 构成了 4 维流密度, $\mathbf{S}_i^k$ 也被解释为能量的伪张量密度. 在最简单的情况下, $\mathbf{W} = \mathbf{1}$, 这个解释就和麦克斯韦的解释一样了. 根据 (75_1) 和 (80_1) 守恒定理

$$\frac{\partial \mathbf{s}^i}{\partial x_i} = 0, \quad \frac{\partial \mathbf{S}_i^k}{\partial x_k} = 0$$

通常是有效的; 事实上, 它们从两个方面遵循了场定律. 因为 $\dfrac{\partial \mathbf{s}^i}{\partial x_i}$ 不仅等同于 $\dfrac{\partial \mathbf{w}^i}{\partial x_i}$, 而且等同于 $-\dfrac{1}{2}\mathbf{W}_i^i$, $\dfrac{\partial \mathbf{S}_i^k}{\partial x_k}$ 不仅等同于 $\dfrac{\partial \mathbf{W}_i^k}{\partial x_k}$, 而且等同于 $\Gamma_{i\beta}^{\alpha} \mathbf{W}_{\alpha}^{\beta} - f_{ik} \mathbf{w}^k$. 引力方程的形式由方程 (81) 给出. 由方程 (75) 和方程 (80) 可方便地将场定律及其相应的守恒定律归纳为两个方程

$$\frac{\partial \mathbf{s}^i(\pi)}{\partial x_i} = 0, \quad \frac{\partial \mathbf{S}^i(\xi)}{\partial x_i} = 0.$$

上面已经注意到能量–动量守恒定律和坐标不变性之间的密切联系. 在这四条定律之外, 还要加上电的守恒定律, 与之相应的是, 在逻辑上, 必须有一个不变性的性质, 它将引入第五个任意函数; 这里的校准不变性就是这样出现的. 先前我们从坐标不变性中推导出能量–动量守恒定律, 仅仅是因为哈密顿函数由两部分组成: 引力场的作用函数和 "物理相变" 的作用函数. 每一部分都必须区别对待, 各部分的结果必须适当地结合起来 (§33). 当 $\pi=0$ 时从公式 (76) 而不是从公式 (78) 取基本量的变化量由 $\mathbf{W}\xi^k+\delta\mathbf{v}^k$ 推导出的那些量, 用一个带前缀的星号来区分, 那么由于坐标不变性, "守恒定理" $\dfrac{\partial^*\mathbf{S}_i^k}{\partial x}=0$ 通常是有效的. 但是 $^*\mathbf{S}_i^k$ 并不是自 §28 以来一直用作基础的双重作用函数的能量–动量分量. 对于万有引力分量 ($\mathbf{W}=\mathbf{G}$), 我们用 $^*\mathbf{S}_i^k$ (§33) 定义能量, 但是对于电磁分量 ($\mathbf{W}=\mathbf{L}$, §28), 我们引入 $\mathbf{W}_i^k$ 作为能量分量. 第二个分量 $\mathbf{L}$ 只包含 g_{ik} 本身, 而不包含它们的导数; 对于这类量, 由 (80_2), 我们有 $\mathbf{W}_i^k=\mathbf{S}_i^k$. 因此 (**如果我们使用基本量在校正过程中发生的微小变化**), 虽然我们不能完全调和这两种不同的能量定义, 但我们可以使它们相互适应. 只有在这里, 这些差异才得以消除, 因为这是一种新的理论, 它首先向我们提供了电流 $\mathbf{s}^i$、磁场 $\mathbf{h}^{ik}$ 的电磁密度和能量 $\mathbf{S}_i^k$ 的解释, 而能量 $\mathbf{S}_i^k$ 不再受作用由两部分组成的假设所约束, 其中一个不包含 ϕ_i 及其导数, 另一个不包含 g_{ik} 的导数. 世界连续体的虚拟变形导致了 $\mathbf{S}_i^k$ 定义, 因此必须相应地遵循**我们**的意义上的度量结构和线元素 "不变", 而不是在**爱因斯坦**的意义上. $\mathbf{s}^i$ 和 $\mathbf{S}_i^k$ 的守恒定律同样不受关于作用组成的假设所约束. 因此, 在 §33 中引入了总能量之后, 我们再次超越了 §28 中的观点, 达到了对整体更为紧凑的考察. 爱因斯坦关于惯性和引力问题相等的引力理论所做的工作, 即承认它们的一致是必要的而不是由于一个未被发现的物理性质的规律的结果, 是由目前的理论完成的, 这些事实可以通过麦克斯韦方程的结构和守恒定律来表达. 正如 §33 中我们在系统通道横截面上积分的情况一样, 我们在这里发现, 根据守恒定律, 如果 $\mathbf{s}^i$ 和 $\mathbf{S}_i^k$ 在通道外消失, 系统具有恒定电荷 e 和恒定能量–动量 J. 通过麦克斯韦方程 (82) 和引力方程 (81), 两者都可以表示为某一空间场通过一个封闭系统的表面 Ω 的通量. 如果我们把这种表示当作一种定义, 那么即使场在系统的通道中有一个真正的奇点, 守恒的积分定理也成立. 为了证明这一点, 让我们用正则场替换通道内的场 (当然, 保持与管道外区域的连续连接), 并用方程 (82), (81) 定义 $\mathbf{s}^i$ 和 $\mathbf{S}_i^k$ (等式右边被 0 代替), 用属于改变场的量 $\mathbf{h}$ 和 $\mathbf{H}$ 来表示. 这些虚拟量 $\mathbf{s}^0$ 和 $\mathbf{S}_i^0$ 的积分将在通道横截面 (Ω 的内部) 上取为常数; 另一方面, 它们与上述在表面 Ω 上的通量一致, 因为在 Ω 上想象的场与真实场一致.

§36. 应用最简单的作用原理. 力学基本方程

我们现在必须证明, 如果坚持我们的新理论, 我们就有可能对 **W** 作出一个假设, 就经验所证实的结果而言, 这个假设与爱因斯坦的理论是一致的. 为了计算的目的, 最简单的假设是 (我坚持认为这不是实际实现的)*①:

$$\mathbf{W}=-\frac{1}{4}F^2\sqrt{g}+\alpha\mathbf{I}. \tag{83}$$

因此, 作用量是由以世界曲率半径为长度单位 (参看 §17 公式 (62)) 进行测量的体积和麦克斯韦电磁场作用组成的; 正常数 α 是一个纯数. 由此可见

$$\delta\mathbf{W}=-\frac{1}{2}F\delta\left(F\sqrt{g}\right)+\frac{1}{4}F^2\delta\sqrt{g}+\alpha\delta\mathbf{I}.$$

假设 $-F$ 为正, 然后可以通过假设 $F=-1$ 唯一地确定校准. 因此

$$\delta\mathbf{W}=\frac{1}{2}F\sqrt{g}+\frac{1}{4}\sqrt{g}+\alpha\mathbf{I}\ \text{的变分}.$$

如果使用 §17 公式 (61) 来表示 F, 并且略去散度

$$\delta\frac{\partial\left(\sqrt{g}\phi^i\right)}{\partial x_i},$$

当我们在全局上积分时该散度消失了, 如果通过分部积分, 我们把 $\delta\left(\frac{1}{2}R\sqrt{g}\right)$ 的世界积分转换成 $\delta\mathbf{G}$ (§28) 的积分, 那么我们的作用原理就是

$$\delta\int\mathbf{V}dx=0,\quad \text{并且我们得到}\quad \mathbf{V}=\mathbf{G}+\alpha\mathbf{I}+\frac{1}{4}\sqrt{g}\left\{1-3\left(\phi_i\phi^i\right)\right\}. \tag{84}$$

这种归一化表示我们是用宇宙测量杆测量的. 此外, 如果我们选择坐标 x_i, 使得世界上坐标相差数量级为 1 的点被宇宙距离分开, 那么我们可以假设 g_{ik} 和 ϕ_i 的数量级为 1. (当然, 这是一个事实, 与宇宙间的距离相比, 电势的变化量明显是非常小的.) 通过置换 $x_i=\varepsilon x_i'$, 我们引入了一般使用量级的坐标 (即具有与人体相当的尺寸); 如果我们同时执行将 ds^2 乘以 $\frac{1}{\varepsilon^2}$. 在新的参照系中, 我们有

$$g_{ik}'=g_{ik},\quad \phi_i'=\phi_i;\quad F'=-\varepsilon^2.$$

① 注 36: 也可参考 W. Pauli, Zur Theorie der Gravitation und der Elektrizität von H. Weyl, Physik. Zeitschr., Bd. 20 (1919), pp. 457-467. 爱因斯坦在他的文章中通过进一步修改他的引力方程得到了部分相似的结果: Spielen Gravitationsfelder im Aufbau der materiellen Elementarteilchen eine wesentliche Rolle? Sitzungsber. d. Preuss. Akad. d. Wissensch., 1919, pp. 349-356.

在我们通常的测量中, 相应地, $\frac{1}{\varepsilon}$ 是世界的曲率半径. 如果 g_{ik}, ϕ_i 保留了它们原来的意义, 但是如果我们用 x_i 来表示之前用 x_i' 表示的坐标, 若 Γ_{ik}^r 是对应于这些坐标的仿射关系的分量, 那么

$$\mathbf{V} = (\mathbf{G} + \alpha\mathbf{I}) + \frac{\varepsilon^2}{4}\sqrt{g}\left\{1 - 3\left(\phi_i\phi^i\right)\right\},$$

$$\Gamma_{ik}^r = \left\{\begin{matrix} ik \\ r \end{matrix}\right\} + \frac{1}{2}\varepsilon^2\left(\delta_i^r\phi_k + \delta_k^r\phi_i - g_{ik}\phi^r\right).$$

这样, 通过忽略这些极其微小的宇宙学项, 我们精确地得出了经典的麦克斯韦–爱因斯坦电学和引力理论. 为了使表达式与 §34 的表达式完全一致, 我们必须设 $\frac{\varepsilon^2}{2} = \lambda$. 因此, 我们的理论必然给出爱因斯坦的宇宙学项 $\frac{1}{2}\lambda\sqrt{g}$. 从而, 电中性物质在整个 (球形) 空间上的均匀分布是一种平衡状态, 符合我们的定律. 但是, 在爱因斯坦的理论 (参见 §34) 中, 宇宙物理常数 λ 与地球总质量之间必须有一个预先确定的和谐关系 (因为这些量本身已经决定了世界的曲率), 这里 (λ 仅**表示**曲率), 我们知道世界上存在的质量**决定**了曲率. 在作者看来, 正是这一点使得爱因斯坦的宇宙学在物理上成为可能. 在存在物理场的情况下, 爱因斯坦的宇宙学项必须由进一步的项 $-\frac{3}{2}\lambda\sqrt{g}\left(\phi_i\phi^i\right)$ 补充; 在引力场的分量 Γ_{ik}^r 中, 也出现了一个依赖于电磁势的宇宙学项. 我们的理论是建立在一个确定的电单位的基础上的; 设它在普通的静电单位中是 e. 因为在公式 (84) 中, 如果我们使用这些单位, $\frac{2\kappa}{c^2}$ 代替 α, 我们得到

$$\frac{2e^2\kappa}{c^2} = \frac{\alpha}{-F}, \quad \frac{e\sqrt{\kappa}}{c} = \frac{1}{\varepsilon}\sqrt{\frac{\alpha}{2}}:$$

我们的单位是其引力半径 $\sqrt{\frac{\alpha}{2}}$ 乘以世界曲率半径的电量. 所以它就像作用的量子 $\mathbf{I}$ 一样, 是宇宙维度的. 爱因斯坦后来添加到他的理论中的宇宙学因子从一开始就是我们理论的一部分.

ϕ_i 的变分给出了麦克斯韦方程

$$\frac{\partial \mathbf{f}^{ik}}{\partial x_k} = \mathbf{s}^i,$$

并且, 在这种情况下, 我们只需要

$$\mathbf{s}^i = -\frac{3\lambda}{\alpha}\phi_i\sqrt{g}.$$

正如麦克斯韦所说以太是能量和质量的基础, 所以我们在这里获得了一种电荷(加上电流), 它稀薄地散布在世界各地. g_{ik} 的变分给出了万有引力方程

$$\mathbf{R}_i^k - \frac{\mathbf{R} + \lambda\sqrt{g}}{2}\delta_i^k = \alpha \mathbf{T}_i^k, \tag{85}$$

其中

$$\mathbf{T}_i^k = \left\{\mathbf{1} + \frac{1}{2}\left(\phi_r \mathbf{s}^r\right)\right\}\delta_i^k - f_{ir}\mathbf{f}^{kr} = \phi_i \mathbf{s}^k.$$

电的守恒用散度方程表示为

$$\frac{\partial\left(\sqrt{g}\phi^i\right)}{\partial x_i} = 0. \tag{86}$$

这一方面可以从麦克斯韦方程组推导出来, 但另一方面, 根据我们的一般结果, 也可以从引力方程推导出来. 通过把后一个方程与 i, k 联系起来, 我们实际上发现

$$R + 2\lambda = \frac{3}{2}(\phi_i \phi^i),$$

并且这与 $-F = 2\lambda$ 联系起来, 再次得到 (86). 正如预期的那样, 我们得到了能量–动量的伪张量密度 (pseudo-tensor-density),

$$\mathbf{S}_i^k = \alpha \mathbf{T}_i^k + \left\{\mathbf{G} + \frac{1}{2}\lambda\sqrt{g}\delta_i^k - \frac{1}{2}\frac{\partial g_{\alpha\beta}}{\partial x_i}\mathbf{G}^{\alpha\beta,k}\right\}.$$

从方程 $\delta' \int \mathbf{V} dx = 0$, 对于由真正意义上的位移引起的变分 δ', [从公式 (76), $\xi^i = \text{const}, \pi = 0$], 我们得到

$$\frac{\partial\left({}^*\mathbf{S}_i^k \xi^i\right)}{\partial x_k} = 0, \tag{87}$$

这里

$${}^*\mathbf{S}_i^k = \mathbf{V}\delta_i^k - \frac{1}{2}\frac{\partial g_{\alpha\beta}}{\partial x_i}\mathbf{G}^{\alpha\beta,k} + \alpha\frac{\partial \phi}{\partial x_i}\mathbf{f}^{kr}.$$

为了得到守恒定理, 根据前面的评论, 我们必须写出麦克斯韦方程组的形式

$$\frac{\partial\left(\pi \mathbf{s}^i + \dfrac{\partial \pi}{\partial x_k}\mathbf{f}^{ik}\right)}{\partial x_i} = 0,$$

然后设 $\pi = -\left(\phi_i \xi^i\right)$, 将得到的方程乘以 α, 再加到公式 (87). 事实上, 就得到

$$\frac{\partial\left(\mathbf{S}_i^k \xi^i\right)}{\partial x_k} = 0. \tag{88}$$

出现在 $\mathbf{S}_i^k$ 中的下列项: 电磁场的麦克斯韦能量密度

$$\mathbf{I}\delta_i^k - f_{ir}\mathbf{f}^{kr},$$

引力能

$$\mathbf{G}\delta_i^k - \frac{1}{2}\frac{\partial g_{\alpha\beta}}{\partial x_i}\mathbf{G}^{\alpha\beta,k},$$

还有补充的宇宙学项

$$\frac{1}{2}\left(\lambda\sqrt{g} + \phi_r \mathbf{s}^r\right)\delta_i^k - \phi_i \mathbf{s}^k.$$

静态的世界是由它自身的本性校准的. 问题是对于这种校准是否有 $F=\text{const}$, 答案是肯定的. 因为如果我们根据假设 $F=-1$ 重新校准静态世界, 并用一横来区分得到的量, 我们得到

$$\bar{\phi}_i = -\frac{F_i}{F}, \quad \text{其中假设} \quad F_i = \frac{\partial F}{\partial x_i} \quad (i = 1, 2, 3),$$

$$\bar{g}_{ik} = -F g_{ik}, \quad \text{换言之,} \quad \bar{g}^{ik} = -\frac{g^{ik}}{F}, \quad \sqrt{\bar{g}} = F^2\sqrt{g},$$

并且, 方程 (86) 给出

$$\sum_{i=1}^{3}\frac{\partial \mathbf{F}^i}{\partial x_i} = 0 \quad \left(\mathbf{F}^i = \sqrt{g}F^i\right),$$

然而, 由此得出 $F = \text{const}$.

由于爱因斯坦的宇宙学项中又进一步增加了一个电学项的事实来看, 物质粒子的存在就成为可能, 而视界质量却不是必需的. 粒子必然带电荷. 如果为了确定静态情况下的径向对称解, 我们再次使用 §31 中的旧项, 并取 ϕ 表示静电势, 则其变分必须为零的积分为

$$\int \mathbf{V}r^2 dr = \int\left\{\omega\Delta' - \frac{\alpha r^2\phi'^2}{2\Delta} + \frac{\lambda r^2}{2}\left(\Delta - \frac{3h^2\phi^2}{2\Delta}\right)\right\}dr$$

(撇号表示对 r 的微分). 对 ω, Δ 和 ϕ 的变分就分别导致方程

$$\Delta\Delta' = \frac{3\lambda}{4}h^4\phi^2 r,$$

$$\omega' = \frac{\lambda r^2}{2}\left(1 + \frac{3}{2}\frac{h^2\phi^2}{\Delta^2}\right) + \frac{\alpha}{2}\frac{r^2\phi'^2}{\Delta^2},$$

$$\left(\frac{r^2\phi'}{\Delta}\right)' = \frac{3}{2\alpha}\frac{h^2r^2\phi}{\Delta}.$$

由于进行了归一化处理, 除了欧几里得旋转, 空间坐标系是固定的, 因此 h^2 是唯一确定的. 在 f 和 ϕ 中, 由于时间单位的自由选择, 一个公共常数因子仍然是任意的 (这种情况可以用来将问题的阶数减少 1). 如果当 $r = r_0$ 时到达了空间的赤道, 那么作为 $z = \sqrt{r_0^2 - r^2}$ 函数出现的量在 $z = 0$ 时必须表现出以下行为: f 和 ϕ 是正则的, $f \neq 0$; h^2 的二阶无穷大, Δ 的一阶无穷大. 微分方程本身表明, h^2z^2 根据 z 的幂展开, 从 h_0^2 开始, 其中

$$h_0^2 = \frac{2r_0^2}{\lambda r_0^2 - 2},$$

——这附带地证明了 λ 必须是正的 (曲率 F 为负), 并且 $r_0^2 > \dfrac{2}{\lambda}$——而对于 f 和 ϕ 的初始值 f_0, ϕ_0, 我们有

$$f_0^2 = \frac{3\lambda}{4}h_0^2\phi_0^2.$$

如果要确定直径点, ϕ 必须是 z 的偶函数, 且解满足给定条件、由 $z = 0$ 的初值唯一确定.① 它不能在整个区域 $0 \leqslant r \leqslant r_0$ 中保持正则性, 但如果我们让 r 从 r_0 开始减小, 那么至少在 $r = 0$ 时最终会有一个奇点. 否则的话, 通过将 ϕ 的微分方程乘以 ϕ, 然后从 0 到 r_0 积分, 就会得到

$$\int_0^{r_0} \frac{r^2}{\Delta}\left(\phi'^2 + \frac{3}{2\alpha}h^2\phi^2\right)dr = 0.$$

因此, 物质是场的真正奇点. 与 $\dfrac{1}{\sqrt{l}}$ 相比, 线性尺寸非常小的区域中的相量变化明显, 这一事实也许可以用 r_0^2 比 $\dfrac{1}{\lambda}$ 大得多的情况来解释. 事实上, 所有的基本粒子都有相同的电荷和相同的质量, 这似乎是由于它们都嵌入在同一个世界 (相同的半径 r_0); 这与 §32 中所提出的观点一致, 根据该观点, 电荷和质量是从无穷远处确定的.

最后, 我们将建立控制物质粒子运动的力学方程. 实际上, 从广义相对论的观点来看, 我们还没有以一种可以接受的形式导出这些方程; 我们现在将努力弥补

① 注 37: 关于这类在奇点上的存在定理, 参见 Picard, Traité d'Analyse, t. 3, p. 21.

这一遗漏. 我们还将借此机会实现 §32 中所述的意图, 即证明惯性质量通常是引力场通过包围粒子的表面的通量, 即使物质必须被视为限制场的奇点, 也可以说是位于其外部. 在这样做时, 我们当然被禁止使用运动中的物质; 与后一种观点相对应的假设, 即 (§27)

$$dmds = \mu dx, \quad \mathbf{T}_i^k = \mu u_i u^k$$

在这里是完全不可能的, 因为它们与不变性的假定属性相矛盾. 因为, 根据前一个等式, μ 是权重 $\frac{1}{2}$ 的标量密度, 根据后一个等式, 是权重 0 的标量密度, 因为 $\mathbf{T}_i^k$ 是真正意义上的张量密度. 我们看到, 这些初始条件在新理论中是不可能的, 原因与爱因斯坦的理论相同, 也就是说, 它们会导致质量的一个错误值, 正如 §33 结尾提到的那样. 这显然与积分 $\int dmds$ 现在完全没有意义的情况密切相关, 因此不能作为"引力的物质作用"引入. 我们朝着真正证明了 §33 中的力学方程迈出了第一步. 我们考虑了这种特殊情况, 即物体是完全孤立的, 没有外力作用在它身上.

由此我们立刻看出, 我们必须从保持**总能量**的守恒定律

$$\frac{\partial \mathbf{S}_i^k}{\partial x_k} = 0 \tag{89}$$

出发. 在物质粒子周围划出一个体积 Ω, 这个体积的尺寸与粒子的实际基本核相比是很大的, 但与那些变化明显的外场的尺寸相比是很小的. 在运动的过程中, Ω 描述了世界上的一条通道, 物质粒子的流丝 (current filament) 在其内部流动. 设由"时间坐标" $x_0 = t$ 和"空间坐标" x_1, x_2, x_3 组成的坐标系, 使得空间 $x_0 =$ const 与通道相交 (横截面为上述体积 Ω). 积分

$$\int_\Omega \mathbf{S}_i^0 dx_1 dx_2 dx_3 = J_i,$$

该积分为在 Ω 上 $x_0 = \text{const}$ 空间中的积分, 并且它仅是时间的函数, 表示物质粒子的能量 ($i = 0$) 和动量 ($i = 1, 2, 3$). 如果我们在 Ω 上 $x_0 = \text{const}$ 空间中对方程 (89) 积分, 第一个项 ($k = 0$) 给出时间的导数 $\frac{dJ_i}{dt}$; 然而, 最后三项的积分之和由高斯定理转化为积分 K_i, 该积分 K_i 将在 Ω 的表面上进行. 这样我们就得到了力学方程

$$\frac{dJ_i}{dt} = K_i. \tag{90}$$

左边是"惯性力"的分量, 右边是"场力"的分量. 根据 §35 末尾的注释, 不仅场力, 而且四维动量 J_i 可以表示为穿过 Ω 表面的通量. 如果通道的内部包含着一个

真正的奇异场, 那么动量就必须按照上述的方法来定义, 而在 §35 末所使用的 "虚拟场" 的装置, 就可以得出上述所证明的力学方程式. *根本重要的是要注意到, 在这些粒子中, 只有由粒子外的场过程 (在 Ω 表面上) 决定的量才相互关联, 而与粒子内部的奇异态或相无关.* 在力学基本定律中得到表达的动能和势的对立, 实际上并不取决于将能量–动量分成属于外部场的一部分和属于粒子的另一部分 (正如我们在 §25 中所描述的), 而是在这个并置的条件下, 由对空间和时间的分辨力所制约, 散度方程的第一个和最后三个组成守恒定律的成员, 也就是说, 物质粒子的奇点通道只在一个维度上有无限延伸, 而在其他三个维度上却非常有限. 这一观点由米氏在其划时代的 *Foundations of a Theory of Matter* 的第三部分中明确提出, 该理论涉及 "力和惯性".[①]我们的下一个目标是弄清对于本章采纳的作用原理的这一观点的全部后果.

要做到这一点, 就必须准确地确定电磁方程和引力方程的意义. 如果我们先讨论麦克斯韦方程组, 我们可以完全忽略万有引力, 而采用狭义相对论的观点. 如果我们要解释麦克斯韦–洛伦兹方程, 我们应该回到物质的概念上来

$$\frac{\partial f^{ik}}{\partial x_k} = \rho u^i,$$

从字面上来说, 它适用于电子的体积元素. 它的真正含义是: 在 Ω-通道之外, 齐次方程

$$\frac{\partial f^{ik}}{\partial x_k} = 0 \tag{91}$$

仍然成立. 方程 (91) 的唯一静态径向对称解 $\bar{f}^{ik}$ 是从势 $\frac{e}{r}$ 导出的; 它给出了电场通过包围粒子的包络 Ω 的通量 e (而不是 0, 因为方程 (91) 的解没有奇点). 由于方程 (91) 的线性性, 当方程 (91) 的任意解 f_{ik} (无奇点) 加入 $\bar{f}_{ik}$ 时, 这些性质不会丢失; 这样的解由 $f_{ik} = \text{const}$ 给出. 如果我们现在引入一个电子处于静止的坐标系, 那么**围绕运动电子的场一定是如下的类型**: $f_{ik} + \bar{f}_{ik}$. 当然, 只有当我们处理的是准静止运动时, 也就是说, 当粒子的世界线与直线有足够小的偏差时, 这个关于 Ω 之外的场构成的这个假设才是正确的. 洛伦兹方程中的 ρu^i 项是用来表示包含多电子区域的电荷奇点的一般效应. 但很明显, 这一假设只有在**准稳定运动**时才有问题. 对于在快速加速过程中发生的事情, 根本无法断言. 根据经典电动力学, 一个极大加速的粒子会发出辐射, 这在当今物理学家中是普遍流行的观点, 在作者看来似乎是毫无根据的. 只有当洛伦兹方程被解释成上面所否定的那种过于字面的方式时, 并且假设电子的构成不受加速度的影响时, 它才是合理的. **玻尔的**

① 注 38: Ann. d. Physik, Bd. 39 (1913).

原子理论引出了这样一种观点: 在原子中循环的电子有独立的静止轨道, 它们可以在这些轨道上永久移动, 而不会发出辐射; 只有当一个电子从一个静止轨道跃迁到另一个静止轨道时, 原子释放的能量才是振动的电磁能量.[①]如果把物质看作场的边界奇点, 我们的场方程只对**场的可能状态**作出断言, **而对场的状态受物质的制约不作断言**. **量子理论**填补了这一空白, 其基本原理尚未完全掌握. 我们认为, 上述关于粒子周围场的奇异分量 $\bar{f}$ 的假设对于准稳态电子是正确的. 当然, 我们可以做出其他的假设. 例如, 如果粒子是一个辐射原子, 则 $\bar{f}^{ik}$ 就必须表示为一个振荡的赫兹偶极子的场. (这是一种由物质引起的场的可能状态, 根据玻尔的说法, 这与赫兹的想象完全不同.)

就万有引力而言, 我们目前将采用爱因斯坦最初理论的观点. 其中 (齐次) 引力方程具有 (根据 §31) 一个静态径向对称解, 该解取决于**单个常数** m, 即**质量**. 一个引力场通过一个围绕中心足够大的球体的通量不是等于 0, 如果解没有奇点的话应该是这样的, 而是等于 m. 我们假设这个解是运动粒子在以下意义上的特征: 我们假设材料粒子的路径在世界的度量图中切出的狭窄的深沟, 将 g_{ik} 穿过通道的值延伸到通道上, 将粒子的流线 (stream-filament) 视为平滑度量场中的一条线. 设 ds 为相应固有时的微分. 对于流线的一个点, 我们可以引入一个 (“正常”) 坐标系, 这样, 在该点上,

$$ds^2 = dx_0^2 - \left(dx_1^2 + dx_2^2 + dx_3^2\right),$$

导数 $\dfrac{\partial g_{\alpha\beta}}{\partial x_i}$ 消失, 流线的方向由下式给出

$$dx_0 : dx_1 : dx_2 : dx_3 = 1 : 0 : 0 : 0.$$

根据这些坐标, 场可以用上述静态解来表示 (当然, 仅在所考虑的世界点的某个特定邻域内, 从该邻域中切出粒子的通道). 如果我们把法坐标 x_i 作为四维欧氏空间中的笛卡儿坐标, 那么在欧几里得空间中, 粒子的世界线的图像就变成了一条确定的曲线. 当然, 我们的假设只有在运动是准平稳的情况下才成立, 也就是说, 在所考虑的点上, 图像曲线只有轻微的弯曲. (将均匀引力方程转化为非均匀引力方程 (在其右侧出现张量 $\mu u_i u_k$) 时, 通过将它们融合成一个连续统, 考虑了由于质量的存在而产生的奇异性; 这种假设仅在准稳态情况下才是合理的.)

回到力学方程的推导上来! 我们将一劳永逸地使用 $F = \text{const}$ 标准化的校准, 我们将忽略通道外的宇宙学项. 正如我们从 §32 所知道的, 如果粒子的距离足够大, 则电子的电荷对引力场的影响与质量的影响相比可以忽略不计. 因此, 如果我

① 注 39: 正如 Sommerfeld, Atombau 以及 Spektrallinien, Vieweg 在 1919 年和 1921 年的书中所描述的.

们的计算以法坐标系为基础, 我们就可以假定引力场是上面提到的那种. 那么, 电磁场的确定, 就像在引力的情况下一样, 是一个线性问题; 它的形式是上面提到的 $f_{ik}+\bar{f}_{ik}$ (在 Ω 的表面上有 $f_{ik}=\text{const}$). 但只有当 $e=\text{const}$ 时, 这个假设才符合场定律. 为了证明这一点, 我们必须从一个有规律地填满通道并与外边实际存在的场相联系的假想场出发, 推导出任意坐标系下的场

$$\frac{\partial \mathbf{f}^{ik}}{\partial x_k}=\mathbf{s}^i,\quad \int_\Omega \mathbf{s}^0 dx_1dx_2dx_3=e^*,$$

e^* 与虚拟场的选择无关, 因为它可以表示为穿过 Ω 表面的场通量. 因为 (如果我们忽略宇宙学项) 这个表面上的 $\mathbf{s}^i$ 消失了, 定义方程告诉我们, 如果 $\dfrac{\partial \mathbf{s}^i}{\partial x_i}=0$ 被积分, $\dfrac{de^*}{dt}=0$; 此外, §33 中列出的论点表明 e^* 独立于所选的坐标系. 如果我们在某一点使用法坐标系, e^* 作为场通量的表示表明 $e^*=e$.

从电荷到动量的传递, 我们必须立刻注意到, 关于能量–动量分量通过场通量的表示, 我们可能不参考 §35 的广义理论, 因为通过应用分部积分过程得出 (84), 我们牺牲了作用的坐标不变性. 因此, 我们必须按以下步骤进行. 借助于规则连接通道的虚拟场, 我们定义了 $\alpha\mathbf{S}_i^k$ 通过

$$\left(\mathbf{R}_i^k-\frac{1}{2}\delta_i^k\mathbf{R}\right)+\left(\mathbf{G}\delta_i^k-\frac{1}{2}\frac{\partial g_{\alpha\beta}}{\partial x_i}\mathbf{G}^{\alpha\beta,k}\right).$$

方程

$$\frac{\partial \mathbf{S}_i^k}{\partial x_k}=0 \tag{92}$$

是它的特征. 通过积分 (92) 我们得到 (90), 其中

$$J_i=\int_\Omega \mathbf{S}_i^0 dx_1dx_2dx_3.$$

K_i 表示为穿过表面 Ω 的场通量. 在这些表达式中, 可以用真实场代替虚拟场, 而且, 根据引力方程, 我们可以替换

$$\frac{1}{\alpha}\left(\mathbf{R}_i^k-\frac{1}{2}\delta_i^k\mathbf{R}\right)\quad 用\quad \mathbf{I}\delta_i^k-f_{ir}\mathbf{f}^{kr}.$$

如果我们使用法坐标系, 由于引力能的部分会消失; 因为它的分量不仅线性地而且二次地依赖于 (消失的) 导数 $\dfrac{\partial g_{\alpha\beta}}{\partial x_i}$. 因此, 我们只剩下电磁部分, 它将沿着麦克

斯韦线计算. 由于麦克斯韦能量密度的分量与场 $f+\bar{f}$ 成二次关系, 根据公式, 每个分量由三项组成

$$\left(f+\bar{f}\right)^2=f^2+2f\bar{f}+\bar{f}^2.$$

在每种情况下, 第一项没有任何贡献, 因为通过闭合曲面的恒定矢量的通量为 0. 最后一项可以忽略, 因为它包含了弱场 $\bar{f}$ 的平方; 只有中间项保留了下来. 但这给了我们

$$K_i=ef_{0i}.$$

关于动量, 我们看到 (以与 §33 相同的方式, 通过使用恒等式 (92) 并将流线的横截面与外部场相比视为无穷小) ① 对于在通道横截面中被视为线性的坐标变换, J_i 是独立于坐标系的向量的协变分量; ② 如果我们改变占据通道的虚拟场 (在 §33 中, 我们关注的不是这一点, 而是通道中坐标系的电荷), 则数量 J_i 保留其值. 然而, 在法坐标系中, 粒子周围的引力场具有 §31 中计算的形式, 我们发现, 由于虚拟场可以选择为静态场, 根据第 230 页: $J_1=J_2=J_3=0$, J_0 等于穿过 Ω 表面的空间矢量密度通量, 因此等于 m. 根据 J_i 所具有的协变性, 我们发现不仅在所考虑的通道的点上, 而且在它之前和之后

$$J_i=m\mu_i\quad\left(\mu^i=\frac{dx_i}{ds}\right).$$

因此, 我们的粒子在法坐标系中的运动方程是

$$\frac{d\left(m\mu_i\right)}{dt}=ef_{0i}.\tag{93}$$

这些方程的第 0 个给出: $\dfrac{dm}{dt}=0$; 所以场方程要求质量是常数. 但在任意坐标系中, 我们有

$$\frac{d\left(m\mu_i\right)}{ds}-\frac{1}{2}\frac{\partial g_{\alpha\beta}}{\partial x_i}mu^\alpha u^\beta=e\cdot f_{ki}u^k.\tag{94}$$

因为关系 (94) 对于坐标变换是不变的, 并且在法坐标系与 (93) 一致. 所以根据场定律, 奇点通道的一个必要条件是, 在通道的每一点上表征奇点的量 e 和 m 沿通道保持不变, 奇点通道要适合于场的其余部分, 并且在其紧邻区域内场具有所需的结构, 但是通道的世界方向 (world-direction) 满足方程

$$\frac{d\mu_i}{ds}-\frac{1}{2}\frac{\partial g_{\alpha\beta}}{\partial x_i}u^\alpha u^\beta=\frac{e}{m}\cdot f_{ki}u^k.$$

鉴于这些考虑, 作者认为, §25 中所表达的质量和场能相同的观点似乎是一种过早的推断, 而米氏的整个物质观呈现出一种奇异的、不真实的面貌. 当然, 我们

得出这个结论是狭义相对论的自然结果. 只有当我们得出广义理论时, 我们才发现有可能将质量表示为场通量, 并将诸如爱因斯坦的圆柱世界 (§34) 归因于世界关系, 当一条圆形横截面的通道从中切出, 它在两个方向上延伸到无穷远. 这种关于 m 的观点不仅表明惯性质量和引力质量在本质上是相同的, 而且表明质量作为度量场的作用点在本质上与质量作为度量场的产生点是相同的. 尽管如此, 在能量有惯性这一说法中, 物理上重要的东西仍然存在. 例如, 一个辐射粒子失去的惯性质量与它发射的电磁能量的量完全相同. (在这个例子中, 爱因斯坦首先认识到了能量和惯性之间的密切关系.) 从我们现在的观点来看, 这一点可以得到简单而严格的证明. 此外, 这一新的观点绝不意味着又回到关于物质的旧观念, 但它剥夺了将电子的电荷凝聚在一起的内聚压力问题的意义.

就像爱因斯坦的理论一样合理, 我们可以从我们的结果中得出这样的结论: 准平稳运动中的**时钟**表示本征时间 $\int ds$, 它对应于归一化 $F = \text{const.}$[①]如果在一个时钟 (例如原子) 以无穷小的周期运动时, 它在一个周期内所穿过的世界距离在我们的世界几何学意义上从一个周期到另一个周期是一致的, 那么从同一世界点 A 出发的两个具有相同周期的时钟, 也就是说, 在它们的第一个周期中穿过 A 中相同的世界距离, 一般来说, 当它们在随后的世界点 B 相遇时, 会有不同的周期. 因此, 原子中电子的轨道运动肯定不会以所描述的方式发生, 这与它们以前的历史无关, 因为原子发射出一定频率的谱线. 静态场中静止的测量杆也不经历全等转移; 对于静止的测量杆的测量 $l = d\sigma^2$ 是不变的, 而对于全等转移, 则必须满足方程 $\frac{dl}{dt} = -l \cdot \phi$. 全等转移的概念与测量杆、时钟和原子的行为之间的这种差异的根源是什么? 在自然界中, 我们可以区分两种决定一个量的方式, 即**持续性**和**调节性**. 下面的示例说明了这种差异. 我们可以规定旋转顶部的轴在空间中的任何任意方向, 但是一旦这个任意的初始方向被固定, 当顶部的轴的方向由它自己决定时, 它总是由一个**持续性趋势**决定, 这个趋势从一个时刻到另一个时刻是活跃的; 在每一个瞬间, 轴都经历一个无穷小的平行位移. 与此截然相反的是磁场中的磁针. 它的方向是在每一个时刻决定的, 与系统在其他时刻的状态无关, 这是由这样一个事实决定的, 即系统根据它的构成, **调整**自己以适应它所嵌入的场. 假设一个全等转移是可积的, 遵循持续性的趋势, 没有先验的根据. 但即使是这样, 例如欧几里得空间中顶点的旋转, 两个顶点从同一点出发, 轴线在同一位置, 经过很长一段时间后相交, 这两个顶点在轴线的位置上会出现任意的偏差, 因为它们不可

① 不变二次型 $F \cdot ds^2$ 与 $E \cdot ds^2$ 型的所有其他形式 (E 是权重的标量 -1) 相差甚远, 就像爱因斯坦理论中的 ds^2 一样, 它根本不包含势的导数. 因此, 我们在计算向红外方向的位移时所作的推论, 即类似的原子辐射的频率与归一化 $F = \text{const}$ 对应的固有时间 ds 所测得的频率相同, 它决不像爱因斯坦的理论那样令人信服: 如果一个不同于这里讨论的作用原理成立, 它就完全失去了有效性.

能完全摆脱所有的影响. 因此, 尽管麦克斯韦关于电子电荷 e 的方程使得守恒方程 $\frac{de}{dt}=0$ 成为必要, 但这并不能解释为什么一个电子在经过任意长时间后仍然具有相同的电荷, 以及为什么这个电荷对于所有电子都是相同的. 这种情况表明, 电荷不是由持续性决定的, 而是由调整决定的: 只有**一种**负电平衡状态, 粒子随时都会重新调整自己. 同样的原因使我们能够对原子的谱线得出相同的结论, 因为原子发射相同频率的共同之处是它们的结构, 而不是它们在很久以前在一起的某个时刻的频率相等. 同样的道理, 很明显, 测量杆的长度是通过调整来决定的, 因为在场的**这个**点上, 不可能给**这个**杆任何长度, 比如说比它现在的长度大两到三倍, 我可以任意规定它的方向. 世界曲率使通过调整确定长度在理论上成为可能. 由于它的构造, 杆的长度假定与世界的曲率半径有关. (也许顶部的旋转时间给了我们一个由持久性决定的时间长度的例子; 如果我们在上面假设的方向是正确的, 那么在顶部运动的每一时刻, 旋转向量都会经历平行位移.) 我们可以简要地总结如下: **如果向量和长度恰好遵循持续性的趋势**, 仿射和度量关系是一个先验数据告诉我们向量和长度是如何变化的. 但只有从成立的物理定律, 即作用原理出发, 才能找出自然界中这种情况达到何种程度, 持续性和调整性相互作用的比例又有多大.

上述讨论的主题是作用原理, 与校准不变性的新公理相一致, 它最接近麦克斯韦–爱因斯坦理论. 我们已经看到, 它同样很好地解释了后一种理论所解释的所有现象, 事实上, 它已经决定了它在诸如宇宙学问题和物质问题等更深层次问题上的优势. 然而, 我怀疑哈密顿函数 (83) 是否符合实际. 我们当然可以假设 $\mathbf{W}$ 的形式为 $W\sqrt{g}$, 其中 W 是由曲率分量以完全有理的方式形成的权重为 -2 的不变量. 这些不变量中只有**四**个可以建立起来, 每一个其他不变量可以从这些不变量通过数值系数线性地建立起来.[①]其中之一是麦克斯韦的:

$$l=\frac{1}{4}f_{ki}f^{ik};\tag{95}$$

另一个是上面使用的 F^2. 但曲率本质上是一个二阶线性矩阵张量: $\mathsf{F}_{ik}dx_i\delta x_k$. 根据由距离曲率 f_{ik} 产生 (95) 数值的平方相同的定律, 我们可以由总曲率形成

$$\frac{1}{4}\mathsf{F}_{ik}\mathsf{F}^{ik},\tag{96}$$

在这种情况下, 乘法被解释为矩阵的组合方式, 因此 (96) 自身又是一个矩阵. 但是它的轨迹 L 是一个权重为 -2 的标量. L 和 l 这两个量似乎是不变的, 而且是

① 注 40: R. Weitzenböck 在给现作者的一封信中证实了这一点, 他的研究很快就会出现在维也纳的 Sitzungsber. d. Akad. d. Wissensch. 上.

所寻求的那种量, 它们可以最自然地由曲率形成; 这种自然而简单的不变量实际上只存在于四维世界中. 似乎更可能的是, W 是 L 和 l 的线性组合. 麦克斯韦方程变得如上所述. (当校准归一化为 $F = \text{const}$). $\mathbf{s}^i$ 等于 $\sqrt{g}\phi^i$ 的常数倍, 并且 $\mathbf{h}^{ik} = \mathbf{f}^{ik}$. 这里的万有引力定律在静态情况下, 也符合牛顿定律的一级近似. 泡利 (Pauli) 的计算①确实揭示了 §31 中确定的场不仅是爱因斯坦方程的严格解, 而且也是这里所支持的方程的严格解, 因此水星轨道的近日点进动的量和由于接近太阳而引起的光线偏转的量至少不会与这些方程式相冲突. 但是, 在力学方程的问题上, 以及用测量杆和时钟得到的结果与二次型之间的关系问题上, 与旧理论的联系似乎消失了, 在这里, 我们可能会遇到新的结果.

对于该理论目前的状况, 可能会提出一个严重的反对意见: 它没有解释**正负电的不平衡**②. 似乎有两种方法可以解决这个困难. 我们要么在作用定律中引入一个平方根, 要么引入其他一些不合理的东西; 在对米氏理论的讨论中, 有人提到了期望的不平衡是如何以这种方式产生的, 但也指出了这种非理性作用的困难. 或者, 这第二种方法在作者看来, 下面的观点似乎给出了一个更真实的陈述. 这里我们只讨论满足某些一般不变函数定律的**场**. 根据这些定律, 探究场相位的**激发**或**起因**是完全不同的; 它将我们的注意力引向场外的现实. 因此, 在以太中可能存在会聚和发散的电磁波, 但只有后一种情况才能由位于中心的原子引起, 根据玻尔的假设, 由于电子从一个轨道跳到另一个轨道而发射能量. 这个例子表明 (从其他考虑中可以立即看出), 因果关系的概念 (与功能关系相反) 与**时间所特有的发展方向**密切相关, 即**过去 $\rightarrow$ 未来**. 这种时间感的统一性毫无疑问地存在着, 它确实是我们对时间感知的最基本的事实, 但是先验的原因排除了它在场的物理中的作用, 但是我们在上文 (§33) 中看到, 一个孤立系统的符号, 也被完全确定了, 只要一个确定的流的感觉, 过去 $\rightarrow$ 未来, 已被指定为被系统扫过的世界通道. 这将正负电的不平衡与过去和未来的不平衡联系起来; 但这个问题的根源不在场, 而在场之外. 这种结构规律的例子, 涉及的不是场, 而是场相位的起因: 由于场的圆柱状边界的存在; 由于我们上面关于其邻近区域的场的构成的假设; 最后, 最重要的是, 由于量子理论的事实. 但是, 迄今为止, 这些规定性的表述方式, 当然只是临时性的. 尽管如此, 似乎**统计理论**在其中发挥了作用, 这是根本必要的. 在这里, 我们必须明确无误地指出, 目前阶段的物理学, 无论如何也不能被认为是在支持这样一种信念, 即存在着一种建立在严格精确定律之上的物理本性的因果关系. 扩展场 "以太" 仅仅是效应的*传递者*, 它本身是无能为力的; 根据旧的观点, 它所扮演的角色与具有严格欧几里得度量结构的空间所扮演的角色没有任何不同; 但是

① 注 41: W. Pauli, Merkur-Perihelbewegung und Strahlenablenkung in Weyl's Gravitationstheorie, Verhandl. d. Deutschen physik. Ges., Bd. 21 (1919), p. 742.

② 注 42: Pauli (l.c.[36]).

现在, 死板僵硬的角色已经转变成一个温和地屈服和适应自己的角色. 但是, 按照通常的观点, 世界上的行动自由既不受场物理的严格定律的限制, 也不受欧几里得几何定律的有效性的限制.

如果米氏的观点是正确的, 我们就可以把场认作客观的现实, 物理学就不再远离完全掌握物理世界、物质和自然力的本质的目标, 这种逻辑必然性将从这种洞察中提炼出物理事件发生的独特规律. 然而, 就目前而言, 我们必须拒绝这些大胆的期望. 度量场的法则较少地处理现实本身, 而是处理作为物质事物之间联系的像影子一样的扩展媒介, 以及处理赋予它传递效果的力量的这种媒介的形式构成. **统计物理学**, 通过量子理论, 已经达到了比场物理更深层的现实层次; 但物质问题仍然笼罩在最深的黑暗中. 但是, 即使我们认识到场物理学的范围有限, 我们也必须感激地承认它帮助我们获得的洞察力. 无论是谁回头看已走过的路, 从欧几里得度量结构引向依赖于物质的运动度量场, 包括万有引力和电磁的场现象; 无论是谁, 如果想要对那些只能连续地被表达出来并被整合到清晰的流形中的事物进行完整的考察, 一定会被一种赢得自由的感觉所淹没——思想已经摆脱了束缚它的枷锁. 他一定感到被灌输了这样一种信念: 理性不仅是一个人、一个过于人性化的人, 在生存斗争中的一种权宜之计, 除此之外, 尽管有种种失望和错误, 它仍然能够遵循精心安排着这个世界的智慧, 我们每个人的意识是真理的光和生命在现象中理解自己的中心. 我们的耳朵已经从毕达哥拉斯和开普勒曾经梦想过的天体协奏曲中捕捉到了一些基本的和弦.

附 录 I

(第 145 页和 188 页)

为了在狭义相对论中区分“法”坐标系, 在广义相对论中确定度量基本形式, 我们不仅可以摒弃刚体, 还可以摒弃时钟.

在狭义相对论中, 假设一个世界坐标 x_i 的坐标对应于欧几里得“图像”空间, 在没有外力作用下自由运动的点的世界线将成为**直线** (伽利略和牛顿的惯性原理), **除一个仿射变换外**, 这个假设使这个图像空间固定. 对于这个定理来说, 部分空间的仿射变换是唯一能将直线变换成直线的连续变换, 这是成立的. 如果在默比乌斯的网格结构 (图 12) 中, 我们用一条与我们的空间部分相交的直线 (图 15) 来代替“无限”, 这就很明显了. 然后, 光传播的现象确定了我们四维投射空间中的无限和度量结构, 因为它的 (三维)“无限平面” E 的特征是, 光锥是从不同世界点得到的位于 E 中的一个并且相同的二维圆锥截面的投影.

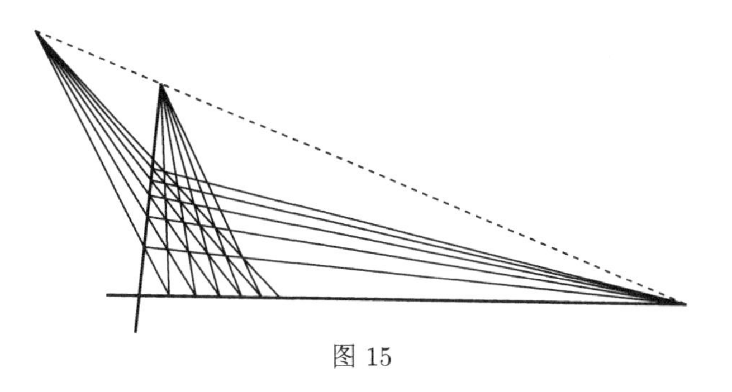

图 15

在广义相对论中, 这些推论最好用下面的形式来表达. 爱因斯坦设想的四维黎曼空间是一般度量空间的一个特例 (§16). 如果采用这种观点, 我们可以说光的传播现象决定了二次基本形式 ds^2, 而**线性**基本形式仍然是不受限制的. 线性基本形式的两个不同选择, 其差 $d\phi = \phi_i dx_i$ 对应于仿射关系的两个不同值. 根据 §16 公式 (49), 它们的区别是

$$\left[\Gamma^i_{\alpha\beta}\right] = \frac{1}{2}\left(\delta^i_\alpha \phi_\beta + \delta^i_\beta \phi_\alpha - g_{\alpha\beta}\phi^i\right).$$

因此, 由世界点 O 处的世界向量 u^i 通过 u^i 在其自身方向上的无穷小平行位移 (通过相同量 $dx_i = \varepsilon \cdot u^i$) 导出的两个向量之间的差是 ε 乘

$$u^i\left(\phi_\alpha u^\alpha\right) - \frac{1}{2}\phi^i, \tag{$*$}$$

我们假设 $g_{\alpha\beta}u^\alpha u^\beta = 1$. 如果在矢量 u^i 方向上通过 O 的测地线在两个场中重合, 则通过平行位移从 u^i 导出的上述两个矢量在方向上必须重合; 矢量 $(*)$ 和 ϕ^i 必须与矢量 u^i 具有相同的方向. 如果通过 O 方向不同的两条测地线符合此约定, 我们得到 $\phi^i = 0$. 因此, 如果我们知道两个点质量通过 O 并且仅在引导场的影响下运动的世界线, 那么线性基态和二次型基态在 O 处是唯一确定的.

附　录 II

(第 191 页)

证明了在黎曼空间中, R 是唯一不变的, 它只包含 g_{ik} 的二阶导数并且二阶导数是线性的.

根据假设, 不变量 J 由二阶导数构成

$$g_{ik,rs} = \frac{\partial^2 g_{ik}}{\partial x_r \partial x_s},$$

因而

$$J = \sum \lambda_{ik,rs} g_{ik,rs} + \lambda.$$

λ 表示 g_{ik} 及其一阶导数中的表达式; 它们满足对称条件

$$\lambda_{ki,rs} = \lambda_{ik,rs}, \quad \lambda_{ik,sr} = \lambda_{ik,rs}.$$

在考虑不变量的点 O 处, 引入一个正交测地坐标系, 因此, 在这一点, 我们有

$$g_{ik} = \delta_i^k, \quad \frac{\partial g_{ik}}{\partial x_r} = 0.$$

如果插入这些值, λ 就变成了绝对常数. 坐标系的独特特性不受以下因素的影响:

(1) 线性正交变换;

(2) 类型的转变

$$x_i = x'_i + \frac{1}{6} \alpha^i_{krs} x'_k x'_r x'_s,$$

它不包含二次项, 系数 α 在 k, r 和 s 中是对称的, 但在其他方面是任意的.

因此, 让我们考虑在欧几里得–笛卡儿空间 (其中允许任意正交线性变换) 依赖于两个向量 $x = (x_i)$, $y = (y_i)$, 即

$$G = g_{ik,rs} x_i x_k y_r y_s$$

具有任意系数 $g_{ik,rs}$, 在 i 和 k 中是对称的, 在 r 和 s 中也是, 那么

$$\lambda_{ik,rs} g_{ik,rs} \tag{1}$$

必须是这种形式的不变量. 此外, 由于作为上述变换 (2) 的结果, 导数 $g_{ik,rs}$ 对自身进行变换, 因此可以容易地根据方程计算

$$g'_{ik,rs} = g_{ik,rs} + \frac{1}{2}\left(\alpha^i_{krs} + \alpha^k_{irs}\right),$$

对于每一个数 α 对称的指标 k, r, s 的系统, 我们必须有

$$\lambda_{ik,rs}\alpha^i_{krs} = 0. \tag{2}$$

让我们在欧几里得–笛卡儿空间中进一步操作; (x, y) 表示标量积 $x_1y_1+x_2y_2+\cdots+x_ny_n$. 用以下类型的一种形式来表示 G 就足够了

$$G = (a, x)^2 (b, y)^2$$

其中 a 和 b 表示任意向量. 如果我们把 a 和 b 写成 x 和 y, 那么 (1) 表示了这个假设, 即

$$\Lambda = \Lambda_x = \sum \lambda_{ik,rs} x_i x_k y_r y_s \tag{1*}$$

是两个向量 x, y 的正交不变量. 在 (2) 中, 选择

$$\alpha^i_{krs} = x_i \cdot y_k y_r y_s$$

就足够了, 然后这个假设表示通过将 x 转换成 y, 从 Λ_x 导出的形式, 即

$$\Lambda_y = \sum \lambda_{ik,rs} x_i y_k y_r y_s \tag{2*}$$

完全消失. (它是从 Λ_x 得到的, 首先在 x, x' 中形成对称双线性形式 $\Lambda_{x,x'}$ (它与 y 有二次关系), 如果变量系列 x' 与 x 一致, 则其分解成 Λ_x, 然后用 y 代替 x'.) 我现在断言, 从 (1*) 可以得出 Λ 的形式

$$\Lambda = \alpha (x, x) (y, y) - \beta (x, y)^2, \tag{I}$$

并且从 (2*) 中有

$$\alpha = \beta. \tag{Ⅱ}$$

这将是完整的结果, 然后我们将得到

$$J = \alpha (g_{ii,kk} - g_{ik,ik}) + \lambda,$$

或者因为, 在正交大地坐标系中, 曲率的黎曼标量是

$$R = g_{ik,ik} - g_{ii,kk},$$

我们会得到

$$J=-\alpha R+\lambda. \tag{*}$$

(I) 的证明 我们可以引入一个笛卡儿坐标系, 使得 x 与第一个坐标轴重合, y 与 $(1,2)$ 坐标平面重合, 因此

$$x=(x_1,0,0,\cdots,0)\,,\quad y=(y_1,y_2,0,\cdots,0)\,,$$

$$\Lambda=x_1^2\left(ay_1^2+2by_1y_2+cy_2^2\right),$$

其中第二坐标轴的方向可以任意选择. 因为 Λ 可能不依赖于这个选择, 所以我们必须有 $b=0$, 因此

$$\Lambda=cx_1^2\left(y_1^2+y_2^2\right)+(a-c)\left(x_1y_1\right)^2=c\,(x,x)\,(y,y)+(a-c)\,(x,y)^2\,.$$

(II) 的证明 从 (I) 中给出的 $\Lambda=\Lambda_x$, 我们导出了形式

$$\Lambda_{x,x'}=\alpha\,(x,x')\,(y,y)-\beta\,(x,y)\,(x',y)\,,$$

$$\Lambda_y=(\alpha-\beta)\,(x,y)\,(y,y)\,.$$

如果 Λ_y 要消失, 那么 α 必须等于 β.

我们默认黎曼空间的度量基本形式是绝对正的, 在不同的惯性指标的情况下, 在 “(I) 的证明” 中需要稍加修改. 为了通过分部积分将二阶导数从体积积分 J 中排除, $\lambda_{ik,rs}$ 必须只依赖于 g_{ik}, 而不依赖于它们的导数. 然而, 我们在证明中根本不需要这个事实. 关于在 R 的倍数上加上一个普适常数 λ 的可能性 (用 $*$ 表示) 所产生的物理意义, 我们参考 §34. 关于这里证明的定理, 参见 Vermeil, Nachr. d. Ges. d. Wissensch. zu Göttingen, 1917, pp. 334-344.

同样地, 可以证明 g_{ik}, Rg_{ik}, R_{ik} 是唯一包含 g_{ik} 二阶导数的二阶张量, 而且它们确实只是线性的.

索 引